W. Klingmüller

Genmanipulation und Gentherapie

Mit 184 Abbildungen

Springer-Verlag
Berlin Heidelberg New York 1976

Professor Dr. WALTER KLINGMÜLLER
Genetisches Institut der Universität
Maria-Ward-Straße 1 a
8000 München 19

ISBN-13:978-3-540-07903-3   e-ISBN-13:978-3-642-66467-0
DOI: 10.1007/978-3-642-66467-0

Library of Congress Cataloging in Publication Data. Klingmüller, W. 1929 –. Genmanipulation und Gentherapie. Bibliography: p. Includes index. 1. Genetic engineering. I. Title. QH442.K58.575.2'1. 76 – 43102.
Das Werk ist urheberrechtlich geschützt. Die dadurch begründeten Rechte, insbesondere die der Übersetzung, des Nachdruckes, der Entnahme von Abbildungen, der Funksendung, der Wiedergabe auf photomechanischem oder ähnlichem Wege und der Speicherung in Datenverarbeitungsanlagen bleiben, auch bei nur auszugsweiser Verwertung, vorbehalten.
Bei Vervielfältigungen für gewerbliche Zwecke ist gemäß § 54 UrhG eine Vergütung an den Verlag zu zahlen, deren Höhe mit dem Verlag zu vereinbaren ist.
© by Springer-Verlag Berlin · Heidelberg 1976

Die Wiedergabe von Gebrauchsnamen, Handelsnamen, Warenbezeichnungen usw. in diesem Werk berechtigt auch ohne besondere Kennzeichnung nicht zu der Annahme, daß solche Namen im Sinne der Warenzeichen- und Markenschutz-Gesetzgebung als frei zu betrachten wären und daher von jedermann benutzt werden dürften.
Gesamtherstellung: Konrad Triltsch, Graphischer Betrieb, Würzburg.

Vorwort

Gezielte Eingriffe in das Erbgut sind ein Wunschtraum des denkenden Menschen. Man könnte Erbkrankheiten heilen, Pflanzenvarietäten und Haustierrassen mit besonders vorteilhaften Eigenschaften züchten, oder der Biotechnologie Mikro-Organismen mit neuen Stoffwechselleistungen zur Verfügung stellen. In den letzten Jahren wurden in Richtung auf die Bewältigung von Teilaspekten dieses Wunschtraumes beträchtliche Fortschritte gemacht. Durch neue biochemische und molekulargenetische Methoden kam es zu einem Durchbruch auf breiter Front. Angesichts dieser Entwicklung fehlt eine zusammenfassende Darstellung des Themas, die das vorliegende Buch geben will. Es behandelt die bisherigen Arbeiten zur gezielten Mutagenese, zur Isolierung von Genen, die bisher möglichen gezielten genetischen Eingriffe bei Mikro-Organismen, niederen Eukaryonten, pflanzlichen und tierischen Zellen, verschiedene Verfahren der Zellverschmelzung, auch beim Menschen, mit möglichen Applikationen in Landwirtschaft, Tierzucht und Medizin sowie erste Versuche zur Gentherapie beim Menschen mit Hilfe von Viren. Zum besseren Verständnis ist eine Einführung vorausgeschickt, in der die Grundtatsachen der Struktur und Funktion des genetischen Materials besprochen werden. Im Schlußkapitel kommen die Frage der Gefahren solcher Versuche sowie das Problem der Sicherheitsvorkehrungen zu ihrem Recht.
Bei einer derart weitgespannten, durch nahezu alle biologischen Disziplinen und viele Grenzgebiete gehenden Thematik ist die Verteilung der Gewichte notwendigerweise subjektiv. Dies dürfte aber dem Verständnis förderlich und geeignet sein, Akzente für weitere Forschungen sowie für die Diskussion der Problematik in der Öffentlichkeit zu setzen. Gerade der Wunsch, neben den Fachkollegen und Studenten auch die Öffentlichkeit, d. h. den gebildeten Laien bis hin zum Politiker, verständlich, aber sachlich richtig zu informieren, war eines der Motive zur Abfassung dieses Buches. Im Interesse

der Lesbarkeit wurde stellenweise vereinfacht, an anderen Stellen mußte der Text zur korrekten Unterrichtung anspruchsvoller sein. Er erfordert hier das Mitdenken des Lesers. Die für die Abfassung des Buches unerläßliche weitgefächerte Sachkunde konnte der Verfasser einerseits aus seiner breiten biologischen und genetischen Vorbildung mit langjähriger eigener experimenteller Tätigkeit, zum anderen aus kürzeren und längeren Studienaufenthalten an den einschlägigen Instituten des In- und Auslandes schöpfen. Forschungen über das genetische Material und die Möglichkeiten seiner Änderung sind zur Zeit in explosionsartiger Entwicklung begriffen, vergleichbar etwa jener der Physik nach der Entdeckung der Kernspaltung. Es ist daher sicher, daß schon beim Erscheinen dieses Buches einige der besprochenen Daten oder deren Interpretation überholt, andererseits aber neue, wichtige Befunde bekannt geworden sein werden, die noch hätten aufgenommen werden müssen. Mit dem Mut zur Zäsur wurde das Manuskript abgeschlossen. Änderungen sind einer zukünftigen zweiten Auflage vorbehalten. Dabei werden Anregungen und Verbesserungsvorschläge gerne berücksichtigt.

Es bleibt mir eine angenehme Pflicht, den vielen Fachkollegen zu danken, die durch Hinweise auf Literatur, Überlassung von Sonderdrucken oder im Druck befindlichen Manuskripten sowie durch die Bereitstellung von Originalaufnahmen oder -zeichnungen zur Qualität und Aktualität des Buches beigetragen haben. Dem Springer-Verlag danke ich für sein dezidiertes Interesse an der Sache und die mustergültige Ausstattung, die er dem Werk hat angedeihen lassen.

Oktober 1976   WALTER KLINGMÜLLER

Inhaltsverzeichnis

Kapitel I
Struktur und Funktion des genetischen Materials . . 1

1. DNS und RNS 2
2. Der genetische Code 4
3. Proteinsynthese 4
4. Chromosomen 8
Literatur 9

Kapitel II
Gezielte Mutagenese 10

1. Nicht-Zufallsverteilung von Chromosomenbrüchen 12
2. Präferentielle Induktion von Genmutationen . . . 14
3. Mikro-Bestrahlung. 14
4. Chemische Mutagenese 17
5. In vitro-Mutagenese bei RNS-Phagen 23
Literatur 36

Kapitel III
Verfahren zur Gewinnung von Genen 38

1. Isolierung des lac-Operons von E. coli 38
2. Synthese der Strukturinformation für eine tRNS aus Hefe 42
3. Synthese der Strukturinformation für ein menschliches Hormon 45
4. Totalsynthese eines tRNS-Gens aus E. coli . . . 48
5. Abtrennung von Genen durch Hybridisierung mit ihrem Produkt 51
6. Synthese von menschlichen Globin-Genen an Globin-mRNS 54
7. Isolierung von Genen für ribosomale RNS beim Krallenfrosch 59
8. Isolierung von Histon-Genen 62
9. Subkultur-Klonierung. 63

10. Kolonie-Hybridisierung 65
Literatur 66

Kapitel IV
Transformation bei Pro- und Eukaryonten 68

1. Transformation bei Bakterien 68
2. Aufnahme der DNS 74
3. Einbau der DNS 75
4. Transformation bei niederen Eukaryonten 77
5. Transformation bei höheren Pflanzen 82
6. Transformation bei Insekten 86
7. Transformation bei Fischen 92
8. Transformation bei Säugern 95
9. Zusammenfassung 97
Literatur 99

Kapitel V
Resistenzfaktoren, Plasmide und die gezielte
Vereinigung von Genen 101

1. Vereinigung von Virus- und Phagen-DNS 102
2. Vereinigung bakterieller Resistenzfaktoren 106
3. Vereinigung bakterieller Resistenzfaktoren mit
   Eukaryonten-Genen 113
4. Colicinogene Faktoren als molekulare Vehikel . . 116
5. Lambda-Deletionsmutanten als molekulare Vehikel 118
6. Identifizierung von Eukaryonten-Genen in Plasmiden 121
7. Verbundplasmide 122
Literatur 126

Kapitel VI
Übertragung von Prokaryonten-Genen auf Eukaryonten
mit Hilfe von Bakteriophagen 127

1. Temperente Phagen 128
2. Spezielle Transduktion 132
3. Ausweitung der speziellen Transduktion 133
4. Aufnahme der genetischen Information in die
   Empfängerzelle 136
5. Einbau der genetischen Information in das bakterielle
   Chromosom 137
6. Versuche mit menschlichen Zellen als Empfängern 140
7. Versuche mit pflanzlichen Zellen 144

8. Teilschritte bei Versuchen mit Eukaryontenzellen
als Empfängern 152
Literatur 157

Kapitel VII
Das Problem der heterologen Ablesung 159

1. Transkription bei E. coli 160
2. Transkription bei Eukaryonten 163
3. Bau der Polymerasen 167
4. Der Bau von Promotorregionen 172
5. Versuche zur heterologen Transkription in vitro . 175
6. Versuche zur heterologen Transkription in vivo . 180
7. Heteroioge Translation 183
Literatur 188

Kapitel VIII
Das nif-Operon und die biologische Stickstoffixierung 190

1. Stickstoffaufnahme bei Pflanzen 193
2. Stickstoffixierung durch Bakterien und Blaualgen . 195
3. Das nif-Operon von Klebsiella 200
4. Wege zur technischen Nutzung der bakteriellen
NH_4^+-Produktion 204
5. Übertragung des nif-Operons auf andere Bakterien 206
6. Klassifizierung der Rekombinanten 208
7. Gewinnung von Plasmiden mit dem nif-Operon . 210
8. Möglichkeiten einer Übertragung auf höhere Pflanzen 213
9. Stickstoffixierende Symbiosen 215
Literatur 218

Kapitel IX
Künstliche Hybridisierung bei höheren Pflanzen . . 220

1. Hybridisierung durch Kreuzung 221
2. Erzeugung von Amphidiploiden 223
3. Überwindung physiologischer Sperren 224
4. Triticale 225
5. Versuche mit Protoplasten 227
6. Somatische Hybridisierung bei niederen Eukaryonten 235
7. Somatische Hybridisierung beim Tabak 238
8. Somatische Hybridisierung zwischen Angehörigen
verschiedener Nutzpflanzenarten 224

9. Übertragung von Organellen 247
Literatur 250

Kapitel X
Künstliche Hybridisierung bei tierischen und
menschlichen Zellen 252

1. Kultur von Säugerzellen in vitro 253
2. Möglichkeiten der Aufzucht 255
3. Hybridisierung somatischer Zellen 266
4. Übertragung von Chromosomen 277
Literatur 285

Kapitel XI
Nutzung animaler Viren für die Gentherapie 287

1. Übertragung von DNS mit Pseudovirionen . . . 291
2. Benutzung von animalen Viren mit geeigneten Virusgenen 294
3. Herstellung von animalen Viren mit geeigneten Säugergenen 307
Literatur 319

Kapitel XII
Genmanipulation und Gentherapie im Brennpunkt des
öffentlichen Interesses 322

1. Gefährdung des Menschen 322
2. Möglicher Mißbrauch 329
3. Nutzen 331
Literatur 332

Sachverzeichnis 333

Kapitel I
Struktur und Funktion des genetischen Materials

Über Genmanipulation und Gentherapie wird heute viel geschrieben. Tageszeitungen, Illustrierte, Rundfunk und Fernsehen bringen einschlägige Berichte. Dem Problemkreis haftet das Odium des Unmoralischen, möglicherweise Bedrohlichen, aber auch des Sensationellen an (Abb. 1), was zur Beschreibung und Kommentierung neuer Befunde herausfordert. Die Zusammenhänge sind jedoch im Detail meist außerordentlich schwierig, sie bleiben ohne Vorkenntnisse unverständlich. Durch fehlerhafte oder verzerrte Darstellungen wird zusätzlich Unsicherheit verbreitet.

Manipulation wird im folgenden wertfrei als gezielter Eingriff verstanden. *Genmanipulation* ist der gezielte Eingriff in den Genbestand einer Zelle oder eines Organismus, d. h. in dessen Erbgut oder genetisches Material. Außer der gezielten Änderung vorgegebener Gene ein und desselben Objektes gehört hierzu auch die gezielte Verknüpfung von Genen aus verschiedenen Objekten, und die gezielte Übertragung von Genen aus ei-

Konferenzpause in Lindau: „Halten Sie die Gefahren der Genmanipulation nicht auch für übertrieben, Herr Kollege?"

Abb. 1. Karikatur von Marie Marcks aus der Süddeutschen Zeitung, 27. 6. 75

nem in ein anderes Objekt. Unter *Gentherapie* soll die Heilung erblicher Krankheiten, insbesondere des Menschen, durch derartige Eingriffe verstanden werden. Hierbei geht es vor allem um die Reparatur defekter Gene, oder um den Ersatz defekter Gene durch intakte Gene.

Historisch wird schon seit langem versucht, Gene zu manipulieren. Spötter versichern, daß in der *Bibel* Belege für solches Tun zu finden sind, und ein Blick in I. Mose 30 lehrt, daß diese Behauptung zutrifft. In neuerer Zeit haben Pflanzen- und Tierzüchter sich nach Kräften bemüht, durch Erzeugung von Mutationen, durch Kreuzung und Selektion Nutzpflanzen oder Haustierrassen zu gewinnen, die bestimmten an sie gestellten Anforderungen entsprechen. Der Erfolg solcher Arbeiten ist jedoch in starkem Maße von Zufallsfaktoren abhängig, es handelt sich also nicht um Genmanipulation im hier gedachten Sinn. Wirklich gezielte Eingriffe in das genetische Material sind erst seit einigen Jahren möglich. Voraussetzung für die Entwicklung geeigneter Methoden war die Kenntnis der chemischen Struktur dieses Materials. Den eigentlichen Zugriff boten dann aber Enzyme, die das genetische Material an spezifischen Stellen schneiden. Diese Enzyme wurden seit 1972 entdeckt. Die betreffenden Arbeiten werden vorerst noch an geeigneten Modellobjekten durchgeführt. Eine verbreiterte Anwendung der dort entwickelten Methoden wird jedoch tiefgreifende Auswirkungen auf Biotechnologie, Tier- und Pflanzenzucht haben und erste Versuche zur Gentherapie beim Menschen auf eine völlig neue Basis stellen. Über solche ersten Versuche wurde früher zusammenfassend berichtet (Klingmüller, 1971, 1973).

Genmanipulation und Gentherapie geschehen an und mit dem *genetischen Material*. Will man sich mit diesen Themen befassen, so muß man zumindest einige grundlegende Fakten über Struktur und Funktion des genetischen Materials kennen. Sie seien vor Eintritt in die Erörterung des eigentlichen Gegenstandes dieses Buches angeführt. Mehr dazu kann den Lehrbüchern von Nigon und Lueken (1976), Knippers (1974), Bresch und Hausmann (1972) und Günther (1971) entnommen werden. Eine lexikalische Erläuterung von Stichworten geben Bauer *et al.* (1976).

1. DNS und RNS

Das genetische Material besteht aus einer kompliziert gebauten organisch-chemischen Verbindung. Da diese vor allem in Zellkernen vorkommt, hat man sie als Nukleinsäure bezeichnet. Ihr wissenschaftlicher Name ist *Desoxyribonukleinsäure* oder abgekürzt *DNS*. Diese Verbindung, das stoffliche Äquivalent der Erbinformation, setzt sich aus einfachen Grundbausteinen, den sogenannten *Mononukleotiden* zusammen, die ihrerseits aus je einem Phosphorsäurerest, einem Zuckermolekül (der Desoxyribose) und einer von 4 verschiedenen stickstoffhaltigen Basen bestehen. Diese Basen sind: Adenin, Guanin, Cytosin und Thymin (Abb. 2). Die Mononukleotide sind kettenförmig miteinander zu langen Fadenmolekülen, den sogenannten *Polynukleotiden* verbunden. Je zwei solcher Fäden bilden als Doppelstrang das eigentliche DNS-Molekül. Da dieses in sich schraubenförmig gewunden ist, spricht man von der *DNS-Doppelhelix* (Abb. 3). Bestimmte Abschnitte des DNS-Doppelstranges, meist eine Folge von etwa 1000 Nukleotiden, stellen die *Gene* dar.

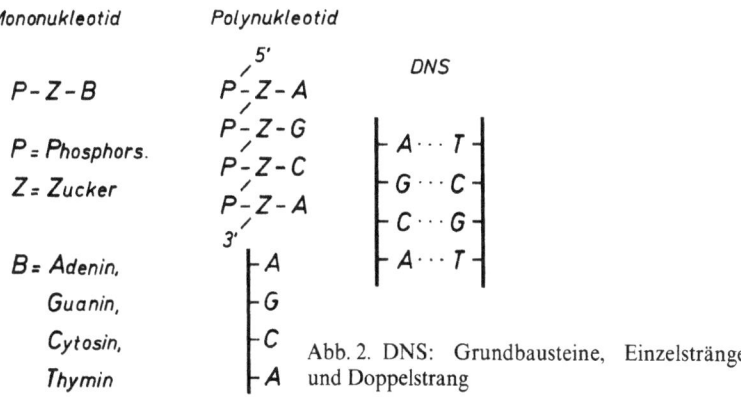

Abb. 2. DNS: Grundbausteine, Einzelstränge und Doppelstrang

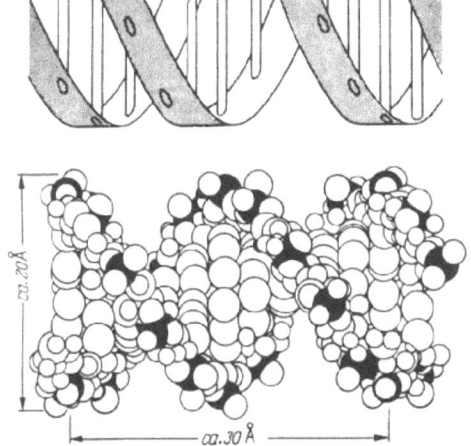

Abb. 3. DNS: Raumstruktur. Oben schematisch, unten als Atommodell. Aus Bresch und Hausmann, 1972

Da die Bindung innerhalb des Zuckerphosphatrückgrats eines Polynukleotids jeweils vom 3'-OH der Desoxyribose des einen zum 5'-Phosphat des folgenden Mononukleotids verläuft, haben die Einzelstränge eine *Polarität*. Ihre *Paarung* zum Doppelstrang wird durch *Wasserstoffbrücken* zwischen den genannten Basen möglich, wobei immer Adenin mit Thymin und Guanin mit Cytosin paart. Aufgrund dieser Gesetzmäßigkeit sind die *Nukleotidsequenzen* der beiden Einzelstränge eines DNS-Doppelstranges einander komplementär. Verwandt mit der DNS ist die *Ribonukleinsäure*, abgekürzt *RNS*, die in einigen Bakteriophagen und Viren als genetisches Material dient und in Zellen wichtige Funktionen bei der Proteinsynthese erfüllt. Sie enthält Ribose anstelle von Desoxyribose, und Uracil anstelle von Thymin. Sie liegt meist in Einzelstrangform vor. In den Paarungseigenschaften entspricht das Uracil dem Thymin.

2. Der genetische Code

Die *Erbinformation* ist in der DNS in einer Art Schrift niedergelegt, deren Lettern aus Gruppen von je 3 der erwähnten Mononukleotide und damit der genannten 4 Basen in jeweils bestimmter Folge bestehen. Diese Dreiergruppen oder *Tripletts* signalisieren den Einbau bestimmter Aminosäuren in Polypeptide bei der Synthese von *Enzymen, Hormonen* und Strukturproteinen in der Zelle. Die Zuordnung bestimmter Tripletts zu bestimmten Aminosäuren gelang Anfang der sechziger Jahre. Man spricht vom *genetischen Code*. Er ist vollständig in Form der *Code-„Sonne"* in Abb. 4 wiedergegeben, allerdings für mRNS, eine Nukleinsäure, auf die im nächsten Abschnitt eingegangen wird. Z. B. bedeutet die Folge AAA Lysin, die Folge CGA Arginin. Von insgesamt 64 aus den 4 verschiedenen Mononukleotiden ableitbaren Tripletts codieren 61 für Aminosäuren. Bei der *Proteinsynthese* werden nur 20 verschiedene Aminosäuren verwendet. Für einige gibt es mehrere Tripletts (*Degeneration des Codes*). Drei Tripletts sind Stopzeichen (nonsense- oder *Stoptripletts)*. Sie signalisieren bei der Proteinsynthese Kettenabbruch. Zwei jener Tripletts, die für Aminosäuren codieren, signalisieren in besonderer Position den Synthesebeginn (*Starttripletts*).

3. Proteinsynthese

Soll die in der DNS enthaltene genetische Information abgerufen werden, so wird sie zunächst in RNS umgeschrieben. Dieser Vorgang wird *Transkription* genannt. Die hierbei entstehende RNS dient als Zwischenträger bei der Expression der Gene. Sie wird daher als Boten- oder *Messenger-*

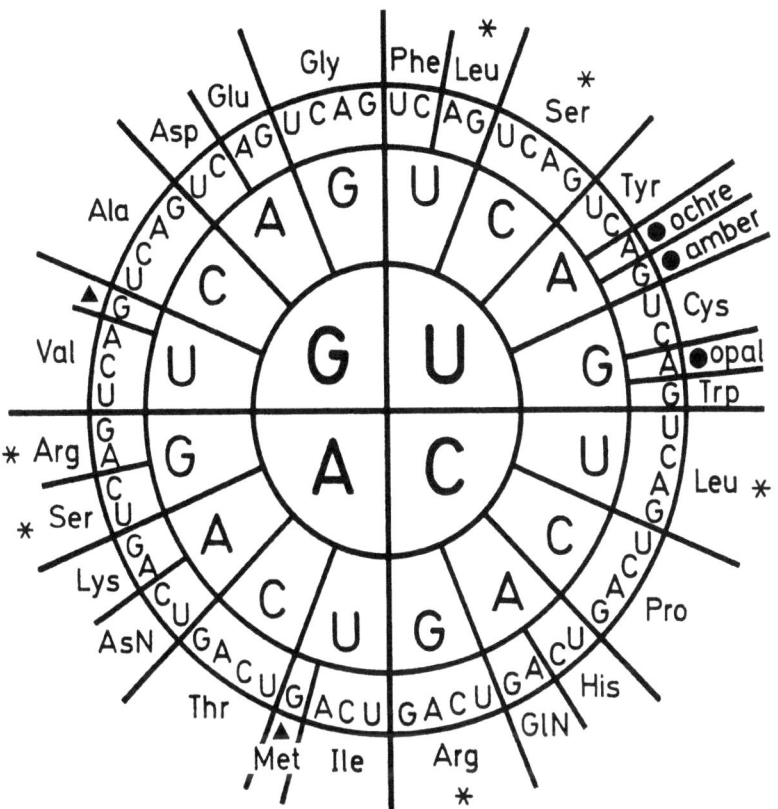

Abb. 4. Die Code-„Sonne". Die Tripletts sind von innen (5') nach außen (3') zu lesen. Sie geben die Basensequenz der mRNS-Tripletts wieder, die für die außerhalb des Kreises stehenden, abgekürzt geschriebenen Aminosäuren codieren. ✶ zweimal auftretende Aminosäuren, ● Stoptripletts, ▲ Starttripletts. Aus Bresch und Hausmann, 1972

RNS (mRNS) bezeichnet. Mit der mRNS treten nun *Ribosomen* in Verbindung, an welchen dann die Proteinsynthese erfolgt. Ribosomen sind kleine, aus je 2 Untereinheiten bestehende Zellorganelle. Durch die mRNS werden sie für die Synthese von Proteinen programmiert. Es entstehen jeweils Proteine mit genau jener Aminosäuresequenz, welche die mRNS-Moleküle, gemäß ihrer Triplett-Folge, signalisieren. Man spricht von *Translation* (Abb. 5). Meist sind mehrere Ribosomen gleichzeitig mit einem mRNS-Molekül zum sogenannten *Polysom* verbunden, wobei an jedem Ribosom, einer Fließbandarbeit vergleichbar, eine Polypeptidkette synthetisiert wird.

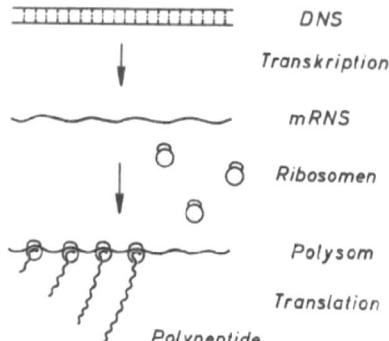

Abb. 5. Transkription und Translation, schematisch

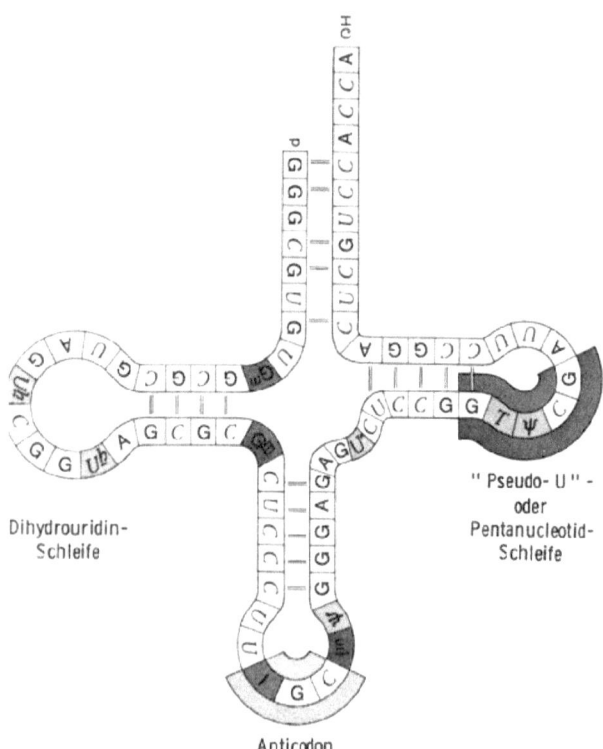

Abb. 6. Ein tRNS-Molekül in Kleeblattform (tRNS^{Ala} aus Hefe). Die schraffierten Kästchen bezeichnen ungewöhnliche, in anderen RNS-Spezies nicht vorkommende Basen. Aus Knippers, 1974, nach Holley

Außer mRNS und Aminosäuren sind für die Proteinsynthese weitere Komponenten nötig, darunter *tRNS* und *aktivierende Enzyme*. tRNS- oder *transfer-RNS*-Moleküle sind kurzkettige RNS-Spezies, die in ihrem Mittelabschnitt ein für die Proteinsynthese entscheidendes Triplett tragen, das *Anticodon*. Es sorgt für die Spezifität der Reaktion solcher tRNS-Moleküle mit mRNS. Am einen Ende haben die tRNS-Moleküle eine Anheftungsstelle für die ihnen zugehörige Aminosäure. tRNS-Moleküle werden gewöhnlich in *Kleeblattform* dargestellt (Abb. 6). Die Verbindung zwischen Aminosäure und tRNS kommt unter Mitwirkung von ATP, dem energieübertragenden Molekül der Zellen, und einem der aktivierenden Enzyme zustande. Mit welcher Aminosäure die tRNS reagiert, ist in ihrer Nukleotidsequenz vorgegeben. Die Aminosäuren werden nun durch die tRNS-Moleküle an die Ribosomen angeliefert (Abb. 7). Das in der mRNS am

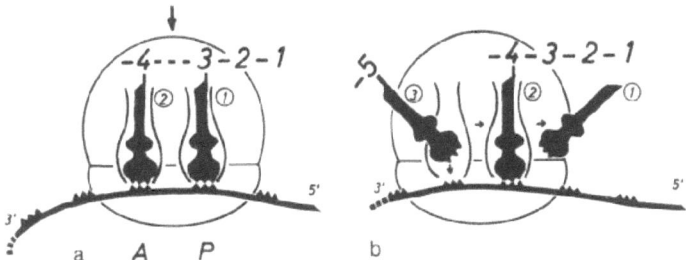

Abb. 7 a und b. Zwei Reaktionsschritte bei der Translation am Ribosom, schematisch. Im Hintergrund von Abbildungsteil a und b das Ribosom, aus 2 Untereinheiten. Oben die Aminosäuren 1 bis 5, die zum Polypeptid verknüpft werden. Darunter tRNS-Moleküle, in vereinfachter Kleeblattform, mit dem Anticodon nach unten gerichtet. Für ihre Anlagerung stehen am Ribosom 2 Positionen zur Verfügung, die Aminoacyl-Position *A* und die Peptidyl-Position *P*. Ganz unten die mRNS. An ihr bewegt sich das Ribosom von rechts nach links. (a) Herstellung einer Peptidbindung (Pfeil). (b) Etwas späterer Zeitpunkt, Translokation der ursprünglich in die A-Position eingebrachten tRNS *2* mit dem jetzt an ihr hängenden Oligopeptid in die P-Position, Ablösung der frei gewordenen tRNS *1*, Anlieferung einer weiteren Aminosäure durch tRNS *3*

Ribosom jeweils exponierte Triplett wird von der zugehörigen tRNS bedient, wobei die Spezifität durch Wasserstoffbrücken zwischen ihrem Anticodon und dem Triplett der mRNS gewährleistet wird. Während sich die Ribosomen an der mRNS entlang bewegen, werden so in der Reihenfolge der Tripletts der mRNS Aminosäuren miteinander zu Polypeptidmolekülen verknüpft. Bei der Verknüpfung spielen verschiedene *Zusatzfaktoren* eine Rolle. Die erwähnten Stoptripletts sorgen für die Beendigung des Vorganges.

4. Chromosomen

Das gesamte genetische Material einer Zelle bezeichnet man als deren *Genom*. Bei den Bakterien ist das Genom doppelsträngige DNS, die in Ringform als eigentliches *Chromosom*, gelegentlich ergänzt durch kleinere Zusatzelemente vorliegt. Das Chromosom befindet sich hier inmitten der Zelle, mehr oder weniger verknäult und ohne scharfe Abgrenzung gegen das übrige Zellumen. Bei höheren Organismen, den sogenannten *Eukaryonten*, besteht das Genom aus dem *Chromatin* und der DNS in den Mitochondrien sowie gegebenenfalls (bei Pflanzen) in den Chloroplasten. Das Chromatin liegt eingeschlossen in den Zellkern vor und ist gegen das Zellumen durch die Kernmembran abgegrenzt.

Hauptbestandteil des Chromatins ist DNS. Sie ist hier strukturell höher organisiert als bei den Bakterien und auf eine größere oder kleinere Zahl von *Chromosomen* verteilt. Diese enthalten zusätzlich zur DNS noch verschiedene andere Bestandteile, u. zw. einmal gewisse einfache basische Proteine, sogenannte *Histone*, die als strukturgebende Elemente wirken, vielleicht auch eine Regelfunktion haben, zum anderen nichtbasische Proteine mit noch wenig verstandener Funktion. Das Grundgerüst der Chromosomen von Eukaryonten dürfte wiederum ein durchlaufender DNS-

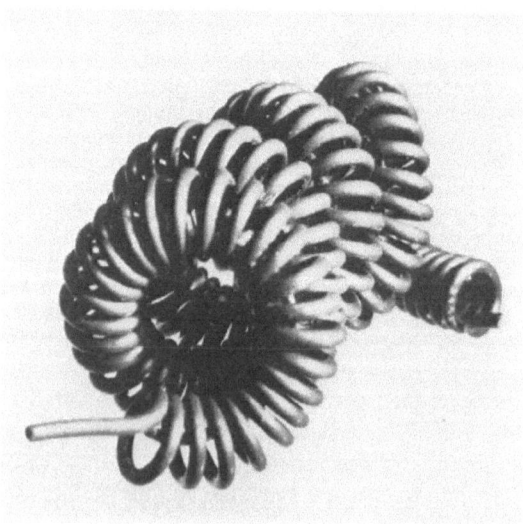

Abb. 8. Anordnung der DNS im Chromosom von Eukaryonten, Modell. Spiralisierungen 1. und 2. Ordnung gegeben, Spiralisierung 3. Ordnung angedeutet. Aus Klingmüller, 1962

Doppelstrang sein, der durch Spiralisierungen höherer Ordnung zu jenen kondensierten und leicht anfärbbaren Gebilden werden kann, die man in bestimmten Zellteilungsstadien schon seit langem als Chromosomen bevorzugt untersucht hat. Ein stark vereinfachendes, älteres Modell solcher Spiralisierungen gibt Abb. 8. Die Einzelheiten des Aufbaus der Chromosomen sind noch unverstanden, dürften aber aufgrund neuer methodischer Entwicklungen auf diesem Gebiet schon in Kürze deutlicher werden. So hat man in letzter Zeit *repetitive Untereinheiten im Chromatin* erkannt. Sie bestehen aus DNS-Abschnitten mit etwa 200 Nukleotidpaaren in Verbindung mit je 2×4 Histonmolekülen. Das Chromatin dürfte eine monotone Folge solcher Untereinheiten enthalten (*Perlenschnurmodell,* Kornberg 1974; darüber hinausgehende Modelle siehe S. 79, Abb. 52, und Nature **262,** 533, 1976).

Literatur

Bauer, G. *et al.*: Lexikon der Grundlagenforschung 1, Genetik, Immunologie, Virologie. München-Gräfelfing: Werk-Verlag Dr. Edmund Banaschewski, 1976

Bresch, C., Hausmann, R.: Klassische und molekulare Genetik, 3. Aufl., Berlin-Heidelberg-New York: Springer, 1972

Günther, E.: Grundriß der Genetik, 2. Aufl., Stuttgart: G. Fischer, 1971

Klingmüller, W.: Naturwissenschaftl. Rdsch. **15,** 363 – 373 (1962)

Klingmüller, W.: Biologie in unserer Zeit **1,** 86 – 94 (1971)

Klingmüller, W.: Umschau **73,** 653 – 657 (1973)

Knippers, R.: Molekulare Genetik, 2. Aufl., Stuttgart: Thieme, 1974

Kornberg, R. D.: Science **184,** 868 – 871 (1974)

Nigon, V., Lueken, W.: Vererbung. Allgemeine Biologie; Stuttgart: G. Fischer, 1976, Bd. IV

Kapitel II
Gezielte Mutagenese

Als ein erstes Beispiel für Genmanipulation, wegweisend für eine etwaige spätere Gentherapie, wäre die Elimination bestimmter Chromosomen oder Stücke davon aus Zellen anzusehen. Noch folgenreicher dürfte sein, wenn ganz bestimmte Gene, z. B. durch Erzeugung von Deletionen oder durch Änderung von Basenpaaren, verändert werden könnten. In beiden Fällen handelt es sich um *Mutagenese,* die Erzeugung von *Mutationen.* Liegt im genetischen Material eines biologischen Objektes eine Mutation vor, so ist dieses Objekt eine *Mutante.* Schon dann, wenn ein bestimmtes Gen in einer Zelle betroffen wäre, sollte von gezielter Mutagenese gesprochen werden. Höchste Spezifität der gezielten Mutagenese läge aber dann vor, wenn die Mutation in ganz bestimmten Abschnitten eines Gens, in Form einer bestimmten Basenpaaränderung, und in definierter Position möglich würde.

Für die Mutagenese sind verschiedene Strahlenarten sowie eine Vielzahl chemischer Substanzen in Gebrauch. Man bezeichnet sie zusammenfassend als *Mutagene.* Die damit erzielten Effekte sind normalerweise sta-

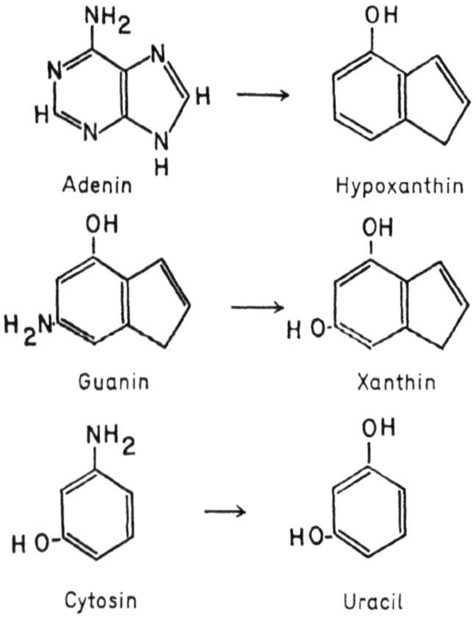

Abb. 9. Desaminierung von Adenin, Guanin und Cytosin durch salpetrige Säure. Das aus Guanin entstehende Xanthin wirkt wahrscheinlich nicht mutagen. Aus Klingmüller, 1962

tistisch über das Genom verteilt. Um die Problematik von Versuchen zur Erzeugung gezielter mutativer Änderungen des Genoms zu kennzeichnen, sei zunächst ein Beispiel besprochen: Zu den chemischen Mutagenen gehört u. a. die *salpetrige Säure*. Mit ihr kann man unter geeigneten Bedingungen bei Mikro-Organismen, bei pflanzlichen und auch bei tierischen Zellen Mutanten gewinnen, die auf die Änderung von Basenpaaren der DNS zurückgehen. Der Wirkungsmechanismus der salpetrigen Säure ist genau bekannt (Abb. 9). Bei der Behandlung von Zellen mit ihr entstehen durch *Desaminierung* von Adenin und Cytosin in der DNS die Basen Hypoxanthin und Uracil, die dort normalerweise nicht vorkommen. Sie haben bei der Replikation der DNS andere *Paarungseigenschaften* als die beiden zuerst genannten Basen, so daß letztlich an der betroffenen Stelle statt eines AT-Paares ein GC-Paar zu stehen kommt, oder umgekehrt.

Vegetative Sporen des Schimmelpilzes *Neurospora crassa*, die aufgrund eines erblichen Stoffwechseldefektes, einer sogenannten *Auxotrophie*, auf einem bestimmten Nährboden nicht zu wachsen vermochten, wurden entweder unbehandelt, oder nach Behandlung mit salpetriger Säure in großer Zahl in eben diesen Nährboden eingebracht. Während die unbehandelten Zellen wie erwartet nicht zu wachsen vermögen (Abb. 10 a), sind einige

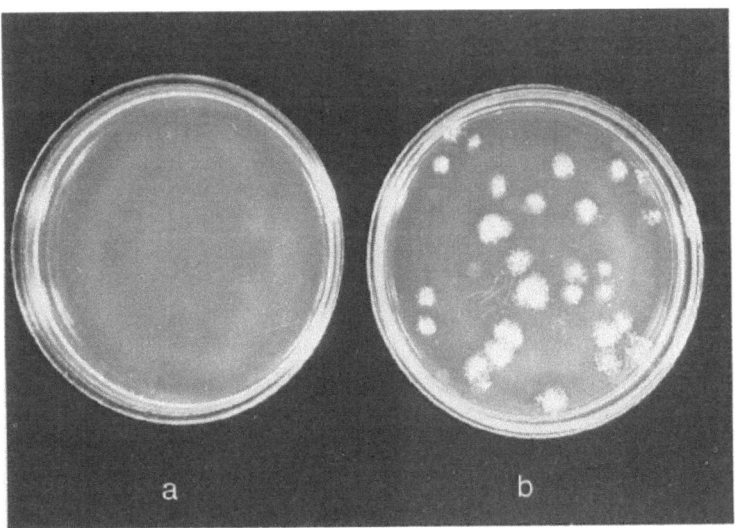

Abb. 10 a und b. Wirkung von salpetriger Säure auf Zellen einer Adenin-Mangelmutante des Schimmelpilzes Neurospora crassa. Links Platte mit unbehandelten (a), rechts mit behandelten Zellen (b). Minimalmedium, $6,7 \times 10^6$ Zellen pro Platte. Überlebensrate in (b) ca. 50%. Aus Klingmüller, 1971

der behandelten Zellen zu Wachstum und Koloniebildung befähigt (Abb. 10 b). Bei ihnen wurde der erbliche Defekt geheilt, und zwar durch eine Basenpaaränderung in der DNS der betroffenen Zellen, verursacht durch die Einwirkung der salpetrigen Säure.

Auf den ersten Blick scheint dies bereits ein Beispiel für gezielte Mutagenese zu sein, da zumindest einige der behandelten Zellen genau die erbliche Änderung aufweisen, die erreicht werden sollte. Bei genauerer Betrachtung der Situation ergibt sich aber, daß der Weg zu einer gezielten Mutagenese im hier erörterten Beispiel noch weit ist. Es wurden zwar einige Zellen spezifisch abgeändert, andere aber in ganz anderer Weise, was bei Abwandlung der Versuchsbedingungen gezeigt werden kann. Darüber hinaus wurden viele der behandelten Zellen überhaupt nicht beeinflußt oder aber in Folge ungünstiger Nebenwirkungen der salpetrigen Säure abgetötet. Die Änderung erfolgte also einerseits nicht an allen Zellen, und andererseits nicht unter Schonung der übrigen Zellbestandteile und Gene. Da nach Kenntnis des Reaktionsmechanismus von salpetriger Säure damit gerechnet werden muß, daß im Prinzip jedes beliebige Basenpaar jedes beliebigen Gens der behandelten Zelle verändert werden kann, sind die Grundlagen für eine spezifische Wirkung bei salpetriger Säure nicht gegeben. Ähnliches gilt für die meisten anderen chemischen Mutagene sowie für nahezu alle Versuche mit Strahlen. Erste Ansätze zur Verbesserung der Situation werden in den folgenden Abschnitten beschrieben.

1. Nicht-Zufallsverteilung von Chromosomenbrüchen

Bei Versuchen zur Induktion von *Chromosomenbrüchen* mit Strahlen und auch mit Chemikalien findet man häufig, daß bestimmte Bereiche der Chromosomen öfter als andere betroffen sind. Dies kann durch zytologische Auswertung der Meta- oder Anaphasen in Mitose oder Meiose erkannt werden, wobei heute neue Färbemethoden, welche verschiedenartige *Bandenmuster* in den Chromosomen der meisten höheren Organismen zu Tage fördern, die Lokalisierung der Bruchereignisse erleichtern (Kap. X). Chromosomen können zwei Schenkel haben. An der zentralen Verbindungsstelle, dem *Centromer,* setzt bei der Teilung die Spindelfaser an. Diese Stelle, ihre nähere Umgebung, sowie eine bei manchen Chromosomen zusätzlich vorhandene *sekundäre Einschnürung* scheinen bevorzugt zu brechen. Auch in den distalen bis terminalen Abschnitten der Schenkel mancher Chromosomen wurde eine Häufung von Bruchereignissen beobachtet (Abb. 11). Neuere Versuche an röntgenbestrahlten menschlichen Lymphozyten zeigten, daß Brüche bevorzugt in den Abschnitten zwischen den nach Färbung sichtbaren Banden, den sogenannten Interbanden, entstehen, wobei die *Geschlechtschromosomen,* das X- und Y-Chromosom, seltener betroffen sind als die übrigen Chromosomen, die *Autosomen* (Seabright, 1973). Untersuchungen an Vicia faba (Rieger *et al.*, 1975) machen wahrscheinlich, daß es vom Wirkungsmechanismus des verwendeten Mutagens abhängt, welche der für das Brechen prädisponierten Interbanden jeweils tatsächlich brechen.

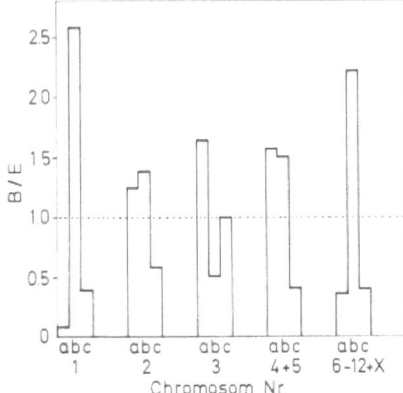

Abb. 11. Verteilungsmuster Treminon-induzierter, aus dem Auftreten von Chromosomen-Aberrationen ableitbarer Bruchereignisse in menschlichen Chromosomen. Dargestellt ist der Quotient aus Beobachtungswert *B* und Erwartungswert *E* für verschiedene Bereiche der Chromosomen 1 bis 12 und des X-Chromosoms. *a* Distaler Bereich des kürzeren Schenkels, *b* Zentraler Bereich, *c* Distaler Bereich des längeren Schenkels. Aus Gebhart und Bauer, 1970, verändert

Bei der Interpretation derartiger Versuchsergebnisse ist zu beachten, daß die nach Ablauf der Behandlung üblicherweise registrierten *Chromosomen-Aberrationen* nur bedingt Schlüsse auf Zahl und Art der induzierten Brüche zulassen, da viele dieser Brüche durch Wiederverheilung (Restitution) verschwinden. Die beobachteten Effekte könnten also auch durch eine verringerte Wirksamkeit des Restitutionsmechanismus in bestimmten Chromosomenbereichen sekundär entstehen. Ferner fallen die beobachteten Nicht-Zufallsverteilungen für ein und denselben Zelltyp unterschiedlich aus, wenn man synchronisierte Zellen benutzt und diese in unterschiedlichen Stadien ihres Teilungszyklus behandelt (van Steenis *et al.*, 1974).

Dessen ungeachtet sollte es bei Applikation niedriger Dosen geeignet gewählter Mutagene möglich sein, in einigen Zellen einer damit behandelten Zellpopulation an jeweils bestimmten, labilen Stellen der Chromosomen Brüche zu induzieren und bei weiterer Teilung dieser Zellen gelegentlich auch Tochterzellen zu erhalten, denen dann bestimmte Abschnitte des Chromosomensatzes fehlen. Die Schwierigkeit ist, daß aus statistischen Gründen selbst bei niedrigen Dosen immer auch Brüche auftreten können, die nicht erwünscht sind, wenn auch mit geringerer Wahrscheinlichkeit. Ferner induzieren die hier wirksamen Strahlen oder Chemikalien meist nicht nur Chromosomenbrüche, sondern gleichzeitig auch im zytologischen Präparat nicht sichtbare *Punktmutationen*. Dies bedeutet das Risiko der Einführung weiterer unerwünschter Änderungen in das Genom der zu behandelnden Zellen.

2. Präferentielle Induktion von Genmutationen

Daß neben Chromosomenbrüchen auch Punktmutationen im Genbereich erzeugt werden, ist ein Charakteristikum der meisten Mutagene. Für eine gezielte Mutagenese wäre es notwendig, Mutagene zu finden, die nur den einen oder nur den anderen Mutationstyp liefern. In dieser Hinsicht bilden z. B. *Neutronen* und *Natriumazid* zwei Extreme. Neutronen erzeugen eine hohe Rate von Chromosomenbrüchen, Natriumazid läßt hingegen hauptsächlich *Genmutationen* entstehen, und zwar anscheinend auf dem Nukleotid-Niveau. Diese Substanz war bisher bekannt als Hemmer der ATP-Synthese in Mitochondrien. Nilan *et al.* (1973, 1975) fanden jedoch bei Versuchen mit Gerstensamen, daß Natriumazid auch außerordentlich mutagen ist. Wenn es bei pH 3 in einer Konzentration von 10^{-3} M keimenden Samen geboten wird, treten in über 60% der an den aufwachsenden Pflanzen entstehenden Ähren Samen mit Chlorophylldefekt-Mutationen auf. Die Mutationen werden erkennbar, wenn man aus diesen Samen erneut Keimpflanzen aufzieht. Auch andere Mutationen wurden mit sehr hohen Raten induziert. Chromosomen-Aberrationen traten nicht häufiger auf, als in unbehandelten Keimlingen. Die Fertilität der Pflanzen, d. h. der Samenansatz pro Ähre, war stark verringert. Der Mechanismus der mutagenen Wirkung von Natriumazid ist noch unklar. In vitro ändert es DNS nicht. Möglicherweise wird es erst in vivo in eine mutagene Verbindung umgewandelt. Die Substanz scheint besonders in solchen Objekten zu wirken, wo DNS-Reparaturmechanismen fehlen.

3. Mikro-Bestrahlung

Bei der Bestrahlung von Zellen in Gewebekultur oder von ganzen Gewebepartien werden alle exponierten Zellen und alle ihre Bestandteile mehr oder weniger gleichmäßig getroffen. Zur Erreichung eines gezielten Effektes ist dies von Nachteil. Es sind aber auch schon früh Bestrahlungen von Einzelzellen vorgenommen worden, bei welchen ein nach Möglichkeit scharf gebündelter Strahl von UV-Licht, von Röntgen-, Elektronen- oder Protonenstrahlen durch bestimmte Regionen des Objektes, darunter der Zellkern, Teile des mitotischen Apparates oder Abschnitte von Chromosomen, gelenkt wurden, um diskrete Defekte zu setzen (Berns, 1974 a). Dabei wurden die Wirkungen solcher Eingriffe auf verschiedene Zellfunktionen untersucht. Am weitesten ist man hierbei inzwischen mit Hilfe von *Laserstrahlen* gekommen (Berns, 1974 b). In diesen Versuchen ging es darum, durch Bestrahlung von Säugerzellen in Gewebekultur Zellinien zu erhalten, denen bestimmte Chromosomen fehlen, oder die Mutationen in bestimmten Chromosomen tragen. Solche Zellinien werden für die Grundlagenforschung benötigt, da an ihnen geklärt werden könnte, welche Gene sich auf welchen Chromosomen befinden, und welche Chromosomenregionen für kürzeres oder dauerndes Überleben von Zellen essentiell bzw. nicht essentiell sind. Ferner könnten Bestrahlungsversuche der hier erörterten Art Auskunft über die Fähigkeit der Zellen geben, Chromosomenschäden zu reparieren.

Als Versuchsobjekt dienten Nierenzellen des *Rattenkänguruhs* (Potorous tridactylis, $2n = 13$, also 13 Chromosomen pro doppeltem Chromosomensatz). Diese sind trisomisch für ein großes, akrozentrisches (d. h. mit ungleich langen Schenkeln) Chromosom Nr. 1, haben von ihm also drei Exemplare. Die Zellen haben die Eigenschaft, sich bei der Mitose abzuflachen, was die Erkennung der Chromosomen im Mikroskop und deren gezielte Bestrahlung erleichtert. Die Zellen wurden in kleinen Kulturkammern gezüchtet. Unter dem Phasenkontrastmikroskop wurden Zellen, die sich in Mitose befanden, herausgesucht und das Bild einer in Mitose befindlichen Zelle wurde auf einen Fernsehschirm projiziert. Mit dessen Hilfe ließ sich die mechanische Einstellung des gewünschten Zielbereiches in der Zelle auf den Durchgangspunkt des Laserstrahls vornehmen. Bestrahlt wurde mit einem energiereichen, blaugrünen Laserstrahl, der von einem gepulsten 35-Watt-Argon-Laser ausgesandt wurde. Zur Fokussierung des Strahls auf 0,25 bis 1 μm Durchmesser diente ein $100\times$ Neofluar Phasenobjektiv. Die Bestrahlungszeiten lagen zwischen 10^{-7} und 10^{-5} Sekunden. Die Zellen wurden während des Versuches unter Zeitraffung photographiert, um die bestrahlte Zelle auch nach Beendigung der Mitose nicht aus den Augen zu verlieren. Die Bestrahlung war lediglich auf das überzählige Chromosom Nr. 1 gerichtet. In der bestrahlten Zone tritt ein blasser Fleck auf, der, abhängig von der Laserenergie und der benutzten Optik, einen Durchmesser von 0,5 2 μm hat (Abb. 12, b). Wenn die Chromosomen anschließend nach Feulgen gefärbt werden (DNS-Fär-

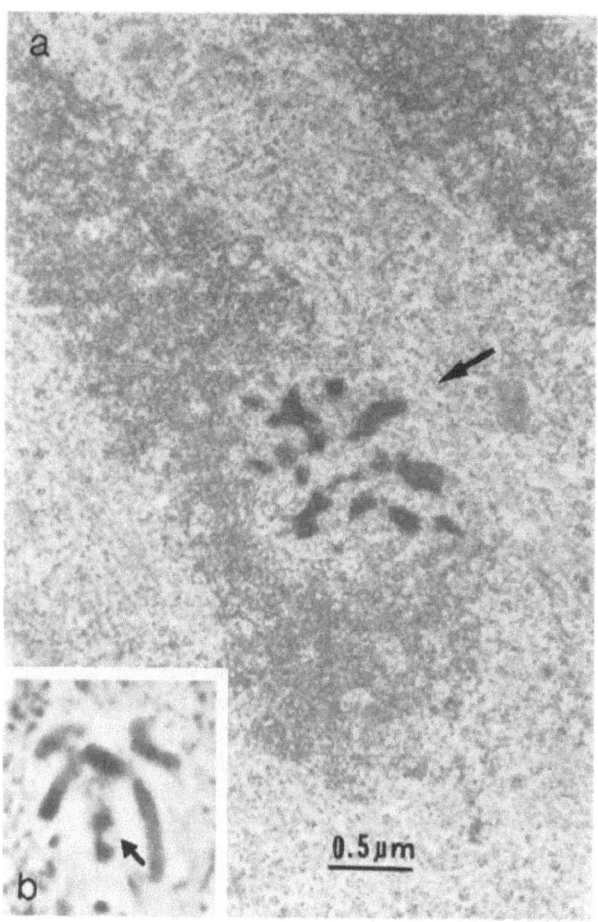

Abb. 12. (a) Teilansicht eines punktuell mit Laserlicht bestrahlten Känguruh-Chromosoms. Elektronenmikroskopische Aufnahme. Eine lädierte Stelle (*Pfeil*) ist zu erkennen. Der Einsatz (b) gibt in kleinerem Maßstab eine Gesamtansicht der bestrahlten Zelle im Phasenkontrast. Zielbereich an der *Pfeilspitze*. Aus Berns, 1974 b

bung), bleibt der blasse Fleck farblos. Es ließ sich zeigen, daß dieser Verlust der Färbbarkeit korreliert ist mit einem Ausfall der biologischen Funktion der bestrahlten Region: Nach Bestrahlung der sekundären Einschnürung, an welcher normalerweise nach der Mitose ein *Nukleolus* mit ribosomaler RNS gebildet wird, unterblieb die Bildung eines solchen Nukleolus (Rattner und Berns, 1974). An elektronenmikroskopischen Aufnahmen wurde außerdem gefunden, daß der blasse Fleck einer Schädigung des Chromosoms im ultrastrukturellen Bereich entspricht (Abb. 12, a). Dem Einstrahlungspunkt nahe benachbarte Organelle, wie Mitochondrien, Mikrotubuli oder Membranen schienen unversehrt. Die Zellen können diesen mikrochirurgischen Eingriff überleben. Sie sind dann in der Lage, sich fortgesetzt zu teilen und Klone von Zellen mit dem entsprechenden Defekt zu bilden.

Außer der Erzeugung von Defekten an bestimmten Stellen des Chromosoms Nr. 1 können durch Laserbestrahlung auch ganze Chromosomen aus den Zellen eliminiert werden. Dafür wird z. B. bei einer in Metaphase befindlichen Zelle das Centromer des betreffenden Chromosoms bestrahlt. Als Folge dieses Eingriffes bleibt das Chromosom in der Teilungsebene zurück, gelangt also nicht in die Tochterkerne. Diese haben dann den normalen Chromosomensatz, $2n = 12$. Der Fortschritt der hier besprochenen Versuche gegenüber früheren, mit anderen Strahlen durchgeführten ist, daß sie zur *Klonierung* einiger der bestrahlten Zellen führten. Die gesetzten Schäden sind also offensichtlich relativ gering, sofern sie nicht sowieso durch die in den homologen Chromosomen enthaltene genetische Information kompensiert werden. Die Klonierung erfolgte in einer Reihe diffiziler, am Mikroskop kontrollierter Teilschritte, wobei die bestrahlte Zelle von anderen, nicht bestrahlten abgetrennt und nach Vermehrung in geeignete Kulturgefäße mit Nährlösung übertagen werden konnte. Von insgesamt 102 Zellen, deren Chromosom Nr. 1 bestrahlt worden war, konnten 9 als *Klone* erhalten und weitergezüchtet werden. Die Analyse dieser Linien hinsichtlich der durch den gesetzten Defekt betroffenen biologischen Funktion steht noch aus. Trisome Linien scheinen dafür nicht übermäßig geeignet zu sein. Sobald die Funktionen, welche nach Bestrahlung ausfallen, erfaßt werden können, wird hier ein erstes Beispiel für gezielte Mutagenese an Säugerzellen, zumindest auf der Ebene von Chromosomenmutationen vorliegen.

4. Chemische Mutagenese

a) Basenpaaränderungen

Einleitend wurde bereits am Beispiel der salpetrigen Säure von *Basenpaaränderungen* gesprochen. Diese liegen vor, wenn in der DNS-Doppelhelix in bestimmter Position das dort ursprünglich vorhandene *Basenpaar* durch eines der drei anderen möglichen ersetzt wurde. Salpetrige Säure induziert Änderungen von AT nach GC, und von GC nach AT. Man bezeichnet solche Änderungen als *Transitionen* (Abb. 13 a). Hier erfolgt also, formal betrachtet, im einen Strang ein Austausch zwischen den beiden möglichen Purinen, im anderen Strang ein Austausch zwischen den beiden möglichen Pyrimidinen. Auch eine Anzahl anderer chemischer Mutagene induzieren derartige Transitionen. Hierher gehören das 2-Amino-Purin und das 5-

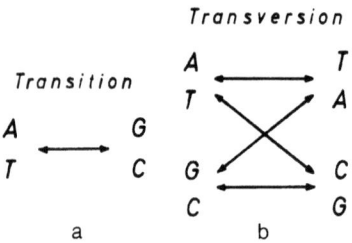

Abb. 13. Verschiedene Möglichkeiten von Basenpaaränderungen

Brom-Uracil (BU), *2 basenanaloge Substanzen.* Deren Wirkungsmechanismus ist verschieden von jenem der salpetrigen Säure. BU wird, da es Ähnlichkeit mit Thymin besitzt, während der Replikation der DNS an seiner Stelle eingebaut (Abb. 14). Es hat jedoch die Besonderheit, außer in der normalen *Ketoform* auch in einer dazu *tautomeren Enolform* vorzukommen. In der Enolform paart es mit Guanin, nicht mit Adenin, so daß bei Weiterführung der Replikation anstelle eines AT-Paares ein GC-Paar zu stehen kommt.

Alkylierende Substanzen sind z. B. Äthylmethan-Sulfonat, Dimethyl- und Diäthyl-Sulfat. Mit diesen Verbindungen können CH_3 oder C_2H_5-Gruppen in Nukleinsäuren eingeführt werden. Die primäre und oft einzig nachweisbare Reaktion in vitro ist die Alkylierung von Guanin am N 7. Diese Änderung kommt auch in vivo vor, scheint aber als solche nicht mutagen zu sein. Bestenfalls entsteht durch Heraustrennen des alkylierten Guanins eine *Purinlücke*, mit letaler Folge. In vivo wird außer 7-Alkyl-Guanin auch 3-Methyl-Cytosin und 0^6-Methyl-Guanin gefunden. Es sind dies Verbindungen, die zu unspezifischen Fehlpaarungen und damit zu Mutationen Anlaß geben (Singer, 1975). Neben Transitionen wird eine 2. Klasse von Basenpaaränderungen erzielt, die sogenannten *Transversionen.* Von ihnen spricht man dann, wenn ein Purin im einen der beiden Stränge der DNS-Doppelhelix in eines der beiden möglichen Pyrimidine überführt wird, und sein Pyrimidinpartner im Komplementärstrang entsprechend in eines der beiden möglichen Purine (Abb. 13 b). Das Zustandekommen beider Typen von Basenpaaränderungen bei Anwendung von alkylierenden Substanzen ist unter der Annahme des Vorkommens der veränderten Basen in verschiedenen tautomeren Formen leicht abzuleiten. Transitionen und Transversionen geben meist einzelne *Aminosäureaustausche* in den von den betroffenen Genen spezifizierten Proteinen.

Da alkylierende Substanzen Transitionen und Transversionen, also jeden Basenaustausch induzieren, andere chemische Mutagene, wie die schon genannten Basenanaloga 2-Amino-Purin und BU aber nur Transitionen, also nur Austausche zwischen Paaren der gleichen Klasse, sind

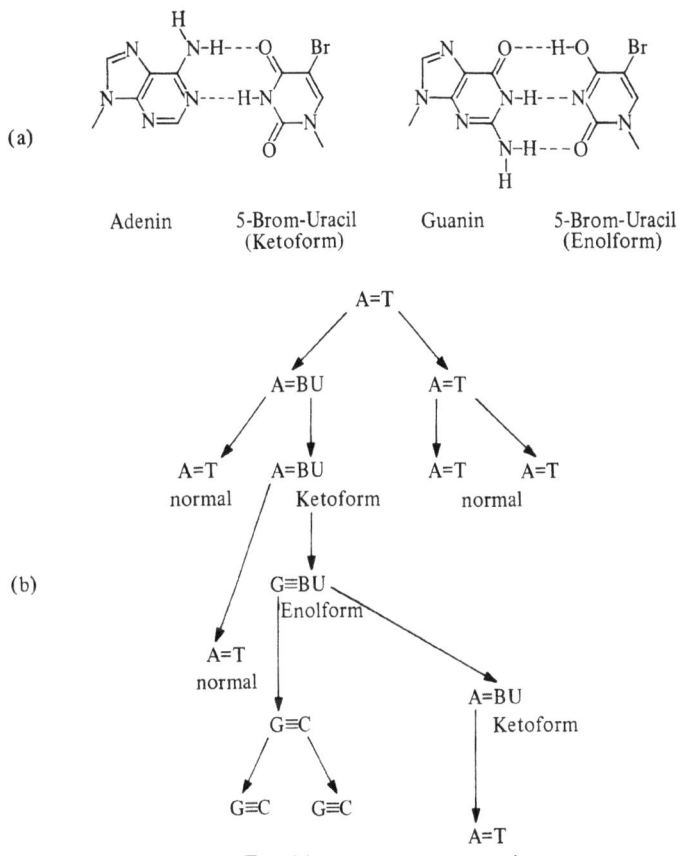

Abb. 14 a und b. Entstehung von Basenpaaränderungen bei der Replikation von DNS in Gegenwart von BU. (a) Paarungsmöglichkeiten von BU. Aus Klingmüller, 1962. (b) Entstehung eines GC-Paares anstelle eines AT-Paares im Zuge mehrerer Replikationsschritte, schematisch. Aus Günther, 1971

letztere spezifischere Mutagene als erstere (Tabelle 1). Unter den zuletzt genannten finden sich solche, die unter bestimmten Bedingungen Transitionen bevorzugt in einer der beiden möglichen Richtungen auslösen. Dies ist bei 2-Amino-Purin und BU der Fall, beim BU deshalb, weil die Keto-

Tabelle 1. Durch chemische Mutagene induzierte Basenaustausche. Nach Strauss, 1968

Mutagen	Hauptreaktion	Änderung
2-Amino-Purin	Adenin-Analog, Fehlpaarungen in vivo	A : T ⇌ G : C
5-Brom-Uracil	Thymin-Analog, Fehlpaarungen in vivo	A : T ⇌ G : C
HNO_2	Desaminierung: C → U, G → X, A → HX	A : T ⟷ G : C, Deletionen
NH_2OH	Bildung von Hydroxyl-amino-Dehydroxy-Cytosin und N-4-Hydroxy-Cytosin	G : C ⟶ A : T
Äthylmethan-Sulfonat	Bildung von 7-Methyl-Guanin und 3-Methyl-Adenin, Entstehung von Purinlücken	G : C ⇌ A : T, Transversionen
Proflavin	Interkalation in DNS	Rasterschübe, Insertionen und Deletionen

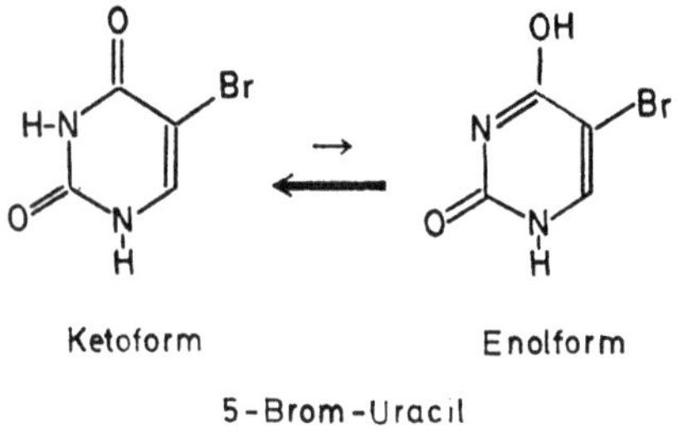

5-Brom-Uracil
Ketoform ⇌ Enolform

Abb. 15. Tautomerie von BU. Aus Klingmüller, 1962

form die statistisch weitaus häufigere ist (Abb. 15). Die bevorzugte Richtung ist AT → GC. Am spezifischsten wirkt, wie sich gezeigt hat, das Hydroxylamin, NH_2OH. Diese Verbindung wandelt Cytosin in N-4-Hydroxy-Cytosin um, das mit Adenin paaren kann und damit im Zuge der Replikation den Übergang von GC nach AT bewirkt. Da NH_2OH hauptsächlich auf C wirkt, kommt der Übergang in der anderen Richtung kaum vor.

Obwohl demnach einige chemische Mutagene eine relativ hohe Spezifität bei der Induktion von Basenpaaränderungen erkennen lassen, so sind diese doch bisher für Versuche zur gezielten Mutagenese noch kaum eingesetzt worden. Eine Ausnahme machen die später zu besprechenden Versuche an RNS-Phagen. Der Grund ist, daß solche Mutagene zwar geeignet sind, ein bestimmtes der vier möglichen Basenpaare in ein anderes zu überführen, bei starker Verdünnung sogar nur relativ selten pro Genom. Aber der Ort in der DNS, an welchem diese Änderung vor sich gehen soll, kann nicht diktiert werden. Es entstehen mehr oder weniger statistisch Änderungen in beliebigen Genen und an beliebiger Stelle dieser Gene. Zusätzlich ist bei allen genannten Mutagenen die mutative Wirkung mit einer hohen *Inaktivierungsrate* gekoppelt. Brauchbare *Mutationsraten* werden also nur mit Konzentrationen erhalten, bei welchen ein schon relativ großer Teil der behandelten Zellpopulation durch schädigende Nebenwirkungen des Mutagens abgetötet wird.

b) Wirkungen auf den Replikationspunkt

In dieser Hinsicht ist ein Mutagen von Interesse, das vor einiger Zeit in die Mutageneseforschung eingeführt wurde (Mandell und Greenberg, 1960) und heute viel benutzt wird, das *Nitrosoguanidin* (*MNNG*, Abb. 16). Dieses hat die bemerkenswerte Eigenschaft, schon bei kaum nennenswerten Inaktivierungsraten der behandelten Zellpopulationen hohe Mutationsraten zu liefern (Adelberg et al. 1965). MNNG alkyliert DNS, insbesondere Guanin, so daß 7-Methyl-Guanin entsteht, reagiert aber auch z. B. mit Ly-

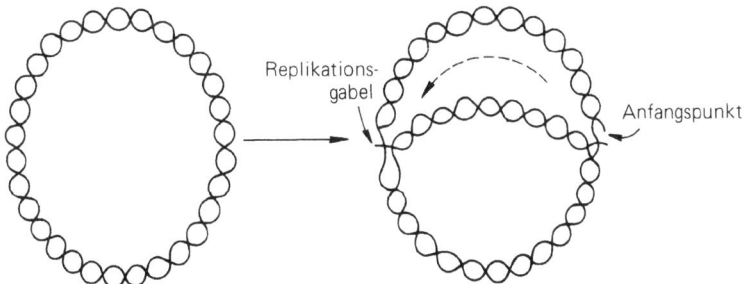

N-Methyl-N'-nitro-N-nitrosoguanidin   Abb. 16. Strukturformel von Nitrosoguanidin

Abb. 17. Replikation des Chromosoms des Bakteriums Escherichia coli. Links: Ausgangssituation, rechts: Stadium nach teilweiser Replikation. Die Replikationsgabel, an welcher Replikationsenzyme angreifen, ist von einem festen Anfangspunkt aus über einen Teil des Chromosoms hingewandert. Aus Kornberg, 1974, nach Cairns, verändert

sinresten von Proteinen. Oberhalb von pH 5 zersetzt es sich langsam zu Diazomethan, welches dann ebenfalls mutagen wirkt. Es methyliert DNS-Bausteine an verschiedenen Stellen und bedingt strukturelle Änderungen von DNS. Hier zeichnet sich ein Weg ab, um unter gewissen Bedingungen gezielt Mutationen setzen zu können. Es ließ sich nämlich zeigen, daß MNNG im Zuge der Replikation von DNS speziell an der *Replikationsgabel* (Abb. 17) angreift, und bevorzugt dort, wo sich diese Gabel grade befindet, Mutationen erzeugt (Cerdá-Olmedo und Hanawalt, 1968). Dies er-

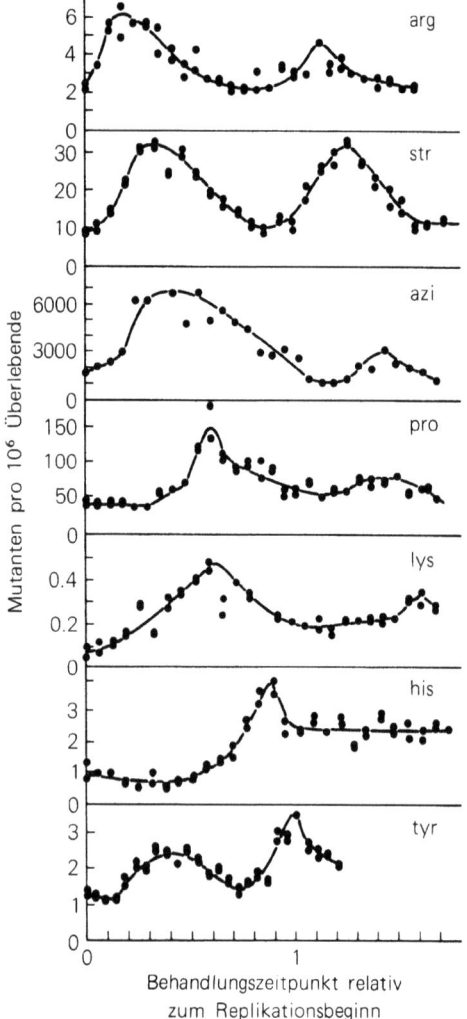

Abb. 18. Gezielte Mutagenese bei E. coli. Synchronisierte Zellen mehrfach auxotropher Stämme wurden zu verschiedenen Zeiten nach dem Anlaufen der DNS-Replikation mit Nitrosoguanidin behandelt. Anschließend wurden sie auf Selektivnährböden plattiert. Die Zahl der jeweils erhaltenen Mutanten verschiedenen Typs ist gegen die Zeit aufgetragen. *arg* = Mutation zur Arginin-Unabhängigkeit; *pro, lys, his, tyr* = Mutationen zur Prolin-, Lysin-, Histidin- bzw. Tyrosin-Unabhängigkeit. *str* und *azi* = Mutationen zur Streptomycin- bzw. Azid-Resistenz. Aus Cerdá-Olmedo und Hanawalt, 1968

gab sich aus der Tatsache, daß bei Suspensionen auxotropher Bakterienzellen, deren DNS-Replikation zunächst gestoppt worden war, Mutationen zur Prototrophie bevorzugt dann auftraten, wenn MNNG in bestimmtem zeitlichen Abstand von der Übertragung der Zellen in ein Medium geboten wurde, in welchem die Replikation wieder anlief (Abb. 18).

Ähnliche Ergebnisse haben auch Wolf et al., (1968) erhalten. Hohlfeld und Vielmetter (1973) haben diese Tatsache benutzt, um die Reihenfolge und den zeitlichen Abstand der Replikation bestimmter Gene auf dem Chromosom des Bakteriums Escherichia coli zu ermitteln. Demnach kann man bei allen jenen Objekten, bei welchen die Zellen in ihrer DNS-Replikation synchronisierbar sind, versuchen, zu bestimmten Zeiten nach Replikationsbeginn durch Angebot von MNNG jene Gene, an welchen sich die Replikationsgabel dann befindet, zu mutieren. Je nach Schärfe der *Synchronisierung* und der zeitlichen Beschränkung der Behandlung mit MNNG werden in allen Zellen mehr oder weniger präzise die gleichen Gene getroffen.

5. In vitro-Mutagenese bei RNS-Phagen

Die gezielte Veränderung des genetischen Materials eines biologischen Objektes ist nicht notwendigerweise an die Behandlung lebender Zellen dieses Objektes mit geeigneten Mutagenen gebunden. Es ist vielmehr auch denkbar, daß das genetische Material als isoliertes Genom, in vitro, abgeändert wird. Da die experimentellen Bedingungen in vitro genau kontrolliert werden können, sollten sich so, eher als in lebenden Zellen, gezielte Veränderungen erreichen lassen. Tatsächlich ist dieser Weg gangbar. Auf ihm sind erste, sehr bemerkenswerte Erfolge zu verzeichnen. Die betreffenden Arbeiten seien jetzt, ausgehend von den zugehörigen molekulargenetischen und biochemischen Grundlagen, besprochen.

a) Aufbau und Bestandteile der Phagen

RNS-Phagen sind kleine, sehr einfach gebaute Bakterienviren, die als genetisches Material nicht DNS, sondern RNS enthalten. Sie ist eingeschlossen in eine Proteinhülle, ein kompakt gebautes *Capsid* mit eikosaedrischer Symmetrie. Der Durchmesser der Partikel beträgt 20 – 25 nm (Abb. 19 und 20). Das Capsid enthält zwei verschiedene, *phagencodierte Proteine;* als Hauptkomponente das Hüllprotein, das in 180 gleichen Untereinheiten vorliegt, und als zusätzliches Protein das A- oder Anheftungsprotein, von dem im Durchschnitt 1 Molekül pro Partikel vorkommt. Es wird auch als Reifungsprotein bezeichnet. Die im Phagenpartikel verpackte RNS macht etwa 30% des Phagen aus. Sie ist einsträngig, hat ein Molekulargewicht von 1 bis $1,5 \times 10^6$ und enthält daher 3500 – 4500 Nukleotide, was in etwa dem Informationsgehalt dreier Gene entspricht. Tatsächlich codiert sie, neben den beiden genannten, für noch ein weiteres Protein. Dieses fungiert in der infizierten Wirtszelle als Teil eines für die Replikation der Phagengenome nötigen Enzyms, einer sogenannten RNS-abhängigen RNS-Polymerase. Man bezeichnet sie auch als *Replikase*.

Zu den RNS-Phagen gehören einerseits die Phagen der großen f2-Gruppe. Die Angehörigen dieser Gruppe, darunter die Phagen f2, MS 2,

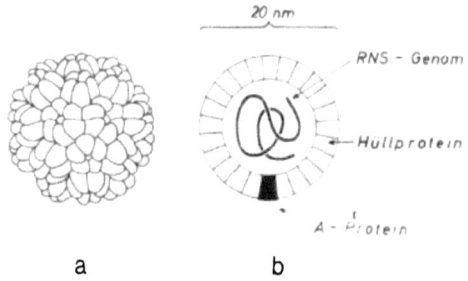

Abb. 19 a und b. Partikel eines RNS-Phagen. (a) räumlich. Aus Knippers, 1974. (b) Schnitt, schematisch

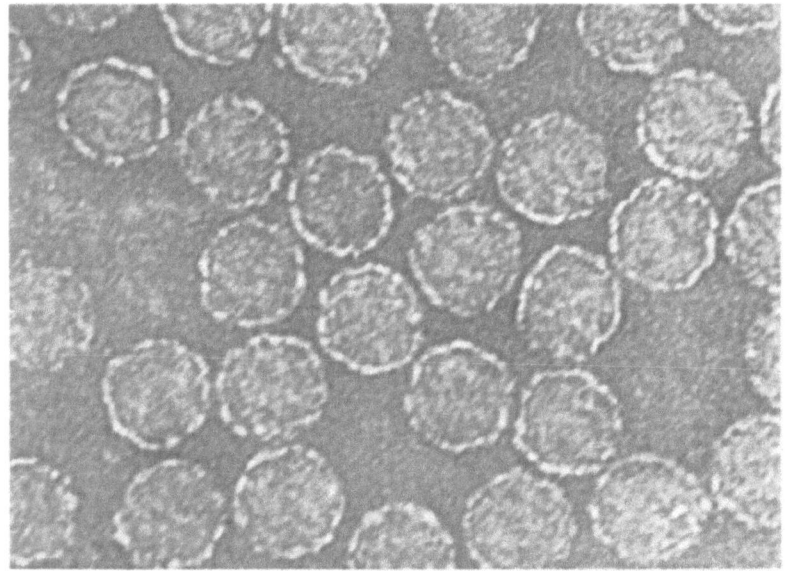

Abb. 20. Q_β-Partikel. Elektronenmikroskopische Aufnahme von T. Koller, freundlicherweise zur Verfügung gestellt von C. Weissmann. Vergr. ca. 750 000 ×

M 12, R 17 und fr, ähneln einander in serologischen, morphologischen und funktionellen Kriterien. Einer anderen Gruppe gehört der Phage Q_β an. Die Replikase aus Zellen von E. coli, welche mit dem Phagen Q_β infiziert wurden, ist besonders stabil. Sie eignet sich daher gut für in vitro-Experimente.

Das *Hüllprotein* des Phagen Q_β besteht pro Untereinheit aus 131 Aminosäuren. Deren Sequenz in linearer Folge ist heute bekannt. Die *Replikase*-Untereinheit, für welche der Phage Q_β codiert, enthält etwa 600 Aminosäuren. Die übrigen Bestandteile des vollständigen Enzyms sind drei vom

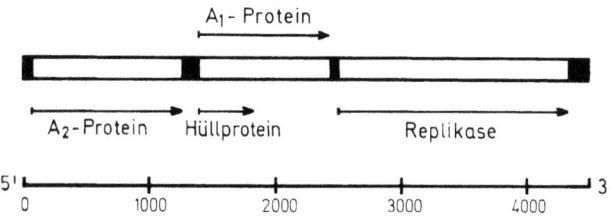

Abb. 21. Karte des Q_β-Genoms und zugehörige, phageneigene Proteine. Nicht translatierte Regionen sind schwarz gekennzeichnet. Bei den translatierten ist die Leserichtung durch die Pfeilspitzen markiert. Der angegebene Maßstab bezieht sich auf die Zahl der Mononukleotide im Genom. Aus Flavell *et al.*, 1974 b, verändert

Wirtsbakterium codierte Proteine, die β-, γ- und δ-Untereinheit. Die α-Untereinheit hat regulatorische Funktion, die γ- und δ-Untereinheiten entsprechen Proteinen, welche als Elongationsfaktoren Tu und Ts bei der bakteriellen Proteinsynthese eine Rolle spielen. Das vollständige Q_β-Enzym benutzt in vitro nur Q_β-RNS, nicht aber RNS von Phagen der f2-Gruppe als Matrize. Auch DNS, tRNS oder ribosomale RNS aus E. coli sowie RNS pflanzlicher Viren werden als Matrize nicht angenommen.

Das *Anheftungsprotein* von Q_β wird auch als A_2-Protein bezeichnet. Es besteht aus etwa 410 Aminosäuren. Ein viertes, bei Q_β vorhandenes Protein, dessen Bedeutung noch nicht völlig geklärt ist, ist das sogenannte A_1-Protein. Es besteht aus etwa 350 Aminosäuren und kommt in nur 3 bis 14 Exemplaren pro Partikel vor. Man nimmt an, daß es entsteht, wenn das Hüllproteingen im Zuge der Translation über das Stopsignal an seinem Ende hinaus abgelesen wird. Eine schematische Darstellung des Genoms des Phagen Q_β, mit den diese vier Proteine codierenden Bereichen gibt Abb. 21.

b) Vermehrungszyklus

Die Vermehrung der RNS-Phagen beginnt mit der Infektion der Wirtszelle. Fast alle bisher bekannten RNS-Phagen sind auf E. coli als Wirt angewiesen, wobei nur männliche Zellen, vom Hfr- oder F⁺-Typ infiziert werden können. Diese Zellen enthalten ein zusätzliches genetisches Element, den *F-Faktor,* der u. a. für die Bildung von haarförmigen Anhängen, den sogenannten *Sexualpili* codiert. Die Phagen heften sich an solche Pili an. Dabei spielt offensichtlich das im Kapsid enthaltene A_2-Protein eine Rolle. Das Phagengenom dringt nun in die Zelle ein, wobei das A_2-Protein an die RNS gebunden bleibt und mit in die Zelle gelangt (Leipold, 1975). Nach der Infektion dient die Phagen-RNS zunächst als Messenger für die Synthese der phagencodierten Proteine, wobei verschiedene Regulationsmechanismen für deren charakteristische Produktionsraten sorgen. Sobald die phagencodierte Untereinheit der Replikase gebildet ist, tritt sie mit den

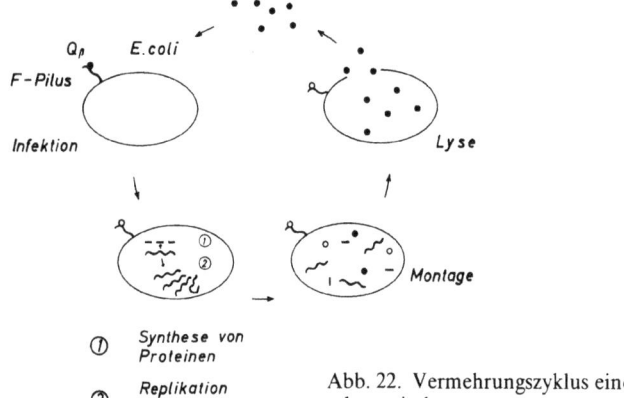

Abb. 22. Vermehrungszyklus eines RNS-Phagen, schematisch

drei anderen genannten Faktoren zur reifen Replikase zusammen. Es folgt nun die Replikation des Phagengenoms, die verstärkte Synthese von Hüllprotein, die Verbindung von Hüll- und A_2-Protein mit den Tochtergenomen über Vorstufen, und die *Montage* der reifen Tochterpartikel (Abb. 22). Die Ausschleusung dieser Partikel ist ohne komplette Lyse der Wirtszelle möglich. Insgesamt entstehen pro infizierter Zelle ca. 10 000 bis 30 000 Phagen.

Für die später zu besprechenden Untersuchungen zur in vitro-Mutagenese ist wichtig, daß E. coli-Zellen auch mit reiner RNS solcher Phagen infiziert werden können. Voraussetzung dafür ist, daß die Wand dieser Zellen durch Behandlung mit geeigneten Enzymen. z. B. Lysozym, aufgelöst wird. Es entstehen rundliche „*Sphäroplasten*", in welche die RNS eindringen kann. Reine Phagen-RNS kann durch Ausschütteln von reifen Phagenpartikeln mit Phenol gewonnen werden. Das Protein wird dadurch abgetrennt. Die verbleibende RNS kann durch Dialyse von Phenol befreit werden. Die Infektion von Sphäroplasten mit derart gereinigter RNS setzt einen Vermehrungszyklus wie bei normaler Infektion in Gang. Er liefert wiederum vollständige Tochterpartikel. Die Effizienz der Infektion ist jedoch naturgemäß geringer als bei Infektion mit intakten Phagen.

c) Aufbau und Replikation des Genoms

Wichtige Aufschlüsse über den *Aufbau des Genoms* der RNS-Phagen erbrachte die *Sequenzanalyse*. Diese nutzte einerseits die Tatsache, daß die Ribosomen von E. coli in vitro unter geeigneten Bedingungen an die Anfangsabschnitte der drei Gene binden, ohne zur Translation dieser Gene zu schreiten. Sie schützen diese Abschnitte dadurch gegen den Angriff von *Nukleasen*, Enzymen also, welche Nukleinsäuren abbauen. Wird z. B. pankreatische RNase zugesetzt, so baut sie die nicht von Ribosomen geschützten Abschnitte des Genoms ab, während die Genanfänge erhalten bleiben. Nach Dissoziierung der Komplexe aus Ribosomen und RNS erhält man Oligonukleotide von je ca. 60 Nukleotiden Kettenlänge. Diese konnten mit den für tRNS-Spezies erarbeiteten Methoden sequenziert werden. Da die *Aminosäuresequenzen* der Anfangsabschnitte der genannten Proteine, beim Hüllprotein sogar die Gesamtsequenz, bekannt waren, konnten die ermittelten Nukleotidsequenzen damit korreliert werden. Beim Phagen R17 zeigte sich u. a., daß in jenen Oligonukleotiden, welche den Anfangsabschnitt des Replikasegens enthielten, auch der Endabschnitt des Hüllproteingens enthalten war, und zwar um 36 Nukleotide zum 5'-Ende des Genoms hin verschoben (Jeppesen *et al.*, 1970). Hier existiert also innerhalb des Genoms eine Nukleotidsequenz, die nicht für ein Protein codiert. Eine zweite derartige Sequenz befindet sich zwischen Hüllproteinen und A_2-Proteinen. Man spricht von *intercistronischen Regionen*.

Eine andere Methode zur Sequenzanalyse des Genoms der RNS-Phagen basiert auf der *begrenzten synchronen Replikation* des Genoms in vitro. Um diese Methode zu verstehen, muß zunächst einiges über die *Replikation in vivo* gesagt werden. Es war lange umstritten, wie sie abläuft. Das Problem lag darin, daß die RNS dieser Phagen, wie nahezu jede RNS, einzelsträngig ist, so daß eine *semikonservative Replikation*, wie sie für DNS nachgewiesen ist, ausschied. Die Annahme einer Replikation in zwei Teilschritten, wobei die im infizierenden Strang enthaltene Information zunächst in einen als Matrize dienenden RNS-Minusstrang umgesetzt werden sollte, widersprach dem *zentralen Dogma der molekularen Genetik*, das RNS-Synthese nur an DNS als Matrize vorsah.

Experimentelle Untersuchungen zeigen, daß in infizierten Zellen vier verschiedene Klassen von Phagen-RNS vorkommen, u. zw. (1) vollständige, doppelsträngige RNS-Moleküle, die zunächst als Kernstruktur der Replikation betrachtet und daher als replikative Form bezeichnet wurden, (2) eine heterogene Klasse doppelsträngiger RNS-Moleküle mit je 1 – 5 Einzelstrangfransen (replikative Intermediärformen), (3) Einzelstränge des in den infizierenden Phagen vorhandenen RNS-Typs (Plusstränge), und (4) Einzelstränge eines dazu in der Nukleotidsequenz komplementären Typs (Minusstränge). Die Komplementarität der Plus- und Minusstränge folgt aus ihrer Verschmelzbarkeit zum Doppelstrangmolekül (Hybridisierbarkeit). Die replikative Form gilt nach neueren Untersuchungen als Artefakt. Die wichtigste Struktur für die Replikation ist die *replikative Intermediärform* (RI). Das Bild der Replikation von RNS-Phagengenomen in vivo bietet sich daher heute, wie in Abb. 23 schematisch gezeigt, dar. Die reife Replikase setzt am 3'-Ende des Plusstranges an (Abb. 23 oben und im Uhrzeigersinn den Pfeilen folgend) und synthetisiert einen diesem komplementären Minusstrang. An diesem Minusstrang (Abb. 23 unten) setzen nacheinander, wieder vom 3'-Ende her, weitere Replikase-Moleküle an, die fortlaufend neue Plusstränge synthetisieren. Diese können nach Fertig-

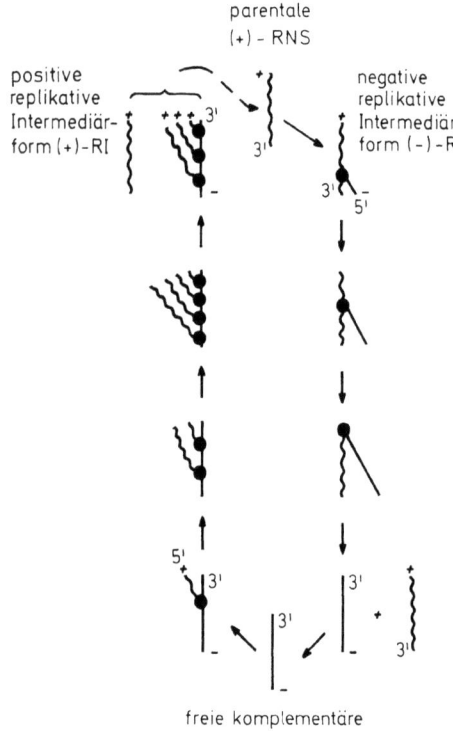

Abb. 23. Replikation des Genoms eines RNS-Phagen (M 12) in vivo, schematisch. Aus Keil, 1975, verändert

stellung entweder Ausgangsstruktur neuer Replikationsrunden werden, oder mit Hüll- und A-Protein reife Phagenpartikel bilden.

Bei *in vitro*-Versuchen zur Replikation von Plusstrang-RNS des Phagen Q_β hat sich gezeigt, daß hier ähnliches gilt, sofern man die nötigen Ribonukleosidtriphosphate und gereinigte Replikase vorgibt (Haruna und Spiegelman, 1966). Hier werden jedoch auch am Plusstrang Mehrfachinitiationen beobachtet. Offensichtlich deshalb, weil sich im System keine Ribosomen befinden, die in vivo eine solche Mehrfachinitiation am Plusstrang verhindern, indem sie ihn sofort besetzen.

Bemerkenswert ist, daß in vivo und in vitro das erste Nukleotid am 3'-Ende des Plusstranges, ein Adenin-Nukleotid, nicht mit kopiert wird. Der entstehende Minusstrang ist also um 1 Nukleotid verkürzt. In der infizierten Zelle wird das fehlende Adenin-Nukleotid an die am Minusstrang synthetisierten Plusstränge durch ein spezielles Enzym nachträglich angehängt.

Die Methode der begrenzten synchronen Replikation des Genoms in vitro geht auf die Arbeitsgruppe von Weissmann in Zürich zurück (Billeter *et al.*, 1969). Das Prinzip dieser Methode sei nun beschrieben. Ausgangspunkt ist ein zellfreies System zur Replikation von RNS. Es enthält hochgereinigte Q_β-Replikase, Minusstränge von Q_β-RNS als Matrize und die Nukleosidtriphosphate GTP und ATP. Die Replikase kann unter diesen Gegebenheiten an die Initiationsstelle des Minusstranges binden, jedoch wegen Fehlens der übrigen beiden Nukleotide nicht mit der Synthese eines Plusstranges beginnen. Dies bedeutet eine Synchronisierung des weiteren Geschehens, welches damit beginnt, daß zum Zeitpunkt Null die übrigen beiden Nukleosidtriphosphate, CTP und UTP, zugefügt werden, von denen jeweils das eine oder in Parallelversuchen das andere radioaktiv markiert ist. Die RNS-Synthese läuft nun an, und zwar an allen Minussträngen gleichzeitig. Die angebotenen Nukleotide werden eingebaut. Die Synthesegeschwindigkeit läßt sich durch Wahl niedriger Temperatur in Grenzen halten (Einbau von 5 – 6 Nukleotiden pro sec bei 20° C). Nach kurzen Synthesezeiten, z. B. 5 oder 10 sec, wird die Reaktion gestoppt. Die Abtrennung und enzymatische Spaltung der entstandenen kurzkettigen Plusstrangstücke liefert eine Mischung verschiedener Oligonukleotide, deren nähere Analyse unter Ausnutzung ihrer radioaktiven Markierung zur Bestimmung ihrer Nukleotidsequenz führt. Aufgrund der mittleren Erscheinungszeit von Oligonukleotiden bestimmter Nukleotidsequenz kann auf deren Entfernung vom 5'-Ende des Plusstranges geschlossen werden, mit welchem die Synthese ja zum Zeitpunkt Null begann. Durch schrittweise Verlängerung der Inkubationszeit ließ sich inzwischen die Sequenz des 5'-Endes des Plusstranges von Q_β über etwa 300 Nukleotide hin identifizieren. Es ließ sich so zeigen, daß das Genom von RNS-Phagen an seinem 5'-Ende nicht sofort mit einem Strukturgen beginnt, sondern mit einer relativ langen Region, welche nicht für ein Protein codiert. Bei Q_β umfaßt sie die ersten 61 Nukleotide. In gleicher Weise endet das Genom an seinem 3'-Ende mit einer nicht für ein Protein codierenden Region. Diese Regionen werden, analog zu den schon erwähnten beiden intercistronischen Regionen, als *extracistronische Regionen* bezeichnet. Ihre Bedeutung ist, wie die der intercistronischen Regionen, noch ungeklärt. Alle vier Regionen sind in Abb. 21 als nicht translatierte Regionen schwarz markiert. Der Frage nach einer möglichen Bedeutung der extracistronischen Regionen waren die im nächsten Abschnitt besprochenen Untersuchungen gewidmet.

d) Gezielte Mutagenese bei RNS-Phagen

Ausgangspunkt der nun zu besprechenden Versuche war ein bemerkenswerter Tatbestand. Die extracistronischen Regionen am 5'-Ende des Genoms der Phagen R 17 und MS 2 sind identisch. Dasselbe gilt für die extracistronischen Regionen am 3'-Ende, während die Strukturgene Unterschiede in etwa 3% der Nukleotidpositionen aufweisen, z. B. Unterschiede im Hüllproteingen, die sich in drei hier gefundenen Aminosäureaustauschen dokumentieren. Die paarweise Identität der bezeichneten extracistronischen Regionen wurde mit der Annahme interpretiert, daß die Primärstruktur dieser Regionen für die Vermehrung der Phagen in vivo essentiell sei. Insbesondere sollte diese Primärstruktur, zuerst im Plus- und sodann im Minusstrang, zwingend nötig sein für die Erkennung durch die Replikase bei Beginn der Synthese der jeweiligen Komplementärstränge. Um diese Annahme zu prüfen, müßten Mutanten mit Defekten in den extracistronischen Regionen untersucht werden, doch gibt es für derartige Mutanten bisher keine brauchbaren Selektionsverfahren. Die einzige Möglichkeit, sie zu erkennen, ist die Sequenzanalyse der extracistronischen Regionen ihres Genoms. Eine solche müßte an einer großen Zahl von Phagenlinien als Nachkommen mutagenbehandelter Partikel vorgenommen werden. Um diesen mühevollen Weg abzukürzen, wurde versucht, Phagengenome während ihrer Replikation in vitro auf chemischem Wege innerhalb der extracistronischen Regionen zu mutieren (Flavell *et al.*, 1974 a und b, 1975).

Als Objekt diente der Phage Q_β, für den in der betreffenden Arbeitsgruppe größere experimentelle Erfahrungen vorlagen. Die Versuche machten sich zwei Tatbestände zunutze: (1) enthält der Minusstrang dieses Phagen in der Nähe des 5'-Endes kein Cytosin-Nukleotid. Das erste derartige Nukleotid taucht in Position 15, von diesem Ende aus gerechnet, auf (Abb. 24, c). (2) Cytosin (C) kann durch N-4-Hydroxy-Cytosin (HOC), ein starkes Mutagen, ersetzt werden. Die Substanz wurde bereits erwähnt (S. 20). Sie kommt wahlweise in einer von zwei tautomeren Formen vor, ähnlich wie BU. Wird HOC in den Minusstrang eingebaut, so paart es bei der späteren Ablesung im Zuge der Synthese neuer Plusstränge entweder mit Guanin oder mit Adenin. Die Paarung mit Adenin muß zu einem Basenaustausch im entstehenden Plusstrang führen. Entsprechendes wurde ja bereits für BU und 2-Amino-Purin beschrieben.

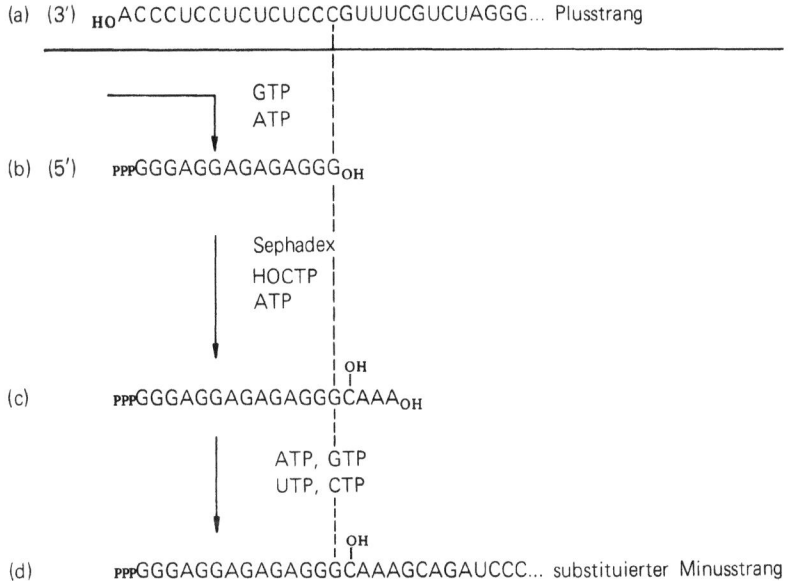

Abb. 24. Genom des Phagen Q_β. 3'-Ende des Plusstranges (a), 5'-Ende des an ihm synthetisierten Minusstranges (b), Einbau von Hydroxy-Cytosin (c) und Ergänzung zum vollständigen, in Position 15 mutierten Minusstrang (d). Aus Flavell *et al.*, 1974 a, verändert

Der Versuchsablauf war davon ausgehend vereinfacht dargestellt der folgende: Es wurde ein in vitro-System zur Synthese von RNS unter Vorgabe von Plussträngen als Matrize benutzt. Dieses entsprach in seiner Zusammensetzung dem für die begrenzte synchrone Replikation von Q_β-RNS in vitro besprochenen. Es enthielt außer Replikase und den notwendigen Zusatzfaktoren und Ionen zunächst nur die Nukleosidtriphosphate ATP und GTP. Die Synthese der Minusstränge läuft unter diesen Voraussetzungen bis einschließlich Nukleotid 14 (Abb. 24, b). Die Replikationskomplexe wurden nun über Sephadex filtriert (Gelfiltration), um nicht verbrauchtes ATP und GTP zu entfernen. Anschließend wurden sie erneut in das in vitro-System eingesetzt, wobei jetzt HOCTP und ATP als einzige Nukleotide geboten wurden. Ersteres wird gegenüber G in Position 15 des Minusstranges eingebaut. Wegen des Fehlens von GTP läuft die Synthese vorerst nur bis Nukleotid 19 (Abb. 24, c). Ein Zusatz von Polyäthylen-Sulfonat verhinderte die Initiation neuer Syntheserunden. Zur Fortsetzung der begonnenen Synthese wurde dann ein starker Überschuß von CTP, zusammen mit den übrigen drei Nukleosidtriphosphaten geboten. Die Synthese der Minusstränge lief nun bis zum Ende (Abb. 24, d). Die chemische Analyse des erhaltenen Materials, nach Abtrennung der als Matrize benutzten Plusstränge, ergab, daß 75% der Minusstränge, wie gewünscht, HOCMP in Position 15 enthielten, der Rest hatte in dieser Position CMP.

Substituierte Minusstränge wurden als Matrize für eine erneute Syntheserunde in vitro unter Zugabe aller vier Nukleosidtriphosphate benutzt. Hierbei entstanden, wie erwartet, normale Plusstränge sowie mutierte Plusstränge. Letztere enthielten in Position 15 A anstelle von G. Die relative Häufigkeit der Entstehung beider Typen war etwa 1 : 1. In Versuchen zur Infektion von Sphäroplasten mit diesem Plusstrang-Gemisch wurden *Plaques* erhalten. Es entstanden also reife Tochterphagen, die in einem Bakterienrasen die umliegenden Zellen abtöteten. Die Analyse der RNS von 70 einzelnen Phagenklonen daraus zeigte jedoch, daß nur Wildtypgenome Plaquebildung ausgelöst hatten. Dies ist mit der eingangs erläuterten Annahme vereinbar, daß die Primärstruktur der extracistronischen Regionen für die Vermehrung der Phagen in vivo essentiell ist. Im Gegensatz dazu stehen jedoch Ergebnisse von Versuchen zur weiteren Replizierbarkeit der mutierten und nicht mutierten Genome in vitro. Hierbei wurde nicht mutierte und mutierte RNS als Matrize im anfänglichen Verhältnis von 60 : 40 eingesetzt. Nach mehreren Replikationsrunden war der zahlenmäßige Anteil der mutierten Genome auf 80% angestiegen. Die Ursachen dafür sind unbekannt. Der Effekt zeigt aber, daß zumindest die hier geprüfte extracistronische Mutation, soweit die in vitro-Situation unter Vorgabe von Replikase betroffen ist, die Replikation der Phagen-RNS nicht unterbindet.

Die Reindarstellung substituierter Minusstränge gelingt mit einem besonders geistreichen Verfahren. Dieses Verfahren wurde als „*suicide*"-*Experiment* bekannt. Hat man eine Mischung von nicht mutierten und mutierten Plussträngen, und bietet man bei der in vitro-RNS-Synthese unter Einsatz dieser RNS-Mischung als Matrize zunächst GTP und ATP, dann CTP und 3'-Amino-3'-Desoxy-ATP, so wird beim nicht mutierten Minusstrang in Position 15 CMP, in Position 16 Amino-AMP eingebaut. Letzteres führt zum Kettenabbruch. Der Wildtyp-Minusstrang wird daher nicht vollendet. Bei dem mutierten Plusstrang ist in Position 15 UTP nötig. CTP wird nicht benutzt, die Synthese kann hier also vorerst nicht bis Position 16 fortschreiten, das Kettenabbruch bedingende Amino-ATP wird daher nicht verwendet. Später, wenn nach Entfernung von Amino-ATP UTP und die übrigen Nukleosidtriphosphate geboten werden, läuft die Synthese der substituierten Minusstränge in gewünschter Weise zu Ende. Die ihnen noch beigemischten kurzen Anfangsabschnitte der nicht substituierten Minusstränge lassen sich nun leicht abtrennen. Man hat dann substituierte Minusstränge in reiner Form.

Außer Änderungen in Position 15 des Minusstranges ließen sich auch solche in Position 39 erzielen. Da eine schrittweise Synthese vom 5'-Ende des Minusstranges aus bis etwa zu Position 100 möglich ist und diese schrittweise Synthese gegebenenfalls in bis zu 6 Stufen abgewickelt werden kann, sollten viele weitere derartige Mutationen nach dem hier skizzierten Prinzip erzeugt werden können. Es würden sich somit letztlich Änderungen im 3'-Ende der extracistronischen Region des Q_β-Plusstranges ergeben. Inzwischen konnten auch gezielte Änderungen der Ribosomenbindungsstelle am Anfang des Hüllproteingens von Q_β erhalten werden (Taniguchi et al., 1975). Eine Umwandlung der Initiationssequenz AUGGCA in die Sequenz AUAACA verringerte die Bindungsfähigkeit des Ribosoms, allerdings ohne sie völlig aufzuheben. Z. Z. wird versucht, die Methodik auf den DNS-Phagen Lambda und das DNS-haltige Säugervirus SV 40 auszudehnen (Weissmann, pers. Mitteilung).

e) Addition von Nukleotiden an RNS-Genome

Eine besondere Variante der gezielten Änderung von RNS-Genomen ist die terminale Addition kürzerer oder längerer Nukleotidsequenzen. Diese Möglichkeit haben bereits Rogers und Pfuderer (1968) für das *Tabakmosaikvirus* (*TMV*) verwirklicht. Dessen Genom besteht aus einem RNS-Einzelstrang mit etwa 6000 Nukleotiden. In den einzelnen Partikeln, die stäbchenförmig sind, liegt es als Schraube, in Hüllprotein eingebettet, vor (Abb. 25). Das TMV-Genom wurde für die Untersuchungen gewählt, weil

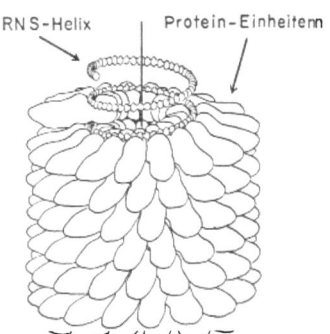

Abb. 25. Bau des Tabakmosaikvirus. Aus Klingmüller, 1962; nach Fraenkel-Conrat und Stanley, verändert

es leicht in reiner Form gewonnen werden kann, und selbst in dieser reinen Form, wie Untersuchungen von Gierer und Schramm (1956) gezeigt hatten, noch infektiös ist. Als Wirt für die Vermehrung dienten Tabakpflanzen einer Varietät, bei der sich das Virus nach Inokulation über die ganze Pflanze ausbreiten kann (Abb. 26). Es wird aus den Blättern später als Preßsaft gewonnen. Bei anderen Tabakvarietäten verursacht es hingegen nur lokale Läsionen auf den Blättern, was eine quantitative Bestimmung der Partikelzahl eines TMV-Lysates nach Art einer Titration ermöglicht.

Abb. 26 a und b. Tabakpflanzen, (a) nicht infiziert, (b) mit TMV infiziert. Aufnahmen freundlicherweise zur Verfügung gestellt von H. G. Wittmann

Durch Inkubation reiner TMV-RNS mit Adenosin-Diphosphat in Gegenwart des Enzyms *Polynukleotid-Phosphorylase* wurde diese RNS nun in vitro um mehrere Adenylatreste verlängert. Das Reaktionsprodukt wurde gereinigt und durch Ultrazentrifugation auf Homogenität geprüft. Es ließen sich so zwei Größenklassen gewinnen, nämlich Moleküle mit 7 und solche mit 18 angefügten Adenylatresten. Damit sowie mit verschiedenen Kontrollgemischen, wurden nun Tabakpflanzen inokuliert. Nach Ablauf von 1 bis 3 Monaten wurden Blätter der inokulierten Pflanzen geerntet, extrahiert, und auf Gehalt an Polylysin untersucht. Dieses wurde im gereinigten Extrakt mit Hilfe eines Aminosäureanalysators quantitativ bestimmt. Da *Poly-A* nach den Regeln des genetischen Codes für Polylysin codiert, war die Entstehung von Polylysin im vorliegenden Fall eine naheliegende Denkmöglichkeit. Tatsächlich konnten in Pflanzen, die mit den beiden Hauptfraktionen der verlängerten TMV-RNS inokuliert worden waren, relativ große Mengen von Polylysin nachgewiesen werden. Es handelte sich unter anderem um Tetra- und Pentalysin. Kontrollpflanzen, darunter z. B. auch solche, die mit dem RNS-Gesamtgemisch oder mit einer Mischung von TMV-RNS und Poly-A inokuliert worden waren, enthielten nur wenig Polylysin. Es blieb hier offen, ob die nach Inokulierung der Pflanzen gebildeten neuen TMV-Partikel noch die den infizierenden Genomen angefügte Poly-A Folge besaßen oder nicht. Änderungen in der Proteinhülle der Partikel wurden nicht festgestellt. Die Tatsache, daß Polylysin in nachweisbarer Menge gebildet wurde, spricht aber dafür, daß zumindest eine Replikation der verlängerten Genome in den Pflanzen erfolgte.

In neuen Versuchen, die den zuvor besprochenen ähnlich waren, haben Gilvarg et al. (1975) Poly-A an Q_β-RNS angefügt. Das von ihnen benutzte Enzym war die *Polyadenylat-Polymerase* aus Kalbsthymus, ein Enzym, das ATP als Substrat benötigt und dieses an das 3′-Ende geeigneter Startermoleküle anhängt. Das Enzym wird daher auch als *terminale* Riboadenylat-*Transferase* bezeichnet. Seine Bedeutung in der Eukaryontenzelle dürfte im Anfügen von Poly-A an die mRNS bestehen. Das beste bisher bekannte Startermolekül ist Oligo-A. Im vorliegenden Beispiel wurde statt dessen die Plus-Strang-RNS des Phagen Q_β geboten. Nach einstündiger Inkubation dieser RNS mit ATP und dem genannten Enzym entstanden in vitro RNS-Moleküle mit bis zu 115 zusätzlichen Adenylatresten am 3′-Ende. Die modifizierten Moleküle wurden von den nicht modifizierten mit Hilfe von *Poly-U Sephadex*, an welchem sie in geeignetem Ionenmilieu bevorzugt adsorbieren, abgetrennt. Zwei Klassen derartiger Moleküle, und zwar solche mit etwa 6 und solche mit etwa 75 addierten Adenylatresten, wurden dann näher geprüft. Vor allem wurde ihre Infektiosität für E. coli-Sphäroplasten im Vergleich zu Kontrollinfektionen mit nicht modifizierter RNS gemessen. Es zeigte sich, daß die modifizierte RNS, im Rahmen der Meßgenauigkeit und nahezu unabhängig von der Zahl der addierten Adenylatreste, volle Infektiosität behielt.

Eine biologische Funktion des Poly-A ließ sich hier, im Gegensatz zu den Untersuchungen mit TMV-RNS, nicht erkennen. Die aus infizierten Sphäroplasten freigesetzten Tochterphagen enthielten RNS-Genome, die nicht mehr modifiziert waren. Dies folgte schon aus dem Fehlen der Retention dieser RNS an Poly-U Sephadex und wurde durch ihren partiellen Abbau, zweidimensionale Gelelektrophorese und Autoradiographie erhärtet. Die hierbei erhaltenen Fleckenmuster entsprachen denen nicht modifizierter RNS. Der Befund, daß die Tochterphagen keine modifizierte RNS mehr enthielten, ist im Zusammenhang mit der oben erwähnten Tatsache zu sehen, daß das am 3′-Ende des Plusstranges des Q_β-Genoms vorhandene Adenin-Nukleotid während der Replikation zunächst nicht berücksichtigt, sondern den neuen Genomen erst nachträglich angefügt wird.

Ganz analog dürfte auch hier die Replikase die am 3'-Ende jenseits des ersten Adenin-Nukleotids noch angefügten Adenylatreste bei Beginn der Synthese des Minusstranges überspringen. Im Q_β-System ist daher die Anfügung von Poly-A zwar eine gezielte Änderung des Genoms, aber derart modifizierte Genome sind nur unter Verzicht auf die Änderung replizierbar. Die Änderung ist nicht transmissibel.

Im Vorstehenden wurde das Problem der gezielten Mutagenese behandelt. Im Rahmen der Erörterung verschiedener methodischer Ansätze dazu tauchte bereits die Frage nach der *Effizienz* der jeweils gewünschten mutativen Ereignisse auf. Für die Genmanipulation, also die Erzeugung wenigstens einiger Zellen oder Individuen mit einem nach Wunsch geänderten Genom, scheinen die beschriebenen Methoden bereits brauchbar. Für die etwaige Heilung von Erbkrankheiten trifft dies noch nicht zu. Die gezielte Änderung des Genoms einzelner Zellen, z. B. durch Mikro-Bestrahlung bestimmter Gewebepartien eines Patienten, wäre nutzlos. Selbst wenn es gelänge, in Einzelzellen eines durch *Trisomie 21* mongoloiden Kindes das überzählige Chromosom zu eliminieren, wäre dem Kind damit nicht geholfen. Auch die gezielte Änderung von Genomen in vitro, wie sie bei RNS-Phagen jetzt möglich ist, bietet hier keine Hilfe und kann vorerst nur als Modell für die zukünftige Entwicklung geeigneter in vivo-Methoden betrachtet werden.

Da demnach die gezielte Mutagenese noch auf absehbare Zeit keine therapeutische Anwendung finden kann, müssen auch andere Wege geprüft werden, die zukünftig eine Gentherapie ermöglichen könnten. Hierher gehört der Ersatz eines defekten Gens durch ein entsprechendes intaktes Gen. Im Prinzip Analoges geschieht heute in jeder Autoreparaturwerkstatt: Ein Wagen, dessen Motor defekt ist, wird eher mit einem Austauschmotor versehen, als daß man in mühsamer Kleinarbeit genau jenes Teil des Motors ermittelt, welches defekt ist, und dieses Teil repariert.

Die Einführung eines „*Ersatzgens*" in eine Zelle mit defektem Genom, der Einbau dieses Gens in das Genom, und die Korrektur der defekten Funktion dadurch sind heute nicht mehr reine Utopie. Wie weit man bei solchen Versuchen bisher gekommen ist, sollen die späteren Kapitel lehren. Wenn man Zellen oder Individuen Ersatzgene anbieten will, so müssen solche Gene zunächst in möglichst reiner und konzentrierter Form gewonnen werden. Die dafür heute verfügbaren Methoden werden im folgenden Kapitel beschrieben.

Literatur

Adelberg, E. A. *et al.*: Biochem. Biophys. Res. Commun. **18**, 788–795 (1965)
Berns, M. W.: Biological Microirradiation. Englewood Cliffs: Prentice Hall, 1974 a

Berns, M. W.: Science **186,** 700 – 705 (1974 b)
Billeter, M. A. et al.: Nature (London) **224,** 1083 – 1086 (1969)
Cerdá-Olmedo, E., Hanawalt, P. C.: Cold Spring Harbor Symp. Quantit. Biol. **33,** 599 – 607 (1968)
Flavell, R. A. et al.: Vortrag auf dem 9th Meeting of the Federation of European Biochemical Societies, Budapest 1974 a
Flavell, R. A. et al.: J. Mol. Biol. **89,** 255 – 272 (1974 b)
Flavell, R. A. et al.: Proc. Nat. Acad. Sci. USA **72,** 367 – 371 (1975)
Gebhart, E., Bauer, D.: Chromosoma (Berl.) **32,** 152 – 161 (1970)
Gierer, A., Schramm, G.: Nature (London) **177,** 702 – 703 (1956)
Gilvarg, C. et al.: Proc. Nat. Acad. Sci. USA **72,** 428 – 432 (1975)
Günther, E.: Grundriß der Genetik, 2. Aufl., Stuttgart: Fischer, 1971
Haruna, I., Spiegelman, S.: Proc. Nat. Adac. Sci. USA **55,** 1256 – 1263 (1966)
Hohlfeld, R., Vielmetter, W.: Nature New Biol. **242,** 130 – 132 (1973)
Jeppesen, P. G. N. et al.: Nature (London) **226,** 230 – 237 (1970)
Keil, T. U.: Dissertation Universität München (1975)
Klingmüller, W.: Naturwissenschaftl. Rdsch. **15,** 363 – 373 (1962)
Klingmüller, W.: Biologie in unserer Zeit **1,** 86 – 94 (1971)
Knippers, R.: Molekulare Genetik, 2. Aufl., Stuttgart: Thieme, 1974
Kornberg, A.: DNA Synthesis. San Francisco: W. H. Freeman & Co., 1974
Leipold, B.: Dissertation Universität München (1975)
Mandell, J. D., Greenberg, J.: Biochem. Biophys. Res. Commun. **3,** 575 – 577 (1960)
Nilan, R. A. et al.: Mutation Res. **17,** 142 – 144 (1973)
Nilan, R. A. et al.: Vortrag auf dem Third International Barley Genetics Symposium, Grünbach 1975
Rattner, J. B., Berns, M. W.: J. Cell. Biol. **62,** 526 – 533 (1974)
Rieger, R. et al.: Mutation Res. **27,** 69 – 79 (1975)
Rogers, S., Pfuderer, P.: Nature (London) **219,** 749 – 751 (1968)
Seabright, M.: Chromosoma **40,** 333 – 346 (1973)
Singer, B.: Progr. Nucleic Acid Res. and Molec. Biol. **15,** 219 – 284 (1975)
Strauss, B. S.: In: Current Topics in Microbiology and Immunology, Vol. **44,** S. 1 – 85. Berlin-Heidelberg-New York: Springer, 1968
Taniguchi, T. et al.: Experientia **31,** 749 (1975)
Van Steenis, H. et al.: Mutation Res. **23,** 223 – 228 (1974)
Wolf, B. et al.: Cold Spring Harbor Symp. Quantit. Biol. **33,** 575 – 583 (1968)

Kapitel III
Verfahren zur Gewinnung von Genen

Will man bestimmte Gene in hochgereinigter Form gewinnen, so sind dazu verschiedene Wege denkbar. Falls ein Gen deutliche Unterschiede gegenüber anderen aufweist, kann man versuchen, es unter Ausnutzung dieser Unterschiede von den anderen abzutrennen. Wenn die Nukleotidsequenz eines Gens bekannt ist, kann man versuchen, Gene mit dieser Nukleotidsequenz in vitro zu synthetisieren. Eine Synthese sollte auch ohne Kenntnis der Nukleotidsequenz eines Gens möglich sein, wenn ein Genprodukt faßbar ist, das diese Sequenz enthält und bei der Synthese als Matrize benutzt werden kann. Der einen oder anderen dieser drei Denkmöglichkeiten, gelegentlich auch einer Kombination zweier von ihnen, lassen sich alle nun zu besprechenden methodischen Ansätze zur Gewinnung von Genen zuordnen.

1. Isolierung des lac-Operons von E. coli

Das Chromosom von E. coli enthält eine genetische Region mit Genen für die Aufnahme und den Abbau des Zuckers Laktose. Im einzelnen besteht sie aus drei Genen mit der Strukturinformation für die Synthese dreier verschiedener Proteine sowie aus *Regulationsgenen*. Da die Funktion der drei *Strukturgene* von den Regulationsgenen aus gemeinsam gesteuert wird, spricht man von einem Operon (Abb. 27). Eines der Strukturgene (y) spezifiziert die Galaktosidpermease, ein Protein, welches für die Aufnahme der Laktose in die Zelle sorgt. Ein zweites (z) spezifiziert die β-*Galaktosidase*, ein Enzym, das die Laktose in Glukose und Galaktose spaltet und damit den Abbau einleitet. Der Regulation dienen die Abschnitte o (*Operator*) und p (*Promotor*), deren genetisches Material DNS ist, sowie das *Regulatorgen* i. Das lac-Operon kann, wie andere Abschnitte des Genoms von E. coli, in das Genom *speziell transduzierender Phagen* aufgenommen werden, deren Wirt E. coli ist (Kap. VI). Hierher gehören der Phage Lambda und der diesem nahe verwandte Phage φ 80. Mit besonderen Tricks gelang es, φ 80-Phagen zu erhalten, die das lac-Operon in ihrem Genom, im Vergleich zu gewissen Lambda-Phagen, in umgekehrter

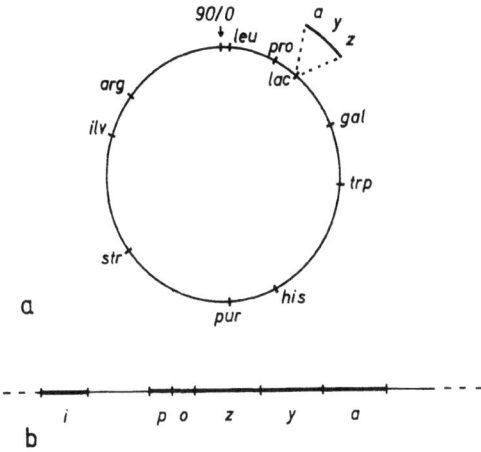

Abb. 27 a und b. Das lac-Operon von E. coli, schematisch. (a) Lage im Chromosom. Dieses in der üblichen Darstellungsweise. 90/0: Öffnungspunkt beim Chromosomentransfer aus dem Standardstamm Hfr H auf einen F^--Stamm. *leu, pro, trp, his, pur, ilv, arg*: Gene für Leucin-, Prolin-, Tryptophan-, Histidin-, Purin-, Isoleucin-Valin- bzw. Argininsynthese. *lac, gal*: Gene für den Abbau von Laktose bzw. Galaktose. *str*: Gen für Streptomycinresistenz. (b) Aufbau des Operons. *z*: Gen für β-Galaktosidase, *y*: Gen für Galaktosidpermease, *a*: Gen für Transacetylase, *o*: Operator (Ansatzstelle für den Repressor), *p*: Promotor (Ansatzstelle für die Polymerase), *i*: Regulatorgen (Bildung des Repressors)

Orientierung enthalten (Abb. 28 a; Beckwith und Signer, 1966). Unter Ausnutzung dieser Tatsache konnte das lac-Operon von E. coli isoliert werden (Shapiro *et al.*, 1969). Der Weg war der folgende: Die beiden genannten Phagenlinien wurden in E. coli vermehrt, die Tochterpartikel gewonnen und deren DNS extrahiert. Sie liegt zunächst als Doppelstrang vor. Dieses Doppelstrangmaterial läßt sich durch Erhitzen in Einzelstränge zerlegen (Aufschmelzen der DNS). Da sich die beiden Einzelstränge des Lambda-Genoms in ihrem Nukleotidgehalt unterscheiden, haben sie verschiedene Dichte. Sie lassen sich durch Ultrazentrifugation im Dichtegradienten „sortieren". Dasselbe gilt für das φ80-Genom. Das dichtere Material ist der H-Strang (heavy), das weniger dichte der L-Strang (light) (Abb. 28b). Das Material kann durch Austropfen der Gradienten in getrennten Fraktionen aufgefangen werden. Mischt man anschließend H-Stränge der beiden in Rede stehenden Phagen und sorgt durch längeres Warmhalten bei 72 °C dafür, daß DNS-Abschnitte mit komplementärer Nukleotidsequenz sich finden und durch Wasserstoffbrückenbildung zu Doppelstrangabschnitten verschmelzen, so entstehen Strukturen wie in Abb. 28c schematisch angegeben. In ihnen findet sich das lac-Operon von

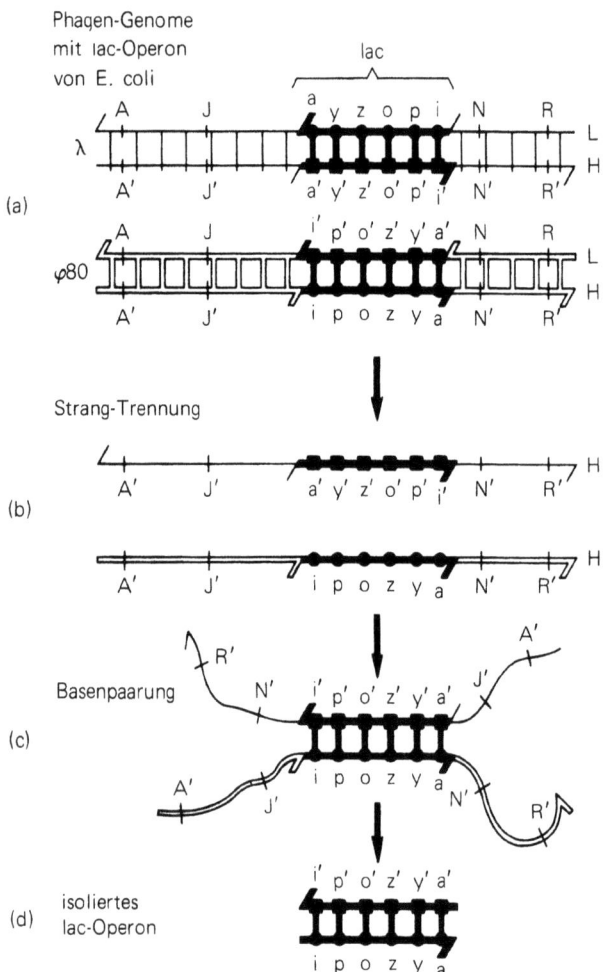

Abb. 28 a – d. Isolierung des lac-Operons von E. coli aus transduzierenden Phagen. (a) Die Genome der verwendeten beiden Phagen (λ und φ 80) in Form zweier DNS-Doppelstränge. Die gegensinnige Polarität der Einzelstränge ist durch Pfeilspitzen markiert. L = leichter Strang, H = schwerer Strang, A, J, N, R: Phagengene. *lac* = lac-Operon aus E. coli, in das Genom der beiden Phagen inseriert. Die Gene des Operons sind jeweils im einen DNS-Einzelstrang mit a bis i, in dem zu ihm komplementären mit a' bis i' bezeichnet. Beachte die Vertauschung der Gen-Reihenfolge und der Stränge beim Phagen φ 80 verglichen mit λ. (b) Stadium nach Strangtrennung: Abtrennung der L-Stränge von den H-Strängen und Mischung der H-Stränge beider Phagen miteinander. (c) Stadium nach Verschmelzung der H-Stränge beider Phagen. Nur zwischen Abschnitten mit komplementärer Nukleotidsequenz sind Basenpaarungen möglich. (d) Stadium nach Nuklease-Einwirkung. Phagen-DNS abgebaut, die restliche DNS ist das lac-Operon von E. coli

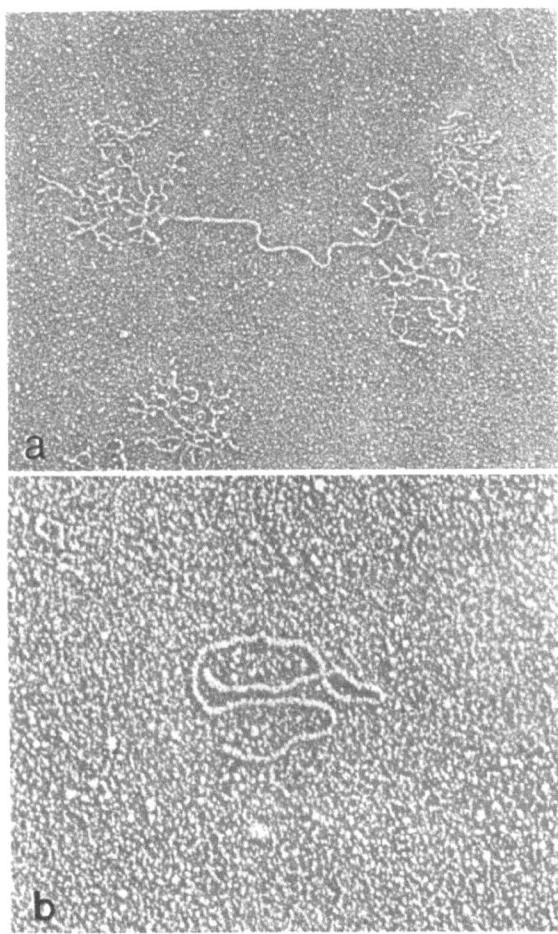

Abb. 29 a und b. Elektronenmikroskopische Aufnahmen zu Abb. 28. (a) Stadium wie Abb. 28 c. In der Mitte ein DNS-Doppelstrang, das eigentliche lac-Operon. Rechts und links verknäuelte Einzelstränge von Phagen-DNS. Vergrößerung ca. 26 000×. (b) Stadium wie Abb. 28 d. Aus Shapiro et al., 1969

E. coli als Doppelstrangabschnitt, entstanden durch Verschmelzung der zwei komplementären Einzelstrangabschnitte aus den beiden Phagen, nach Drehung des einen der beiden Einzelstränge um 180°. Die restlichen Einzelstrangabschnitte, mit Phagengenen, können nicht miteinander verschmelzen, da ihre Nukleotidsequenz nicht komplementär ist. Strukturen wie die hier besprochenen konnten unter dem Elektronenmikroskop nachgewiesen werden (Abb. 29). Der zentrale Abschnitt (lac-Operon) ist als relativ dicker, starrer DNS-Doppelstrang deutlich von den dünneren, verknäuelten Einzelstrangenden zu unterscheiden. Es war möglich, durch Behandlung solcher Strukturen mit Nukleasen, welche für Einzelstrang-DNS spezifisch sind, diese Einzelstrangenden zu entfernen, so daß letztlich nur das DNS-Material aus E. coli in Form von doppelsträngiger DNS verblieb (Abb. 28 d). Solches Material konnte vermessen werden. Während ein vollständiges Chromosom von E. coli eine Länge von etwa 1 mm und jenes der benutzten Phagen eine Länge von etwa 17 µ hat, sind die hier beschriebenen DNS-Abschnitte nur etwa 1,5 µ lang. Bezogen auf das Gesamtgenom von E. coli ist der Anreicherungsgrad des lac-Operons also beträchtlich. Es sei erwähnt, daß das hier isolierte Material aufgrund genetischer Besonderheiten der verwendeten Phagenlinien höchstens die Hälfte des y-Gens, die vollständige Folge der Gene z, o und p, und höchstens die Hälfte des i-Gens des lac-Operons enthält. Die gemessene Länge stimmt daher gut mit der aus chemischen Daten zu errechnenden Länge des betreffenden Abschnittes überein. Die ungefähre Länge des Gens z ergibt sich aus dem Molekulargewicht der β-Galaktosidase (135 000), der Anzahl von Aminosäuren, welche dieses Enzym in etwa aufbauen (1140), der Zahl der diese spezifizierenden Nukleotide (3420) und dem Abstand zwischen je zwei Nukleotidpaaren in der DNS (3,4 Å). Sie beträgt etwa 1,2 µ. Die Differenz zu dem hier gemessenen Wert muß auf die Abschnitte o und p und auf die beiderseitigen, in ihrer Länge unbestimmten Teilbereiche von y und i entfallen.

2. Synthese der Strukturinformation für eine tRNS aus Hefe

Transfer-RNS (tRNS) wurde bereits erwähnt (S. 7 und Abb. 6). Die Moleküle bestehen aus kurzen RNS-Einzelsträngen mit 75 bis 90 Nukleotiden. Sie wirken bei der Proteinbiosynthese mit, wo sie eine Mittlerfunktion zwischen den im entstehenden Polypeptid aneinanderzuknüpfenden Aminosäuren und den ihnen korrelierten Nukleotidtripletts der mRNS erfüllen. Die erste tRNS, deren Primärstruktur geklärt werden konnte, war die aus *Bäckerhefe* gewonnene *tRNS für die Aminosäure Alanin* (tRNS^{Ala}, Holley et al., 1965). Diese tRNS enthält 77 Nukleotide mit der in Abb. 6 gezeigten Sequenz. Da die tRNS, wie eine mRNS, durch Transkription zugehöriger DNS-Abschnitte entsteht, läßt sich die Nukleotidsequenz dieser DNS-Abschnitte für die Länge, welche die fertige tRNS hat, aus der Nukleotidsequenz der tRNS ableiten. Dabei ist der eine der beiden Einzelstränge des zugehörigen DNS-Doppelstranges der *codogene*, d. h. der zur tRNS komplementäre *Strang*, der andere entspricht in seiner Sequenz der tRNS. Bei

Kenntnis der Nukleotidsequenz eines DNS-Abschnittes sollte es aber mit geeigneten biochemischen Verfahren möglich sein, diesen DNS-Abschnitt in vitro zu synthetisieren. Dieser Aufgabe haben sich Khorana und seine Mitarbeiter (Agarwal *et al.*, 1970) gewidmet. Die Synthese wurde in zwei Teilschritten durchgeführt:

Der erste Teil ist rein chemischer Art. Es handelt sich um den *schrittweisen Aufbau bestimmter Di- und Oligonukleotide* aus vorgegebenen Mononukleotiden. Möchte man z. B. vom 5'-Ende eines zukünftigen Oligonukleotids beginnend zunächst das Dinukleotid 5'-GpA-3' herstellen, so wird ein durch die Monomethoxytritylgruppe (MMTr) am 5'OH geschütztes Desoxyguanosin (dG) und ein am 3'OH durch die Acetylgruppe (Ac) geschütztes Desoxyadenosinmonophosphat (dAMP) eingesetzt (Abb. 30 a). Um eine Verknüpfung beider vom 3'OH des dG zum 5'P des dAMP zu erreichen, sind weitere OH- und NH_2-Gruppen, die reagieren könnten, durch Einführung des Isobutyl (iBu)- bzw. Benzoyl (Bz)-restes reversibel blockiert. Dicyclohexylcarbodiimid (DCC) wirkt wasserentziehend und leitet so die Kondensation ein. Das gewonnene Dinukleotid muß durch Chromatographie von den Reaktionspartnern, welche nicht reagierten, getrennt und auf Reinheit geprüft werden. Nach Entfernung des Acetyls am

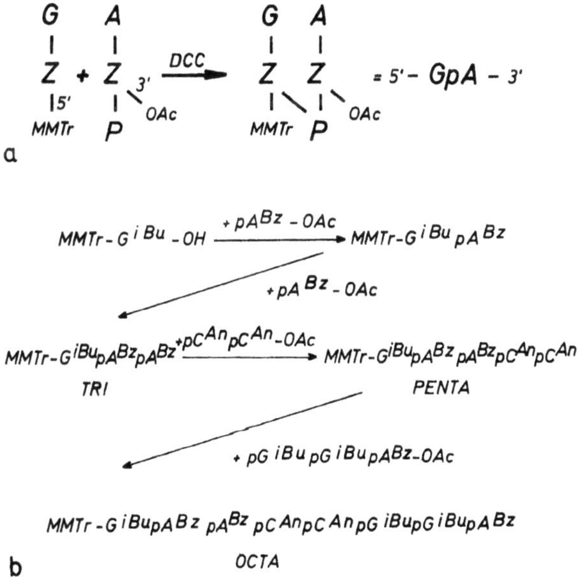

Abb. 30 a und b. Reaktionsschritte bei der Synthese von DNS-Teilstücken mit bestimmter Nukleotidsequenz. (a) Synthese eines Dinukleotids, schematisch. (b) Synthese eines Octanukleotids. Aus Khorana *et al.*, 1968, verändert

3'-Ende läßt sich an dieses Dinukleotid nun in gleicher Weise ein weiteres Nukleotid anfügen, so daß ein Trinukleotid entsteht (Abb. 30 b, oben). Nach schrittweisem Zusatz von weiteren Mono-, Di- oder Oligonukleotiden kommt man bis zu Kettenlängen von 20 Nukleotiden. Man gibt sich aber wegen der zunehmenden Schwierigkeiten bei der Abtrennung der

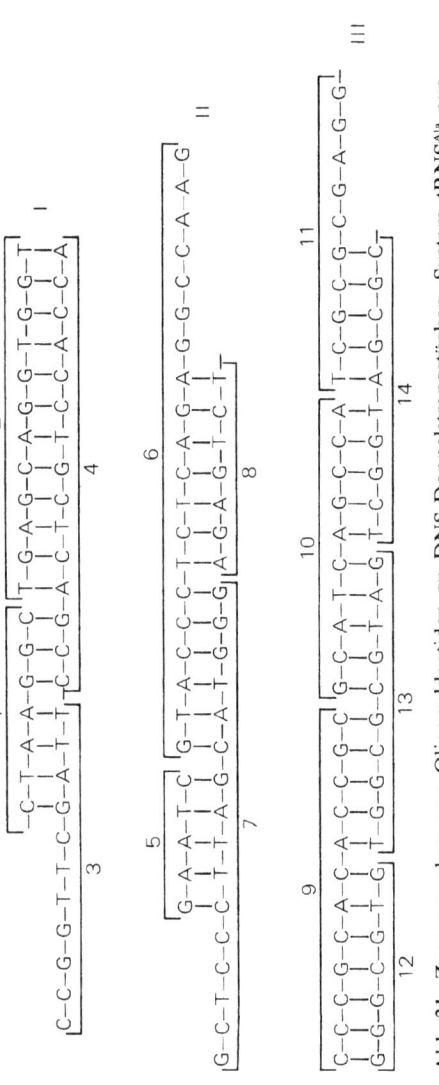

Abb. 31. Zusammenbau von Oligonukleotiden zu DNS-Doppelstrangstücken. System tRNS^{Ala} aus Hefe. *1—14*: Verschiedene, nach Abb. 30 synthetisch erstellte Oligonukleotide. *I—III*: Daraus durch Basenpaarung zwischen Abschnitten mit komplementärer Nukleotidsequenz erhaltene Doppelstrangstücke. Aus Klingmüller, 1971

unverbrauchten Reaktionspartner, der Reinigung der erhaltenen Verbindungen und der Verifizierung ihrer Struktur durch Abbau meist mit Kettenlängen von 8 – 12 Nukleotiden zufrieden (Abb. 30 b, unten).

Der zweite Teilschritt besteht im *Zusammenbau* solcher Oligonukleotide zu DNS-Doppelstrangstücken mit Hilfe von Basenpaarungen. Es werden dafür Oligonukleotide benutzt, die zumindest in Teilbereichen einander komplementäre Nukleotidsequenzen haben. Die Basen paaren hier, wie zuvor für die DNS-Abschnitte aus E. coli im Genom der Phagen Lambda und φ 80 beschrieben, bei längerem Warmhalten durch Ausbildung von Wasserstoffbrücken. Die Auffüllung etwa verbliebener größerer Lücken in den DNS-Doppelstrangstücken durch Zusatz geeigneter Nukleosidtriphosphate und des Enzyms *DNS-Polymerase* sowie der Verschluß von Einzelstrangöffnungen durch das Enzym *Polynukleotidligase* schließen sich an. Die exakte Struktur des Produkts wird wieder durch Abbauversuche geprüft. Insgesamt ließ man in getrennten Ansätzen eine Serie in ihrer Nukleotidsequenz sorgfältig berechneter Oligonukleotide so miteinander reagieren, daß drei verschiedene, größere DNS-Doppelstrangstücke mit frei überstehenden Einzelstrangenden entstanden (Abb. 31). Da die Nukleotidsequenz der Einzelstrangenden paarweise komplementär war, ermöglichte sie nach Mischung dieser DNS-Stücke deren Verschmelzung zu vollständigen DNS-Molekülen mit der gewünschten Nukleotidsequenz (Abb. 32).

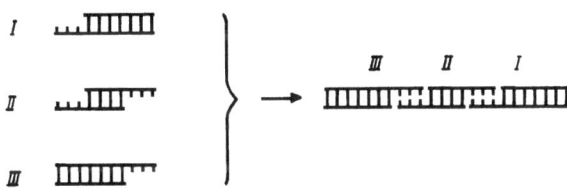

Abb. 32. Verschmelzung der nach Abb. 31 erhaltenen DNS-Doppelstrangstücke zum vollständigen DNS-Doppelstrang, schematisch. Die Verschmelzung erfolgt mit Hilfe der überstehenden Einzelstrangenden, die komplementäre Nukleotidsequenzen enthalten

3. Synthese der Strukturinformation für ein menschliches Hormon

Die hier synthetisierte DNS hatte 77 Nukleotidpaare, entsprechend den 77 Nukleotiden der tRNS[Ala] der Hefe. Sie spezifiziert ein primäres Genprodukt, nämlich diese tRNS. In neuester Zeit gelang auch die Totalsynthese eines DNS-Abschnittes mit der Information für ein sekundäres Genprodukt des Menschen, nämlich ein Peptid-Hormon (Köster et al., 1975). Dabei konnten die Methoden der Arbeitsgruppe von Khorana übernommen und verbessert werden. Das betreffende Hormon ist das *Angiotensin II*. Es spielt eine wichtige Rolle bei der Regulation des Blutdrucks und der Kontraktion der glatten Muskulatur. In der reifen Form besteht es aus einer Kette von nur acht Aminosäuren (Abb. 33 a). Vorstufe ist das *Angiotensino-*

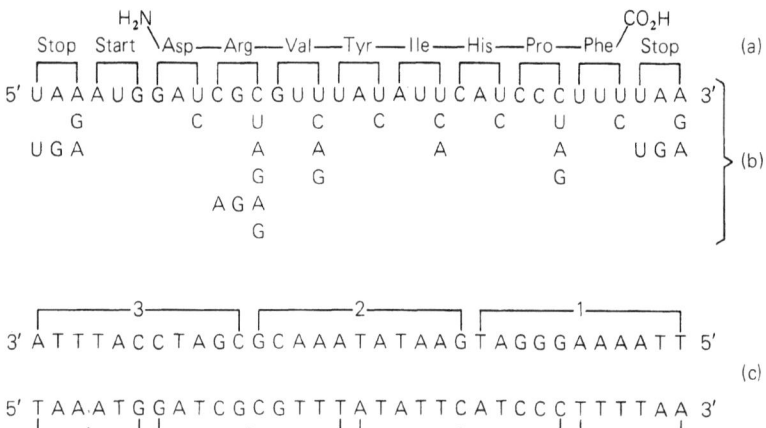

Abb. 33 a – c. Schema zur Synthese eines DNS-Abschnittes mit der Information für Angiotensin II. (a) Aminosäuresequenz des Angiotensins II. Die einzelnen Aminosäuren sind durch Abkürzungen symbolisiert. (b) Die hier gewählte Nukleotidsequenz der zugehörigen mRNS mit Angabe weiterer möglicher Sequenzen sowie von Start- und Stoptripletts. (c) Synthetisierte DNS, mit Angabe der zunächst hergestellten Oligonukleotide 1 bis 7. Der obere Strang ist der codogene Strang zur unter (b) angegebenen mRNS. Aus Köster et al. 1975, verändert

gen mit 14 Aminosäuren. Man kann versuchen, aus der Aminosäuresequenz des Angiotensins II die Nukleotidsequenz der zugehörigen mRNS abzuleiten. Es gibt hier aber wegen der *Degeneration des genetischen Codes* eine Vielzahl von Möglichkeiten. Aus Gründen der methodischen Zweckmäßigkeit und in Hinsicht auf eine beabsichtigte spätere Verwendung der synthetisierten DNS wurde die in Abb. 33 b, oben, gezeigte Sequenz ausgewählt. Es wurden dann sieben daraus ableitbare Oligonukleotide mit Kettenlängen von 6 bis 11 synthetisiert (Abb. 33 c) und nach Fertigstellung gemischt. Aufgrund der Überlappungen ihrer Nukleotidsequenzen ließen sie sich zu den gewünschten DNS-Doppelstrangabschnitten zusammenfügen. Die Ausbeute lag bei etwa 8%, bezogen auf die eingesetzten

Oligonukleotide. Die Doppelstrangabschnitte bestehen aus einer Folge von 33 Basenpaaren. Die an den beiden Enden befindlichen Tripletts liefern nach Transkription in mRNS Stoptripletts der Proteinsynthese. An das linke Stoptriplett (5'-Ende der RNS, Abb. 33 b) schließt sich nach innen ein Starttriplett und dann die Folge jener acht Tripletts an, welche für die im Angiotensin II enthaltenen Aminosäuren codieren.

Mit der so synthetisierten DNS soll zunächst in vitro untersucht werden, in welcher Weise hier eine Transkription und Translation erfolgt. Bei der

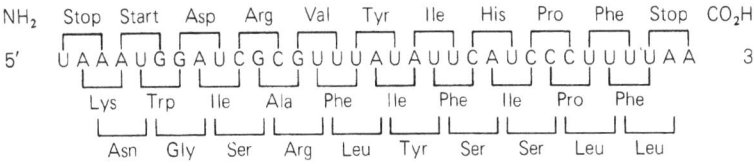

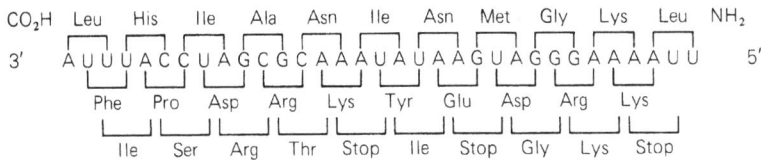

Abb. 34. Die bei in vitro-Transkription und -Translation des in Abb. 33 c angegebenen DNS-Abschnittes zu erwartenden 6 verschiedenen Oligopeptide. *Oben:* Die mRNS wurde am codogenen DNS-Strang transkribiert. Translation von links nach rechts. *Unten:* Die mRNS wurde am dazu komplementären DNS-Strang transkribiert. Translation von rechts nach links. Die einzelnen Aminosäuren sind durch Abkürzungen symbolisiert. Aus Köster et al., 1975, verändert

Transkription sind zwei, bei der Translation sechs verschiedene Möglichkeiten denkbar (Abb. 34), die zu sechs verschiedenen Oligopeptiden führen müßten. Nach Vorschalten einer Promotorregion sollte nur ein einziges, biologisch sinnvolles Oligopeptid, nämlich das Angiotensin II entstehen. Nach Einbau der synthetischen DNS in Phagengenome oder bakterielle Plasmide (Kap. V) ließe sich vielleicht das Angiotensin II auch aus Bakterien, möglicherweise sogar in großtechnischem Maßstab, gewinnen.

Die Synthese von DNS mit der Strukturinformation für tRNS^{Ala} der Hefe oder menschliches Angiotensin ist noch nicht gleichzusetzen mit der Totalsynthese vollständiger Gene. Vollständige Gene enthalten zusätzlich zu der in mRNS oder tRNS umzuschreibenden Information noch Initiationssequenzen für die RNS-Polymerase und Terminationssequenzen. Außerdem entstehen tRNS-Moleküle nach neueren Befunden in der Zelle aus längerkettigen Vorstufen, sogenannten Precursormolekülen, die erst im Zuge mehr oder weniger komplizierter Reifungsvorgänge durch dafür zuständige Enzyme auf die Endgröße zurechtgeschnitten werden. Ähnliches gilt für Hormone, wie das Angiotensin und auch das Insulin. Das vollständige Gen für die tRNS^{Ala} der Hefe muß also zusätzlich zu den 77 bekannten Nukleotidpaaren noch weitere enthalten. Diese können vorerst nicht angegeben und daher dem bereits synthetisierten Material auch nicht angefügt werden. Im Gegensatz dazu sind die betreffenden Sequenzen jedoch heute für eine andere tRNS, und zwar aus E. coli, bekannt. Wie es dazu kam, und wie diese Kenntnis genutzt wird, um das vollständige Gen für diese tRNS zu synthetisieren, wird im folgenden Abschnitt erläutert.

4. Totalsynthese eines tRNS-Gens aus E. coli

Es handelt sich um eine *tRNS für die Aminosäure Tyrosin* (tRNS^{Tyr}). Bei E. coli gibt es zwei für diese Aminosäure zuständige tRNS-Spezies. Eine davon ist die häufigere, die andere spielt normalerweise eine relativ untergeordnete Rolle. Die genetische Information für die Struktur dieser tRNS$_1^{yr}$ liegt im Chromosom von E. coli in Form zweier, tandemförmig gekoppelter Gene in der Nähe einer Stelle, an welcher der Phage φ 80 sein eigenes Genom in jenes von E. coli hineinzwängen kann. Es ist der *Integrationsort für φ 80*. E. coli-Zellen, in denen das φ 80-Genom dort integriert vorliegt, können nach Induktion (Kap. VI) φ 80-Tochterphagen liefern, welche die besagten tRNS-Gene besitzen. Eine Besonderheit der hier in Rede stehenden tRNS ist, daß sie in mutierter Form mit ihrem Anticodon auf das *amber-Triplett* (UAG) passen kann. Es ist eines der drei bekannten Stoptripletts (Abb. 4). Für diese Tripletts gibt es normalerweise keine geeignete tRNS, so daß sie, falls sie mutativ inmitten eines Gens entstehen, bei der Proteinsynthese *Kettenabbruch* und damit Funktionsausfall bedingen. Eine Mutation im einen der beiden Gene für tRNS$_1^{yr}$ kann die veränderte tRNS liefern. Durch sie werden amber-Tripletts lesbar. An jener Stelle im Protein, an der zuvor die Synthese abbrach, wird jetzt Tyrosin eingebaut, die Synthese läuft anschließend weiter. Es gibt Fälle, wo das Tyrosin die Funktionsfähigkeit des entstehenden Proteins nicht beeinträchtigt, so daß der ursprüngliche Defekt kompensiert wird (*Suppression*). Ein Phage, der ein solchermaßen verändertes tRNS$_1^{yr}$-Gen in seinem Genom enthält, heißt φ 80 su$_{III}^+$. Die veränderte tRNS wird als *Tyrosin-Suppressor-tRNS* bezeichnet. Diese tRNS wurde bereits von Goodman *et al.* (1968) aus φ 80-infizierten E. coli-Zellen in reiner Form gewonnen und sequenziert. Sie enthält 85 Nukleotide. Altmann (1971) gelang es an dem gleichen System, *Precursormoleküle* dieser tRNS zu gewinnen. Dafür wurde den mit φ 80 su$^+_{III}$ infizierten E. coli-Zellen 30 Minuten nach der Infektion kurzzeitig radioaktives Phosphat (^{32}P) geboten, um die neusynthetisierten Nukleinsäuren, darunter auch etwaige tRNS-Precursormoleküle, zu markieren. Eine rasche Phenolextraktion und anschließende Auftrennung des Extraktes in Polyacrylamidgelen lieferte mehrere Banden, von denen eine, Y, zu späteren Zeiten nach Infektion und bei langsamerer Aufarbeitung der Extrakte nicht in Erscheinung trat. Sie wurde als der gesuchte Precursor der tRNS identifiziert. Bestimmte Mutanten des Phagen φ 80 lieferten sehr viel stärkere Y-Banden, hatten also den Precursor in konzentrierterer Form. Sie haben eine Basenpaaränderung, die die Umwandlung des Precursors in die reife tRNS verlangsamt. Da der Precursor aus solchen Mutanten in größerer Menge gewonnen werden konnte, war auch seine *Sequenzierung* möglich (Altman und Smith, 1971). Sie lieferte insgesamt eine Folge von 128 Nukleotiden, und zwar zusätzlich zu der für reife Tyrosin-Suppressor-tRNS bekannten Sequenz einen Anfangsabschnitt mit 41 und einen Endabschnitt mit 2 Nukleotiden. Nach Aufklärung dieser Sequenz konnte für den Precursor der Tyrosin-Suppressor-tRNS die in Abb. 35 angegebene Sekundärstruktur vorgeschlagen werden. An den mit Pfeil gekennzeichneten Stellen wird das Molekül bei der Reifung geschnitten.

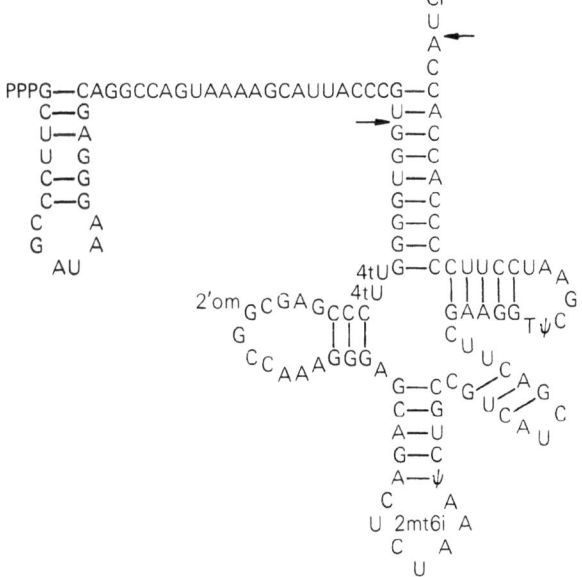

Abb. 35. Sekundärstruktur des Precursors der Tyrosin-Suppressor-tRNS von E. coli. Die angegebenen Basenpaarungen sind hypothetisch. Aus Altman, 1975, verändert

Die Kenntnis der Nukleotidsequenz des Precursors der Tyrosin-Suppressor-tRNS lieferte die Grundlage für die *Synthese vollständiger tRNS-Gene*. Davon ausgehend konnten Khorana und Mitarbeiter, analog zu dem Vorgehen beim tRNS^{Ala}-Gen der Hefe, DNS-Moleküle herstellen, deren Kettenlänge und Nukleotidsequenz jener vollständiger tRNS-Precursormoleküle entsprachen. Was jetzt noch fehlte, waren die Sequenz der Initiations- oder Promotorregion, und die Terminationssequenz (Abb. 36).

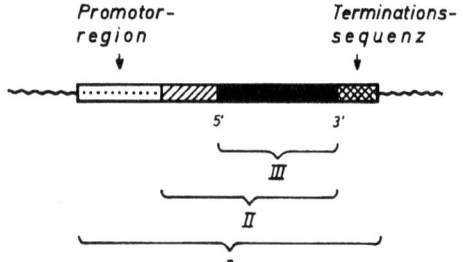

Abb. 36. Schematische Darstellung des vollständigen Gens für Tyrosin-tRNS sowie von Transkription und Reifung dieser tRNS. *I*: Vollständiges Gen, *II*: Strukturinformation für den Precursor, *III*: Strukturinformation für die reife tRNS. Aus Khorana, 1973, verändert

Auch diese Sequenzen konnten inzwischen aufgeklärt werden. Dabei kam eine Methode zur Anwendung, welche der im vorigen Kapitel erläuterten zur Aufklärung von Nukleotidsequenzen des Genoms der kleinen RNS-Phagen ähnelt (S. 29). Das Prinzip der Methode ist, kurzkettige Oligonukleotide an geeigneten längerkettigen Nukleinsäuren als Matrize unter Verwendung von radioaktiv markierten Nukleosidtriphosphaten zu verlängern. Die dabei neu entstehenden Stücke, in ihrer Sequenz der Matrize komplementär, werden abgetrennt. Ihre Sequenz kann durch Abbau ermittelt werden. Aus den Resultaten läßt sich auf die Nukleotidsequenz der Matrize schließen. Im einzelnen wurde folgendermaßen vorgegangen (Abb. 37):

(1) Es wurden in vitro durch Totalsynthese Oligodesoxyribonukleotide mit der Nukleotidsequenz des einen Endes der Precursormoleküle hergestellt. (2) DNS des Phagen φ 80 su$^+_{III}$ wurde durch Schmelzen und Zentrifugieren in Einzelstränge zerlegt. (3) Das Material des leichten Stranges wurde mit den synthetisierten Oligonukleotiden gemischt und zur Verschmelzung gebracht. Jeweils ein Oligonukleotid bindet an die der Sequenz nach komplementäre Zone der Phagen-DNS, also an den Anfang des den vollständigen Precursor spezifizierenden Gens. Es übernimmt damit, wenn DNS-Polymerase zugegen ist, die Funktion eines *Primers* oder Starters der DNS-Synthese. (4) Die Synthese beginnt bei Zugabe der vier Desoxyribonukleosidtriphosphate. Man kann sie durch Fortlassen des einen oder anderen dieser Triphosphate limitieren. Die so um nur wenige Nukleotide verlängerten, ursprünglich als Primer benutzten Oligonukleo-

tide können durch Schmelzen und Säulenchromatographie von der Phagen-DNS getrennt werden. Ihre Nukleotidsequenz läßt sich nun durch Abbau ermitteln. Man kann das Verfahren als *begrenzte Kettenverlängerung an einer Matrize zur Aufklärung der Nukleotidsequenz dieser Matrize* bezeichnen. Auf diese Weise konnte die Struktur der Promotorregion des Gens für Tyrosin-Suppressor tRNS aufgeklärt werden (Sekiya und Khorana, 1974; Sekiya *et al.*, 1975). Auch die Terminationsregion ist inzwischen

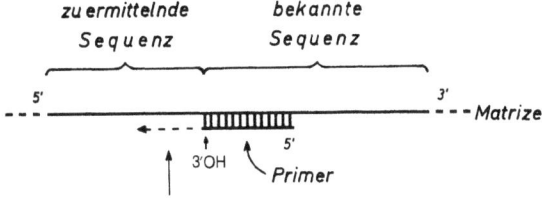

Abb. 37. Begrenzte Kettenverlängerung an einem DNS-Einzelstrang als Matrize zur Aufklärung der Nukleotidsequenz dieser Matrize. Der Primer ist ein synthetisch erstelltes Oligonukleotid. Er paßt mit seiner Nukleotidsequenz zu einem in seiner Sequenz bekannten Abschnitt der Matrize. Dieser grenzt an einen Abschnitt, dessen Nukleotidsequenz ermittelt werden soll. Aus Khorana, 1973, verändert

bekannt (Loewen *et al.*, 1974). Der Synthese des vollständigen Gens für Tyrosin-Suppressor-tRNS oder tRNS$_T^{yr}$ aus E. coli steht danach von dieser Seite nichts mehr im Wege. Sie wird zur Zeit angegangen (Fritz und Khorana, 1975). Die dabei bisher erhaltenen DNS-Moleküle ergaben bei Transkriptionsversuchen in vitro ein RNS-Produkt mit dem Molekulargewicht reifer tRNS$_T^{yr}$, und den meisten in dieser zu findenden *ungewöhnlichen Basen*, darunter Thiouracil (H. Groß, mdl. Mitt., Nov. 1975). Dies wird mit der Annahme interpretiert, daß die synthetisch erstellte DNS einen Precursor liefert, der dem natürlichen sehr ähnlich ist, so daß die im Reaktionsansatz vorhandenen Reifungsenzyme an ihm in korrekter Weise anzugreifen vermögen. Auf die hier ermittelte Struktur des Promotors und ihre mögliche Bedeutung für die Initiation der Transkription wird in Kap. VII näher eingegangen.

5. Abtrennung von Genen durch Hybridisierung mit ihrem Produkt

Mit demselben System, der Tyrosin-Suppressor-tRNS von E. coli und den sie codierenden, im Genom von φ 80-Phagen enthaltenen Genen, haben

Marks *et al.* (1971) versucht, direkter ans Ziel zu gelangen. Das Genprodukt, also die reife Tyrosin-Suppressor-tRNS, wurde aus E. coli-Zellen, welche mit diesem Phagen infiziert worden waren, nach Inkubation mit Tritium (^{3}H)- oder ^{32}P-Verbindungen in radioaktiv markierter Form gewonnen. Mit ihr als Köder wurde nach Einzelstrangabschnitten von φ 80-DNS „geangelt", die die komplementäre Nukleotidsequenz haben sollten. Der Ansatz war folgender (Abb. 38):

(1) Gewinnung von DNS aus φ 80 su$^+_{III}$-Phagen und Hitzedenaturierung dieser DNS. (2) Zusatz radioaktiv markierter Tyrosin-Suppressor-tRNS und Hybridisierung der tRNS mit der DNS durch zweistündiges Warmhalten bei 72 °C in Gegenwart von 0,3 M NaCl. (3) Gelfiltration des Materials zur Entfernung überflüssiger tRNS. Hybridmoleküle aus tRNS und DNS sind größer als tRNS allein und laufen deshalb voraus. (4) Behandlung des Hybridmaterials mit Einzelstrang-spezifischer Nuklease, zur Entfernung aller DNS-Einzelstrangabschnitte und zum Herausschneiden der tRNS-DNS-Hybride aus dem Hintergrund etwa wieder entstandener DNS-Doppelstrangabschnitte. (5) Abtrennung der tRNS-DNS-Hybride von den DNS-Doppelstrangabschnitten durch Gelfiltration (Ausnutzung

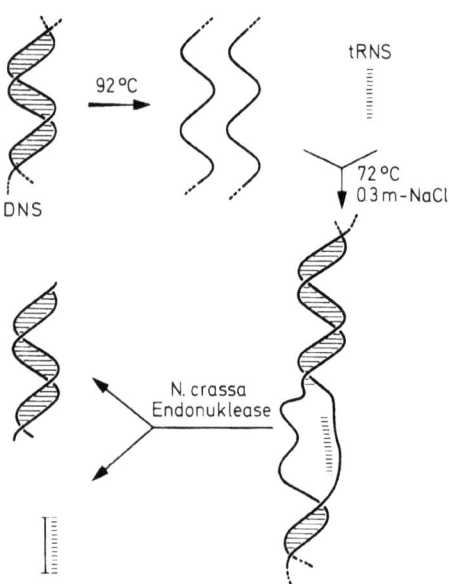

Abb. 38. Experimenteller Ansatz zur Abtrennung von DNS mit der Strukturinformation für Tyrosin-Suppressor-tRNS aus dem Genom von E. coli. Doppelstrang-DNS (oben) wird aufgeschmolzen, und mit tRNS hybridisiert (rechts). Behandlung mit spezifisch wirkender Nuklease setzt die interessierenden Teilstücke frei (unten links). Aus Marks *et al.*, 1971

der unterschiedlichen Größe der Stücke) oder $CsSO_4$-Dichtegradientenzentrifugation (Ausnutzung ihrer unterschiedlichen Dichte).

Das Hybridmaterial bandiert im $CsSO_4$-Dichtegradienten zwischen reiner DNS des Phagen und reiner Tyrosin-Suppressor-tRNS. Die Breite und Asymmetrie der hier und bei Gelfiltration erhaltenen Gipfel zeigte, daß es noch nicht ganz einheitlich ist. Dies könnte an verbliebenen DNS-Einzelstrangenden liegen. Das so gewonnene Material ist noch kein vollständiges Gen. Es enthält zunächst nur einen DNS-Einzelstrangabschnitt, verschmolzen mit einem tRNS-Molekül. Zur Gewinnung doppelsträngiger DNS muß das Material aufgeschmolzen und der DNS-Anteil von dem tRNS-Anteil getrennt werden. Durch Replikation in vitro kann man dann vom DNS-Einzelstrang zum DNS-Doppelstrang gelangen. Bei dieser Methode ist wieder nachteilig, daß nur jener Teil des fraglichen tRNS-Gens erhalten werden konnte, welcher der reifen tRNS entspricht, nicht aber das vollständige Gen mit der Information für den tRNS-Precursor und die angrenzenden Initiations- und Terminationssequenzen.

Neuere Versuche am φ 80 su_{III}^+-System zielen darauf hin, aus dem Genom solcher Phagen das gesuchte tRNS-Gen direkt und in vollständiger Form abzutrennen. Da dieses Genom sehr viel kleiner ist als jenes von E. coli (ca. $\frac{1}{60}$), enthält es das betreffende Gen, relativ zu dem Genom von E. coli, in stark angereicherter Form. Die Phagen-DNS wird mit *sequenzspezifischen Endonukleasen,* sogenannten *Restriktionsenzymen,* in definierte Teilstücke zerlegt (Landy et al., 1974). Es wurde insbesondere die Nuklease endo-R-Hind aus Haemophilus influenzae verwendet (vgl. Tabelle 5, S. 107). Sie liefert bei Einwirkung auf die DNS des Wildtypphagen und anschließender Auftrennung der Teilstücke durch Polyacrylamid-Agarose-Gelelektrophorese etwa 46 diskrete Banden. Für DNS aus zwei verschiedenen φ 80 su_{III}^+-Phagen, von denen der eine zwei Kopien des Tyrosin-Suppressor-tRNS-Gens besaß, der andere nur eine, fanden sich die meisten der vom Wildtyp her bekannten Banden wieder, aber auch mehrere andere Banden. Versuche, bei welchen das aus den Banden eluierte Material mit radioaktiv markierter tRNS hybridisiert wurde, zeigten, daß nur Material aus zwei dieser Banden Hybridisierung in nennenswertem Umfang ergab. Im einen Fall gehörte das Material zur DNS des Phagen mit zwei, im anderen zur DNS des Phagen mit nur einem tRNS-Gen. Dieses Material muß daher aus DNS-Stücken bestehen, die zumindest Teile der Strukturinformation für reife tRNS enthalten. Die Länge der DNS-Stücke fällt, bedingt durch die Schneidecharakteristik des benutzten Enzyms, nicht notwendigerweise mit der Länge dieser Strukturinformation zusammen. Die DNS-Stücke könnten also zusätzlich Strukturinformation für den tRNS-Precursor und weitere Nukleotidsequenzen außerhalb des tRNS-Gens enthalten.

6. Synthese von menschlichen Globin-Genen an Globin-mRNS

a) Globin-mRNS und ihre Isolierung

Das *Hämoglobin des Menschen* (HbA) besteht aus vier Polypeptiden, zwei α-Untereinheiten mit je 141 Aminosäuren und zwei β-Untereinheiten mit je 146 Aminosäuren. Außerdem enthält es eine farbgebende Komponente, das Häm. Die α- und β-Untereinheiten werden in den *Retikulozyten,* Vorstufen der roten Blutkörperchen im peripheren Blut, an den Ribosomen gebildet. Ihre Aminosäuresequenz wird durch mRNS mit bestimmter Nukleotidsequenz, die *Globin-mRNS,* diktiert. Da die Hauptaufgabe der Retikulozyten die Bildung von Hb ist, enthalten sie viel Globin-mRNS. Sie sind also ein günstiges Ausgangsmaterial für deren Isolierung. Die Retikulozyten werden dafür lysiert, die Zelltrümmer abzentrifugiert und die Polysomen aus dem Überstand durch Ultrazentrifugation mit Sucrose gewonnen. Polysomen, auf S. 5 bereits erwähnt (Abb. 5), bestehen aus mRNS-Molekülen, an denen eine größere Zahl von Ribosomen mit unterschiedlich langen Polypeptidketten hängt. Bei Behandlung der Polysomen mit Phenol wird die mRNS frei, sie kann durch anschließende Säulenchromatographie weiter gereinigt werden. Man erhält so eine bei Ultrazentrifugation im Sucrosegradienten mit 10 S sedimentierende RNS, die Globin-mRNS (S ist das Maß für die Sedimentationsgeschwindigkeit bei bestimmter Zentrifugalkraft, in Svedberg-Einheiten). Ihre Prüfung auf Unversehrtheit und Vollständigkeit und ihre weitere Charakterisierung gelingt in zellfreien, protein-synthetisierenden Systemen, oder auch durch Injektion in *Oozyten des Krallenfrosches.* In beiden Fällen konnte die Entstehung vollständiger α- und β-Globinketten nachgewiesen werden.

b) Reverse-Transkriptase

Einige animale Viren enthalten wie die im vorigen Kapitel erörterten RNS-Phagen, als Genom nicht DNS, sondern RNS. Dies sind vor allem die Tumor-Viren. In einem dieser RNS-haltigen Tumor-Viren, dem *Geflügel-Myeloblastosis-Virus,* wurde 1970 ein Enzym gefunden, welches an einer RNS-Matrize DNS synthetisieren kann. Da sich der Vorgang als Umkehr der bis dahin ausschließlich bekannten Transkription von RNS an DNS-Matrizen auffassen läßt, wurde das Enzym *Reverse-Transkriptase* genannt. Die Entdecker, Temin und Baltimore, erhielten für ihre Arbeiten 1975 den Nobelpreis. Das Vorkommen des Enzyms in den Viruspartikeln scheint sinnvoll, wenn man davon ausgeht, daß das Virusgenom nach der Infektion einer Säugerzelle in deren aus DNS bestehendes Genom eingebaut werden muß. Die Reverse-Transkriptase ist heute ein viel benutztes Hilfsmittel der Nukleinsäureforschung. Man kann mit ihrer Hilfe in vitro an einer vorgegebenen RNS DNS synthetisieren. Dabei entstehen zunächst vor allem RNS-DNS-Hybridmoleküle aus je einem RNS- und einem in der Nukleotidsequenz dazu komplementären DNS-Einzelstrang. Die Hybridmoleküle können durch Abbau der RNS und Zusynthese des Komplementärstranges in doppelsträngige DNS umgewandelt werden. Gibt man Globin-mRNS vor, und fügt Reverse-Transkriptase sowie die für eine DNS-Synthese nötigen Desoxyribonukleosidtriphosphate zu, so sollte an der mRNS einzelsträngige DNS mit der Information für menschliches Globin entstehen. Durch deren Vervollständigung zum Doppelstrang müßte man Globin-Gene erhalten können. Dieser Ansatz wurde von Marks *et al.* (1974) verfolgt.

c) Das Syntheseverfahren

Der Reaktionsverlauf ist vereinfacht folgender (Abb. 39): Globin-mRNS wird in ein in vitro-System eingebracht (a). An ihrem 3'-Ende findet sich, wie bei den meisten mRNS-Spezies von Eukaryonten, ein Poly-A Abschnitt. Wozu dieser hier dient, ist noch nicht endgültig geklärt, er kann aber genutzt werden, um die mRNS in spezifischer Weise mit einem *Primer* zu versehen. Dieser lenkt die Reverse-Transkriptase an den Anfang des zu transkribierenden RNS-Moleküls. Als ein solcher Primer dient *Oligo-dT* (Abb. 39 b). Zusatz der vier Desoxyribonukleosidtriphosphate und des genannten Enzyms setzt die DNS-Synthese entlang der Matrize in Gang (Abb. 39 c). Nach ihrer Beendigung wird durch alkalische Hydrolyse die als Matrize benutzte mRNS abgebaut, so daß DNS-Einzelstränge

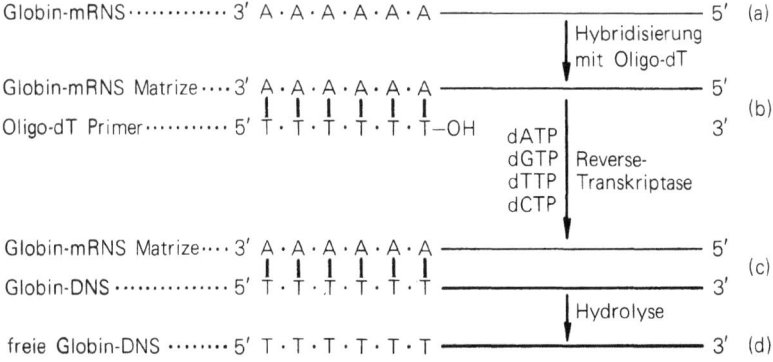

Abb. 39. Synthese von DNS mit der Information für menschliches Globin, ausgehend von Globin-mRNS als Matrize. Aus Marks *et al.*, 1974, verändert

mit dem gewünschten Informationsgehalt übrig bleiben. Man spricht von *cDNS* (c für „complementary"), da sie in ihrer Nukleotidsequenz komplementär zur vorgegebenen RNS ist.

d) Das Produkt

Die Untersuchung der so erhaltenen cDNS im Sucrosegradienten ergab, daß sie mit 8,3 S sedimentierte, nicht wie die Globin-mRNS mit 10 S. Das wurde mit der Annahme erklärt, daß entweder die Matrize nicht vollständig kopiert wird, oder die hydromechanischen Eigenschaften der cDNS sich von denen der Globin-mRNS unterscheiden. Hybridisierungsversuche mit verschiedenen RNS-Typen ergaben gute Hybridisierbarkeit mit menschlicher Globin-mRNS, nur mäßige Hybridisierbarkeit mit Globin-mRNS aus Kaninchenretikulozyten und keine Hybridisierbarkeit mit ribosomaler (18 S) RNS aus Kaninchen sowie mit RNS des in Kap. II besprochenen Phagen Q_β. Dies deutet daraufhin, daß die in vitro hergestellte cDNS der Matrize weitgehend entspricht.

Eine Schwierigkeit bei diesen Experimenten war, daß die als Matrize benutzte mRNS sowohl die Information für die α-Untereinheit als auch die Information für die β-Untereinheit des menschlichen Globins enthält, genaugenommen also eine Mischung von zwei Typen von mRNS-Molekülen darstellt. Da die beiden Untereinheiten in ihrer Kettenlänge sehr ähnlich sind, ist auch die mRNS sehr ähnlich. Sie war bis dahin nur schlecht in die beiden Molekülspezies aufzutrennen. Temple und Housman (1972) haben ein Verfahren angegeben, mit welchem man immerhin relativ weitgehend gereinigte mRNS für die α-Untereinheit und solche für die β-Untereinheit gewinnen kann. Es beruht darauf, daß Polysomen, welche die α-mRNS enthalten, nur schwach, solche die die β-mRNS enthalten, aber stark mit o-Methylthreonin reagieren. Letztere werden dadurch schwerer und lassen sich in einem Sucrosegradienten von ersteren abtrennen. Die so erhaltene β-mRNS war noch zu etwa 10% mit α-mRNS verunreinigt, die α-mRNS ihrerseits noch zu 30% mit β-mRNS. Unter Verwendung solcher mRNS konnte die an Globin-mRNS mittels Reverse-Transkriptase synthetisierte cDNS genauer mit ihrer Matrize verglichen werden. Es wurde nämlich einmal gereinigte α-mRNS, ein anderes Mal gereinigte β-mRNS in cDNS transkribiert, und das Produkt jeweils mit α- und β-mRNS hybridisiert. Die cDNS aus dem zuerst genannten Versuchsansatz (hauptsächlich α-mRNS als Matrize) hybridisierte 4,5mal schneller mit α-mRNS-Präparationen als mit β-mRNS-Präparationen. Die cDNS aus dem zuletzt genannten Versuchsansatz (hauptsächlich β-mRNS als Matrize) hybridisierte 0,3mal so schnell mit α- wie mit β-mRNS (Kacian *et al.,* 1973). Diese Resultate zeigen, daß die mit Reverse-Transkriptase an

Globin-mRNS als Matrize synthetisierte cDNS die Struktur der Matrize sehr genau widerspiegelt. Auch durch Polyacrylamid-Gelelektrophorese in Gegenwart von Formamid läßt sich heute die α- und β-mRNS für menschliches Globin trennen (Forget et al., 1975).

Hinsichtlich der bisherigen Unvollständigkeit des Produktes sind neuere Arbeiten von Efstratiadis et al. (1975) an Globin-mRNS aus Kaninchen von Interesse. Diese mRNS, der menschlichen mRNS für Globin sehr ähnlich, ließ sich in Gegenwart hoher Konzentrationen von Desoxyribonukleotiden in vollständige cDNS-Moleküle umschreiben. Die Vollständigkeit wurde durch Formamid-Polyacrylamid-Gelelektrophorese, Hybridisierung und Nukleaseabbauversuche überprüft. Außer den vollständigen cDNS-Molekülen mit 650 Nukleotiden traten auch kleinere, jedoch in diskreten Größenklassen, auf. Der Anteil der kleineren Moleküle nahm mit zunehmender Nukleotidkonzentration ab.

e) Anwendung

Wohl die wichtigste Frage nach Vollendung der Synthese von cDNS mit der Information für menschliches Globin ist jene nach der biologischen Aktivität dieser cDNS. Man müßte zu ihrer Beantwortung in vitro-Versuche durchführen, in welchen die cDNS als Matrize dienen sollte. An ihr müßte Globin-mRNS synthetisiert, und an dieser mRNS dann Protein gemacht werden. Würden als Protein α- und β-Globin entstehen, so wäre die cDNS biologisch aktiv. Solche Versuche waren bisher noch negativ, vermutlich weil den synthetisierten DNS-Abschnitten mindestens noch die Initiations- und Terminationssequenzen fehlen. Über diese ist bei den menschlichen Globin-Genen noch nichts bekannt. Man steht hier also vor demselben Problem, wie noch kürzlich bei der Synthese der Gene für tRNS. Andererseits konnte aber die hier erörterte cDNS bereits bei der Klärung verschiedener Fragen der medizinischen Grundlagenforschung erfolgreich eingesetzt werden. Ein Beispiel dafür ist die Arbeit von Gambino et al. (1974), in welcher mittels Hybridisierung von cDNS mit DNS aus menschlichen Zellen Schätzwerte über die Zahl der Globin-Gene im menschlichen Genom erhalten werden konnten. Sie liegt danach zwischen 10 und 20 pro haploidem Chromosomensatz. Es konnte gleichzeitig gezeigt werden, daß bei einer erblichen Blutkrankheit, der *β-Thalassämie*, diese Gene nicht fehlen. Dieser Befund hat Bedeutung im Zusammenhang mit der Klärung der molekularen Ursache der *α-Thalassämie*, für welche Gegenteiliges gezeigt werden konnte. Dies sei etwas weiter ausgeführt.

f) Ursache der α-Thalassämie

Die α-Thalassämie, ein Erbleiden, das vor allem in Südost-Asien vorkommt, beruht auf einem Globin-Defekt. Es werden keine α-Untereinheiten gebildet. Im fetalen Blut homozygoter Individuen finden sich deshalb statt des normalen HbF, welches 2 α- und 2 γ-Untereinheiten enthält, Hb-Moleküle, welche aus 4 γ-Untereinheiten bestehen. Dies führt zum Absterben des Fetus oder zum frühen Tod des Neugeborenen. Es stellte sich die Frage, ob der Ausfall der Synthese von α-Untereinheiten auf ein Fehlen der Strukturgene für diese Untereinheit zurückgeht oder ob diese Gene zwar vorhanden sind, ihre Information aber durch einen Defekt des zugehörigen Regulationssystems nicht zur Ausprägung kommen kann. Diese Frage konnte kürzlich mit Hilfe von cDNS geklärt werden (Housman *et al.*, 1973; Ottolenghi *et al.*, 1974; Taylor *et al.*, 1974). Der Versuchsablauf war folgender: (1) Es wurde aus Zellen gesunder Individuen mRNS für die α-Untereinheit isoliert. (2) Zu ihr wurde in vitro mit Reverse-Transkriptase die entsprechende cDNS gemacht. Sie trug eine radioaktive Markierung. Diese cDNS diente als Nachweisreagens für DNS-Sequenzen mit der Information für die α-Untereinheit im menschlichen Genom. (3) Aus Retikulozyten gesunder und aus solchen kranker Individuen wurde die DNS isoliert. (4) Diese wurde mit der cDNS hybridisiert und das Ausmaß der Hybridisierung durch Messung der Radioaktivität quantitativ bestimmt. Die DNS Gesunder erwies sich als gut hybridisierbar mit cDNS, die DNS Kranker hingegen als relativ schlecht hybridisierbar. Es läßt sich schließen, daß letzterer infolge einer Deletion alle oder doch die meisten der Strukturgene für die α-Untereinheit fehlen. Dies ist das erste Beispiel, in welchem eine Deletion von genetischem Material als Ursache einer menschlichen Krankheit erkannt wurde. Eine Benutzung von α-mRNS in solchen Versuchen unter Umgehung der cDNS ist nicht möglich, da die mRNS in vivo nicht stark genug radioaktiv markiert werden kann.

Die Möglichkeit, cDNS an Globin-mRNS als Matrize herzustellen, hat auch Arbeiten gefördert, die die Aufklärung der *Nukleotidsequenz der Globin-Gene* des Menschen zum Ziel haben (Marotta *et al.*, 1974). Die cDNS wurde nämlich ihrerseits in ein in vitro-System als Matrize eingebracht, und an ihr nach Einsatz geeignet gewählter radioaktiv markierter Nukleosidtriphosphate RNS synthetisiert. Die entstehenden Oligonukleotide konnten dann mit den für die Aufklärung von Nukleotidsequenzen in RNS gebräuchlichen Verfahren weitgehend sequenziert werden. Der Vergleich der erhaltenen Sequenzen mit der Aminosäuresequenz der α- und β- Untereinheit gestattete über größere Teilbereiche eine eindeutige Zuordnung. Einige Nukleotidsequenzen hatten keine Entsprechungen in der Aminosäuresequenz. Sie kennzeichnen möglicherweise nicht ablesbare Partien der mRNS.

7. Isolierung von Genen für ribosomale RNS beim Krallenfrosch

Ribosomen bestehen aus 2 Untereinheiten, bei Bakterien werden sie als 30 S- und 50 S-*Untereinheit* unterschieden, bei Eukaryonten als 40 S- und 60 S-Untereinheit. In den Untereinheiten befindet sich neben Proteinen *RNS*. Bei Bakterien ist es in der kleineren Untereinheit die 16 S-*rRNS*, in der größeren die 23 S- und die 5 S-rRNS (Abb. 40). Bei Eukaryonten be-

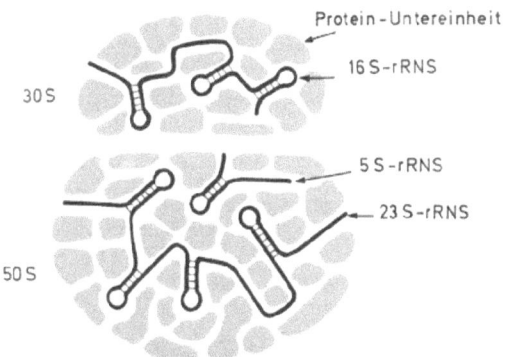

Abb. 40. Denkmöglichkeit zur Anordnung von RNS und Protein im Ribosom von E. coli. Aus Bresch und Hausmann, 1972, verändert

findet sich in der kleineren Untereinheit eine 18 S-rRNS und in der größeren eine 28 S-rRNS sowie wiederum eine 5 S-rRNS. Ein Teil der 28 S-rRNS kann relativ leicht abgespalten werden. Sie wird nach ihrem Sedimentationsverhalten als 5,8 S-rRNS bezeichnet.

Die Gene, welche für die genannten rRNS-Spezies codieren, sind beim Krallenfrosch, aber auch bei Hefe und *HeLa-Zellen,* gut untersucht. Letztere sind in Gewebekultur gezüchtete Zellen aus einem menschlichen Gebärmutterhals-Carcinom. Beim *Krallenfrosch* liegen die für 28 S-, 18 S- und 5,8 S-*rRNS codierenden Gene* nach neueren Befunden in der in Abb. 41 angegebenen Weise zu je einer Einheit zusammengefaßt in bis zu 600 Kopien hintereinander im haploiden Genom. Wie autoradiographische Untersuchungen gezeigt haben, sind sie an der sekundären Einschnürung des einen der 18 Chromosomen des haploiden Satzes lokalisiert. An der sekundären Einschnürung werden die Nukleolen gebildet. Das Gen für die 5 S-rRNS kommt häufiger vor, in bis zu 24 000 Kopien, die auf die Enden aller Chromosomen verteilt zu sein scheinen (Brown, 1973). Zwischen dem Gen für die 28 S-rRNS, dem für die 5,8 S-rRNS und dem für die

18 S-rRNS liegen DNS-Abschnitte, die zwar mit transkribiert werden, deren Information aber in die fertigen rRNS-Moleküle nicht eingeht(*transkribierte Spacer*). Zwischen dem Gen für die 18 S-rRNS und dem Anfang der nächsten Einheit liegt eine DNS-Region unterschiedlicher Länge, die nicht transkribiert wird. Die Funktion dieser Region ist noch unklar, sie hat formal Ähnlichkeit mit den im vorigen Kapitel erwähnten intercistronischen und extracistronischen Regionen des Genoms der RNS-Phagen.

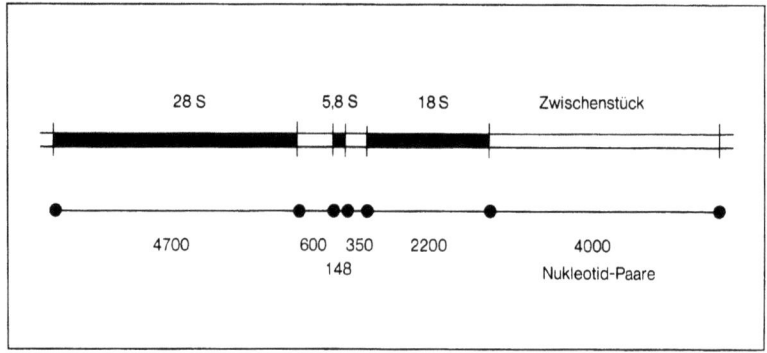

Abb. 41. Karte einer ribosomalen Geneinheit aus dem Krallenfrosch Xenopus laevis. Die Strukturinformation für die 28 S-, 5,8 S- und 18 S-rRNS ist schwarz gekennzeichnet. Die transkribierten Spacer und die nicht transkribierte Region (Zwischenstück) sind weiß belassen. Der unten angegebene Maßstab bezieht sich auf die Zahl der Nukleotidpaare in dem betreffenden Abschnitt des Genoms. Aus Zwilling, 1974

Versuche zur Abtrennung der Gengruppe für 28 S-, 5,8 S- und 18 S-rRNS (im folgenden als *rDNS* bezeichnet) aus der Gesamt-DNS des Krallenfrosches gehen von drei Tatsachen aus, die ein solches Vorhaben begünstigen. 1. ist der *GC-Gehalt* dieser Gengruppe mit 53–63% deutlich höher als der der übrigen DNS, die nur etwa 40% GC enthält. Dies sollte nach Zerkleinerung der Gesamt-DNS die Abtrennung der rDNS von der übrigen DNS mittels Dichtegradienten-Zentrifugation ermöglichen; 2. gibt es ein Zellstadium, vor allem in den Oozyten, den unreifen Vorläufern der späteren, haploiden Eizellen, in welchem besonders viel solcher rDNS gemacht wird. Diese *Genverstärkung* oder *Amplifikation* besteht darin, daß jetzt an der sekundären Einschnürung eine große Zahl von Nukleolen zusätzlich entstehen, wovon jeder einen DNS-Ring mit bis zu 500 Einheiten von rDNS-Genen enthält. Wie es im einzelnen zur Abgabe der DNS an die Nukleolen kommt, ist noch ungeklärt. Die Vermehrung der Gene für rRNS scheint aber sinnvoll, da in den Oozyten eine Vielzahl neuer Ribosomen gemacht werden müssen, für die rRNS benötigt wird; 3. ist eine günstige Nachweismöglichkeit für rDNS dadurch gegeben, daß sie sich mit rRNS hybridisieren läßt, die ihrerseits leicht aus Ribosomen gewonnen werden kann, auch in radioaktiv markierter Form, z. B. nach Angebot von ^{3}H-Uridin.

rDNS kann danach beim Krallenfrosch folgendermaßen isoliert werden: Es wird die Gesamt-DNS aus Oozyten gewonnen. Sie wird durch Scherkräfte oder Ultraschall zerkleinert. Das Material wird mit *CsCl$_2$ oder CsSO$_4$ hochtourig zentrifugiert*. Bei Verwendung von CsCl$_2$ bandiert die 5 S-rDNS oberhalb, die 18 S- und 28 S-rDNS unterhalb der übrigen DNS. Mit CsSO$_4$ ergibt sich, nach vorheriger Komplexierung der DNS mit Schwermetallionen, eine Vertauschung der mittleren und der unteren Bande. Weitere Möglichkeiten, die eine oder andere Komponente besonders rein zu erhalten, bieten der Zusatz von Actinomycin, das vor allem an GC-reiche DNS-Abschnitte bindet, oder die Fällung der übrigen DNS mit Polylysin, das mit AT-reichen Abschnitten reagiert. Um welche Bande es sich jeweils handelt, kann erkannt werden, wenn man den Gradienten austropft, und Teile der gewonnenen einzelnen Fraktionen weiter untersucht. Dies geschieht durch Erhitzen des Materials zwecks Denaturierung, Fixierung der so erhaltenen Einzelstränge auf geeigneten Filtern, und Zufügung radioaktiv markierter rRNS der verschiedenen Typen. Warmhalten in geeignetem Ionenmilieu führt zur Hybridisierung der als Nachweisreagens dienenden RNS mit den zugehörigen Abschnitten der DNS, sofern die DNS auf den Filtern solche Abschnitte enthält, also rDNS ist. Nach Auswaschen überschüssiger rRNS und Trocknung der Filter kann deren Radioaktivität gemessen werden. Diese läßt auf die Menge von rDNS in der bereffenden Fraktion schließen. Auf diese Weise ist es möglich, rDNS des Krallenfrosches in genügender Ausbeute zu isolieren, um weitere Analysen über ihren Aufbau und ihre Funktion anzuschließen.

Eine neue Entwicklung unter Verwendung von Restriktionsenzymen ist die Zerlegung der isolierten rDNS des Krallenfrosches in definierte, kleinere Fragmente (Wellauer *et al.*, 1974) mit dem Ziel der Aufklärung von Struktur und Funktion der *nicht transkribierten Region*. Das Enzym Eco R I schneidet die rDNS des Krallenfrosches in zwei derartige Fragmente. Fragment 2 enthält die nicht transkribierte Region und erwies sich in der Länge als variabel. Da das benutzte Enzym DNS nicht nur schneidet, sondern dabei auch überstehende Einzelstrangenden schafft, ließen sich die Fragmente der rDNS *in bakterielle Plasmide einbauen und* mit ihrer Hilfe *klonieren* (Plasmide sind extrachromosomale DNS-Moleküle, s. Kap. V). An den klonierten DNS-Molekülen ließ sich dann die Struktur der nicht transkribierten Region genauer analysieren. Es wurden vier Größenklassen von Eco RI-Fragmenten des Typs 2, eingebaut in Plasmid-DNS, verglichen. Die Moleküle wurden in verschiedenen Kombinationen untereinander hybridisiert, und die entstehenden Heteroduplices anhand elektronenmikroskopischer Aufnahmen verglichen. Es ließ sich zeigen, daß die nicht transkribierte Region aus vier Abschnitten besteht, A, B, C und X, von denen A und C aus *repetitiven,* wahrscheinlich jeweils 10 – 50 Nukleotidpaare langen *Sequenzen* bestehen. Die unterschiedliche Länge der nicht transkribierten Region resultiert hauptsächlich aus einer Variation in der Zahl der repetitiven Sequenzen in Region A. Nicht transkribierte Regionen mit unterschiedlicher Länge von A sind zufallsmäßig innerhalb der Folge von etwa 600 rDNS-Genen im Chromosom verteilt. In den einzelnen Nukleolen liegt je eines dieser 600 rDNS-Gene mit einer bestimmten Länge von A vielfach kopiert vor, so daß hier alle A-Abschnitte, im Gegensatz zu denen in den chromosomalen rDNS-Genen, dieselbe Länge haben (Wellauer und Dawid, 1975).

8. Isolierung von Histon-Genen

Histone sind einfach gebaute, basische Proteine, die im Kern von Eukaryontenzellen an den Chromosomen vorkommen und hier eine Stütz- und Regelfunktion zu haben scheinen. Möglicherweise dienen sie auch zur Neutralisierung der sauren Phosphatgruppen in der DNS. Es sind fünf verschiedene Histone bekannt, die heute mit H1, H2a, H2b, H3 und H4 bezeichnet werden. Ihr Molekulargewicht liegt zwischen 11 000 und 21 000. Die *Gene* mit der Information für diese Proteine kommen in einigen Organismen in Mehrzahl vor, beim Seeigel z. B. in bis zu 1000 Kopien pro Kern. Hier liegt also eine Situation vor, die jener bei der rDNS des Krallenfrosches ähnelt. In anderen Organismen oder Geweben sind diese Gene jedoch seltener, in der Mäuseleber und in der menschlichen Plazenta wurden z. B. weniger als 10 Histon-Gene pro Zellkern festgestellt. Beim Seeigel beträgt der Gehalt an Histon-Genen etwa 0,5 – 0,8% der Gesamt-DNS. Der GC-Gehalt dieser Gene liegt bei 51 – 53%. Beides läßt eine Isolierung mit Methoden, die schon bei der rDNS des Krallenfrosches zum Ziel führten, als möglich erscheinen. Solche Versuche wurden von Birnstiel und Jacob (Vortrag E. Jacob, Martinsried 1974) durchgeführt. Die DNS wurde aus Spermien gewonnen. Sie wurde durch Ultraschall fragmentiert und anschließend im $CsCl_2$-Actinomycin-Dichtegradienten zentrifugiert. Nach Austropfen der Gradienten wurde mit *Histon-mRNS* als Nachweisreagens hybridisiert. Die Histon-mRNS kann ähnlich wie die Globin-mRNS erhalten werden, da sie in bestimmten, frühen Entwicklungsstadien befruchteter Seeigeleier überwiegend gemacht wird. Sie liegt hier wiederum mit Ribosomen zu Polysomen verbunden vor, an welchen die Histone produziert werden. Es ließ sich auf diese Weise eine DNS-Präparation gewinnen, in der die Histon-DNS im Vergleich zur Gesamt-DNS

128fach angereichert war. Dennoch enthielt diese DNS noch zu etwa ⅔ andere DNS, worunter möglicherweise auch nicht transkribierte Regionen fallen. Die weitere Reinigung scheint noch methodische Schwierigkeiten zu machen und dürfte bei Organismen, die die betreffende DNS weniger stark amplifiziert enthalten, so kaum möglich sein.

9. Subkultur-Klonierung

Neuerdings wurde für die Isolierung der Histon-DNS ein Verfahren angewendet, das im Zusammenhang mit der Isolierung der rDNS des Krallenfrosches schon gestreift wurde. Es besteht in der Klonierung von DNS-Abschnitten mit Hilfe von Plasmiden. Das Verfahren kann zur Isolierung beliebiger anderer Gene dienen, sofern nur in Form des gereinigten Genproduktes, also der zugehörigen *RNS*, ein *Nachweisreagens* zur Verfügung steht. Vorgereinigte DNS-Präparationen, in Form von rDNS oder Histon-DNS, sind ein günstiges Ausgangsmaterial, doch kann auch die Gesamt-DNS ohne vorherige Fraktionierung verwendet werden. Kedes *et al.* (1975 und Vortrag Cambridge) gehen von solcher Gesamt-DNS des Seeigels aus, die mit Restriktionsenzymen in Teilstücke zerschnitten wurde. Diese Teilstücke konnten sich dann nach Zufallsgesetzen mit ebenfalls geschnittenen bakteriellen Plasmiden vereinigen, die eine eigene Replikationsmaschinerie besaßen (Kap. V). Die erhaltenen Hybridplasmide wurden in E. coli-Zellen vermehrt und jene Zellklone mit den gesuchten, Histon-Gen haltigen Plasmiden durch Subkultur-Klonierung angereichert. Darunter ist folgendes zu verstehen:

1. Eine Suspension von Bakterien enthalte u. a. solche Zellen, in denen sich Plasmide mit Histon-DNS befinden. Dies sei bei etwa 1/2000 bis 1/3000 der Zellen der Fall. Dieser Schätzwert ergibt sich aus dem bekannten Anteil von Histon-DNS an der Gesamt-DNS des Seeigels unter der Annahme, daß die bei dem gewählten Verschmelzungsprozeß in vitro zunächst erhaltenen Plasmide Teile dieser Gesamt-DNS in zufallsmäßiger Häufigkeit enthalten.

2. 4000 Zellen dieser Suspension, unter denen sich demnach ein bis zwei der gesuchten Zellen befinden, werden auf 10 Kulturgefäße verteilt (Abb. 42 a). Jedes Gefäß erhält 400 Zellen, ein bis zwei der Gefäße werden eine der gesuchten Zellen erhalten. Sie ist hier also eine von 400 Zellen. Die übrigen Gefäße erhalten keine der gesuchten Zellen. Die Kulturen werden bebrütet, die Zellen also vermehrt. Aus jeder Kultur werden Proben entnommen, die DNS extrahiert und gegen Histon-mRNS als Nachweisreagens hybridisiert. Die Kulturen, in welche eine Zelle mit dem interessierenden Plasmid gelangte, werden so ermittelt.

3. 400 Zellen einer solchen Kultur werden in weitere 10 Kulturgefäße verteilt (Abb. 42 b). Jedes Gefäß erhält 40 Zellen, eines wird eine der gesuchten Zellen erhalten. Sie ist jetzt eine von 40 Zellen. Die Kulturen werden bebrütet, die interessierende Kultur wird durch Hybridisierung der DNS gegen Histon-mRNS ermittelt.

4. Im nächsten Schritt ist die gesuchte Bakterienzelle eine von vier Zellen (Abb. 42 c). Nach Ermittlung der interessierenden Kultur durch Hy-

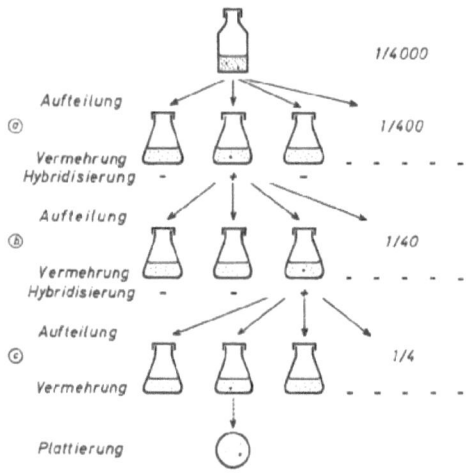

Abb. 42. Prinzip der Subkultur-Klonierung zur Gewinnung spezifischer Teilstücke eines Genoms. Dieses wird zunächst mit geeigneten Plasmiden „verschnitten". Aus der so gewonnenen Population von Plasmiden mit den verschiedensten Teilstücken des betreffenden Genoms werden die gesuchten nach dem angegebenen Schema herausgefischt. Einzelheiten im Text. Nach Kedes, Vortrag Cambridge, verändert

bridisierung können Einzelklone davon geprüft und jene mit dem gesuchten Plasmid identifiziert werden. In der Praxis sind verschiedene Vereinfachungen des Verfahrens möglich. Auf diese Weise wurden inzwischen 20 Klone von Bakterien gewonnen, welche Plasmide mit verschiedenen Stücken von Histon-DNS des Seeigels enthalten.

Die nähere Untersuchung dieser Plasmide hat bereits interessante Aufschlüsse über die Struktur und Funktion der *Histon-Gene* beim Seeigel erbracht. Danach bilden die fünf Histon-Gene hier gemeinsam eine *Histongengruppe* und etwa 400 Kopien dieser Gruppe liegen aneinander gereiht im Genom vor. Die einzelne Gruppe ist etwa 7000 Nukleotidpaare lang. Die fünf Gene selbst sind durch Spacer voneinander getrennt. Ihre Reihenfolge innerhalb der Gruppe konnte durch Hybridisierung einiger, in ihrem Histon-Genbestand einander überlappender Plasmide gegen fraktionierte Histon-mRNS erschlossen werden. Eine solche Fraktionierung in die einzelnen mRNS-Klassen ist heute möglich (Birnstiel, 1976). Die danach erhaltene Reihenfolge der Histon-Gene innerhalb der Gengruppe ist in Abb. 43 wiedergegeben.

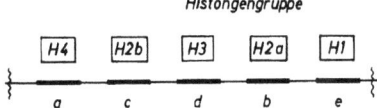

Abb. 43. Die Histongengruppe des Seeigels, schematisch. Strukturinformation schwarz, Spacer weiß. *H 4* bis *H 1*: Gene für die bezeichneten Histone. *a* bis *e*: mRNS-Klassen, die als Nachweisreagens verwendet wurden. Nach Kedes, Vortrag Cambridge, ergänzt durch Daten von Birnstiel, 1976

10. Kolonie-Hybridisierung

Neben dem eben erläuterten Verfahren der Subkultur-Klonierung ist ein weiteres, kürzlich entwickeltes Verfahren geeignet, bestimmte Gene oder Gengruppen aus dem Genom von Pro- oder Eukaryonten abzutrennen und sodann anzureichern. Auch bei diesem Verfahren werden Plasmide benutzt. Der Ansatz ist zunächst so, wie für die Subkultur-Klonierung beschrieben. Es wird eine Plasmidpopulation hergestellt, von welcher angenommen werden kann, daß in ihr Plasmide enthalten sind, die das gesuchte Gen tragen. Die Plasmidpopulation wird in E. coli-Zellen vermehrt. Die Selektion jener Zellen, welche interessante Plasmide enthalten, erfolgt durch Ausbringen von Zellproben auf Filter, Bebrütung dieser Filter in Kontakt mit geeigneten Nährböden bis zur Koloniebildung, vorsichtige Lyse der Kolonien in situ, Fixierung der in ihnen enthaltenen DNS auf den Filtern und Prüfung der resultierenden DNS-Flecke auf Hybridisierbarkeit mit einer für das gesuchte Gen spezifischen RNS als Nachweisreagens. Ist die RNS radioaktiv markiert, so kann das Maß der Hybridisierung durch Autoradiographie erkannt werden.

Im einzelnen wurde wie folgt vorgegangen (Grunstein und Hogness, 1975): *Plasmide* vom Col-E 1-Typ, versehen mit DNS aus Drosophila, wurden in E. coli vermehrt. Es sollten Zellen mit jenen Plasmiden gefunden werden, die *Drosophila-Gene für ribosomale RNS* trugen. Als Nachweisreagens diente in vitro-hergestellte, ^{32}P-markierte RNS, die der ribosomalen RNS von Drosophila entsprach. Insgesamt 300 Zellen wurden in einer Dichte von $\leq 7/cm^2$ auf Nitrozellulosefilter aufgetragen. Die nach

Bebrütung entstehenden Kolonien wurden als Muster auf Tochterplatten abgestempelt. Diese wurden in der Kälte aufbewahrt, um später auf etwa interessierende Klone zurückgreifen zu können. Nach Weiterverarbeitung der Klone auf den Mutterfiltern wurden fünf gefunden, die mit der radioaktiv markierten RNS eine positive Reaktion gaben. Auch Subklone dieser fünf Kolonien gaben positive Reaktion (Abb. 44). Die in den Zellen

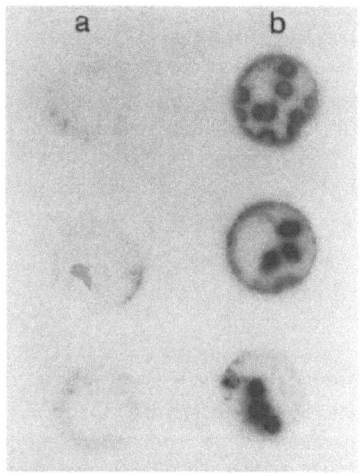

Abb. 44 a und b. Kolonie-Hybridisierung. Auf 6 Filter wurden E. coli-Zellen aufgeimpft und bis zur Koloniebildung bebrütet. Alle Zellen enthielten Plasmide. (a) Plasmide ohne Drosophila-DNS. (b) Plasmide mit Drosophila-rDNS. Nach Aufschluß der Kolonien und Hybridisierung ihrer am Filter verbliebenen DNS gegen radioaktive rRNS von Drosophila konnte die abgebildete Autoradiographie erhalten werden. Aufnahme freundlicherweise zur Verfügung gestellt von M. Grunstein

vorhandenen Plasmide dürften also Gene des gesuchten Typs enthalten. Die rDNS-Gene liegen bei Drosophila in mehreren hundert Kopien pro Genom vor, so daß eine gute Chance bestand, Klone mit positiver Reaktion zu erhalten. Bei Versuchen zur Isolierung von Genen, die im Genom von Drosophila nur einfach vorliegen, wären die Chancen wesentlich geringer. Es wurde geschätzt, daß dafür etwa 50 000 Kolonien geprüft werden müßten. Dies erscheint, trotz des damit verbundenen nicht unerheblichen Aufwandes, doch durchführbar.

Literatur

Agarwal, K. L. et al.: Nature (London) **227**, 27 – 34 (1970)
Altman, S.: Nature New Biol. **229**, 19 – 21 (1971)

Altman, S.: Cell **4**, 21 – 29 (1975)
Altman, S., Smith, J. D.: Nature New Biol. **233**, 35 – 39 (1971)
Beckwith, J. R., Signer, E. R.: J. Mol. Biol. **19**, 254 – 265 (1966)
Birnstiel, M. L.: Vortrag auf dem „Soviet-German Symposium on Genome Organization and Function", München 1976
Bresch, C., Hausmann, R.: Klassische und molekulare Genetik, 3. Aufl., Berlin-Heidelberg-New York: Springer 1972
Brown, D. D.: Scientific American **229**, Aug. 1973, S. 21 – 29
Efstratiadis, A. et al.: Cell **4**, 367 – 378 (1975)
Forget, B. G. et al.: Proc. Nat. Acad. Sci. USA **72**, 984 – 988 (1975)
Fritz, H. J., Khorana, H. G.: Nucl. Acids Res. Third Symposium on the Chemistry of Nucleic Acids Components. Liblice Castle, Czechoslovakia 1975, S. 177 – 180
Gambino, R. et al.: Proc. Nat. Acad. Sci. USA **71**, 3966 – 3970 (1974)
Goodman, H. M. et al.: Nature (London) **217**, 1019 – 1024 (1968)
Grunstein, M., Hogness, D. S.: Proc. Nat. Acad. Sci. USA **72**, 3961 – 3965 (1975)
Holley, R. W. et al.: Science **147**, 1462 – 1465 (1965)
Housman, D. et al.: Proc. Nat. Acad. Sci. USA **70**, 1809 – 1813 (1973)
Jacob, E.: Vortrag Martinsried, 25. 6. 74
Kacian, D. L. et al.: Proc. Nat. Acad. Sci. USA **70**, 1886 – 1890 (1973)
Kedes, L. H. et al.: Nature (London) **255**, 533 – 538 (1975)
Kedes, L. H.: Vortrag Cambridge, 12. 9. 75
Khorana, H. G. et al.: Cold Spring Harbor Symp. Quantit. Biol. **33**, 35 – 44 (1968)
Khorana, H. G.: Naturwissenschaftl. Rdsch. **26**, 137 – 140 (1973)
Klingmüller, W.: Biologie in unserer Zeit **1**, 86 – 94 (1971)
Köster, H. et al.: Hoppe-Seyler's Z. Physiol. Chem. **356**, 1585 – 1593 (1975)
Landy, A. et al.: Nature (London) **249**, 738 – 742 (1974)
Loewen, P. C. et al.: J. Biol. Chem. **249**, 217 – 226 (1974)
Marks, A. et al.: FEBS Letters **13**, 110 – 113 (1971)
Marks, P. A. et al.: In: „Birth Defects". Proc. IV[th]Intern. Confer. Vienna, A. G. Motulsky und W. Lenz, eds., Amsterdam, Excerpta Medica 1974, S. 73 – 80
Marotta, C. A. et al.: Proc. Nat. Acad. Sci. USA **71**, 2300 – 2304 (1974)
Ottolenghi, S. et al.: Nature (London) **251**, 389 – 392 (1974)
Sekiya, T., Khorana, H. G.: Proc. Nat. Acad. Sci. USA **71**, 2978 - 2982 (1974)
Sekiya, T. et al.: J. Biol. Chem. **250**, 1087 – 1098 (1975)
Shapiro, J. et al.: Nature (London) **224**, 768 – 774 (1969)
Taylor, J. M. et al.: Nature (London) **251**, 392 – 393 (1974)
Temple, G. F., Housman, D. E.: Proc. Nat. Acad. Sci. USA **69**, 1574 – 1577 (1972)
Wellauer, P. K. et al.: Proc. Nat. Acad. Sci. USA **71**, 2823 – 2827 (1974)
Wellauer, P. K., Dawid, I. B.: Tenth Meeting of the Federation of European Biochemical Societies, Paris 1975. Symposium S. 1, 3
Zwilling, R.: Umschau **74**, 771 – 774 (1974)

Kapitel IV
Transformation bei Pro- und Eukaryonten

Sind mit einem der im vorigen Kapitel beschriebenen Verfahren vollständige Gene mit dem jeweils gewünschten Informationsgehalt gewonnen worden, so steht man, wenn diese gezielt auf andere Objekte übertragen, ja vielleicht sogar für gentherapeutische Zwecke benutzt werden sollen, als nächstes vor der Aufgabe, sie in die in Aussicht genommenen Empfängerzellen einzuschleusen. Dies ist nicht ohne weiteres möglich. Sowohl die Länge der DNS-Moleküle, mit meist etwa 1000 Nukleotidpaaren pro Gen, als auch ihre negative Ladung, die von den Phosphatgruppen herrührt, stehen dem Eindringen durch die Zellwand und die Zytoplasmamembran entgegen. Für RNS gilt entsprechendes.

Ein Vorgang bei Bakterien, an welchem die Bedingungen der Aufnahme reiner DNS in Empfängerzellen besonders gut untersucht wurden, und für den zusätzlich umfangreiche Daten über die Expression der aufgenommenen DNS vorliegen, ist die *bakterielle Transformation*. Sie ist nicht identisch mit der Transformation von Säugerzellen durch gewisse, diese infizierende Viren, über die später berichtet werden soll (vgl. S. 287 ff.).

Die Kenntnis der Bedingungen, unter denen die Transformation bei Bakterien auftritt, dürfte die Ausarbeitung von Methoden zur Aufnahme von DNS auch bei Eukaryontenzellen wesentlich erleichtern. Im folgenden seien daher zunächst zusammenfassend die Grundtatsachen der Transformation bei Bakterien behandelt. Anschließend und darauf aufbauend werden eine Reihe von Arbeiten besprochen, die die Aufnahme und etwaige Expression von reiner DNS bei Eukaryonten zum Gegenstand haben, und in welchen jeweils geprüft wurde, ob und unter welchen Bedingungen eine Transformation, ähnlich jener bei Bakterien, auch bei höheren Organismen vorkommt.

1. Transformation bei Bakterien

Die bakterielle Transformation wurde von Griffith (1928) bei der Injektion von Mäusen mit verschiedenen *Pneumococcen*stämmen entdeckt, obwohl seinerzeit noch nicht bekannt war, daß das in diesen Versuchen wirksame *„transformierende Prinzip"* reine DNS darstellte (Abb. 45). Die Injektion von Pneumococcen des serologischen Typs S III, welcher schleimige Kapseln bildet, und daher gegen zelluläre Abwehrmechanismen geschützt ist, in Mäuse verläuft tödlich. Dieser Typ ist „virulent" (Abb. 45, links oben). Injektion des Typs R II, welcher nackt ist, verläuft harmlos. Die Zellen können phagozytiert werden und sind daher avirulent (rechts

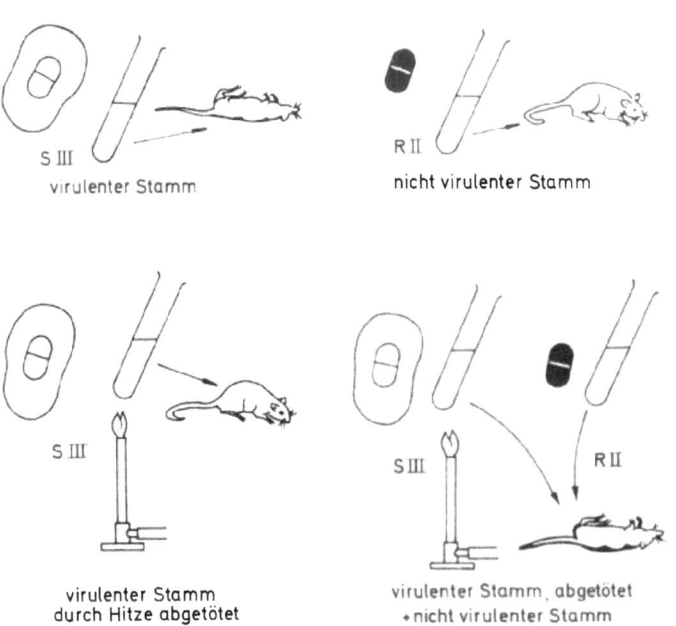

Abb. 45. Der Versuch von Griffith, schematisch. Aus Günther, 1971; nach Sager und Ryan, verändert

oben). Die Injektion von abgetöteten, nicht mehr virulenten Pneumococcen des Typs S III, gemeinsam mit lebenden Zellen des avirulenten Typs R II führte zum Tode der so behandelten Mäuse. Aus ihnen konnten lebende Pneumococcen vom Typ S III zurückgewonnen werden. Die Befunde wurden schon seinerzeit korrekterweise mit der Annahme interpretiert, daß in der Maus aus den abgetöteten S III-Zellen ein transformierendes Prinzip in die lebenden R II-Zellen gelangt, und diese in Zellen mit einer S III-Kapsel, also virulente Zellen, verwandelt.

Später zeigte sich, daß bei solchen Versuchen sowohl die Mäuse als Wirtsorganismen entbehrlich sind, als auch die Bakterien, welche als Spender des transformierenden Prinzips fungierten: Auch Extrakte aus Pneumococcen, welche das transformierende Prinzip enthalten, transformieren in vitro Empfängerzellen von Pneumococcen. Solche Befunde bahnten den Weg für die epochalen Untersuchungen von Avery et al. (1944), in denen die chemische Natur des transformierenden Prinzips geklärt werden konnte. Bei diesen Versuchen wurden arbeitssparende mikrobiologische Verfahren benutzt, wie das Ausplattieren der behandelten Pneumococcen auf geeignete Nährböden; auf ihnen kann man makroskopisch die entstandenen *Transformanten* anhand der Kolonieform erkennen (Abb. 46). Geprüft wurden verschiedene Zellfraktionen der Spenderzellen.

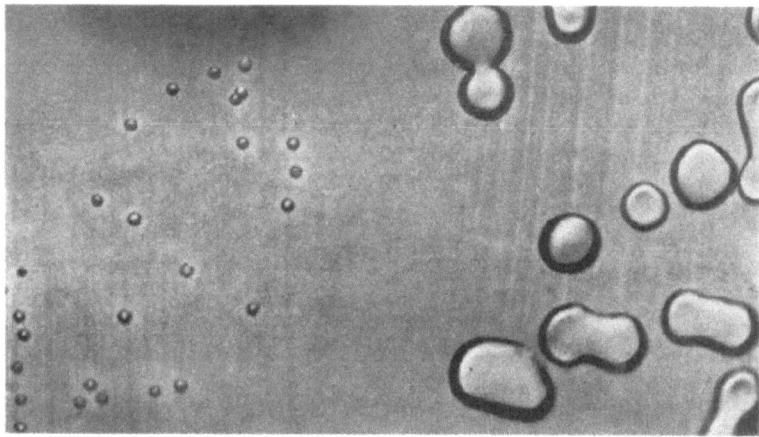

Abb. 46. Kolonien eines R-Stammes von Pneumococcus Typ II (links) und von Transformanten (rechts), die durch Behandlung von Zellen eines solchen Stammes mit DNS eines S-Stammes von Pneumococcus Typ III erhalten wurden. Aus Avery et al., 1944

Es konnte gezeigt werden, daß die aktive Substanz durch Protein- und RNS-abbauende Enzyme nicht beeinträchtigt wird; Polysaccharide und Lipide können entfernt werden, ohne die Wirksamkeit der Substanz zu verringern. Bei Behandlung des verbleibenden Extraktes mit DNase dagegen wurde die transformierende Aktivität zerstört. Das transformierende Prinzip war also DNS.

Die bakterielle Transformation kommt, soweit bisher bekannt, keineswegs bei allen, aber doch bei einer größeren Zahl von Bakterienspezies vor. Hierher gehören außer Pneumococcus auch Bacillus subtilis, Haemophilus influenzae, Neisseria, Rhizobium und Acinetobacter (Schlegel, 1976). Bei Transformationsexperimenten werden außer serologischen Merkmalen, wie sie bereits Avery et al. verwerteten, vor allem Auxotrophien benutzt. Z. B. können Tryptophan-bedürftige Zellen von B. subtilis mit DNS eines Tryptophan-unabhängigen Stammes behandelt werden.

Nach Ausstreichen auf Minimalmedium erhält man prototrophe Transformanten (Abb. 47). Auch Resistenzen gegen Antimetabolite und Antibiotika sind beliebte Merkmale bei Transformationsversuchen.

Über die *Bedingungen*, die gegeben sein müssen, um solche Merkmale erfolgreich zu übertragen, weiß man schon relativ gut Bescheid (Hayes, 1974). So muß die angebotene DNS-Menge ausreichend sein. Zwar können schon Mengen von 0,1 ng DNS/ml Empfängerzellsuspension einen

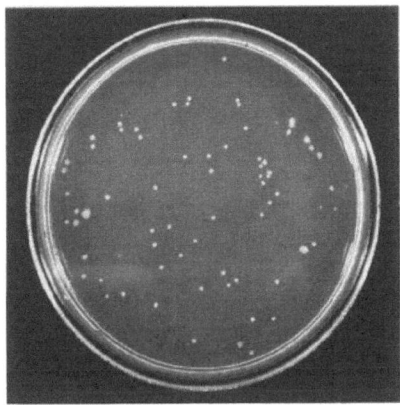

Abb. 47. Ergebnis eines Transformationsversuches mit B. subtilis. Tryptophan-bedürftige Empfängerzellen wurden mit DNS aus Tryptophan-unabhängigen Spenderzellen inkubiert und auf Minimalagar plattiert. Auf dem Hintergrund vieler noch Tryptophan-bedürftiger Zellen (etwa 10^4/Platte) heben sich einige Kolonien aus transformierten Zellen deutlich ab

Effekt zeigen, gute Ausbeuten werden aber erst bei Konzentrationen um 100 ng/ml erhalten. Maximal ist von hundert behandelten Zellen im Schnitt eine transformiert. In den meisten Versuchen bleibt die *Transformationsrate* jedoch unter diesem Wert. Geeignet für Transformationsversuche ist Doppelstrang-DNS, in der Mindestgröße von etwa einem Gen. Einzelstrang-DNS kann nur in Sonderfällen aufgenommen werden.

Ausgangsbasis für Transformationsversuche ist die Gewinnung der zu verwendenden DNS aus dem bakteriellen *Spenderstamm*. Dazu werden die Zellen meist mechanisch und durch Detergensbehandlung aufgeschlossen, das Protein wird durch Phenol und die Nukleinsäuren des Überstandes werden mit Alkohol gefällt. Nach Wiederaufnahme in Salzlösung wird die DNS durch RNase-Behandlung von der gleichzeitig vorhandenen RNS befreit. Sie wird anschließend gegebenenfalls noch weiter gereinigt. Die so gewonnene DNS des Spenderstammes wird zu einer gut wachsenden Kultur des *Empfängerstammes* hinzugegeben. Bereits nach wenigen Minuten ist die für ein Transformationsereignis nötige DNS aufgenommen. Eine später eingeleitete DNase-Behandlung der Zellen stört nicht mehr.

Bei der Extraktion aus Bakterien zerfällt die DNS in eine größere Zahl von Teilstücken, bedingt durch Scherkräfte, welche bei der Aufarbeitung normalerweise auftreten. Das Genom von B. subtilis mit einem ungefähren Molekulargewicht von 10^9 ergibt so DNS-Stücke mit einem mittleren Molekulargewicht von 25×10^6. Jedes dieser DNS-Stücke enthält nur etwa 1/40 der im Gesamtgenom vorhandenen Gene. Die Genzahl pro Fragment läßt sich auf etwa 35 schätzen. Aussicht auf Transformation einer Empfängerzelle besteht nur, wenn diese ein DNS-Stück mit dem notwendigen Gen oder Genteil erhält. Die Wahrscheinlichkeit dafür ist gering, wenn man das Einzelstück betrachtet. Sie wird aber dadurch verbessert, daß pro Bakterium eine größere Zahl solcher DNS-Stücke eindringen kann.

Außer der Form und Menge der gebotenen DNS ist auch der physiologische Zustand der als Empfänger benutzten Bakterienzellen für den Transformationserfolg von Bedeutung. Man sagt, daß unter optimalen sonstigen Bedingungen bei Transformationsversuchen alle „kompetenten" Zellen transformiert werden. Der Anteil kompetenter Zellen an der Gesamtpopulation ändert sich mit den Wachstumsbedingungen. Die *Kompetenz* bezeichnet einen Zustand, in welchem die Zellen dazu tendieren, DNS aufzunehmen und die weiteren zur Transformation hinleitenden Vorgänge ablaufen zu lassen. Bei B. subtilis wurde zunächst für auskeimende Sporen ein Höchstmaß an Kompetenz festgestellt. Später wurde beobachtet, daß Kompetenz hier auch gegen Ende der exponentiellen Wachstumsphase einer Kultur auftritt. Bei Pneumococcen sind Zellen einer wachsenden Population zunächst nicht kompetent. Erst gegen Ende des exponentiellen Wachstums tritt Kompetenz auf, steigt rasch auf ein Maximum und fällt dann ebenso rasch wieder ab. Dieser Tatbestand kann demonstriert werden, wenn aus einem Ansatz einer wachsenden Kultur fortlaufend Proben von Bakterien entnommen, in einem Überschuß von transformierender DNS verdünnt, und einige Minuten später nach DNase-Behandlung plattiert werden. Auftragung der Anzahl erhaltener Transformanten gegen den Zeitpunkt der Probenentnahme gibt den Kurvenverlauf der Abb. 48. Ähnlich ist der zeitliche Verlauf des Eintritts und des Abklingens der Kompetenz bei Haemophilus.

Als Ursache für die Kompetenz werden zwei Hypothesen diskutiert. Die erste: Die Kompetenz rührt von Änderungen in der Struktur der Zellwand her, welche sie für große Moleküle durchlässig machen. Diese Hypothese ist nicht mit allen dazu bekannt gewordenen Fakten voll vereinbar. Nach der zweiten Hypothese wird die Kompetenz durch die Synthese spezifischer Rezeptorstellen auf der Bakterienoberfläche bestimmt. Sie ist vereinbar mit der Tatsache, daß für das Zustandekommen der Kompetenz Proteinsynthese nötig ist. Im Gegensatz zur ersten Hypothese trägt die zweite der weiteren Tatsache Rechnung, daß nur doppelsträngige DNS-Moleküle, und diese wiederum nur ab einer bestimmten Mindestgröße, transformieren.

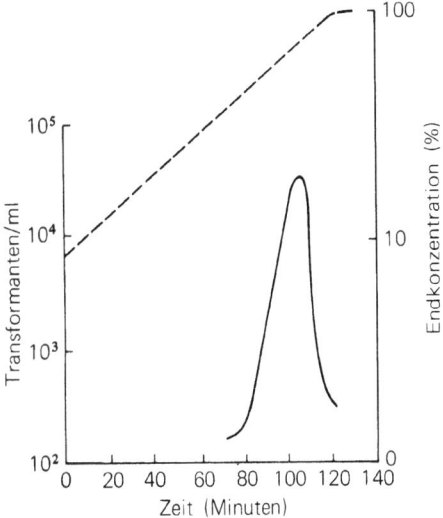

Abb. 48. Schematische Darstellung des Ansteigens und Abfallens der Kompetenz gegen Ende der exponentiellen Wachstumsphase einer Bakteriensuspension. Die gestrichelte Kurve gibt das Wachstum der Zellen, bezogen auf die erreichbare Endkonzentration. Die ausgezogene Kurve gibt die Zahl von Transformanten, die man erhält, wenn Proben der Population zu den unten angegebenen Zeiten entnommen, in transformierender DNS inkubiert, mit DNase nachbehandelt und anschließend plattiert werden. Aus Hayes, 1974

Die Kompetenz ist korreliert mit der Produktion einer endogenen, extrazellulären, genetisch determinierten Substanz. Man nennt sie den *Kompetenzfaktor*. Dieser ist z. B. für Streptococcen der Gruppe H nach bisherigen Befunden ein kleines, dialysierbares, positiv geladenes und stark basisches Molekül, frei von Lipiden, Phosphor und Kohlenhydraten. Es ist sensibel gegen proteolytische Enzyme wie Trypsin, jedoch von niedrigem Molekulargewicht und ziemlich temperaturresistent (Leonard und Cole, 1972). Es könnte daher ein Protamin oder ein Polymer aus basischen Aminosäuren sein. Es bindet lose oder reversibel an Rezeptoren der Zelloberfläche und dürfte dort eine Änderung der Konformation der Oberfläche bewirken. Diese Änderung sollte dann zu Reaktionen führen, welche die Zelle befähigen, die von außen angebotene DNS aufzunehmen. Der Verlust der Kompetenz einer Zellkultur ist verbunden mit der Abgabe des Kompetenzfaktors an das Medium. Auch im Überstand kompetenter Zellen ist der Kompetenzfaktor vorhanden. Er kann andere Zellen zur Transformation bereit machen, die normalerweise nicht transformierbar sind. Bei Pneumococcen wurde nach 10minütiger Behandlung nicht kompetenter Zellen mit unverdünntem Überstand einer kompetenten Kultur eine Steigerung der Transformationsrate auf das tausendfache beobachtet. Auch für Bacillus-Arten wurden Kompetenzfaktoren beschrieben.

2. Aufnahme der DNS

Innerhalb des Gesamtablaufes der bakteriellen Transformation kann man zwei Teilschritte unterscheiden, u. zw. (1) die Aufnahme der DNS in die Empfängerzelle, und (2) den Einbau von Teilen der DNS in das Genom dieser Zelle. Für die Aufnahme ist nach neueren Befunden zunächst eine Bindung der DNS an die Zelloberfläche der Empfängerzelle nötig. Diese Bindung kann erfolgen, wenn die Zelle durch den schon erwähnten Kompetenzfaktor aktiviert wurde, und wenn eine Energiequelle, z. B. in Form von Zucker, vorhanden ist. Die Bindung macht die DNS unempfindlich gegen DNase. Ihr zeitlicher Verlauf kann daher durch DNase-Behandlung von Zellen in verschiedenem zeitlichem Abstand nach Zusatz der DNS und Registrierung der jeweils erhaltenen Transformantenzahlen verfolgt werden.

Anschließend an die Bindung folgt die eigentliche Aufnahme der DNS in die Zellen durch Zellwand und Plasmamembran. Hierzu liegen unterschiedliche Befunde vor. Bei Pneumococcen und B. subtilis muß die DNS als Doppelstrang geboten werden, in den Empfängerzellen kommt aber nur Einzelstrang-DNS an. Es ließ sich zeigen, daß bei der Aufnahme jeweils einer der beiden Stränge eines Moleküls abgebaut wird. Es werden dabei entsprechende Oligonukleotidfragmente außerhalb der Zellen freigesetzt. Bei Haemophilus influenzae soll die DNS im Gegensatz dazu als Doppelstrang in die Empfängerzellen gelangen. Neuere Daten zur Aufnahme der DNS bei der Transformation von Pneumococcen haben Lacks *et al.* (1974) mitgeteilt. Sie zeigen, daß Mg^{++}- oder Mn^{++}-Ionen, aber auch eine Nuklease beteiligt sind. Sofern diese Nuklease genetisch defekt ist, erfolgt die Aufnahme nicht mehr, jedoch wird DNS nach wie vor außen an der Zellwand gebunden. Es wird angenommen, daß die aus dem Abbau des einen Stranges durch die betreffende

Nuklease gewonnene Energie der Aufnahme des anderen Stranges dient, die Nuklease also gewissermaßen als „Translokase" wirkt. Andererseits wurde auch eine Mutante gefunden, bei welcher die Bindung von DNS an die Zellen nicht mehr möglich ist. Durch diese Mutante wird die Notwendigkeit der vorherigen Bindung für die anschließende Aufnahme der DNS

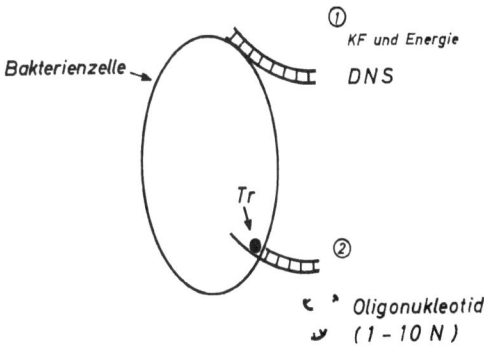

Abb. 49. Aufnahme transformierender DNS bei Pneumococcen, schematisch. *1* Energieabhängige Bindung der DNS an die Zelloberfläche unter Mitwirkung des Kompetenzfaktors (KF), *2* Abbau des einen DNS-Stranges und Aufnahme des anderen unter Mitwirkung einer Nuklease (Translokase TR)

demonstriert. Eine vereinfachende schematische Darstellung der derzeitigen Vorstellungen über Bindung und Aufnahme von DNS bei der bakteriellen Transformation gibt Abb. 49.

3. Einbau der DNS

Über den Einbau bakterieller Spender-DNS in das Genom bakterieller Empfängerzellen wurden manche Untersuchungen durchgeführt mit dem Ziel, Einzelheiten dieses Vorganges zu klären. Ausgehend von Arbeiten von Gurney und Fox (1968) und unter zusätzlicher Verwendung der schon zitierten Daten von Lacks et al. (1974) dürfte der Einbau in großen Zügen folgendermaßen ablaufen (Abb. 50): (1) Das in die Empfängerzelle eingedrungene Stück der Spender-DNS lagert sich an der ihm homologen, gegebenenfalls mit einem genetischen Defekt versehenen Region des Genoms der Empfängerzelle an. Für den Einbau ist es bei dem hier erörterten Modell unerheblich, ob doppelsträngige oder einzelsträngige Spender-DNS in die Empfängerzelle gelangte. In Abb. 50,1 wurde von doppelsträngiger Spender-DNS ausgegangen. (2) In einem begrenzten Bereich öffnet sich der Doppelstrang der Empfänger-DNS, so daß ein Einzelstrang von Spender-DNS Gelegenheit zur vorübergehenden Paarung mit dem ihm komplementären Einzelstrang der Empfänger-DNS erhält. (3) Endonukleasen schneiden den jetzt ungepaarten, überzähligen Einzelstrangabschnitt der Empfänger-DNS heraus. Die restliche Spender-DNS wird abgebaut. (4) Ligase verschließt die verbleibenden Einzelstranglücken. (5) Doppelstränge, welche die eingebaute Information in beiden Einzelsträngen enthalten, also homozygot sind, entstehen im Zuge der anschließenden Replikation.

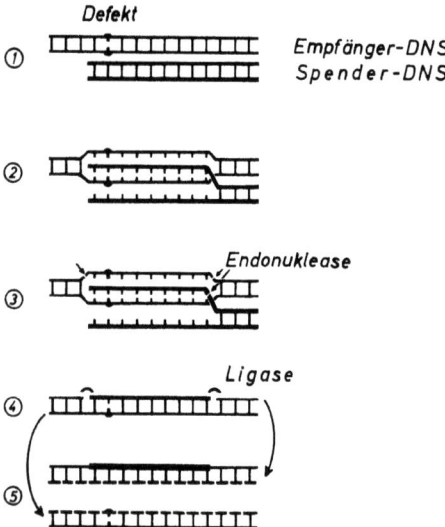

Abb. 50. Schematische Darstellung des Einbaus transformierender DNS in die Empfänger-DNS. In Anlehnung an Goodenough und Levine, 1974. Erklärung im Text

Die Arbeiten von Gurney und Fox wurden an Pneumococcen durchgeführt. Dabei wurde die Möglichkeit der *Dichtemarkierung* von DNS durch Anzucht der Spenderzellen in Medium mit ^{15}N und ^{2}H (Deuterium) genutzt. Solche DNS wurde dann in Transformationsversuchen eingesetzt, bei welchen zwei Antibiotikaresistenzen, u. zw. Erythromycinresistenz und Streptomycinresistenz, als genetische Marken dienten. Kompetente Empfängerzellen, die in normalem Medium gezüchtet worden waren, deren DNS also leicht war, wurden mit schwerer DNS behandelt. Diese war während der Präparation in geeignete Stückgrößen zerfallen. 25 Minuten nach Inkubationsbeginn wurden die Zellen aufgebrochen und die in ihnen enthaltene DNS im Dichtegradienten untersucht. Es wurden 2 Banden, eine stärkere für leichte, d. h. reine Empfänger-DNS, und eine schwächere für mittelschwere, also Hybrid-DNS aus je einem Einzelstrangabschnitt von Spender-DNS und einem Einzelstrangabschnitt von Empfänger-DNS gefunden. Schwere, doppelsträngige DNS, die in ihrer Dichte jener der eingesetzten Spender-DNS entsprochen hätte, trat nicht auf.

Die Analyse der genetischen Marken in den Nachkommen von Zellen, die mit der mittelschweren DNS transformiert wurden, zeigte, daß diese auch in genetischer Hinsicht hybrider Natur waren. Nach einer Zellteilung segregierten Zellen heraus, deren Nachkommen einheitlich den Genotyp des Empfängers bzw. des Spenders repräsentierten. Die DNS des Spenders wird also in Form von Einzelstrangstücken, welche Einzelstrangstücke der Empfänger-DNS ersetzen, in diese Empfänger-DNS eingebaut. Trotz dieser und anderer sehr detaillierter Untersuchungen zum Thema bleiben manche Einzelheiten des Einbauvorganges noch zu klären, darunter die Frage, in welcher Weise das Einzelstrangstück der Spender-DNS sich an der homologen Region des Genoms der Empfängerzelle anlagert. Hier wurde Paarung im Rahmen einer Tripelstruktur vorgeschlagen. Ferner ist offen, ob und weshalb die Empfänger-DNS sich im Längsverlauf auftrennt und weshalb das DNS-Stück des Spenders, nicht aber wieder der Schwesterstrang des Empfängers, zur Paarung in diesem Bereich kommt. Auch liegen Hinweise darauf vor, daß die einzelnen Teilschritte des Gesamtvorganges nicht bei allen der Transformation bisher zugänglichen Bakterienspezies in derselben Weise ablaufen.

4. Transformation bei niederen Eukaryonten

Wendet man sich von den Bakterien den Eukaryonten zu, so begibt man sich hinsichtlich der Transformation auf noch wenig gesichertes Gebiet. Abgesehen von einigen recht gut belegten Beispielen sind die vergleichbaren Erscheinungen, über die bisher berichtet wurde, umstritten. Die Ausgangssituation ist hier auch eine andere, als bei den prokaryotischen Bakterien. Das genetische Material ist bei Eukaryonten, von gewissen Zellteilungsstadien abgesehen, in *Kernen* organisiert, in welche die Spender-DNS, wenn sie von außen der Zelle angeboten wird, erst eindringen muß, soll sie in das Genom dieser Zelle eingebaut werden. Diesem Eindringen steht die *Kernmembran* entgegen. Sie besitzt zwar *Poren* mit relativ großem Durchmesser (680 – 800 Å gegenüber etwa 30 Å für den DNS-Doppelstrang), doch wird das Lumen der Poren durch fädige oder granulöse Strukturen verengt (Abb. 51). Die Anzahl der Poren je Flächeneinheit scheint vom Entwicklungszustand und der Stoffwechselaktivität der Zellen abzuhängen. Sie kann bei 60 – 75 Poren pro μ^2 liegen, bei Zellen ohne RNS-Synthese aber auf Null absinken. Die Passierbarkeit der Kernmem-

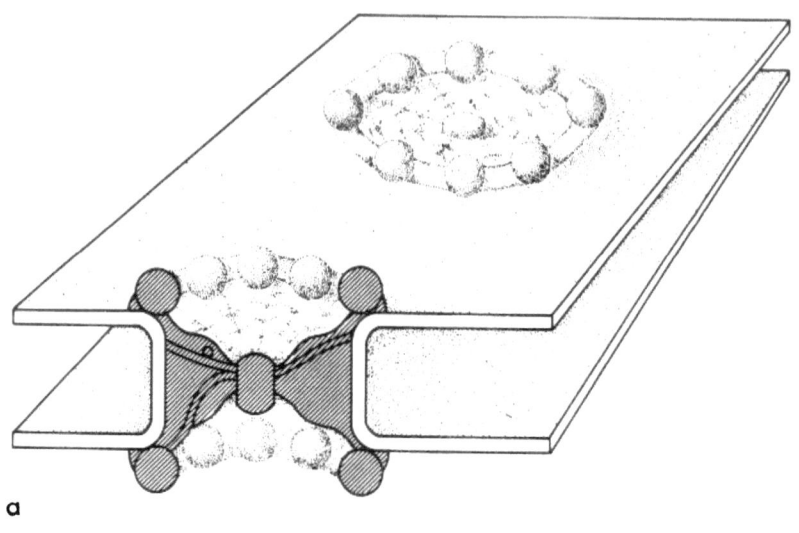

a

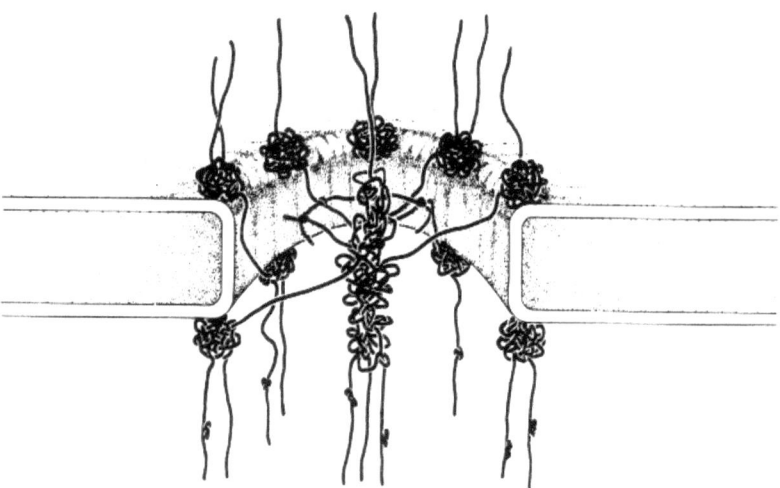

b

Abb. 51 a und b. Vorstellungen zum Bau der Kernporen, abgeleitet aus elektronenmikroskopischen Befunden. Je 8 Grana umgeben den inneren und äußeren Porenrand. Im Zentrum der Pore befindet sich ein weiteres Granum, in anderen Fällen ein Stäbchen, durch Filamente oder diffuses Material mit den Porenrändern verbunden. In Diagramm (a) ist der kompakte Charakter des Porenkomplexes betont, in Diagramm (b) der fibrilläre. Aus Franke, 1974

bran selbst und der Poren für DNS ist noch kaum erforscht. Das genetische Material der Eukaryonten besteht auch nicht, wie bei Bakterien, aus reiner DNS, sondern aus DNS, welche als *Chromatin* mit Proteinen verschiedenen Typs komplexiert in Strukturen höherer Ordnung vorliegt (Abb. 52). Ob Stücke reiner DNS, wie sie bei der DNS-Präparation aus Eukaryonten anfallen, in solche komplexe Strukturen eingebaut werden können, ist ungewiß.

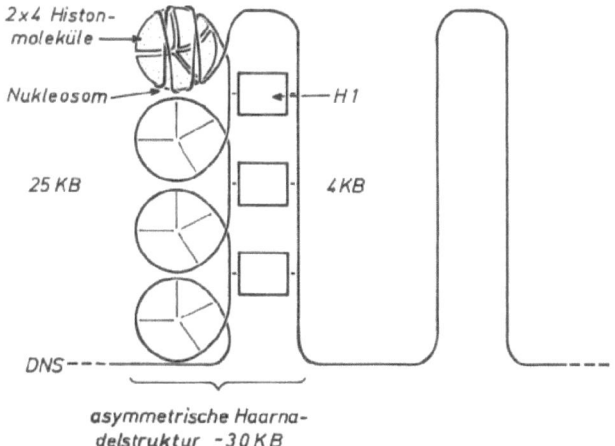

Abb. 52. Bau von Chromatin nach einem Vorschlag von Georgiev 1976. Die DNS-Doppelhelix bildet asymmetrische Haarnadelstrukturen, die durch einzelne Moleküle des Histons H 1 in Form gehalten werden. Die übrigen Histone liegen in kugelförmigen Gruppen aus je 2×4 Molekülen zusammen. Sie werden von der DNS-Doppelhelix außen umwickelt. Solche „Nukleosomen" befinden sich jeweils nur auf der einen Seite der DNS-Schlaufen. Die ungefähre Länge des Nukleosomen-haltigen und des von ihnen freien Abschnitts einer Schlaufe in Nukleotidpaaren (Kilobasen, KB) ist angegeben. Vgl. auch S. 8 und 9

Falls die Spender-DNS nicht bis in die Zellkerne gelangt und nicht in das Eukaryonten-Genom eingebaut wird, verbleibt die Möglichkeit, daß sich diese DNS im Zytoplasma als zusätzliches genetisches Material etabliert, dort funktioniert und sich repliziert. Dann läge nicht Transformation im eigentlichen Sinne vor, sondern eher *Transfektion*. Hierunter versteht man die infektiöse Übertragung nackter DNS-Genome, z. B. von Bakteriophagen, auf Empfängerzellen, ohne Einbau der Fremd-DNS in das Zellgenom. Die Fremd-DNS kann repliziert werden und gegebenenfalls die Entstehung von Tochterphagen diktieren. Allerdings wird heute auch in solchen, diesen ähnlichen Fällen von *Transformation* gesprochen, wo ringförmige Plasmid-DNS in Bakterienzellen eindringt, dort unabhängig vom bakteriellen Chromosom repliziert wird und die in ihr enthaltene genetische Information realisiert (Kap. V).

Kennzeichnend für die Unsicherheit auf dem Gebiet der Transformation bei Eukaryonten sind die seinerzeit viel zitierten ersten Berichte dazu (Benoit *et al.*, 1957), wonach die Injektion von DNS aus Enten einer Varietät in *Entenküken* einer anderen Varietät Tiere mit verändertem Phänotyp entstehen ließ. Die Befunde konnten weder von anderen Arbeitsgruppen noch von den Autoren selbst reproduziert werden (Benoit *et al.*, 1960). Auch Versuche mit vielen anderen tierischen Objekten sowie mit einfacheren Eukaryonten, wie der Hefe oder dem Schimmelpilz Neurospora, brachten zunächst nur negative oder zweifelhafte Resultate (Zusammenfassung bei Bhargava und Shanmugam, 1971). Erst in den letzten Jahren wurden einige Arbeiten bekannt, deren Ergebnisse positiver aussehen.

Bei den einfachen Eukaryonten wurde eine Serie von 25 *Heferassen* geprüft. Sie gehörten den Gattungen Saccharomyces, Hansenula und Candida an. Es dienten sowohl Angehörige derselben Gattung als auch verschiedener Gattungen, in paarweisen Kombinationen, als DNS-Spender und -Empfänger (Khan und Sen, 1974). Physiologische Merkmale waren die Abbaufähigkeit für neun verschiedene Zucker sowie die Befähigung zur Synthese von Adenin. Von den 109 geprüften Kombinationen wurden bei 11 deutliche Hinweise auf Transformation erhalten. Unter optimalen Bedingungen gaben einige Kombinationen bis zu 14% Transformanten. Diese Zahlen sind unerwartet hoch, sie müssen daher vor einer Bestätigung durch andere Arbeitsgruppen mit Zurückhaltung beurteilt werden. Eine Schwäche der Versuche ist, daß die verwendeten Hefestämme, abgesehen von den Adeninmutanten, nur phänotypisch, nicht aber genetisch charakterisiert waren.

Neuere Arbeiten an *Neurospora* crassa lieferten zwar sehr viel weniger Transformanten, jedoch waren die hier verwendeten Mutanten genetisch sehr genau charakterisiert. Sie gestatteten daher auch eine detaillierte genetische Analyse der erhaltenen Transformanten. Als Empfänger diente vor allem eine Inositol-bedürftige Mutante, und zwar in Form des Myzels, als Spender diente der Wildtyp. Aus ihm wurde DNS, in anderen Versuchen auch RNS extrahiert (Mishra *et al.*, 1973, Mishra und Tatum, 1973, Mishra *et al.*, 1975).

Myzelien der Mutante wurden 48 Std. lang unter Zusatz von 50 µg DNS bzw. RNS/ml in Inositol-supplementiertem Minimalmedium gezüchtet. Dann wurden sie zerkleinert und auf Minimalmedium ohne Inositol ausplattiert. Hier wachsen, wie bei analogen Versuchen zur bakteriellen Transformation, nur solche Zellen zu Kolonien aus, die selbst zur Synthese von Inositol befähigt sind. Solche Kolonien wurden erhalten. Sie wurden isoliert, weitergezüchtet und mit dem Inositol-bedürftigen Empfängerstamm rückgekreuzt. Tabelle 2 gibt eine Zusammenstellung der Ergebnisse. Für DNS-Behandlung wurden, gemittelt aus mehreren Ansätzen, $0,9 \times 10^{-6}$ Prototrophe erhalten, ohne DNS nur $0,04 \times 10^{-6}$. Für RNS-Behandlung waren es $0,3 \times 10^{-6}$ gegenüber etwa $0,01 \times 10^{-6}$ ohne RNS. Die Verwendung weiterer genetischer Marken stellte sicher, daß die gefundenen prototrophen Kolonien nicht auf Kontamination zurückgingen. Kontrollen mit DNS aus dem Empfängerstamm geben sehr viel weniger Proto-

Tabelle 2. Ergebnisse von Transformationsversuchen an Neurospora crassa. Inositol-bedürftige Zellen wurden mit DNS oder RNS aus Inositol-unabhängigen Zellen behandelt und auf Minimalmedium plattiert. Nach Mishra et al., 1973 und 1975

Behandlung mit	Zahl der Experimente gesamt	positiv	geprüfte Zellen insgesamt	Prototrophe	Rate
DNS	55	37	405×10^6	387	$0.95/10^6$
Salzlösung	49	7	583×10^6	23	$0,04/10^6$
RNS	12	11	78×10^6	25	$0.31/10^6$
Salzlösung	20	1	160×10^6	2	$0.01/10^6$

trophe. Die Prototrophen waren bei vegetativer Vermehrung stabil. Bei sexueller Vermehrung unter Verwendung des inos⁻-Stammes (Mutante) als Kreuzungspartner wurden für die nach DNS-Behandlung erhaltenen Prototrophen 3 Reaktionstypen gefunden. Einige (4 von 33) lieferten eine normale mendelsche Aufspaltung der inos⁺ (Wildtyp) und inos⁻ Marke von 50 : 50, andere (12 von 33) gaben deutlich weniger inos⁺ als inos⁻ Nachkommen, beim dritten Typ ging die inos⁺ Eigenschaft während der Kreuzung nahezu oder völlig verloren (17 von 33). Von den gefundenen Prototrophen könnte man also nur die des ersten Typs, mit Einschränkungen vielleicht noch jene des zweiten Typs, als Transformanten in dem bei Bakterien gebräuchlichen Sinn ansprechen. Die Prototrophen des dritten Typs enthalten offenbar DNS-Stücke, die während des vegetativen Zyklus mit repliziert und abgelesen werden, aber die Meiose nicht passieren können.

Bei den Versuchen mit RNS wurde Polyadenylat-reiche RNS, das heißt bei Eukaryonten mRNS ohne andere RNS-Spezies, eingesetzt. Die hier erhaltenen Prototrophen gaben alle bei Rückkreuzung mendelsche Segregation. Die beobachtete Stabilität der inos⁺ Information läßt vermuten, daß die in der angebotenen RNS enthaltene Information in DNS der Empfängerzelle umgeschrieben wird, möglicherweise unter Beteiligung einer Reverse-Transkriptase (vgl. S. 54). Bei den mit DNS erhaltenen Werten schlägt nachteilig zu Buche, daß keineswegs alle Versuche (nur 37 von 55) prototrophe Zellen lieferten. Die Gründe dafür sind noch unbekannt. Bei den Versuchen mit RNS bleibt unbefriedigend, daß hier bisher nur wenige Prototrophe erhalten wurden (25 mit und 2 ohne RNS). Gerade die Wahl eines Objektes, das mit mikrobiologischen Methoden analog den für Bakterien gebräuchlichen bearbeitet werden kann, sollte, falls die Effekte reell sind, die Gewinnung sehr viel höherer Zahlenwerte gestatten.

5. Transformation bei höheren Pflanzen

Ähnlich kleine Zahlen kennzeichnen auch Versuche an höheren Eukaryonten. Bei diesen sind jedoch meist die Größe des Objektes und die damit verbundene Notwendigkeit, Gewächshäuser oder Stallungen zu benutzen, limitierend. Als erstes seien hier Versuche mit höheren Pflanzen besprochen. Eine Übersicht dazu hat Hess (1972) gegeben. In seiner Arbeitsgruppe wurden *Petunien* benutzt, wobei als Merkmale die Anthocyansynthese, also die Ausbildung von Blütenfarbstoffen, sowie die Blattform dienten. Die Anthocyansynthese kann durch Mutation ausfallen. Derartige Mutanten blühen weiß. Aus einer rot blühenden Varietät mit intakter Anthocyansynthese wurde DNS gewonnen. Mit ihr wurden quellende Samen, Embryonen oder Keimlinge einer weißblühenden Mutante behandelt. Deren Aufzucht ergab in einigen, allerdings sehr wenigen Fällen, rot blühende Individuen (Abb. 53). In verschiedenen Versuchen, die sich über mehrere Jahre erstreckten, wurden unter insgesamt 13 000 behandelten Pflanzen 5 gefunden, die, verglichen mit Kontrollen, eine relativ starke Anthocyansynthese in allen Blüten aufwiesen. Verglichen mit der Normalform war ihre Anthocyansynthese jedoch deutlich geringer und von Pflanze zu Pflanze verschieden. Die Unterschiede wurden bei Kreuzungen über mehrere Generationen unverändert beibehalten. Da sich die betreffenden fünf Pflanzen genetisch als Homozygote erwiesen, können sie als Transformanten angesprochen werden. Außer diesen 5 Transformanten wurden in denselben Versuchen noch 3 Individuen mit schwächer geändertem Phänotyp erfaßt. Sie erwiesen sich als heterozygot. Durch Kreuzungsversuche ließ sich zeigen, daß vier der gefundenen Transformanten den funktionsfähigen Genort für Anthocyansynthese auf jenem Chromosomenpaar trugen, auf welchem der mutierte Genort für Anthocyansynthese kartiert worden war. Nur in einem Fall fand sich ein funktionsfähiger Genort für Anthocyansynthese auf einem anderen Chromosom. Der Befund, daß unter so wenigen Transformanten die Mehrzahl homozygot war, obwohl die behandelten Samen und Keimlinge doch diploid sind, ist bemerkenswert. Er kann noch nicht erklärt werden. Es wäre aber möglich, daß sehr

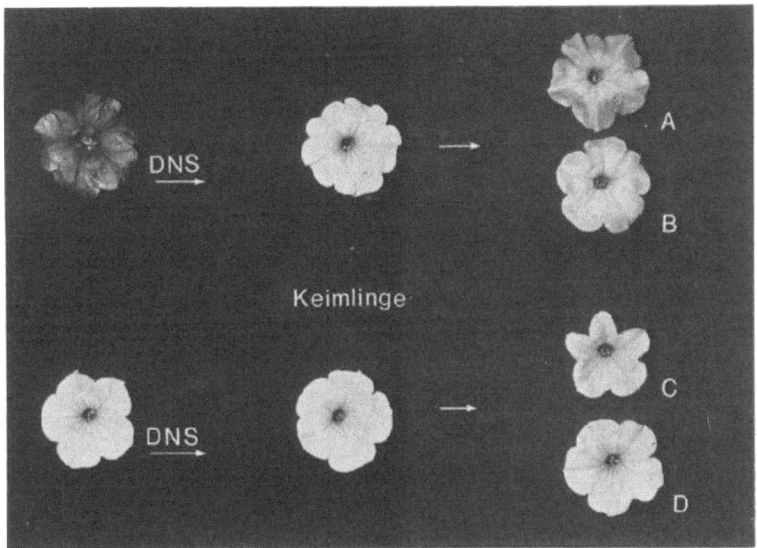

Abb. 53. Transformation bei Petunia. Obere Reihe: Keimlinge einer weißblühenden Mutante wurden mit DNS aus rotblühenden Pflanzen behandelt. Blüten der Spenderpflanze, der Empfängerpflanze und zweier so erhaltener homozygoter Transformanten sind gezeigt. Untere Reihe: Kontrolle. Keimlinge der weißblühenden Mutante, behandelt mit DNS aus dieser Mutante. Aus Hess, 1972

viel mehr Heterozygote entstanden, sich jedoch nicht fassen ließen, weil geringe Färbungen auch in den Blüten der Mutante, abhängig von den Versuchsbedingungen, auftreten.

Bei Versuchen zur Übertragung des Merkmals rundblättrig durch DNS rundblättriger Pflanzen auf schmalblättrige wurden bisher zwei heterozygote Individuen erhalten. Diese ergaben nach Selbstung homozygote, rundblättrige Pflanzen. Die neue Eigenschaft Rundblättrigkeit wurde über mehrere Generationen beibehalten, doch fand sich, besonders in Teilen älterer Pflanzen, zuweilen ein Rückschlagen auf die ursprüngliche, schmale Blattform des DNS-Empfängers. Genotypisch lag aber auch noch das Merkmal Rundblättrigkeit vor, da die Selbstung von Blüten dieser Pflanzenteile wieder rundblättrige Nachkommen ergab. Es muß daher in diesen Individuen sowohl die Information für Rund- als auch die Information für Schmalblättrigkeit vorhanden gewesen und wechselweise abgelesen worden sein. Die Befunde lassen sich mit dem an Drosophila abgeleiteten, später zu besprechenden Exosomen-Modell interpretieren. Allerdings ist die Zahl von insgesamt nur zwei möglicherweise transformierten Individuen für gesicherte Schlußfolgerungen nicht ausreichend.

Andere Autoren (Ledoux *et al.*, 1974) haben in ähnlichen Versuchen das relativ kleine und leicht züchtbare Unkraut *Arabidopsis* benutzt. Es hat einen kurzen Vegetationszyklus und gestattet die Einhaltung aseptischer Bedingungen. Bei diesem Objekt sind in letzter Zeit, so wie bei Mikroorganismen, auxotrophe Mutanten verfügbar geworden, unter ihnen solche mit Defekten im Syntheseweg für Thiamin. Sie sind daher Thiamin-bedürftig (Abb. 54). Solche Mutanten dienten als Empfänger der genetischen Information. Als Spender wurden nicht Arabidopsispflanzen, sondern verschiedene Bakterienspezies verwendet, nämlich E. coli, Agrobacter tumefaciens, B. subtilis, Micrococcus lysodeiktikus und Streptomyces coelicolor. Es handelt sich also im Gegensatz zu den Versuchen von Hess *et al.* um solche mit heterologer DNS, was die Wahrscheinlichkeit, positive Resulta-

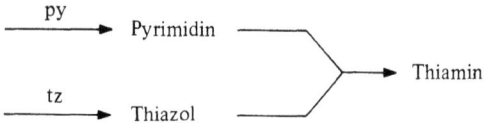

Abb. 54. Syntheseweg des Thiamins und genetischer Block bei verschiedenen Thiamin-bedürftigen Mutanten von Arabidopsis. *py*: Genort, welcher die Synthese des Pyrimidinrestes, *tz*: Genort, welcher die Synthese des Thiazolrestes kontrolliert. Aus Ledoux *et al.*, 1974

te zu erhalten, verringert (vgl. Kapitel VII). Dafür kann aber die DNS aus Bakterien in hochgereinigter, weitgehend intakter Form gewonnen werden, was bei Pflanzen noch Schwierigkeiten bereitet. Nach mehrfach wiederholter Behandlung gequollener Samen der genannten Arabidopsismutanten mit 500 – 1000 μg DNS/ml, also sehr hohen Konzentrationen, wurden Pflanzen erhalten, die Thiamin-unabhängig, also prototroph waren. Die Raten, in welchen sie auftraten, lagen zwischen 10^{-4} und 10^{-2}, die Absolutzahlen waren allerdings gering, z. B. 6 Prototrophe unter 355 gekeimten Pflanzen. Die spontane Reversionsrate lag unterhalb 5×10^{-6}. Die nach DNS-Behandlung erhaltenen Prototrophen wuchsen langsamer als die Normalform. Nur etwa ⅓ von ihnen produzierte fertile Samen. Dies deutet auf zusätzliche, störende Effekte der Bakterien-DNS hin. Behandlung mit DNS von Phagen, welche die benötigte Information nicht enthielt, oder mit DNS einer E. coli-Mutante, die selbst Thiamin-bedürftig war, gab keine prototrophen Pflanzen. Kreuzungsversuche zur Klärung des Genotyps der erhaltenen Prototrophen brachten widersprüchliche Befunde. Bei Selbstung traten keine Thiamin-bedürftigen Nachkommen auf, was für Homozygotie und Ersatz der defekten Arabidopsisgene durch intakte bakterielle spricht. Die Bezeichnung Transformanten wäre also gerechtfertigt. Bei Kreuzung mit dem Wildtyp wurden aber ab der zweiten

Tochtergeneration mutierte Individuen mit unterschiedlichem Phänotyp gefunden. Diese waren Thiamin-bedürftig, was dafür spricht, daß jeweils mindestens eines der im Genom des Empfängers vorhandenen defekten Gene auch weiterhin erhalten bleibt und unter bestimmten Bedingungen wieder abgelesen werden kann. Warum dies nur bei Kreuzung mit dem Wildtyp, nicht aber bei Selbstung geschieht, ist unbekannt. Die Befunde passen zu den an Blattformmutanten von Petunia erhaltenen. Die prototrophen Arabidopsispflanzen wären dann nicht Transformanten im eigentlichen Sinne. Leider wurde bisher nicht geprüft, ob die in den Prototrophen auftretenden, zur Thiaminsynthese führenden enzymatischen Aktivitäten dem jeweiligen bakteriellen Enzym entsprechen, oder pflanzlichen Ursprunges sind. In letzterem Fall würde die bakterielle DNS in Arabidopsis nur die Reversionsrate erhöhen, oder in einen Regelmechanismus eingreifen, nicht aber wirklich exprimiert.

Individuen mit phänotypischen Änderungen im Sinne einer Transformation wurden bei höheren Pflanzen bisher nur mit niedriger Ausbeute erhalten. Zusätzlich bestehen Unsicherheiten bei der Interpretation ihres Genotyps. Angesichts dieser Fakten muß man sich fragen, welche biochemischen Evidenzen dafür vorliegen, daß die in solchen Versuchen den Pflanzen applizierte *DNS in die Zellen gelangt* und dort in unversehrter Form persistiert. Für heterologe DNS, u. zw. aus Bakterien, haben Ledoux *et al.* (1971) Belege dafür beigebracht. Diese sind aber inzwischen umstritten (Lurquin und Hotta. 1975; Kleinhofs *et al.*, 1975).

Für homologe DNS bei Versuchen an der Crucifere Matthiola incana konnten kürzlich Hemleben *et al.* (1975) überzeugendere Daten liefern. Die DNS wurde hier Keimlingen über die Wurzelhaare appliziert. Sie war durch BU dichtemarkiert und trug zusätzlich eine radioaktive Markierung. Sie ließ sich somit bei der späteren Extraktion aus den Keimlingen und anschließender Dichtegradienten-Zentrifugation von der leichten DNS der Empfängerzellen unterscheiden. Problematisch bei solchen Versuchen ist stets, daß die den Zellen von außen angebotene DNS in ihnen auch abgebaut werden kann und dann in Form der Abbauprodukte zur Neusynthese zelleigener DNS benutzt wird. Diese Möglichkeit wurde jedoch durch ein Überangebot entsprechender, nicht markierter Abbauprodukte unterbunden. Nach 20stündiger Applikation der dichtemarkierten DNS enthielt die dann extrahierbare Gesamt-DNS außer den beiden DNS-Spezies mit den Dichten des Empfänger- und des Spendermaterials eine DNS-Spezies mit intermediärer Dichte (Abb. 55 a, mittlerer Teil). Aus ihr ließ sich durch Ultraschallbehandlung DNS mit der ursprünglichen Dichte des Spendermaterials rückgewinnen. Bei BU-Markierung des Empfängers und Applikation leichter, nicht dichtemarkierter DNS von außen kehrte sich das Dichteprofil erwartungsgemäß um (Abb. 55 b). Die Daten zeigen, daß die homologe, von außen applizierte DNS den Zellkern erreicht und zumindest Teilstücke dieser DNS in Doppelstrangform kovalent in das Genom der Empfängerzelle eingebaut werden. Wegen Verdünnung der radioaktiven Markierung mit fortschreitender DNS-Replikation kann über den weiteren Verbleib dieser DNS vorerst nichts ausgesagt werden.

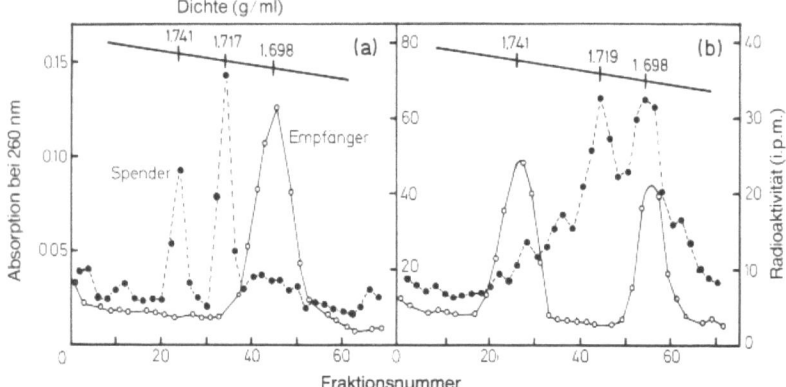

Abb. 55 a und b. Nachweis des Einbaus homologer Spender-DNS in Empfänger-DNS bei höheren Pflanzen. (a) Matthiola-Keimlinge wurden für 20 Stunden mit Matthiola-DNS inkubiert. Diese war markiert mit BU (Dichtemarkierung) und ^{3}H. Nach Aufarbeitung der Keimlinge wurde die Gesamt-DNS extrahiert und im CsCl-Dichtegradienten zentrifugiert. ○────○ : Absorption bei 260 nm = Empfänger-DNS (im Überschuß, rechte Bande). ●-----●: Radioaktivität = Spender-DNS. Diese kommt in 2 Spezies vor, als unveränderte Spender-DNS (linke Bande) und als DNS intermediärer Dichte (mittlere Bande). (b) Umkehr der Dichtemarkierung. Die Empfänger-DNS enthält jetzt das BU (linke Bande der Absorption bei 260 nm), die leichte Spender-DNS die radioaktive Markierung. Die Absorption weist eine 2. Bande auf (rechts). Diese ist leichte, im Überschuß zugesetzte Matthiola-DNS, die als Referenz dient. Aus Hemleben *et al.*, 1975

6. Transformation bei Insekten

Unter den Transformationsversuchen an tierischen Objekten, die positive Ergebnisse erbracht haben, seien zunächst jene an der Taufliege *Drosophila melanogaster* beschrieben (Fox *et al.*, 1971 a und b). Es wurde hier unter anderem mit Mutanten gearbeitet, welche Änderungen der Augenfarbe aufwiesen. Die rotbraune Augenfärbung des Wildstammes geht auf Stoffe zweier Klassen zurück, die braunen *Ommochrome* und die roten *Pteridine*. An der Synthese der Ommochrome ist das Gen v beteiligt. In Mutanten mit einem Defekt in diesem Gen (v$^-$) fehlen die Ommochrome.

Die Augen werden deshalb rot (Abb. 56). In entsprechender Weise wirkt ein Gen bw an der Synthese der Pteridine mit. bw⁻ Mutanten, in welchen die Pteridine nicht gebildet werden, haben braune Augen. Die Doppelmutante v⁻, bw⁻ hat wegen des Ausfalls beider Farbstoffklassen fast weiße Augen. Das Gen v hat die Besonderheit, daß es über die Zellgrenze hinweg wirkt, es ist *nicht autonom*. Eine Änderung von v⁻ in v⁺ führt deshalb nicht nur dann zu braunen Augen, wenn diese Änderung in den Augenzellen vorliegt, sondern auch dann, wenn sie in beliebigen Körperzellen erfolgt. Das System bietet also eine besonders rationelle Nachweismöglichkeit für solche Änderungen an.

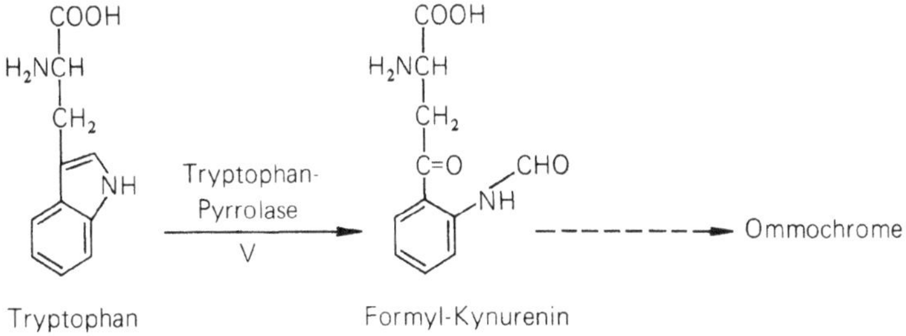

Abb. 56. Angriffspunkt des Gens *v* bei der Synthese der Ommochrome von Drosophila. Aus Linzen, 1967, verändert

Die Behandlung der Mutanten mit DNS des Wildstammes geschah im Ei, in einem frühen Stadium, bei welchem pro Embryo 100 – 1000 Zellkerne vorhanden sind. Eier dieses Reifegrades wurden mit einem dafür besonders konstruierten Gerät in größerer Zahl gewonnen (Abb. 57). Sie wurden anschließend chemisch von ihrer Hülle befreit, um sie durchlässig für die DNS zu machen. Dann wurden sie in Lösungen mit 20 μg DNS/ml für 7 bis 18 Stunden eingelegt. Das Molekulargewicht der verwendeten DNS war relativ klein, es lag zwischen $1,6 \times 10^5$ und $4,3 \times 10^6$. Die Eier vollenden innerhalb der 7stündigen Behandlung die Gastrulation, innerhalb 18 Stunden ist die larvale Differenzierung abgeschlossen.

Die aus so behandelten Eiern aufgezogenen Fliegen wurden untersucht. Einige hatten die erwartete Augenfärbung (Tabelle 3). Die Kreuzung behandelter, aber zunächst unauffälliger Fliegen untereinander (F1) gab relativ viele Nachkommen mit gefärbten Augen. Da das Gen v, wie erwähnt, über die Zellgrenze hinweg wirkt, waren die Augen dieser Fliegen einheitlich gefärbt. Versuche mit Mutationen, die sich nur in der jeweils betroffenen Zelle ausprägen, lieferten *mosaikartige Flecken*. Dies erscheint vernünftig, da ja die behandelten Eier bereits viele Kerne enthielten. Mosaikflecken traten aber auch in den durch Kreuzung solcher Fliegen erhalte-

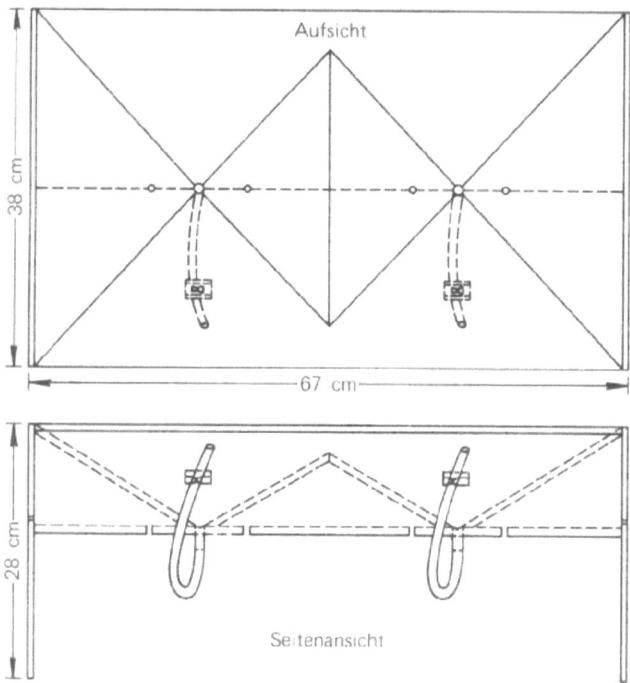

Abb. 57. Skizze eines „Ovitrons" zur Gewinnung großer Mengen von Drosophilaeiern. 2000 – 3000 gleich alte, kurz vor der Eiablage befindliche weibliche Fliegen werden in das Gerät eingebracht. Dessen oberer Teil ist mit modifizierter Ringer-Lösung gefüllt, auf welcher die Fliegen schwimmen. Die ungewohnte Behandlung veranlaßt die Fliegen, die Eier auszustoßen. Sie können am Grunde des trichterförmig nach unten laufenden Bodens gesammelt werden. Aus Yoon und Fox, 1965

Tabelle 3. Ergebnisse von Transformationsversuchen an Drosophila melanogaster. Eier helläugiger v^-, bw^- Fliegen wurden mit DNS des Wildstammes (v^+, bw^+) behandelt. Die Augenfarbe der entstehenden Fliegen wurde festgestellt. Außerdem wurden helläugige dieser „behandelten Fliegen" miteinander gekreuzt. Die Augenfarbe von Fliegen der so entstehenden F1-Generation wurde ebenfalls ermittelt (Rate in Klammern). Nach Fox et al.,1971 a

Behandlung	behandelte Generation		F1-Generation	
	untersuchte Fliegen	gefärbte Fliegen	untersuchte Fliegen	gefärbte Fliegen
DNS	401	3 (0,008)	7063	286 (0,041)
Sucrose	408	0	5972	20 (0,003)

nen Nachkommen über mehrere Generationen hin auf. Vollständig geänderte Fliegen wurden bei Verwendung solcher Mutationen nie gefunden. Die Stelle, an welcher sich die zugeführte Wildtyp-DNS im Genom der betroffenen Fliegen befindet, ließ sich für einige Individuen durch Kreuzung ermitteln. Bei zwei von dreien ist es genau jene Stelle, an welcher das entsprechende defekte Gen lag. Die Kreuzungsversuche mit Mosaikfliegen zeigen aber, daß auch dieses defekte Gen in den Zellen noch vorhanden ist. Zur Erklärung dieser Befunde wurde das *Exosomen-Modell* entwickelt (Abb. 58). Es sieht vor, daß das in die Empfängerzelle eingebrachte DNS-Stück fest an der ihm homologen Stelle des Genoms angelagert, jedoch nie in dieses kovalent integriert wird. Es kann in angelagertem Zustand, also als „Exosom", mit dem betreffenden Chromosom repliziert werden und die Meiose passieren. Transkribiert wird alternierend und für eine Zellinie jeweils konstant die Spender-DNS (+) oder die homologe

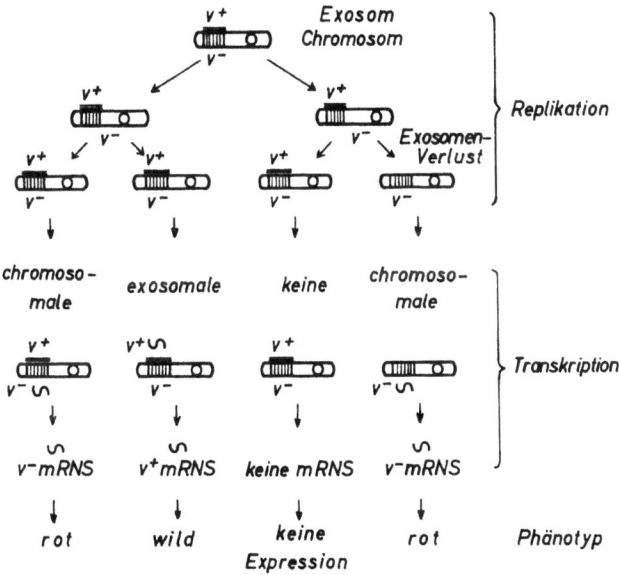

Abb. 58. Das Exosomen-Modell der Transformation bei Drosophila. Das chromosomale Gen *v* sei defekt (v^-). An ihm liegt fest angelagert zusätzlich ein in die Zelle von außen eingebrachtes DNS-Stück mit der intakten Information (v^+-Exosom). Das Exosom repliziert sich gemeinsam mit dem zugehörigen chromosomalen Gen (oberer Bildteil). Es entstehen so drei verschiedene, das Exosom enthaltende Zellinien. Gelegentlich (rechts) kann es auch verlorengehen. Bei der Transkription (unterer Bildteil) kann entweder das chromosomale Gen v^- oder das exosomale Gen v^+ zum Zuge kommen. Das Ergebnis ist ein mosaikartiger Phänotyp. Aus Fox *et al.*, 1971 a, verändert

Empfänger-DNS (–). Außer den Befunden an Drosophila sind auch die schon erwähnten an Petunia und Arabidopsis mit diesem Modell vereinbar.

Bemerkenswert ist, daß Fox und Valencia (1975) in v^+-Transformanten jetzt auch *zytologisch sichtbare* zusätzliche chromosomale *Elemente* nach Art von Exosomen gefunden haben. Es wurden hier, wie bei Drosophila üblich, die *Speicheldrüsen-Chromosomen* untersucht. In der Bande 10 A 1 auf dem X-Chromosom befindet sich das Gen v. Die Bande 1 B 11 an anderer Stelle dieses Chromosoms beherbergt ein Gen, dessen mutative Änderung die Mutation v^- supprimieren kann. Bei 10 – 15% der Kerne transformierter Fliegen waren an der einen oder anderen dieser beiden Banden Anomalien zu erkennen. Sie reichten von kleineren Änderungen im Bandenmuster bis hin zum Vorliegen von Stücken zusätzlichen Chromatins. Wie die ursprünglich applizierte reine DNS schließlich solche Effekte zeitigt, ist unbekannt.

Nawa *et al.* (1971) haben Transformationsversuche am *Seidenspinner* durchgeführt. Wie bei Drosophila so wurde auch hier als Empfänger eine Mutante mit hellen Augen benutzt. Die DNS wurde aber nicht Eiern von außen geboten, sondern in Raupen nach deren letzter Häutung injiziert (20 µg je Raupe). Sie war aus Tieren der Normalform gewonnen worden, die dunkle Augen hat. Ihr Molekulargewicht lag bei 7×10^6. Einige der schlüpfenden Schmetterlinge und eine größere Zahl von Schmetterlingen aus der Rückkreuzung behandelter Individuen mit dem Empfängerstamm hatten dunkle Augen. Schon die Eier, aus welchen sie hervorgingen, waren meist dunkel und daher im sonst hellen Gelege leicht zu erkennen (Abb. 59). Die Mehrzahl der erhaltenen Tiere mit dunklen Augen schienen homozygot, einige heterozygot zu sein.

Bei der genetisch gut untersuchten *Mehlmotte*, Ephestia kühniella, dienten ebenfalls Augenfarbenmutanten als Empfänger in Transformationsversuchen. Eine dieser Mutanten, a^-, hat eine defekte Tryptophan-Pyrrolase, wie die Mutante v^- von Drosophila. Die Augen sind daher rot. Die Behandlung erfolgte (Nawa und Yamada, 1968) durch Injektion von DNS in Larven oder durch Einlegen der Eier in DNS-Lösungen. Die DNS war aus schwarzäugigen Motten der Wildform gewonnen worden. Ihr Molekulargewicht lag zwischen 16 und 23×10^6, es wurden etwa 3 µg pro Larve injiziert, bzw. den Eiern 200 µg/ml während 60 Minuten angeboten. Wie beim Seidenspinner, so traten auch hier wenige schwarzäugige Tiere schon in der behandelten Generation, aber mehr in den folgenden Generationen auf. Die erhaltenen schwarzäugigen Tiere schienen meist heterozygot zu sein. Kreuzungsversuche machten sowohl für die zuvor besprochenen Seidenspinner, als auch für die Mehlmotte wahrscheinlich, daß hier bei Transformationsversuchen, im Gegensatz zu Drosophila, auch *Ganzkör-*

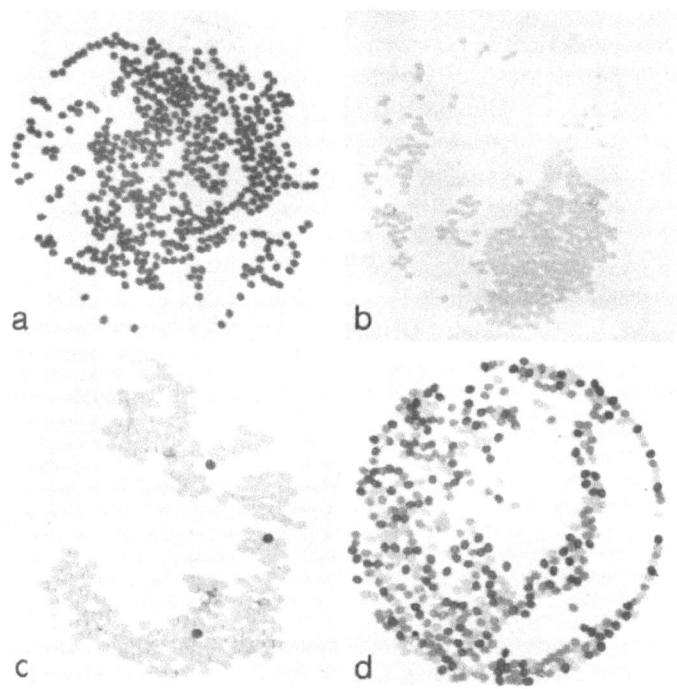

Abb. 59 a–d. Transformation bei Bombyx mori. Gezeigt sind Eigelege aus verschiedenen Kreuzungen. (a) Dunkeläugig (+/+) × dunkeläugig, (b) helläugig (w_1/w_1) × helläugig, (c) Eier aus der Kreuzung eines helläugigen w_1/w_1, jedoch mit +DNS behandelten Weibchens und eines helläugigen w_1/w_1-Männchens. Neben vielen weißen Eiern sind 3 schwarze Eier (M-2, M-3 und M-4) erkennbar. (d) Das Männchen M-2 wurde mit einem w_1/w_1-Weibchen gepaart. Dieses legte nun dunkle und helle Eier. Die entstehenden dunkeläugigen Schmetterlinge wurden untereinander gepaart (F 2). Es resultierten verschiedene Typen von Mischgelegen mit dunklen und hellen Eiern. Eines dieser Gelege ist gezeigt. Aus Nawa *et al.*, 1971

pertransformanten entstehen, was als Ersatz des jeweils defekten Gens durch ein homologes, intaktes Gen interpretiert wird.

Um diesen Widerspruch zu klären, wurden von Caspari *et al.* (1974), wieder an Ephestia, weitere Versuche durchgeführt, wobei außer der schon erwähnten rotäugigen Mutante a⁻ eine zweite, weißäugige Mutante alb⁻ als Empfänger diente. Das Hauptinteresse galt dabei der Frage, ob das Auftreten von Mosaiken einerseits bzw. Ganzkörpertransformanten andererseits etwa von der Stückgröße der jeweils applizierten DNS abhängt.

Außer einer DNS-Präparation mit hohem Molekulargewicht, das jenem der von Nawa und Yamada benutzten DNS entsprach, wurde daher auch DNS mit niedrigem Molekulargewicht verwendet. 2 – 4 µg solcher DNS wurden Larven injiziert. Die entstehenden Motten zeigten selbst keine Effekte. Nach Paarung untereinander wurden aber in der Tochtergeneration einige schwarzäugige Tiere gefunden. Bemerkenswert ist, daß diese nur in den Versuchen auftraten, in welchen DNS von hohem Molekulargewicht verwendet worden war. Für die Mutante a^- waren es 4 von 3248 F1-Individuen, für die Mutante alb^- 4 von 4373 F1-Individuen. Bei weiterer Kreuzung dieser schwarzäugigen Tiere erwiesen sich einige als heterozygot. Sie gaben in den folgenden Generationen reguläre Mendelsche Aufspaltung. Die Befunde machen wahrscheinlich, daß bei Ephestia die von außen angebotene oder injizierte DNS tatsächlich die im Empfänger vorhandene, homologe DNS ersetzen kann. Das Exosomen-Modell wäre dann hier nicht anwendbar.

7. Transformation bei Fischen

Auf der Organisationsstufe der Vertebraten wurden in letzter Zeit interessante Untersuchungen an Fischen durchgeführt. Sie betrafen zwei Gattungen der Zahnkarpfen, den Platyfisch, Platypoecilus maculatus, und den Schwertschwanz, Xiphophorus helleri. Beide sind beliebte Aquarienfische, die sich gut als Versuchsobjekte eignen. Platypoecilus maculatus besitzt, wie der Name andeutet, schwarze Flecken in der Rückenflosse. Diese können sich unter besonderen Bedingungen zu *Melanomen,* also bösartigen Tumoren ausweiten. Es hat sich gezeigt, daß Flecken- und Melanombildung genetisch bedingt sind. Sie werden determiniert durch ein Gen Tu, und ihm zugehörige Kontrollgene. Bei Fehlen der Kontrollgene, also in einem veränderten genetischen Hintergrund, „entgleist" das Tu-Gen und kommt damit zur vollen, die Tumorbildung auslösenden Wirkung. Ein derart veränderter genetischer Hintergrund mit fehlenden Kontrollgenen liegt in den Zellen des Schwertschwanzes vor. Man kann das Tu-Gen aus Platypoecilus maculatus auf natürliche Weise durch Kreuzung mit Xiphophorus helleri und Rückkreuzung der entstehenden Bastarde mit Xiphophorus helleri in diesen veränderten genetischen Hintergrund einbringen. Die entstehenden Fische bilden maligne Melanome und gehen daran zugrunde (Abb. 60).

Man kann aber auch versuchen, reine DNS mit dem Tu-Gen aus Platypoecilus maculatus zu extrahieren und in Embryonen von Xiphophorus helleri zu injizieren, mit dem Ziel, Transformationen nach Art der in den bisher beschriebenen Systemen gefundenen zu erhalten. Die aus solchen Embryonen heranwachsenden Fische sollten ja Melanome entwickeln, eine erfolgreiche Transformation also daran erkennbar werden. Vielkind *et al.* (1973) haben zunächst *Injektionsversuche* mit radioaktiv markierter DNS von E. coli gemacht, um zu prüfen, welche Teile der Embryonen für eine Injektion besonders geeignet sind, welche Lebensdauer die DNS in den Embryonen hat und wohin sie vor allem gelangt. Diese Versuche zeigten, daß die DNS in die Neuralleiste der Embryonen injiziert werden muß,

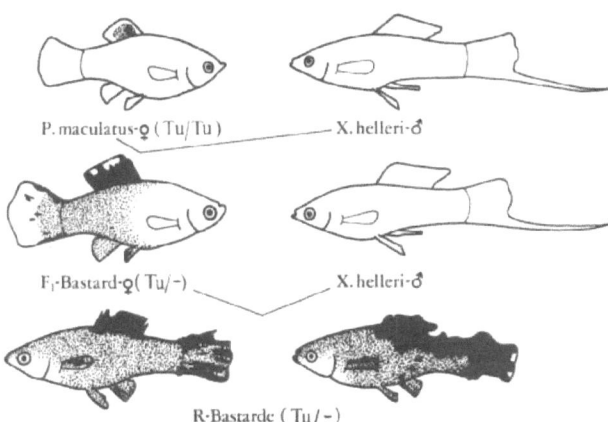

Abb. 60. Bastardierung von Platypoecilus maculatus und Xiphophorus helleri. Ein Weibchen von P. maculatus, das in seinem Genom das Flecken-bedingende Gen *Tu* trägt, wird mit einem Männchen von X. helleri gekreuzt. In der F 1-Generation erben alle Individuen das Gen *Tu*. Dieses bewirkt in dem veränderten genetischen Hintergrund nicht Flecken, sondern Prämelanome. Die Rückkreuzung der F 1-Bastarde mit X. helleri führt zu einer Nachkommenschaft, in der 50% aller Tiere das Gen *Tu* erben. Da der genetische Hintergrund weiter verändert ist, bilden unter diesen die eine Hälfte (25% aller Nachkommen) Prämelanome, die andere Hälfte aber maligne Melanome. Aus Anders *et al.*, 1972

um die Melanoblasten, aus welchen die Melanome hervorgehen, zu erreichen. Die DNS liegt noch mehrere Stunden nach Injektion in hochmolekularer Form vor und wird offensichtlich, zumindest teilweise, in größeren Stücken in die DNS der Embryonen eingebaut. Die Voraussetzungen für eine Transformation sind also günstig. Sie wurden noch weiter verbessert durch die Entwicklung einer Methode zur Reinstdarstellung sehr hochmolekularer Spender-DNS (Schwab und Vielkind, 1973). Diese liefert DNS mit einem mittleren Molekulargewicht von 120×10^6. Durch Scherkräfte beim Durchtritt durch die Injektionskanüle, welche eine lichte

Weite von etwa 20 μ hatte, wird das Molekulargewicht der DNS auf etwa 60×10^6 reduziert. Derartige DNS aus Platypoecilus maculatus mit der Information für Tumorbildung wurde nun in 3 bis 4 Tage alte Embryonen von Xiphophorus helleri injiziert (ca. 0,1 μg DNS/Embryo). Von 1150 injizierten Embryonen entwickelten 46 abnorme Melanophoren, die in älteren Embryonen als Einzelzellen, in 2 bis 4 Monate alten Fischen aber in Form großer Zellhaufen auftraten (Abb. 61). Die Melanophoren hatten

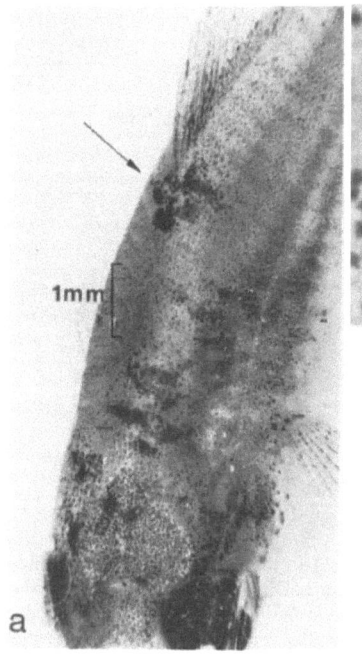
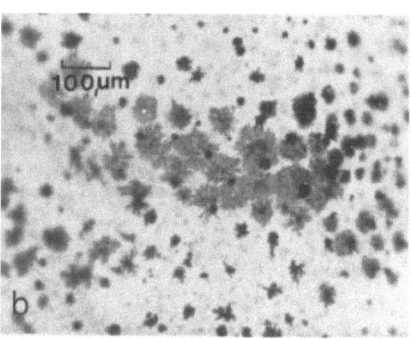

Abb. 61 a und b. Transformation bei Xiphophorus helleri. (a) T-Melanophorenhaufen (Pfeil) in einem 3 Monate alten Fisch. Ihm wurde in einem frühen Embryonalstadium DNS mit dem Gen Tu aus Platypoecilus maculatus injiziert. (b) Vergrößerte Aufnahme eines T-Melanophorenhaufens. Aus Vielkind *et al.*, 1976

dieselbe Größe und Gestalt wie die für das Vorliegen des Tu-Gens typischen T-Melanophoren in Platypoecilus. Kontrollinjektionen mit DNS von Xiphophorus helleri bei 930 Embryonen verliefen negativ (Vielkind, 1974; Vielkind *et al.*, 1976). Die Ergebnisse sprechen dafür, daß bei den positiv verlaufenen Injektionen Stücke der Spender-DNS mit dem Gen Tu von Empfängerzellen aufgenommen, in ihnen repliziert und schließlich auch zur Funktion gebracht wurden. Es läßt sich schätzen, daß die DNS bei der Injektion in die Neuralleiste etwa 1000 Zellen erreicht, die Transformationsrate pro Zelle liegt also bei 1/25 000.

8. Transformation bei Säugern

Bei den soeben besprochenen Versuchen an Fischen dienten mehrzellige Objekte, nämlich Embryonen, als Empfänger der DNS. In Versuchen zur Transformation bei Säugern hat man hingegen vor allem Zellkulturen benutzt. Versuche mit *menschlichen Zellkulturen* wurden schon von Szybalska und Szybalski (1962; sowie Szybalski *et al.*, 1962) publiziert.

Die Zellen stammten aus dem Knochenmark. Sie hatten eine defekte *Hypoxanthin-Guanin-Phosphoribosyltransferase (HGPRT)*. Dieses Enzym sorgt unter normalen Bedingungen für die Wiederverwendung des in der Zelle als Nukleinsäureabbauprodukt entstehenden Hypoxanthins. Das aus ihm gebildete Inosinmonophosphat ist Vorläufer der für die DNS-Synthese benötigten Purinnukleotide. Inosinmonophosphat kann auch über einen anderen Stoffwechselweg aus einfacheren Bausteinen (de novo) synthetisiert werden. Blockiert man den *de novo-Syntheseweg* durch geeignete Hemmstoffe, wie *Aminopterin*, so können Zellen mit intakter HGPRT bei Zugabe von Hypoxanthin zum Medium noch wachsen. HGPRT-negative Zellen sterben hingegen ab. Suspensionen solcher Zellen wurden mit DNS aus HGPRT-positiven Zellen behandelt und in das Selektionsmedium eingebracht. Nach 12- – 14tägiger Bebrütung unter mehrmaliger Erneuerung des Mediums wurden Kolonien gefunden. Diese waren Hypoxanthin-unabhängig, bildeten also eine intakte HGPRT. Die Information dafür mußten sie mit der zugesetzten DNS erhalten haben. Die Zahl der gefundenen HGPRT-positiven Ko-

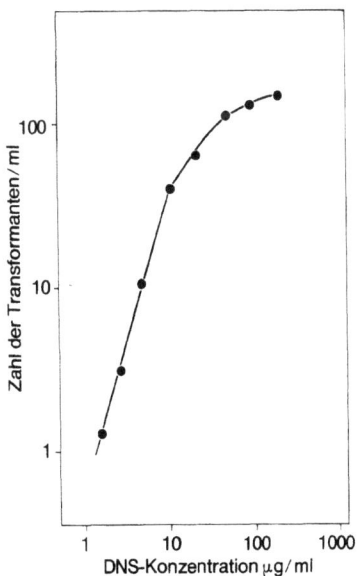

Abb. 62. Transformation bei menschlichen Zellen. HGPRT-negative Zellen wurden mit DNS aus HGPRT-positiven Zellen inkubiert und anschließend unter Selektionsbedingungen (Aminopterin) plattiert. Die Anzahl der erhaltenen HGPRT-positiven Kolonien ist gegen die Konzentration der applizierten DNS aufgetragen. Aus Szybalska und Szybalski, 1962

lonien stieg mit der Konzentration der applizierten DNS an. die höchste Zahl wurde mit 150 µg DNS/ml erhalten (Abb. 62). Die Rate lag hier bei 4×10^{-4}. Die HGPRT-positiven Kolonien erwiesen sich bei wiederholter Subkultur als genetisch stabil. Versuche mit verschiedenen DNS-Präparationen aus Ratte und Maus verliefen negativ. DNS aus menschlichen HeLa-Zellen wirkte nur schwach. Bei analogen Versuchen zur Übertragung der Resistenz gegen 8-Azaguanin, ein Purinanalog, das nicht verstoffwechselt werden kann, aus resistenten auf sensible Zellen störte die hohe spontane Reversionsrate. Eine weitere geprüfte Resistenz, die für 8-Azahypoxanthin, ließ sich nicht übertragen.

Obwohl danach für den Spezialfall der Übertragung des HGPRT-Gens die Transformierbarkeit menschlicher Zellen durch reine DNS gut belegt scheint, kamen doch spätere Untersucher an ähnlichen Systemen zu weniger überzeugenden Resultaten (vgl. Bhargava und Shanmugam, 1971). Erst in letzter Zeit sind einige weitere Arbeiten mit positiven Ergebnissen erschienen. Hier sind Untersuchungen von Roosa (1971) zu nennen, in welchen 8-Azaguanin sensible Lymphomazellen der *Maus* durch Zugabe von DNS resistenter Zellen mit brauchbarer Ausbeute von maximal 9×10^{-4} in resistente Zellen umgewandelt werden konnten (Tab. 4). In diesen Versuchen erwies sich eine Zerkleinerung der DNS mit Ultraschall als günstig für den Effekt. Die nötigen Kontrollen und die Analyse der erhaltenen resistenten Klone nach deren Weiterzucht ohne Azaguanin dokumentieren, daß es sich zumindest bei einem Teil von ihnen um genetisch stabile Transformanten handelte. In Versuchen von Bendich *et al.* (1971) und Borenfreund *et al.* (1970) dienten *Hamsterzellen* als Empfänger. Sie wurden mit DNS aus Ehrlich-Aszites-Tumorzellen der Maus behandelt. In den Hamsterzellen wurde anschließend nach Antigenen, welche für diese Tumorzellen spezifisch sind, gesucht. Mittels Immunfluoreszenz konnten Zellen gefunden werden, die solche Antigene produzierten, und zwar mit

Tabelle 4. Ergebnisse von Transformationsversuchen an Mäusezellen. 8-Azaguanin-sensible Lymphomazellen wurden mit DNS aus resistenten Zellen inkubiert und anschließend in Medium mit 8-Azaguanin plattiert. Angegeben ist die Zahl der mit verschiedenen DNS-Konzentrationen erhaltenen resistenten Zellkolonien. Nach Roosa, 1971

DNS-Konzentration (μg/ 10^6 Zellen)	Zahl der geprüften Zellen	gefundene Kolonien	Rate pro 10^5
–	44 400	4	9,0
1	107 000	12	11,2
10	109 000	36	33,0
50	57 000	54	91,0
100	118 000	72	61,0

einer Häufigkeit von 10^{-4} bis 10^{-5}. Die Befunde wurden durch Immundiffusion erhärtet. Die Absolutzahl der geänderten Zellen war allerdings nicht groß (17).

9. Zusammenfassung

Überblickt man das zum Thema Transformation bei Eukaryonten Gesagte, so läßt sich feststellen, daß auch die neueren Versuche noch kein einheitliches Bild ergeben. Wenn man die phänotypisch in dem jeweils gewünschten Sinn veränderten Zellen oder Individuen eines mit DNS behandelten Eukaryonten als Transformanten bezeichnet, ohne damit zugleich eine genotypische Änderung, vergleichbar jener bei bakteriellen Transformanten, zu unterstellen, so läßt sich sagen, daß die Transformationsraten bei Eukaryonten generell, soweit sie gesichert erscheinen, niedriger sind als bei Bakterien. Diese Raten dürften zwar schon von Interesse sein, wenn man darauf abzielt, Nutzpflanzen oder -tiere mit in bestimmter Weise abgeändertem Genom als Prototypen für den Aufbau verbesserter Rassen zu erhalten. Denkt man aber an eine etwaige Gentherapie beim Menschen, so reichen sie ganz sicher nicht aus. Ob und wie eine Verbesserung der Transformationsraten erreicht werden kann, ist noch nicht abzusehen. Möglicherweise dadurch, daß man nur DNS mit dem gewünschten Informationsinhalt, frei von den übrigen, nicht interessierenden Abschnitten des Genoms der Spenderzellen, den Empfängerzellen anbietet. Dies würde nicht nur eine Konzentrierung der Applikation bedeuten, sondern auch störende Nebeneffekte nicht interessierender DNS-Abschnitte vermeiden, die im Vorstehenden erwähnt wurden. Die im III. Kapitel beschriebenen Verfahren zur Gewinnung von Genen geben Möglichkeiten dazu an die Hand.

Gut belegt scheint, daß nicht bei allen bisher geprüften Eukaryonten, und auch nicht bei allen Mutanten bzw. Mutationen je eines bestimmten geprüften Objektes, durch Zusatz reiner DNS transformationsähnliche Änderungen erhalten werden können. Beispiele dafür wurden erwähnt. Schon bei Bakterien ist eine Transformation ja keineswegs immer möglich. Bei den Versuchen mit Eukaryonten ist problematisch, daß bisweilen Mutanten benutzt wurden, die genetisch oder biochemisch nicht hinreichend charakterisiert waren. Eine schlüssige Interpretation anscheinend positiver Effekte ist in diesen Fällen nicht möglich. Zu denken gibt ferner, daß immer wieder über Versuche gleichen Typs berichtet wird, die zwar in der Mehrzahl positiv, gelegentlich aber auch negativ ausfielen, ohne daß bisher die Ursachen für derart unterschiedliche Resultate angegeben werden könnten.

Die niedrigen Transformationsraten bei Versuchen mit Eukaryonten und die Unsicherheit in der Reproduzierbarkeit derartiger Versuche deuten darauf hin, daß möglicherweise die gedanklichen Voraussetzungen, von denen bei ihnen ausgegangen wird, falsch sind. Es wurde bereits angedeutet, daß z. B. der Chromosomenbau bei Eukaryonten ein anderer ist als bei Prokaryonten. Es wäre denkbar, daß gerade deshalb die Applikation reiner DNS bei Eukaryonten nicht zum Ziele führen kann, sondern DNS gemeinsam mit den in Eukaryontenzellen vorhandenen zusätzlichen Proteinen, also Chromatin, geboten werden muß, oder besser noch ganze Chromosomen, will man hier transformationsähnliche Effekte erhalten. Auf erste Versuche dieser Art wird im X. Kapitel eingegangen.

Für die dennoch bei Eukaryonten bisher erhaltenen Transformanten ist zu diskutieren, weshalb in manchen Fällen Ganzkörpertransformanten, in anderen aber Mosaike auftraten. Mosaike sind immer dann zu fordern, wenn die Behandlung eines höheren Eukaryonten in einem Stadium seiner Entwicklung erfolgt, in welchem bereits mehrere Zellen vorhanden sind. Die Versuche an Drosophila und am Zahnkarpfen sind Beispiele dafür und lieferten entsprechende Resultate. Wenn andere Autoren unter ähnlichen Bedingungen das Auftreten von Ganzkörpertransformanten beschrieben haben, so könnte das einerseits an nicht autonomen Genwirkungen liegen, die den Phänotyp des ganzen Individiums einheitlich erscheinen lassen, obwohl dieses Individuum genetisch ein Mosaik ist. Andererseits könnten die transformierten Zellen während der Entwicklung des Individuums einen Vorteil haben und die nicht veränderten nach und nach verdrängen. Falls das neue genetische Material durch Integration kovalent in das Genom der Empfängerzelle eingebaut wird, wie bei Bakterien beschrieben, und das dort vorliegende homologe Material ersetzt, müßten aus Mosaiken bei Weiterzucht Ganzkörpertransformanten erhalten werden können, mit einheitlich transformiertem Genotyp in allen Zellen. Dies ist offensichtlich bei Eukaryonten, wenn überhaupt, nur selten der Fall. Die Mehrzahl der einschlägigen, an verschiedenen Objekten erhaltenen Befunde deutet vielmehr darauf hin, daß ein solcher Einbau nicht erfolgt. Die für den biologischen Effekt verantwortliche DNS des Spenders scheint als Exosom mit der ihr homologen Region der DNS des Empfängers eine feste Verbindung einzugehen, ohne diese homologe Region völlig zu ersetzen. Das Exosom kann im vegetativen Zellteilungszyklus mit repliziert und bei der Mitose auf die Tochterzellen weitergegeben werden, die sexuelle Vermehrung mit der hier ablaufenden Meiose kann es gelegentlich, jedoch nicht immer durchlaufen. Es kann funktionieren, wobei es jeweils nur eine Zeitlang, alternierend mit der im eigentlichen Genom vorhandenen, homologen Information der Empfängerzelle abgelesen wird. Der Eintritt der Funktion erfolgt häufig nicht sofort, sondern erst in einer Folgegeneration. Welcher Art die Schwierigkeiten sind, denen seine Replikation in der Meiose begegnet, weshalb es zu einer alternierenden Funktion kommt, und wodurch diese verspätet einsetzen kann, ist bisher ungeklärt.

Literatur

Anders, F. et al.: Biologie in unserer Zeit **2**, 35 – 45 (1972)
Avery, O. T. et al.: J. exp. Med. **79**, 137 – 158 (1944)
Bendich, A. et al.: In: Informative Molecules in Biological Systems (ed. L. Ledoux), Amsterdam-London: North-Holland 1971, S. 80 – 87
Benoit, J. et al.: C. R. Acad. Sci. (Paris) **244**, 2320 – 2321 (1957)
Benoit, J. et al.: Trans. N. Y. Acad. Sci. **22**, 494 – 503 (1960)
Bhargava, P. M., Shanmugam, G.: In: Progr. Nucleic Acid Res. and Mol. Biol. **11**, 103 – 192 (1971)
Borenfreund, E. et al.: J. Exp. Med. **132**, 1071 – 1089 (1970)
Caspari, E. W. et al.: Vortrag Adirondacks Genetics and Molecular Biology Conference, 1974
Fox, A. S. et al.: In: Informative Molecules in Biological Systems (ed. L. Ledoux). Amsterdam-London: North-Holland, 1971 a, S. 313 – 333
Fox, A. S. et al.: Proc. Nat. Acad. Sci. USA **68**, 342 – 346 (1971 b)
Fox, A. S., Valencia, J. I.: Chromosoma (Berl.) **51**, 279 – 289 (1975)
Franke, W. W.: In: International Review of Cytology, Suppl. **4**. New York-San Francisco-London: Academic Press, S. 71 – 236 (1974)
Georgiev, G. P.: Vortrag auf dem „Soviet-German Symposium on Genome Organization and Function", München 1976
Goodenough, U., Levine, R. P.: Genetics. New York etc.: Holt, Rinehart and Winston 1974
Griffith, F.: J. Hyg., Cambridge, Eng., **27**, 113 – 159 (1928).
Günther, E.: Grundriß der Genetik, 2. Aufl., Stuttgart: G. Fischer 1971
Gurney, T., jr., Fox, M. S.: J. Mol. Biol. **32**, 83 – 100 (1968)
Hayes, W.: The Genetics of Bacteria and their Viruses, 2nd ed., 3rd printing. Oxford: Blackwell 1974
Hemleben, V. et al.: Eur. J. Biochem. **56**, 403 – 411 (1975)
Hess. D.: Naturwissenschaften **59**, 348 – 355 (1972)
Khan, N. C., Sen, S. P.: J. Gen. Microbiol. **83**, 237 – 250 (1974)
Kleinhofs, A. et al.: Proc. Nat. Acad. Sci. USA **72**, 2748 – 2752 (1975)
Lacks, S. et al.: Proc. Nat. Acad. Sci. USA **71**, 2305 – 2309 (1974)
Ledoux, L. et al.: Eur. J. Biochem. **23**, 96 – 108 (1971)
Ledoux, L. et al.: Nature (London) **249**, 17 – 21 (1974)
Leonard, C. G., Cole, R. M.: J. Bacteriol. **110**, 273 – 280 (1972)
Linzen, B.: Naturwissenschaften **54**, 259 – 267 (1967)
Lurquin, P. F., Hotta, Y.: Plant Science Letters **5**, 103 – 112 (1975)
Mishra, N. C. et al.: In: The Role of RNA in Reproduction and Development (ed. M. C. Niu und S. J. Segal), Amsterdam-London: North-Holland, 1973, S. 259 – 268
Mishra, N. C., Tatum, E. L.: Proc. Nat. Acad. Sci. USA **70**, 3875 – 3879 (1973)
Mishra, N. C. et al.: Proc. Nat. Acad. Sci. USA **72**, 642 – 645 (1975)
Nawa, S., Yamada, M. A.: Genetics **58**, 573 – 584 (1968)
Nawa, S. et al.: Genetics **67**, 221 – 234 (1971)

Roosa, R. A.: In: Informative Molecules in Biological Systems (ed. L. Ledoux). Amsterdam-London: North-Holland, 1971, S. 67 – 79
Schlegel, H. G.: Allgemeine Mikrobiologie, 4. Aufl., Stuttgart: Thieme, 1976
Schwab, M., Vielkind, J.: IRCS International Research Communications System (73 – 3) 3 – 2 – 2 (1973)
Szybalska, E. H., Szybalski, W.: Proc. Nat. Acad. Sci. USA **48,** 2026 – 2034 (1962)
Szybalski, W. *et al.*: In: National Cancer Institute Monograph. No. 7, 75 – 89 (1962)
Vielkind, J. *et al.*: In: Genetics and Mutagenesis of Fish (ed. J. H. Schröder). Berlin-Heidelberg-New York: Springer, 1973, S. 123 – 137
Vielkind, J.: Vortrag 6. Jahrestagung der Ges. f. Genetik, München 1974
Vielkind, J. *et al.*: Experientia **32,** 1043 – 1045 (1976)
Yoon, S. B., Fox. A. S.: Nature (London) **206,** 910 – 913 (1965)

Kapitel V
Resistenzfaktoren, Plasmide und die gezielte Vereinigung von Genen

Im vorstehenden Kapitel wurde erwähnt, daß Transformationsversuche an Eukaryonten bessere Erfolgschancen hätten, wenn man statt der Gesamt-DNS eines Spenders nur bestimmte Gene oder Gengruppen dieses Spenders, jedoch in konzentrierter Form bieten könnte (S. 97). Verfahren zur Gewinnung solcher Genkonzentrate wurden im III. Kapitel besprochen. Dort war auch zum erstenmal von Plasmiden die Rede. Sie können bei der Abtrennung und Anreicherung von Genen nützlich sein, und eine Vermehrung einzelner Gene nach Art einer Klonierung ermöglichen.

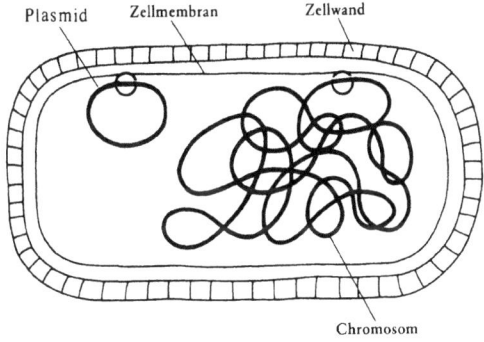

Abb. 63. E. coli-Zelle mit Plasmid, schematisch. Aus Pühler, 1975

Plasmide sind ringförmige DNS-Moleküle, die zusätzlich zum eigentlichen bakteriellen Chromosom in Bakterienzellen vorkommen können, autonom repliziert und auf andere Bakterienzellen übertragen werden (Abb. 63). Sie können einige Gene enthalten, außer Genen für die Replikation und die Übertragung dieser Moleküle z. B. solche für Resistenz gegen verschiedene Antibiotika oder für die Synthese von Substanzen, welche andere Bakterien abtöten, sogenannter *Colicine*. Im einen Fall spricht man von *Resistenzfaktoren*, im anderen von *colicinogenen Faktoren*. Auch die Genome einiger Phagen und Viren sind in gewissem Sinne Plasmide. Eine Vorstellung vom Aufbau eines Resistenzfaktors vermittelt Abb. 64.

Arbeiten an Plasmiden sind in außerordentlich raschem Fortschreiten begriffen. Stimulierend wirkt dabei nicht nur die Möglichkeit, Gene zu klonieren; vielmehr bieten sich mit Hilfe von Plasmiden auch erste, sehr brauchbare Ansätze, Gene gezielt mit anderen zu vereinigen, wodurch der große Problemkreis der genetischen Rekombination in den Bereich der Manipulierbarkeit gelangte. Außer der Vereinigung von Genen verschiedener Bakterienarten, von Bakteriophagen und animalen Viren ist die

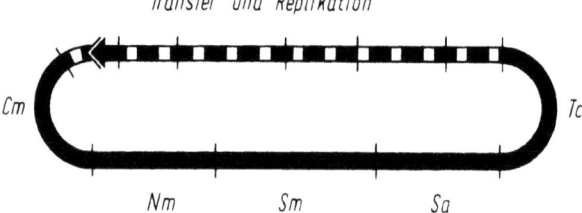

Abb. 64. Bau eines bakteriellen Resistenzfaktors, schematisch. Es sind Gene für seinen Transfer und seine Replikation sowie für Resistenz gegen 5 verschiedene Antibiotika angegeben. *Tc*: Tetracyclinresistenz; *Sa*: Sulfonamidresistenz; *Sm*: Streptomycinresistenz; *Nm*: Neomycinresistenz; *Cm*: Chloramphenicolresistenz. Aus Klingmüller, 1975; nach Bresch und Hausmann, verändert

Vereinigung von Genen derartiger Mikroorganismen mit Genen höherer Organismen, wie der Taufliege und dem Krallenfrosch, gelungen. Das wurde im III. Kapitel erwähnt. Obwohl entsprechende Berichte noch nicht vorliegen, ist doch bekannt, daß analoge Versuche mit menschlichen Genen im Gange sind. Die Öffentlichkeit wurde auf diese Forschungsrichtung durch einen Aufruf anglo-amerikanischer Wissenschaftler aufmerksam, die eine zeitweilige Einstellung solcher Arbeiten forderten (Nature **250**, 175 und Science **185**, 303, 1974). Sie wiesen darauf hin, daß durch die Vereinigung von Gengruppen verschiedenen Ursprungs in vitro neuartige Genome entstehen, deren Eigenschaften nicht mit Sicherheit vorausgesagt werden können. Solche Genome stellen einen Risikofaktor und, sofern sie außer Kontrolle geraten, eine mögliche Gefährdung der Menschheit dar. Darauf wird im letzten Kapitel dieses Buches eingegangen. Hier sollen lediglich die einschlägigen Methoden und die bisher damit erhobenen experimentellen Befunde behandelt werden.

1. Vereinigung von Virus- und Phagen-DNS

Erste Versuche zur gezielten Vereinigung des Genoms eines Virus und eines Bakteriophagen haben Jackson *et al.* (1972) publiziert. Es sei daran erinnert, daß unter Genom die Gesamtheit der DNS einer Zelle oder eines

Virus zu verstehen ist. Bei dem von Jackson *et al.* benutzten Material handelte es sich jeweils um DNS-Ringe. Einerseits waren es Genome des animalen *Virus SV 40*, andererseits Teilgenome eines transduzierenden Stammes des Phagen Lambda.

Das SV 40-Virus ist ein sehr kleines Virus mit einem Durchmesser von etwa 50 nm. Es wird in der molekulargenetischen Forschung häufig benutzt. Sein Genom enthält nur 3 – 5 Gene. Das Virus befällt Affen, Hamster und andere Kleinsäuger. Es kann in Nierenzellkulturen bestimmter Affenarten vermehrt werden, wobei die befallenen Zellen absterben. In Zellkulturen anderer Affenarten oder des Hamsters verursacht das Virus hingegen keine Zerstörungen. Statt dessen kann es hier, ohne sichtbare Schädigung der Zellen, die Bildung bestimmter Antigene oder auch eine vermehrte Zellteilung anregen. Man spricht dann auch von *Transformation;* die Begriffsbestimmung ist jedoch nicht dieselbe wie im IV. Kap. Auch reine DNS des SV 40-Virus kann infektiös sein. Sie muß dafür allerdings als vollständiges Genom in Ringform vorliegen. Die Infektiosität solcher DNS ist naturgemäß geringer, als jene kompletter Viruspartikel. Aus der Tatsache, daß in transformierten Zellen das Genom dieses Virus vorhanden ist (Kap. XI, S. 308), ohne daß die Zellen dadurch zerstört würden, konnte abgeleitet werden, daß sich das SV 40-Genom möglicherweise als Hilfsmolekül bei der Übertragung beliebiger anderer DNS-Stükke auf Zellen höherer Organismen nutzen ließe. Diese Vermutung war eines der Motive der folgenden Versuche.

Die hierbei verwendeten *Teilgenome* des Phagen *Lambda* haben die Bezeichnung λdvgal. Es sind ihrem Genbestand nach Dimere aus 2 gleichen Monomeren. Jedes der beiden Monomere enthält noch etwa $^1\!/_7$ des Genoms des kompletten Phagen, und zusätzlich eine Gengruppe von E. coli, das gal-Operon. Dieses besteht aus den Genen mit der Information für den Abbau des Zuckers Galaktose. Unter den im Monomer vorhandenen Phagengenen befinden sich auch jene, die für die autonome Replikation dieser Teilgenome in E. coli-Zellen nötig sind.

Es wurden nun ringförmige SV 40-Genome zunächst schrittweise mit verschiedenen Enzymen behandelt, und so für die beabsichtigte Vereinigung mit der λdvgal DNS vorbereitet. Die einzelnen Schritte waren (Abb. 65):

1. Aufschneiden der Ringe durch Behandlung mit dem Enzym Endonuklease R I aus E. coli (*Eco R I-Enzym*). Dieses öffnet das SV 40-Genom nur an einer einzigen, definierten Schneidestelle (Morrow und Berg, 1972). Es entstehen also völlig gleichartige, lineare Doppelstrangmoleküle.

2. Abbau von Einzelstrangabschnitten, die 30 bis 50 Nukleotide umfassen, von den beiden 5'-Enden der Doppelstrangmoleküle aus mit Hilfe des Enzyms Lambda-Exonuklease.

3. Verlängerung der beiden 3'-Enden um 50 bis 100 Adenin-Nukleotide mit Hilfe des Enzyms Terminale Transferase. Dieser Schritt wird durch Schritt 2 erleichtert.

Gleichzeitig und nach der gleichen Methode wurde auch λdvgal-DNS für die Vereinigung vorbereitet, jedoch unter Verwendung von Thymin- anstelle von Adenin-Nukleotiden in Schritt 3. Beim Schneiden der λdvgal-Dimeren mit Eco R I-Enzym entstehen, da jedes Monomer ebenso wie das SV 40-Genom eine einzige, definierte Schneidestelle enthält, 2 gleiche

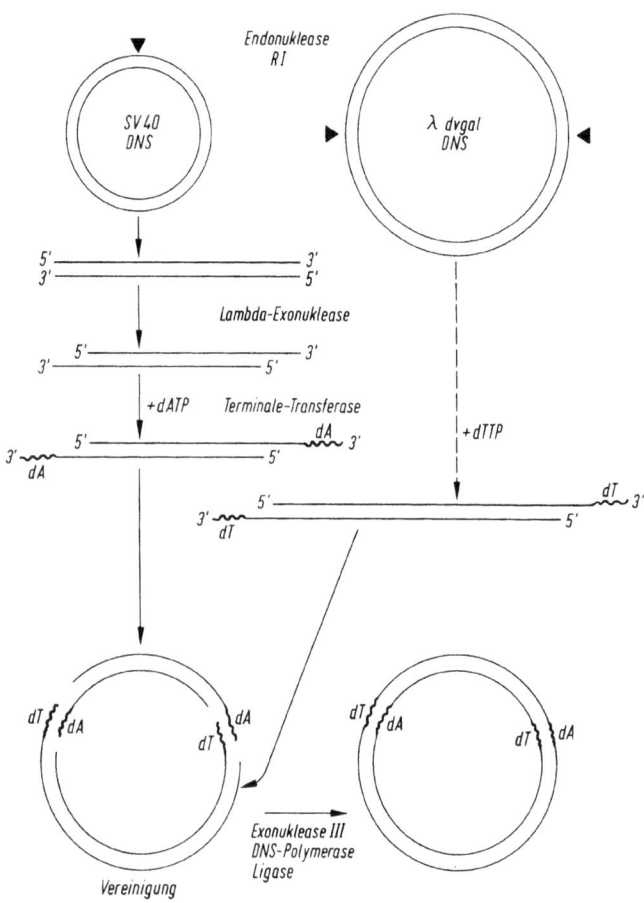

Abb. 65. Arbeitsschritte bei der in vitro-Vereinigung von SV 40- und λ dv gal-Genomen. ▼: Schneidestellen der Endonuklease R I. Für die Polymerase- und Ligasereaktion werden zusätzlich die 4 Desoxyribonukleosidtriphosphate bzw. NAD (Nicotinamid-Adenin-Dinukleotid) benötigt. Aus Klingmüller, 1975

Teilstücke. Die so vorbereiteten SV 40- und λdvgal-DNS-Stücke wurden nun gemischt, mit dem Ziel, durch Wasserstoffbrückenbildung zwischen den Poly dA- und Poly dT-Abschnitten ihre vorläufige Vereinigung zu erreichen. Anschließend wurde unter Zusatz der nötigen Substrate und Kofaktoren mit den Enzymen Exonuklease III, DNS-Polymerase I und Ligase aus E. coli behandelt, um an den Vereinigungsprodukten kleinere Fehlstellen auszubessern, die noch verbliebenen Einzelstrangabschnitte zum Doppelstrang zu ergänzen und eine kovalente Verbindung zwischen den DNS-Stücken zu erreichen.

Die Analyse des so erhaltenen Gemisches im alkalischen Sucrosegradienten und im $CsCl_2$-Ethidiumbromid-Dichtegradienten zeigte, daß kovalent geschlossene DNS-Ringe mit dem für Hybrid-DNS des gewünschten Typs charakteristischen Sedimentations- und Bandierungsverhalten mit etwa 15% Ausbeute entstehen. Bei Fortlassen der zuletzt genannten 3 Enzyme, sowie bei Mischung von DNS mit gleichsinnig verlängerten 3'-Enden treten diese Ringe nicht auf. Die Ringe haben im elektronenmikroskopischen Bild eine Konturlänge, die etwa das dreifache jener von SV 40-Genomen beträgt. Sie enthalten daher je 1 SV 40-Genom und 1 λdvgal-Teilstück, das in Länge und Gengehalt einem λdvgal-Monomer entspricht. In diesem Teilstück befindet sich das gal-Operon von E. coli (Abb. 66).

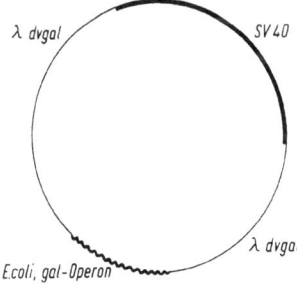

Abb. 66. Bau eines in vitro aus SV 40- und λ dv gal-Genomen zusammengesetzten DNS-Ringes, schematisch. Aus Klingmüller, 1973

Über die biologischen Eigenschaften solcher SV 40-λdvgal-Genome wurde bisher nichts bekannt. Vermutlich könnten sie sowohl in E. coli-Zellen, als auch in Säugerzellen vermehrt werden. Die Methode, die zu ihrer Gewinnung führte, ist generell anwendbar und gestattet im Prinzip, jede beliebige DNS mit jeder beliebigen anderen kovalent zu vereinigen. Sie wurde inzwischen z. B. auch für die Vereinigung von DNS aus Drosophila mit DNS bakterieller Resistenzfaktoren benutzt (Wensink *et al.* 1974). Man kann sie als „*Poly-dA/dT-Konnektor*"-Methode bezeichnen.

2. Vereinigung bakterieller Resistenzfaktoren

Ein Nachteil des soeben beschriebenen Verfahrens ist, daß die miteinander zu verbindenden DNS-Moleküle einer komplizierten Folge enzymatischer Reaktionen unterworfen werden müssen, ehe das gewünschte Verschmelzungsprodukt vorliegt. Nahezu gleichzeitig wurde aber ein einfacheres Verfahren bekannt, bei dem nur zwei enzymatische Reaktionen nötig sind, und dennoch vergleichbare Ergebnisse erzielt werden. Dieses einfachere Verfahren wurde zunächst für die Vereinigung bakterieller Resistenzfaktoren benutzt. Es basiert auf einer Reihe methodischer Voraussetzungen, auf die kurz eingegangen werden soll.

a) Kohäsive DNS-Enden

Bei Untersuchungen über die Wirkung des schon erwähnten Eco R I-Enzyms auf ringförmige SV 40-DNS fanden Mertz und Davis (1972), daß die entstehende lineare Doppelstrang-DNS, obwohl kaum mehr mit Ringmolekülen verunreinigt, noch infektiös war, d. h. Affennierenzellen zerstörte. Lineare SV 40-DNS, wie man sie auf andere Weise, etwa durch Scheren der Ringmoleküle, erhalten kann, ist nicht infektiös. Bei genauerer Untersuchung des Effektes zeigte sich, daß sich die enzymatisch geschnittenen Moleküle nach Beendigung der Reaktion unter geeigneten Bedingungen von selbst in eine infektiöse Ringform zurückverwandeln können. Die Neigung zur Rezirkularisierung ist temperaturabhängig, bei 25° C liegen nur etwa 0,1% der Moleküle in Ringform vor, bei 6° C aber 50%.

Diese Rezirkularisierung wird, wie sich zeigen ließ, möglich, weil das Eco R I-Enzym die beiden Einzelstränge des DNS-Doppelstranges nicht an homologen Stellen schneidet, wie dies einige andere Restriktionsenzyme tun, sondern an gegeneinander versetzten Stellen (Abb. 67). Bei der Auftrennung werden daher Einzelstrangenden frei, die sich im Doppelstrang überlappten. Diese Einzelstrangenden haben, entstehungsbedingt, zueinander passende Nukleotidsequenzen, was sie zu erneuter Paarung unter Wasserstoffbrückenbildung prädestiniert. Man spricht von *kohäsiven Enden* oder „sticky ends". Zur Wiederherstellung der kovalenten Verknüpfung an den durch das Eco R I-Enzym aufgeschnittenen Stellen ist noch Ligase nötig. Eine ganz ähnliche Rezirkularisierung war bereits von dem schon erwähnten Phagen Lambda bekannt. Er injiziert sein Genom in Form linearer Doppelstrang-DNS mit überstehenden kohäsiven Enden in die Wirtszelle. In dieser geht die lineare DNS dann in eine Ringform über. Die kohäsiven Enden, die das bewirken, sind hier 12 Nukleotide lang. Abgesehen vom SV 40-Genom kann das Eco R I-Enzym auch zur Zerschneidung beliebiger anderer DNS-Moleküle benutzt werden. Da es nur auf eine einzige Erkennungsregion, nämlich die in Abb. 67 angegebene, anspricht (Hedgpeth et al., 1972) und überall dort, wo in einem DNS-Doppelstrang diese Region vorkommt, unter Zerschneidung des Doppelstranges 2 Einzelstrangenden mit identischer Nukleotidsequenz freilegt, können auch Teilstücke ganz verschiedener DNS-Spezies, sofern sie nur durch Behandlung mit diesem Enzym entstanden, miteinander vereinigt werden. Ähnlich versetzt schneiden, wie sich inzwischen gezeigt hat, einige weitere Endonukleasen. Eine Übersicht dazu gibt Tabelle 5.

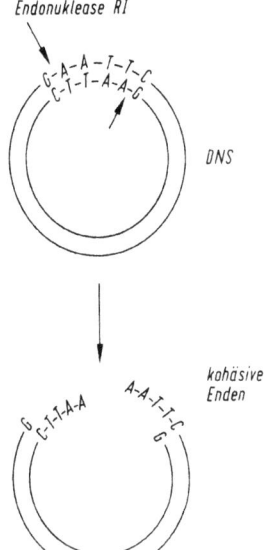

Abb. 67. Nukleotidsequenz der Erkennungsregion für Endonuklease R I und deren Schneidecharakteristik. Entstehung kohäsiver DNS-Enden durch versetztes Schneiden. Aus Klingmüller, 1975

Tabelle 5. Erkennungssequenzen und Schneidecharakteristik einiger Restriktionsenzyme. Nach Trautner, 1975

Herkunft	Bezeichnung des Enzyms	Sequenz und Schneidestelle
B. subtilis	Bsu I	$5'$-GG$\downarrow$CC-$3'$ $3'$-CC$_\uparrow$GG-$5'$
Haemophilus aegyptius	Hae	$5'$-GG$\downarrow$CC-$3'$ $3'$-CC$_\uparrow$GG-$5'$
Haemophilus influenzae	Hind III	$5'$-A$\downarrow$AGCT-T-$3'$ $3'$-T-TCGA$_\uparrow$A-$5'$
E. coli	Eco RI	$5'$-(A/T)G$\downarrow$AATT-C(T/A)-$3'$ $3'$-(T/A)C-TTAA$_\uparrow$G(A/T)-$5'$
E. coli	Eco RII	$5'$-$\downarrow$CCTGG--$3'$ $3'$--GGACC$_\uparrow$-$5'$

b) Der Transformationstest

Wenn man beabsichtigt, Teilstücke ähnlicher oder auch ganz verschiedener DNS-Spezies in vitro miteinander zu vereinigen, so braucht man zum Nachweis des Vereinigungsproduktes ein geeignetes Testverfahren. Da die Vereinigung in einem DNS-Gemisch möglicherweise nur selten eintritt, muß das Testverfahren zusätzlich eine Handhabe zur Selektion des Vereinigungsproduktes bieten. Ein biologisches Verfahren, welches diese Anforderungen erfüllt, ist der *Transformationstest*. Der Begriff Transformation entspricht dabei weitgehend dem in Kapitel IV (S. 68), und nicht dem zuvor im Zusammenhang mit SV 40-Viren und Säugerzellen erwähnten. Beim Transformationstest werden Zellen von E. coli mit reiner DNS, die geeignete Markierungsgene trägt, inkubiert. Für positive Resultate muß sie in Ringform vorliegen und eine eigene *Replikationsmaschinerie* besitzen. Nach verschieden langen Inkubationszeiten wird geprüft, ob die Markierungsgene in den Zellen zur Expression gelangen. Enthalten die Markierungsgene z. B. die Information für Resistenz gegen gewisse Antibiotika, so geschieht das durch Plattierung der Bakterien auf Nährböden mit diesen Substanzen. Koloniewachstum zeigt Aufnahme und Expression der Markierungsgene und damit der sie tragenden DNS an.

Transformationsversuche mit E. coli waren bis vor kurzem noch wenig ergiebig. Zwar ließen sich Sphäroplasten, also wandfreie Zellen, mit reiner DNS aus Bakteriophagen infizieren und erbrachten dann vollständige Tochterphagen. Mandel und Higa (1970) fanden Bedingungen, unter denen dies auch bei umwandeten Zellen gelingt. Aber erst Cohen *et al.* (1972) konnten darauf aufbauend eine Transformation von E. coli-Zellen

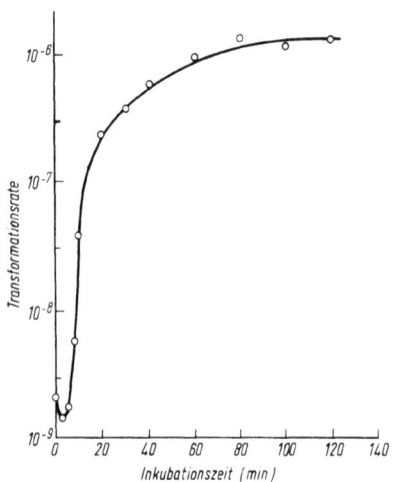

Abb. 68. Transformation kanamycinsensibler E. coli-Zellen zur Kanamycinresistenz durch Inkubation mit Resistenzfaktoren aus kanamycinresistenten Zellen. Die Transformationsrate ist gegen die Dauer der Inkubation vor Plattierung der Zellen auf kanamycinhaltigen Nährboden abgetragen. Aus Cohen *et al.*, 1972

durch ringförmige Plasmid-DNS erreichen. Diese DNS enthielt als genetische Markierung Gene für Antibiotikaresistenz. Die Zellen können ohne Entfernung ihrer Wand aufnahmebereit gemacht werden, wenn man sie in der Kälte mit 0,03 M $CaCl_2$ behandelt. Die Aufnahme der DNS läßt sich dann durch kurzzeitiges Erwärmen erzwingen. Eine anschließende Zwischenbebrütung vor Plattierung auf Nährböden mit dem betreffenden Antibiotikum gewährleistet relativ hohe Ausbeuten an resistenten Transformanten. Ein Beispiel für die Transformation von E. coli durch Plasmid-DNS mit der genetischen Information für Kanamycinresistenz gibt Abb. 68. Es kann unter optimalen Bedingungen bis zu 1 resistente Transformante pro 10^6 mit DNS behandelte Zellen erhalten werden. Ohne Behandlung traten bei 10^9 plattierten Zellen keine kanamycinresistenten Zellen auf.

Nach diesem Schema durchgeführte Transformationstests sind inzwischen zum standardisierten Nachweis- und Selektionsverfahren für in vitro hergestellte Vereinigungsprodukte aus verschiedenen Plasmiden sowie aus Plasmiden und anderer DNS geworden.

c) Das Kleinplasmid pSC 101

Für die Expression der übertragenen Gene im Transformationstest ist notwendig, daß diese Gene intakt sind. Dies verstand sich in den zuletzt besprochenen Versuchen von selbst, da die verwendete DNS aus vollständigen Resistenzfaktoren bestand, die aus kanamycinresistenten E. coli-Zellen gewonnen worden waren. Anders liegen die Dinge aber, wenn man DNS-Moleküle verwenden möchte, die durch Vereinigung von DNS-Teilstücken in vitro entstanden sind. Falls nämlich diese Teilstücke durch das vorherige Zerschneiden von DNS mit dem Eco R I-Enzym hergestellt wurden, ist die Unversehrtheit der jeweils interessierenden Gene nicht mehr ohne weiteres gewährleistet. Die Schneidestellen des Eco R I-Enzyms könnten ja innerhalb dieser Gene liegen. Deren Funktion würde somit zerstört. Für den Nachweis in vitro-vereinigter DNS mittels Transformation war es daher von großem Vorteil, daß ein bakterielles, ringförmiges DNS-Molekül mit nur einer Schneidestelle gefunden wurde, die außerhalb der interessierenden Gene liegt (Cohen und Chang, 1973). Dieses DNS-Mokelül wurde *Plasmid pSC 101* benannt.

Die Herstellung des Plasmids pSC 101 gelang Cohen und Chang durch Anwendung dosierter Scherkräfte. Es konnten dadurch Moleküle eines größeren Resistenzfaktors R 6-5, der neben anderen Genen auch solche für Resistenz gegen Tetracyclin enthielt, in kleinere Fragmente zerlegt werden. Der Transformationstest mit diesem Material lieferte tetracyclinresistente Kolonien. Die Zellen, aus welchen sie hervorgegangen waren, mußten also ein DNS-Fragment aufgenommen haben, in dem sich ein noch intaktes Gen für Tetracyclinresistenz befand.

Sie mußten dieses Fragment vermehrt und an alle Tochterzellen weitergegeben haben. Das betreffende Fragment mußte daher außer dem Gen für Tetracyclinresistenz auch Gene für seine eigene Replikation besitzen. Die Untersuchung der DNS einer solchen Transformante durch Ultrazentrifugation unter verschiedenen Bedingungen sowie im Elektronenmikroskop ergab, daß es sich bei dem in Rede stehenden DNS-Fragment um ringförmige Moleküle handelte, deren Konturlänge weniger als 10% derjenigen des ursprünglich eingesetzten Resistenzfaktors R 6-5 betrug. Die Behandlung mit Eco R I-Enzym liefert bei gelelektrophoretischer Auftrennung nur eine Bande. Es ist daher pro Ringmolekül nur eine Schneidestelle für dieses Enzym vorhanden. Diese Schneidestelle muß, wie Transformationsversuche an Vereinigungsprodukten aus derart geschnittenen Ringmolekülen mit anderen DNS-Stücken zeigten, außerhalb der Gene für Tetracyclinresistenz und für die Replikation liegen.

Das Plasmid pSC 101 liefert bei Versuchen zur in vitro-Vereinigung verschiedener, durch Eco R I-Spaltung entstandener DNS-Teilstücke einerseits eine unversehrte Replikationsmaschinerie, ausreichend auch für die Replikation des gewünschten Vereinigungsproduktes, andererseits bleibt es an der Expression der Tetracyclinresistenz auch im Vereinigungsprodukt stets nachweisbar. Dieses Plasmid ist ein Paradebeispiel für ein „*molekulares Vehikel*". Damit ist ein DNS-Stück gemeint, das sich für die in vitro-Vereinigung mit einem anderen eignet, und zusätzlich die für die Replikation des Vereinigungsproduktes nötigen Gene mitbringt.

d) Vereinigung des Plasmids pSC 101 mit Teilen eines verwandten Plasmids

Der Nachweis, daß das Eco R I-Enzym bei Einwirkung auf DNS kohäsive Enden freilegt, die Entwicklung eines Transformationstests für E. coli und die Herstellung des Kleinplasmids pSC 101 waren Voraussetzungen für die nun zu besprechenden Versuche zur in vitro-Vereinigung von bakteriellen Genen (Cohen *et al.*, 1973).

Außer dem Plasmid pSC 101, das als molekulares Vehikel diente, wurden dazu weitere, durch das Eco R I-Enzym schneidbare DNS-Moleküle als Rohmaterial für die Gewinnung des jeweiligen Vereinigungspartners benötigt. Als eine solche DNS diente in einem ersten Ansatz ein mittelgroßes bakterielles Plasmid, das durch Eco R I-Behandlung desselben Resistenzfaktors R 6-5 entstanden war, aus welchem auch das Plasmid pSC 101 stammte. Der Resistenzfaktor R 6-5 enthält eine ganze Reihe von Resistenzgenen. Er hat 12 Schneidestellen für das Eco R I-Enzym. Transformationstests mit einem nach Enzymbehandlung erhaltenen Gemisch von DNS-Fragmenten aus diesem Resistenzfaktor lieferten neben anderen Kolonien solche, die gleichzeitig kanamycin-, neomycin- und sulfonamidresistent waren. Weitere Resistenzen lagen in diesen Zellen nicht vor. Sie enthielten, wie sich zeigen ließ, das besagte mittelgroße Plasmid. Sein Molekulargewicht beträgt etwa ⅕ desjenigen des Resistenzfaktors R 6-5. Es erhielt die Bezeichnung pSC 102. Es hat, im Gegensatz zum Resistenzfaktor R 6-5, nur noch 3 Schneidestellen für das Eco R I-Enzym, zerfällt bei Behandlung mit diesem Enzym also in 3 Teile.

Für die eigentliche Vereinigung des Plasmids pSC 101 mit Teilen des Plasmids pSC 102 als erstem Modellfall einer gezielten Vereinigung bakterieller Gene wurden nun diese Plasmide zunächst gemischt. Die Mischung wurde sodann bei 37° C in Gegenwart von Mg^{++} mit Eco R I-Enzym behandelt, wodurch das Plasmid pSC 101 aufgeschnitten, das Plasmid pSC 102 aber in seine 3 Teile zerlegt wird. Die Schneidereaktion kann durch Inaktivierung des Enzyms in der Wärme beendet werden. In der Kälte vereinigen sich dann die bloßgelegten kohäsiven Enden der einzelnen DNS-Stücke unter Wasserstoffbrückenbildung in freier Kombinierbarkeit. Durch anschließende Behandlung mit Ligase bei 15° C werden kovalente Bindungen hergestellt, die noch verbliebenen Einzelstranglücken also verschlossen. Die Vereinigung ist damit beendet. Die Vereinigungsprodukte wurden im Transformationstest näher analysiert. Es traten neben anderen auch Transformanten auf, die gleichzeitig tetracyclin- und kanamycinresistent waren. Da das Gen für Tetracyclinresistenz das Plasmid pSC 101, das Gen für Kanamycinresistenz aber das Plasmid pSC 102 kennzeichnet, sollten derartige Doppeltransformanten ein Vereinigungsprodukt aus beiden Plasmiden enthalten. Die Rate, mit der doppeltresistente Transformanten

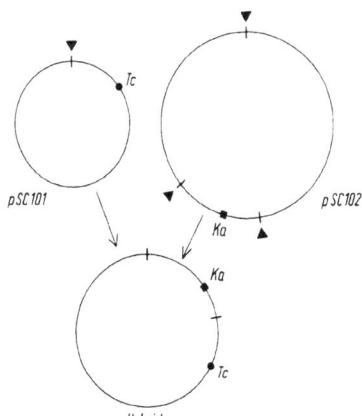

Abb. 69. In vitro-Vereinigung des Plasmids pSC 101 mit einem Teilstück des Plasmids pSC 102. ▼: Eco R I-Schneidestellen; *Tc*: Gen für Tetracyclinresistenz; *Ka*: Gen für Kanamycinresistenz. Aus Klingmüller, 1975

dieses Typs auftraten, lag zwar nur wenig über jener, mit welcher Zellen nach Inkubation mit einem Gemisch der beiden Einzelplasmide doppeltresistent wurden. Solche Zellen enthalten dann je ein Plasmid der beiden angebotenen Typen. Es konnte aber bei vier daraufhin geprüften doppeltresistenten Transformanten durch Ultrazentrifugation der aus ihnen gewonnenen DNS das Vorliegen von Plasmiden nur eines einzigen Typs belegt werden. Diese Plasmide enthalten, wie erneute Transformationstests zeigten, tatsächlich beide Gene. Die weitergehende Analyse, die an Plasmiden aus einer der doppeltresistenten Transformanten durchgeführt wurde, ergab nach Eco R I-Spaltung und Gelelektrophorese, daß das betreffende Plasmid nur eines der drei Teile des Plasmids pSC 102, kovalent verbunden mit dem Plasmid pSC 101, enthielt. Eine schematische Darstellung der Verhältnisse gibt Abb. 69.

e) Vereinigung des Plasmids pSC 101 mit anderen Plasmiden

In dem soeben besprochenen Ansatz war das aus dem Resistenzfaktor R 6-5 von E. coli abgeleitete Kleinplasmid pSC 101 mit einem Teil des aus

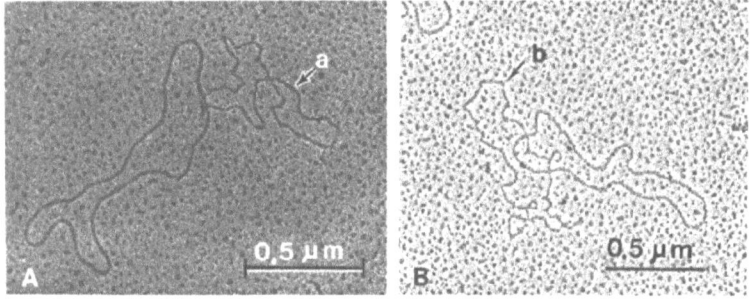

Abb. 70 A und B. Heteroduplices aus einem Verbundplasmid, in Längsrichtung verschmolzen mit dem einen (A) bzw. dem anderen (B) der beiden Parentalplasmide. Das für die Heteroduplexbildung benutzte Verbundplasmid wurde aus dem Plasmid pSC 101 von E. coli und einem Plasmid von Staphylococcus aureus in vitro hergestellt. Es enthält diese beiden Plasmide über kohäsive Enden kovalent miteinander verknüpft. Für die Heteroduplexbildung müssen aus den als DNS-Doppelstrangring vorliegenden Ausgangsplasmiden zunächst Einzelstrangringe gewonnen werden. Diese können dann in jenen Bereichen, in welchen sie einander homolog sind, zu Doppelsträngen verschmelzen, in den übrigen nicht. (A) Heteroduplex aus dem Verbundplasmid und dem Plasmid pSC 101. Homologer Bereich links. Die schon visuell dünnere Einzelstrangschleife *a* (rechts) kennzeichnet den Anteil des Staphylococcus-Plasmids am Verbundmolekül. (B) Heteroduplex aus dem Verbundplasmid und dem Staphylococcus-Plasmid. Die Einzelstrangschleife *b* (links) kennzeichnet den Anteil des Plasmids pSC 101 am Verbundmolekül. Aus Cohen *et al.*, 1973

demselben Resistenzfaktor abgeleiteten Plasmids pSC 102 vereinigt worden, die vereinigten DNS-Stücke waren also letztlich gleichen Ursprungs.

In weiteren Ansätzen wurde anstelle des aus E. coli stammenden Plasmids pSC 102 ein Resistenzfaktor von Salmonella typhimurium mit Genen für Streptomycin- und Sulfonamidresistenz (Cohen *et al.*, 1973) sowie ein Resistenzfaktor von Staphylococcus aureus, der neben einigen anderen Resistenzgenen solche für Penicillinresistenz trägt, verwendet (Chang und Cohen, 1974). Als molekulares Vehikel diente wieder das Kleinplasmid pSC 101 aus E. coli. Der Resistenzfaktor aus Salmonella hat ebenso wie das Plasmid pSC 101 nur eine Schneidestelle für das Eco R I-Enzym, war also für die beabsichtigte Vereinigung mit diesem Plasmid besonders geeignet. Der Resistenzfaktor von Staphylococcus hat 4 Schneidestellen. Sie liegen außerhalb der Gene für Penicillinresistenz. Mischung von pSC 101 mit dem einen oder anderen der beiden Resistenzfaktoren, Behandlung mit Eco R I-Enzym und Ligase und Inkubation von E. coli-Zellen mit den so gewonnenen Verschmelzungsprodukten lieferte Doppeltransformanten, die tetracyclin- und streptomycinresistent bzw. tetracyclin- und penicillinresistent waren. Die Zellen enthielten im einen Fall ein *Verbundplasmid*, das sich aus pSC 101 und dem Resistenzfaktor von Salmonella, im anderen Fall ein *Hybridplasmid*, das sich aus pSC 101 und einem der vier möglichen Teilstücke des Resistenzfaktors von Staphylococcus zusammensetzte. Der Aufbau der neu entstandenen Plasmide aus 2 verschiedenen Komponenten läßt sich am überzeugendsten durch elektronenmikroskopische Aufnahmen von *DNS-Heteroduplices* zeigen. Ein Beispiel für das Verbundplasmid aus pSC 101 und dem Resistenzfaktor von Salmonella gibt Abb. 70.

3. Vereinigung bakterieller Resistenzfaktoren mit Eukaryonten-Genen

In den bisher besprochenen Versuchen wurde entweder DNS von animalen Viren mit Phagen- und Bakterien-DNS, oder Plasmid-DNS aus einer Bakterienart mit solcher aus derselben oder einer anderen Bakterienart vereinigt. Das zuletzt erläuterte Verfahren, welches die besondere Eignung des Kleinplasmids pSC 101 als molekulares Vehikel ausnutzt, bietet eine sehr bequeme Handhabe um auch DNS von Eukaryonten in die Experimente einzubeziehen. Z. B. wurde als besonders gut bekannte und bereits relativ leicht isolierbare Gengruppe eines Eukaryonten die *ribosomale DNS aus Oozyten des Krallenfrosches* benutzt (Kap. III, S. 59, Morrow *et al.*, 1974). Diese codiert, wie schon erwähnt, für jene RNS-Spezies, die in den Ribosomen vorkommen. Die Mischung solcher ribosomaler DNS mit dem Kleinplasmid pSC 101, und die Behandlung des Gemisches mit Eco R I-Enzym und Ligase ergab Moleküle, von denen einige E. coli-Zellen zur Tetracyclinresistenz transformierten. Moleküle dieses Typs enthielten also zumindest das Kleinplasmid pSC 101. Da in der ribosomalen DNS des Krallenfrosches keine Gene vorhanden sind, für die in E. coli-Zellen selektioniert werden könnte, mußte eine größere Zahl tetracyclinresistenter Transformanten näher untersucht werden, in der Hoffnung, unter ihnen einige zu finden, welche das Kleinplasmid pSC 101 mit eingebauten Teilstücken von ribosomaler DNS des Krallenfrosches enthielten. Das geschah durch Isolierung der in den Transformanten befindlichen Plasmide, ihre erneute enzymatische Spaltung und die gelelektrophoretische Auftrennung der erhaltenen Teile. Die Suche war erfolgreich. Sie führte bei 13 von insgesamt 40 tetracyclinresistenten Transformanten zur Identifizierung nicht nur eines, sondern jeweils zweier bis dreier Teile als Bestandteilen des in diesen Transformanten enthaltenen Plasmids. Die Untersuchung der Teile im Dichtegradienten zeigte, daß es sich neben der DNS des Kleinplasmids pSC 101 um je 1 bzw. 2 Teilstücke der ribosomalen DNS des Krallenfrosches handelte. Diese waren also in vitro an das bakterielle Kleinplasmid angeschlossen und mit seiner Hilfe in den Bakterienzellen repliziert worden.

Aus der Tatsache, daß ribosomale DNS des Krallenfrosches mit einem bakteriellen Plasmid vereinigt, mit seiner Hilfe in Bakterienzellen eingeführt und dort repliziert werden kann, ergibt sich zwangsläufig die Frage, ob diese Gengruppe in den Bakterienzellen dann auch funktioniert, also die Synthese von RNS bewirkt, welche für Ribosomen des Krallenfrosches spezifisch ist. Die Problematik diesbezüglicher Versuche, in denen es letztlich um die Ablesbarkeit einer Botschaft in Zellen geht, die möglicherweise keine der Botschaft gemäße Lesemaschinerie besitzen, wird im VII. Kapitel ausführlicher besprochen. Teilaspekte seien jedoch aus dem vorstehenden Zusammenhang heraus schon hier erörtert.

Die etwaige Synthese von ribosomaler RNS des Krallenfrosches in gewöhnlichen E. coli-Zellen nachzuweisen, wäre ein äußerst schwieriges Unterfangen, weil diese, diktiert durch Gene im bakteriellen Chromosom, eine rege Synthese zelleigener RNS aufweisen. Es gibt aber die Möglichkeit, zum Nachweis der Synthese plasmidcodierter RNS besondere Stämme von E. coli zu benutzen. Ein solcher Stamm wurde von Adler *et al.* (1967) beschrieben. An den Enden der stäbchenförmigen Zellen dieses Stammes knospen während des Wachstums in rascher Folge relativ kleine Tochterzellen hervor. Man hat sie als *Minizellen* bezeichnet (Abb. 71). Diese Minizellen können noch für längere Zeit DNS, RNS und Proteine synthetisieren, bekommen aber nur kleine DNS-Stücke, z. B. Plasmide, aus der Parentalzelle mit, das eigentliche bakterielle Chromosom bleibt in

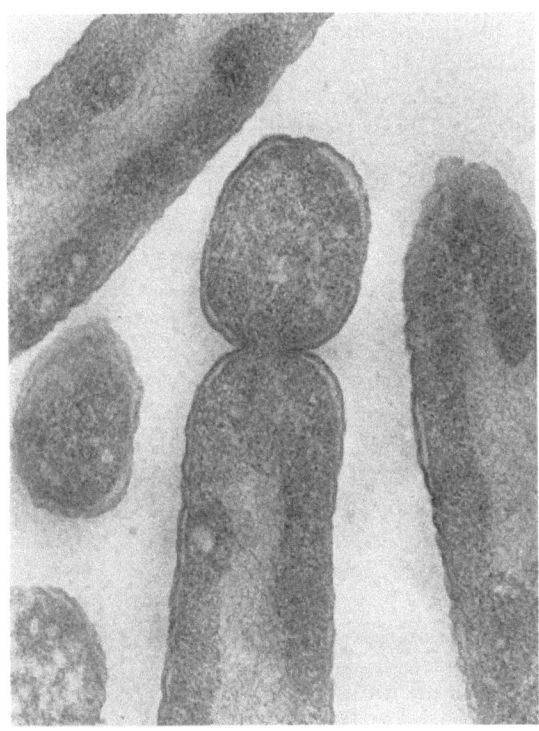

Abb. 71. Elektronenmikroskopische Aufnahme eines Dünnschnittes durch E. coli-Zellen. Die mittlere produziert oben eine Minizelle. Vergr. 40 000×. Foto D. Allison. Aus Adler *et al.*, 1967

ihr zurück. Zellen eines solchen Stammes wurden unter Transformationsbedingungen mit Hybridplasmiden inkubiert, die aus dem Kleinplasmid pSC 101 und Teilstücken ribosomaler DNS des Krallenfrosches bestanden. Es wurden dann wie zuvor tetracyclinresistente Transformanten selektioniert. Diese Transformanten bilden Minizellen, in welche nur die Plasmide, nicht das bakterielle Chromosom Eingang finden. Die Minizellen können durch Ultrazentrifugation von den chromosomenhaltigen Parentalzellen abgetrennt werden. Durch Angebot von ^{3}H-markiertem Uridin ließ sich die in solchen Minizellen unter Plasmideinfluß *synthetisierte RNS* kennzeichnen. Sie wurde extrahiert, und mittels RNS-DNS Hybridisierung auf Komplementarität ihrer Nukleotidsequenz mit jener von ribosomaler DNS des Krallenfrosches geprüft. 10 – 20% der neu synthetisierten RNS ließen sich mit dieser DNS hybridisieren, hatten also die von ihr codierte Nukleotidsequenz. Kontrollversuche mit RNS aus Minizellen, welche das Plasmid pSC 101 allein enthielten, verliefen negativ. Diese Befunde zeigen, daß die in das Plasmid pSC 101 eingefügten Teilstücke von Krallenfrosch-DNS in E. coli-Zellen nicht nur repliziert, sondern auch *abgelesen* werden, also funktionieren. Es bleibt allerdings zu prüfen, inwieweit die entstehende RNS biologisch sinnvoll, d. h. eine fehlerfreie Kopie der als Matrize fungierenden ribosomalen DNS ist. Die RNS-DNS Hybridisierungsversuche geben darüber nur ungenügend Aufschluß.

Wie im III. Kapitel erwähnt (S. 63) haben Kedes *et al.* (1975) jetzt auch DNS aus Seeigeln mit der Information für die *Synthese von Histonproteinen* in das Plasmid pSC 101 eingebaut. Solche Hybridplasmide spezifizierten in Minizellen die Bildung von Proteinen. Die Seeigel-DNS wird also transkribiert und translatiert. Die betreffenden Proteine waren aber nicht mit Histonproteinen des Seeigels identisch. Die Übersetzung der Eukaryonten-Information geschieht hier also nicht fehlerfrei. Als weiteres Beispiel der Vereinigung bakterieller Resistenzfaktoren mit Eukaryonten-Genen ist die Arbeit von Wensink *et al.* (1974) zu nennen. Die Autoren haben ribosomale DNS von Drosophila in das Plasmid pSC 101 eingefügt. Darauf wird im 6. Abschnitt (S. 121) näher eingegangen.

4. Colicinogene Faktoren als molekulare Vehikel

Ein Nachteil bei Versuchen, welche das Kleinplasmid pSC 101 als molekulares Vehikel benutzen, ist, daß dieses Plasmid von einem Resistenzfaktor abstammt, dessen *Replikation* in der Wirtszelle sehr genau *kontrolliert* wird. Es können von ihm, und daher auch von dem Plasmid pSC 101, nur 1 – 2 Kopien je Chromosomenäquivalent entstehen. Ist diese Zahl erreicht, so wird die Replikation gestoppt. Dies bedeutet, daß die Darstellung solcher Plasmide in präparativem Maßstab mühsam ist. Als ein weiterer Nachteil muß gelten, daß das Markierungsgen für Tetracyclinresistenz, wie auch die übrigen resistenzbedingenden Gene, mit denen bei der Verschmelzung dieses Plasmids mit anderen Resistenzfaktoren gearbeitet wurde, für den Menschen nicht ungefährlich sind. Sie könnten mit den benutzten oder in vitro aus ihnen hergestellten Plasmiden aus E. coli-Zellen auf menschenpathogene Bakterien übergehen, darunter etwa auf Salmonella oder Shigella, wodurch diese entsprechende, gegebenenfalls sogar *multiple Resistenzen* entwickeln würden, zum Leidwesen des Arztes und seiner Patienten. Beide Nachteile können aber umgangen werden, wenn statt mit Resistenzfaktoren mit colicinogenen Faktoren gearbeitet wird, wie Hershfield *et al.* (1974) gezeigt haben.

Wie weiter oben erwähnt (S. 101), sind colicinogene Faktoren, ebenso wie Resistenzfaktoren, ringförmige DNS-Moleküle. Sie bedingen in Bakterien die Produktion von Colicinen, verschiedenartigen Substanzen, welche andere Bakterien abtöten können. Ein colicinogener Faktor verleiht gleichzeitig der ihn beherbergenden Bakterienzelle *Immunität* gegen das jeweils von ihm codierte Colicin. *Der colicinogene Faktor col-E 1* kommt in E. coli vor. Er ist relativ klein. Sein Molekulargewicht beträgt nur $4{,}2 \times 10^6$, vergleichbar jenem des Plasmids pSC 101. Seine Replikation in der Zelle ist nur „nachlässig" kontrolliert. Es können 25 bis 30 Kopien von ihm je Chromosomenäquivalent vorliegen. Die Zahl der Kopien je Zelle kann weiter gesteigert werden, wenn man die Replikation des eigentlichen Chromosoms durch *Chloramphenicol* hemmt. Die Replikation des col-E 1-Faktors ist unempfindlich gegen Chloramphenicol, es entstehen daher schließlich 1000 bis 3000 Kopien dieses Faktors pro Zelle. Die col-E 1-DNS macht dann bis zu 45% der Gesamt-DNS der Zellen aus. Abb. 72 veranschaulicht diesen Tatbestand.

Es ließ sich zeigen, daß der col-E 1-Faktor durch das Eco R I-Enzym nur an einer Stelle geschnitten wird (Lovett *et al.*, 1974). Die Schneidestelle scheint im Strukturgen für das Colicin zu liegen, da dieses nach dem Zerschneiden des Faktors mit Eco R I-Enzym und Vereinigung der so gewonnenen DNS mit geeigneter anderer DNS in Transformanten nicht mehr funktioniert. Dagegen bleiben die Immunitätsregion und die Gene

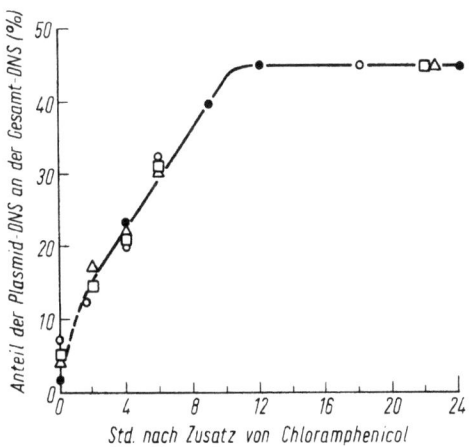

Abb. 72. Replikation des col-E 1-Faktors in Gegenwart von 250 µg Chloramphenicol/ml. Der Anteil der col-E 1-DNS in % der Gesamt-DNS der Wirtsbakterien ist gegen den Zeitpunkt der Probennahme nach Zusatz des Chloramphenicol aufgetragen. Die vier verschiedenen Symbole kennzeichnen Versuche mit dem reinen bzw. mit verschieden substituierten col-E 1-Faktoren. Aus Hershfield *et al.*, 1974

für die Replikation des Faktors unversehrt. Die Immunisierung von E. coli-Zellen gegen Colicin E 1 kann in Transformationsversuchen mit diesem Faktor als selektive Markierung dienen. Da der Faktor durch das Eco R I-Enzym schneidbar ist, dabei aber seine Replikationsgene intakt bleiben, läßt er sich ebenso wie das Plasmid pSC 101 als molekulares Vehikel für die Replikation beliebiger anderer DNS verwenden. Die Ausbeuten bei präparativer Darstellung jeweils interessierender Hybridplasmide können hier wesentlich höher sein als unter Verwendung des Plasmids pSC 101. Als Beispiel dafür, daß anstelle von DNS mit Resistenzgenen als Markierungen auch DNS mit anderen, ungefährlichen Genen als Verschmelzungspartner bei solchen Versuchen dienen kann, benutzten Hershfield *et al.* eine Gengruppe mit der Information für die Synthese der Aminosäure Tryptophan, das Tryptophan-Operon (trp-Operon) von Salmonella. Es war in dem Genom des Bakteriophagen φ 80 enthalten. Dieser Phage wurde bereits erwähnt (S. 48). Die Phagenlinie mit dem vollständigen trp-Operon heißt *φ 80 trp$^+$*. Im linearen Genom dieses Phagen existieren 11 Schneidestellen für das Eco R I-Enzym. Es läßt sich daher durch dieses Enzym in 12 definierte Fragmente mit kohäsiven Enden zerlegen. Eine Mischung von φ 80 trp$^+$- und col-E 1-DNS wurde mit Eco R I-Enzym und Ligase behandelt. Die Mischung wurde anschließend benutzt, um Tryptophan-bedürftige Zellen von E. coli zur Tryptophan-Unabhängigkeit zu transformieren. Zur Selektion Tryptophan-unabhängiger Transformanten kann Minimalmedium dienen. Zellen der erhaltenen Klone wurden dann auf Colicin E 1-haltigem Nährboden ausgestrichen. Die Mehrzahl von ihnen erwies sich als immun. Ihre weitere Analyse zeigte, daß sie Hybridplasmide, zusammengesetzt aus dem *col-E 1-Faktor* und je 1 bis 2 Teilstücken des *φ 80-Genoms* mit dem trp-Operon enthielten. Das entspricht dem Ergebnis der Vereinigungsversuche von pSC 101 mit ribosomaler DNS des Krallenfrosches, mit dem Unterschied, daß die in den col-E 1-Faktor eingebaute Fremd-DNS eine bei der Selektion ausnutzbare genetische Markierung trägt, die in das Plasmid pSC 101 eingebaute DNS des Krallenfrosches jedoch nicht. Inzwischen konnten auch col-E 1-Faktoren mit E. coli-Genen für Arabinoseabbau und Leucinsynthese erhalten werden (Clarke und Carbon, 1975). Für ihre Herstellung wurde als Verschmelzungspartner nicht Phagen-DNS, sondern reine bakterielle DNS benutzt. Die Methode entsprach im übrigen der von Jackson *et al.* (1972, S. 102).

5. Lambda-Deletionsmutanten als molekulare Vehikel

Bei den Vereinigungsversuchen mit DNS des Krallenfrosches mußte, da seine ribosomale DNS keine für die Selektion ausnutzbare Markierung trägt, eine Reihe von Transformanten einzeln auf das Vorliegen von Hybridplasmiden geprüft werden. Auf der Suche nach einer Methode, welche weniger arbeitsaufwendig ist und eine wirksame Selektion von Hybridplasmiden gestattet, haben Thomas *et al.* (1974) anstelle anderer molekularer Vehikel das Genom einer Deletionsmutante des Phagen Lambda erprobt. Dabei werden wiederum die schon erwähnten Nachteile des Arbeitens mit Resistenzfaktoren vermieden. Die von den Autoren benutzten Lambda-Genome sind im Vergleich zum Wildtypgenom verkürzt. Sie können unter Transformationsbedingungen nur dann reife Tochterpartikel und damit Plaques auf einem Wirtsbakterienrasen liefern, wenn ein Teil der ihnen fehlenden DNS zuvor ergänzt wurde. Dabei ist es gleichgültig, ob die eingefügte DNS vom Phagen Lambda selbst oder von irgendwelchen anderen Objekten stammt. Da nur Genome, welche eine Einfügung enthalten, infektiös sind, andere aber nicht, ist gerade die *Selektion von Genomen mit Einfügung*, gegebenenfalls also Hybridgenomen, sehr einfach. Sie können auch ohne besondere genetische Markierung erkannt werden.

Im einzelnen sind für die hier besprochenen Versuche folgende Fakten von Bedeutung: Das Genom des Phagen Lambda hat in linearer Form, wie es durch Phenolextraktion aus reifen Phagenpartikeln gewonnen werden kann, 5 Schneidestellen für das Eco R I-Enzym (Abb. 73). Es zerfällt also bei Enzymbehandlung in 6 Teilstücke, die mit A bis F be-

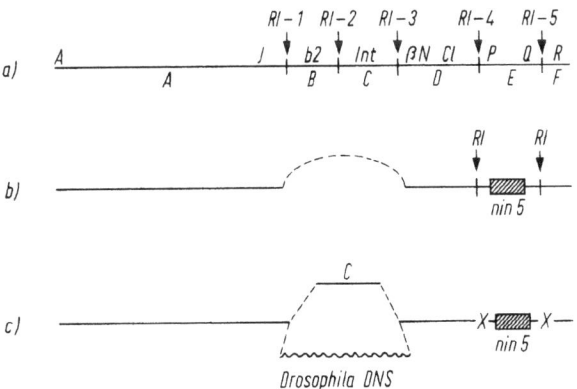

Abb. 73 a – c. Konstruktion von Lambda-Genomen mit Segmenten aus Drosophila-DNS, schematisch. (a) Genom des Lambda-Wildtyps. Es sind die 5 Schneidestellen des Eco R I-Enzyms, die nach Enzymbehandlung resultierenden DNS-Teilstücke A bis F und eine Reihe von Markierungsgenen eingezeichnet. (b) Lambda-Genom nach Eliminierung der Teilstücke B und C. (c) Lambda-Genom mit Einfügung des Teilstücks C, bzw. eines Segmentes von Drosophila-DNS. Einzelheiten im Text. Aus Thomas *et al.*, 1974, verändert

zeichnet wurden. Aus anderen Versuchen wußte man, daß die Teilstücke B und C für die Ausbildung reifer Partikel unnötig sind. Sie machen zusammen etwa 21% des Genoms aus. Fehlt zusätzlich ein kleiner Abschnitt des Teilstücks E, die sogenannte nin-5-Region, welche alleine ebenfalls unnötig wäre, so ist die Ausbildung reifer Partikel nicht mehr möglich. Offensichtlich ergeben sich für eine so weitgehend verkürzte DNS Verpackungsschwierigkeiten. Da sich Genome, denen die Teilstücke B und C sowie die nin-5-Region fehlen, nicht vermehren lassen, wurde von einem Genom ausgegangen, das die C-Region noch enthält. Durch geeignete chemische Behandlung waren an diesem Genom zuvor alle Eco R I-Schneidestellen außer jener an den beiden Flanken des Teilstückes C entschärft worden. Es kann E. coli-Zellen wie ein Wildtyp-Genom infizieren. Die so entstehenden Phagen wurden gewonnen, ihre DNS extrahiert, mit Eco R I-Enzym geschnitten, und die Teilstücke anschließend gelelektrophoretisch voneinander getrennt. Es fanden sich 3 Banden. Sie enthalten das A-Teilstück, das C-Teilstück, bzw. das D-, E-, F-Teilstück. Das C-Material, welches nur zur Vermehrung der Genome gedient hatte, wurde verworfen. Das restliche Material stellt die von den Autoren für die Vereinigungsversuche benutzte Lambda-DNS dar. Die beiden Teilstücke würden gemeinsam ein um B, C und die nin-5-Region verkürztes Genom bilden, also nicht infektiös sein. Als Vereinigungspartner diente DNS von Drosophila als Beispiel einer beliebigen Fremd-DNS. Sie war vor Beimischung der Lambda-DNS ebenfalls mit dem Eco R I-Enzym geschnitten worden. Aus der Mischung der so vorbereiteten Lambda- und Drosophila-DNS sollten nach Paarung kohäsiver Enden und Ligasebehandlung unter anderem auch Lambda-Genome hervorgehen, welche anstelle des zuvor verwendeten Teilstücks C ein Stück Drosophila-DNS enthalten. Hat das DNS-Stück von Drosophila eine geeignete Länge, so sollten diese Lambda-Genome in Transformationsversuchen mit E. coli-Zellen infektiös sein und auf einem Rasen von Wirtsbakterien Plaques ergeben. Tatsächlich wurden in diesen Versuchen eine große Zahl von Plaques erhalten. Sie dokumentieren, daß die sie verursachenden Phagengenome außer Genen von Lambda auch Abschnitte des Genoms von Drosophila enthalten. Es wurden bisher etwa 10^3 derartiger Phagenstämme produziert. Sie enthalten vermutlich Drosophila-DNS von unterschiedlicher Länge und mit unterschiedlichen Genen. Schätzungen ergaben, daß Folgen von bis zu 17 000 Nukleotiden, also etwa 17 Genen, in die Deletionszone solcher Lambda-Genome aufgenommen werden können, ohne daß, diesmal wegen Überlänge des Genoms, Verpackungsschwierigkeiten auftreten. Welche Drosophilagene in den einzelnen plaquebildenden Phagenstämmen jeweils vorliegen, muß noch geprüft werden. Wegen der Vielzahl möglicher Gene ist dies eine schwierige Aufgabe.

6. Identifizierung von Eukaryonten-Genen in Plasmiden

In einigen anderen Systemen wurde eine Identifizierung bestimmter Eukaryonten-Gene, die in geeigneten molekularen Vehikeln eingebaut vorlagen, bereits möglich. Zwei Beispiele wurden im III. Kapitel erläutert. Es handelte sich um die Identifizierung von Histon-Genen des Seeigels bei Klonierungsversuchen mit dem Plasmid pSC 101 (Kedes *et al.*, 1975) und um die Identifizierung von Genen für ribosomale RNS von Drosophila, die in col-E 1-Faktoren eingebaut vorlagen (Grunstein und Hogness, 1975). In diesem Zusammenhang sind auch Arbeiten von Cohen und Chang (1974) zu nennen, die mittels wiederholter Zyklen von Gradientenzentrifugation und gesonderter Vermehrung der Plasmide unterschiedlicher Dichte in geeigneten Wirtsbakterien ein Hybridplasmid gewinnen konnten, das aus dem Plasmid pSC 101 und einem bestimmten, relativ seltenen Teilstück der ribosomalen DNS des Krallenfrosches bestand.

Einen andersartigen Ansatz haben Wensink *et al.* (1974) beschrieben. Die Autoren standen vor der Aufgabe, DNS-Teilstücke von Drosophila zu charakterisieren, die in das Plasmid pSC 101 eingebaut und mit Hilfe dieses Plasmids kloniert worden waren. Unter Vorgabe derartiger klonierter

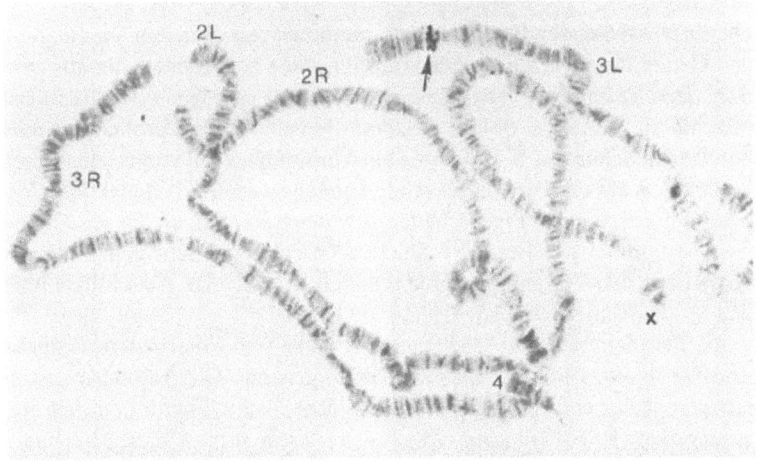

Abb. 74. In situ-Hybridisierung von ^{3}H-cRNS mit spezifischen Regionen der Riesenchromosomen von Drosophila. Die cRNS wurde an Matrizen-DNS synthetisiert, welche aus dem Plasmid pSC 101 und einem Segment von Drosophila-DNS bestand. Die Zahlen und Buchstaben an den Chromosomen bezeichnen deren einzelne Abschnitte. Der Pfeil kennzeichnet eine Häufung von Silberkörnern im Autoradiogramm, also eine zur cRNS komplementäre Nukleotidsequenz. Sie befindet sich in Region 62 E des linken Arms von Chromosom 3. Aus Wensink *et al.*, 1974

DNS als Matrize in einem in vitro-Transkriptionssystem wurde zunächst dazu komplementäre, radioaktiv markierte RNS hergestellt. Durch Hybridisierung dieser cRNS mit den in zytologischen Präparaten ausgestrichenen Riesenchromosomen von Drosophila und anschließende Autoradiographie konnten jene Stellen in den Chromosomen ermittelt werden, die den in den Plasmiden eingebauten DNS-Teilstücken von Drosophila entsprechen (Abb. 74). Von 9 bisher so analysierten Klonen enthielten einige Hybridplasmide, die Homologien mit jeweils nur einer einzigen, diskreten Stelle des Drosophilagenoms aufwiesen. Sie tragen also einen nur einmal im Drosophilagenom vorhandenen DNS-Abschnitt, möglicherweise ein mehr oder weniger vollständiges Strukturgen. Es kann für diese DNS-Abschnitte schon angegeben werden, in der Nähe welcher (bekannter) Drosophilagene sie jeweils lagen. Die cRNS der anderen Klone hybridisierte hingegen mit bis zu 40 verschiedenen Stellen des Drosophilagenoms. Sie scheinen daher Nukleotidsequenzen zu enthalten, die im Genom mehrfach, über Chromosomen und Centromerregion verstreut, vorkommen. Man erwägt für diese Sequenzen eine Funktion bei der Genregulation.

7. Verbundplasmide

Die im Vorstehenden beschriebenen Methoden zur gezielten Vereinigung von Genen lassen sich anwenden, um Plasmide herzustellen, die aus zwei oder mehr Teilstücken verschiedenen Ursprungs mit eigener Replikationsmaschinerie bestehen. Solche Plasmide seien hier als Verbundplasmide bezeichnet. Schon auf S. 113 wurde ein Verbundplasmid vorgestellt. Durch geeignete Wahl der Parentalplasmide können so einerseits molekulare Vehikel mit genau jenen Eigenschaften gewonnen werden, die *für die Klonierung* bestimmter weiterer DNS-Stücke wünschenswert scheinen. Andererseits lassen sich Verbundplasmide schaffen, die wichtige Aufschlüsse über den Mechanismus der *DNS-Replikation* liefern.

Als Beispiel seien die Arbeiten von Tanaka und Mitarbeitern (Tanaka und Weisblum, 1975; Tanaka *et al.*, 1975) genannt. Die Autoren konstruierten zunächst ein Verbundplasmid aus dem col-E 1-Faktor und dem Resistenzfaktor RSF 1010 (Abb. 75). Aus letzterem enthielt dieses Verbundplasmid das Gen für Streptomycinresistenz, so daß eine leichte Selektion entsprechender Transformanten gewährleistet war. Es hatte zusätzlich auch die chloramphenicolresistente DNS-Synthese mit verminderter Kontrolle des ersteren, was die präparative Gewinnung der Verbundplasmide in stark konzentrierter Form gestattet (vgl. Abb. 72). Solche Plasmide wurden nun mit Drosophila-DNS „verschnitten". Nach Transformation von E. coli mit dem erhaltenen DNS-Gemisch wurden jene Zellen, welche das

Verbundplasmid nicht erhalten hatten, durch Streptomycin und Colicin E 1 abgetötet. Ein resistenter Klon wurde genauer untersucht. Er enthielt das Verbundplasmid mit einem in dieses eingefügten Stück Drosophila-DNS. Durch Weiterzucht in Gegenwart von Chloramphenicol konnte das Plasmid und mit ihm das Stück Drosophila-DNS stark angereichert werden, die besonderen Eigenschaften des Verbundplasmids wurden hier also für eine effiziente Klonierung des Stückes Drosophila-DNS benutzt.

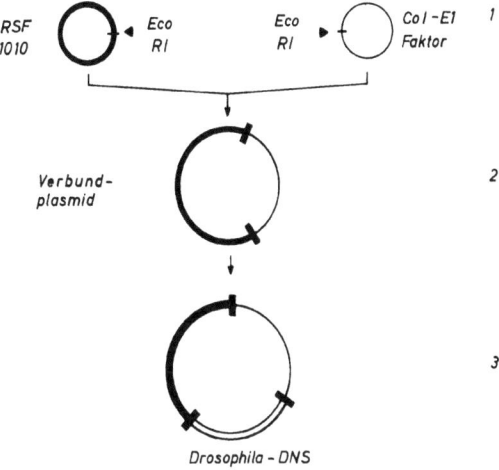

Abb. 75. Konstruktion eines Verbundplasmids mit eingesetztem DNS-Stück von Drosophila, schematisch. ▼: Eco R I-Schneidestellen. Aus Tanaka *et al.*, 1975, verändert.

Richtungsweisend für die Untersuchung der DNS-Replikation mit Hilfe von Verbundplasmiden sind Arbeiten aus der Gruppe von Cohen (Timmis *et al.*, 1974, 1975; Cabello *et al.*, 1976; Chang *et al.*, 1975). Es wurden Verbundplasmide aus dem col-E 1-Faktor und dem Plasmid pSC 101 hergestellt, und ihre Vermehrung unter Bedingungen geprüft, die entweder die Replikation des einen oder die des anderen der beiden Parentalplasmide blockieren. Die Replikation des Plasmids pSC 101 in E. coli ist dann unmöglich, wenn die Zellen in Gegenwart von Chloramphenicol gezüchtet werden. Jene des col-E 1-Faktors unterbleibt in Zellen, welchen in Folge einer Mutation das Enzym DNS-Polymerase I fehlt. Da das Verbundplasmid in solchen Zellen, aber auch in normalen Zellen, welchen Chloramphenicol zugesetzt wurde, repliziert wird, kann es dafür offensichtlich wahlweise entweder die Maschinerie des einen oder die des anderen seiner beiden Parentalplasmide benutzen (Timmis *et al.*, 1974). Normalerweise wird aber der Replikationsanfangspunkt und die zugehörige Replikationsmaschinerie des Col-E 1-Faktors bevorzugt (Cabello et al., 1976). Die Anzahl der Kopien solcher Verbundplasmide, die sich pro Zelle schließlich einpendelt, liegt bei jener des Col-E 1-Faktors (18 pro Zellgenom). Das Verbundplasmid kann nicht gleichzeitig mit einem der beiden Parentalplasmide in den Zellen vorkommen, es ist mit diesen „inkompatibel".

Eine interessante Weiterentwicklung dieser Versuche stellt die *Isolierung der genetischen Region für die Replikation* aus zwei größeren Plasmiden mit Hilfe eines Plasmid-Fragmentes dar, das selbst zur Replikation nicht befähigt ist (Timmis et al., 1975). Dieses Fragment konnte aus einem Plasmid von Staphylococcus aureus nach dessen Zerschneiden mit Eco R I-Enzym erhalten werden. Es trägt die genetische Information für Penicillin- und Ampicillinresistenz. Daran ist es im Transformationstest erkennbar. Voraussetzung ist allerdings, daß es zuvor Anschluß an ein DNS-Stück mit vollständiger Replikationsmaschinerie gewann. Nur dann nämlich kann es in E. coli-Zellen repliziert werden. Nach Behandlung der Plasmide R 6-5 bzw. F'lac mit Eco R I-Enzym, Mischung der entstandenen DNS-Stücke mit dem besagten Fragment und Transformation von E. coli-Zellen wurden ampicillinresistente Kolonien erhalten. In ihnen fanden sich Plasmide, welche aus dem besagten Fragment und der gesuchten Region für die Replikation des einen bzw. des anderen der beiden vorgegebenen Plasmide bestanden. Die gesuchte Region konnte nach Isolierung der Plasmide und deren Zerlegung mit Eco R I-Enzym gewonnen werden. Die Methode dürfte für die Identifizierung und Isolierung der Replikationsgene komplexer Genome generell anwendbar sein.

Verbundplasmide sind auch jene Strukturen, die Chang et al. aus dem Plasmid pSC 101 und der DNS von Mäusezellmitochondrien hergestellt haben (Chang et al., 1975). Die *mitochondriale DNS (mtDNS)* der Maus besteht aus ringförmig geschlossenen DNS-Doppelstrang-Molekülen, die etwa doppelt so groß sind, wie das Plasmid pSC 101 (Molekulargewicht etwa 10×10^6). Sie kann von der restlichen, zelleigenen DNS leicht abgetrennt werden. Die mtDNS der Maus wird durch Eco R I-Enzym an 2 Stellen geschnitten. Das Plasmid pSC 101 sollte sich daher nach seiner enzymatischen Öffnung an einer dieser beiden Stellen in das mtDNS-Molekül einfügen können. Dabei sind wegen der 2 möglichen Orientierungen dieses Plasmids relativ zur geöffneten mtDNS insgesamt 4 verschiedene Verbundplasmide denkbar (Abb. 76). Alle vier wurden erhalten, wie durch Schneiden der Produkte mit anderen Restriktionsenzymen und Analyse der entstehenden Fragmente gezeigt werden konnte. Es handelt sich hier um Verbundplasmide aus prokaryotischer und eukaryotischer DNS, mit prokaryotischen und eukaryotischen Genen für die Replikation. An diesen Verbundplasmiden sollte sich die Frage klären lassen, ob Eukary-

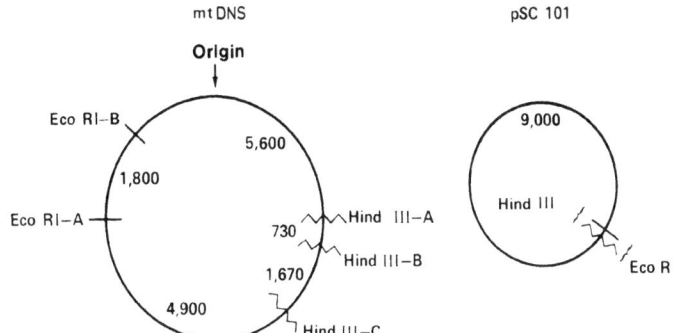

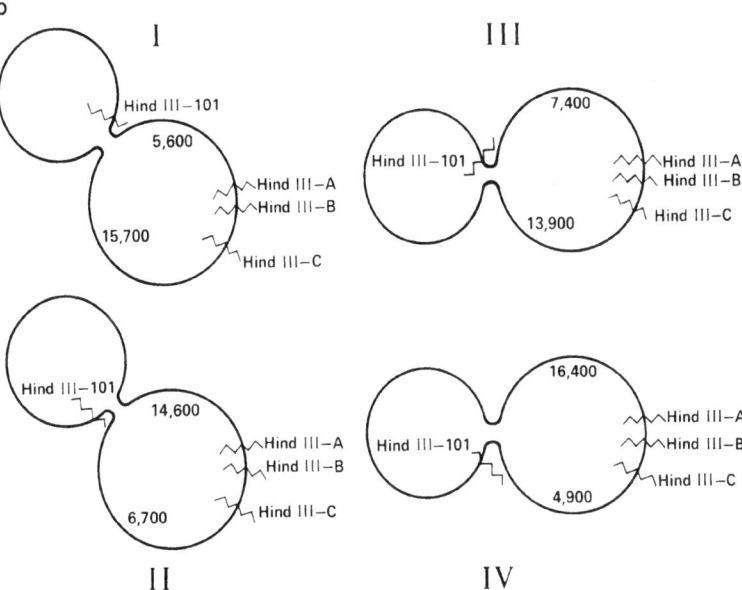

Abb. 76 a und b: Konstruktion von Verbundplasmiden aus pSC 101 und mitochondrialer DNS der Maus, schematisch. (a) Die beiden Parentalstrukturen. Links ein Ring von mtDNS, rechts das Plasmid pSC 101. Origin: Replikationsanfangspunkt der mtDNS. Eco R I-A und -B: Die zwei Schneidestellen für dieses Enzym in der mtDNS. Hind III-A, -B und -C: Drei zusätzliche Schneidestellen eines anderen Restriktionsenzyms. Der Abstand zwischen den Schneidestellen in Nukleotidpaaren ist angegeben. (b) Die vier verschiedenen, durch Einbau des Plasmids pSC 101 in die Schneidestelle Eco R I-A bzw. -B der mtDNS zu erhaltenden Verbundplasmide. Die angegebenen Hind III-Schneidestellen und die Entfernungen zwischen ihnen in Nukleotidpaaren dienen zur Kennzeichnung des Einbauortes und der Orientierung, in welcher der Einbau erfolgte. Aus Chang *et al.*, 1975, verändert

onten-Gene für DNS-Replikation in Prokaryonten-Zellen funktionieren. Die vier Verbundplasmide wurden dazu in E. coli-Zellen eingebracht. Sie replizieren sich dort. Die nähere Analyse replikativer Zwischenstufen aller vier Verbundplasmide zeigte, daß die Replikation ausnahmslos vom Replikationsanfangspunkt des Plasmids pSC 101 ausging, nicht von jenem der mtDNS. Diese Anfangspunkte sind Fixpunkte im jeweiligen Genom und kartierbar. Die Tatsache, daß der Replikationsanfangspunkt der mtDNS in E. coli-Zellen nicht benutzt wird, deutet darauf hin, daß die mitochondrialen Gene für DNS-Replikation in E. coli nicht zum Zuge kommen.

Literatur

Adler, H. I. et al.: Proc. Nat. Acad. Sci. USA **57**, 321 – 326 (1967)
Cabello, F. et al.: Nature (London) **259**, 285 – 290 (1976)
Chang, A. C. Y., Cohen, S. N.: Proc. Nat. Acad. Sci. USA **71**, 1030 – 1034 (1974)
Chang, A. C. Y. et al.: Cell **6**, 231 – 244 (1975)
Clarke, L., Carbon, J.: Proc. Nat. Acad. Sci. USA **72**, 4361 – 4365 (1975)
Cohen, S. N., Chang, A. C. Y.: Proc. Nat. Acad. Sci. USA **70**, 1293 – 1297 (1973)
Cohen, S. N., Chang, A. C. Y.: Mol. Gen. Genet. **134**, 133 – 141 (1974)
Cohen, S. N. et al.: Proc. Nat. Acad. Sci. USA **69**, 2110 – 2114 (1972)
Cohen, S. N. et al.: Proc. Nat. Acad. Sci. USA **70**, 3240 – 3244 (1973)
Grunstein, M., Hogness, D. S.: Proc. Nat. Acad. Sci. USA **72**, 3961 – 3965 (1975)
Hedgpeth, J. et al.: Proc. Nat. Acad. Sci. USA **69**, 3448 – 3452 (1972)
Hershfield, V. et al.: Proc. Nat. Acad. Sci. USA **71**, 3455 – 3459 (1974)
Jackson, D. A. et al.: Proc. Nat. Acad. Sci. USA **69**, 2904 – 2909 (1972)
Kedes, L. et al.: Nature (London) **255**, 533 – 538 (1975)
Klingmüller, W.: Umschau **73**, 653 – 657 (1973)
Klingmüller, W.: Münch. med. Wschr. **117**, 1051 – 1060 (1975)
Lovett, M. A. et al.: Proc. Nat. Acad. Sci. USA **71**, 3854 – 3857 (1974)
Mandel, M., Higa, A.: J. Mol. Biol. **53**, 159 – 162 (1970)
Mertz, J. E., Davis, R. W.: Proc. Nat. Acad. Sci. USA **69**, 3370 – 3374 (1972)
Morrow, J., Berg, P.: Proc. Nat. Acad. Sci. USA **69**, 3365 – 3369 (1972)
Morrow, J. F. et al.: Proc. Nat. Acad. Sci. USA **71**, 1743 – 1747 (1974)
Pühler, A.: Biologie in unserer Zeit **5**, 65 – 73 (1975)
Tanaka, T., Weisblum, B.: J. Bacteriol. **121**, 354 – 362 (1975)
Tanaka, T. et al.: Biochemistry **14**, 2064 – 2072 (1975)
Thomas, M. et al.: Proc. Nat. Acad. Sci. USA **71**, 4579 – 4583 (1974)
Timmis, K. et al.: Proc. Nat. Acad. Sci. USA **71**, 4556 – 4560 (1974)
Timmis, K. et al.: Proc. Nat. Acad. Sci. USA **72**, 2242 – 2246 (1975)
Trautner, T. A.: Umschau **75**, 101 – 106 (1975)
Wensink, P. C. et al.: Cell **3**, 315 – 325 (1974)

Kapitel VI
Übertragung von Prokaryonten-Genen auf Eukaryonten mit Hilfe von Bakteriophagen

Im vorstehenden Kapitel wurden Methoden beschrieben, mit welchen Plasmide, also ringförmige Kleingenome, in jeweils gewünschter genetischer Zusammensetzung hergestellt und vermehrt werden können. Mit dem Fernziel einer etwaigen gentherapeutischen Nutzung derartiger Plasmide müßte man diese nun auf genetisch defekte Zellen höherer Organismen einwirken lassen, in der Hoffnung, die Defekte zu beseitigen. Solche Versuche stehen in den Anfängen. So haben Goebel und Schieß (1975) *Hamsterzellen* mit *col-E 1-DNS* inkubiert, um Anhaltspunkte über deren Aufnahme, Replikation und Expression in diesen Zellen zu erhalten. Es wurde eine kurzzeitige Synthese von col-E 1-spezifischer RNS, jedoch keinerlei Colicin E 1-Produktion gefunden. Die aufgenommene DNS war instabil.

Weiter als hier ist man mit Verfahren gekommen, welche nicht Plasmide, sondern *Bakteriophagen* oder deren Genom als Überträger bestimmter Gene benutzen. Solche Verfahren bauen auf dem Phänomen der *speziellen Transduktion* auf, das bei der Infektion von Bakterien mit sogenannten *temperenten Phagen* beobachtet wird. Die Phagen müssen bakterielle Gene oder Gengruppen enthalten. Diese liegen im Phagengenom, verglichen mit jenem der ehemaligen Wirtsbakterien, in angereicherter Form vor. Phagen, welche zur speziellen Transduktion befähigt sind, haben in ihrem Genom auch Gene, die für den festen Einbau dieses Genoms in das Chromosom der bakteriellen Empfängerzelle sorgen. Sollten diese Gene in Eukaryontenzellen zur Wirkung kommen, so böte sich hier eine äußerst wichtige Handhabe für die Gentherapie.

Die Kenntnis dieser Fakten sowie faszinierende Parallelen zwischen bestimmten genetisch gesteuerten Stoffwechselwegen bei Pro- und Eukaryonten, welche eine günstige Basis für die Funktion von Bakteriengenen in Eukaryonten zu bieten schienen, spielten eine Rolle bei der Planung der jetzt zu besprechenden Versuche. Ehe auf sie eingegangen werden kann, müssen aber die in Rede stehenden Bakteriophagen und das Phänomen der speziellen Transduktion näher beschrieben werden (vgl. Hayes, 1974).

1. Temperente Phagen

Temperente Phagen sind dadurch gekennzeichnet, daß die Infektion einer Bakterienzelle mit ihnen meist nicht, wie bei virulenten Phagen, zum Absterben der Zelle führt. Vielmehr werden zunächst nur wenige Phagengene exprimiert, das Phagengenom wird synchron mit dem der infizierten Bakterienzelle repliziert. Seine Kopien gelangen durch die Teilung der Zelle in alle Nachkommenzellen. Auch diese werden meist nicht geschädigt. Nur relativ selten, abhängig von den Kulturbedingungen, kommt es zur Expression weiterer Gene, zur enthemmten Replikation des Phagengenoms, zum Heranreifen von Tochterpartikeln und infolge dieser Vorgänge zur Lyse der betroffenen Zelle.

Der am häufigsten in diesem Zusammenhang genannte Phage ist der *Phage Lambda.* Er wurde bereits mehrfach erwähnt. Er besitzt einen polygonalen Kopf von etwa 50 nm Durchmesser und einen relativ einfach gebauten Schwanz von etwa 150 nm Länge (Abb. 77). Sein Genom, im infi-

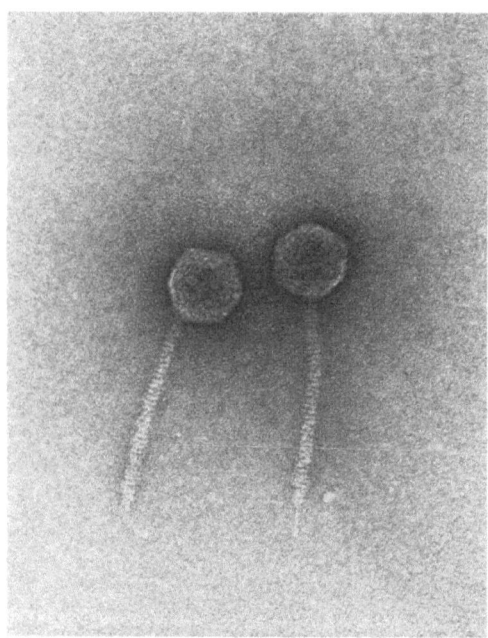

Abb. 77. Partikel des Phagen Lambda. Vergr. 210 000×. Elektronenmikroskopische Aufnahme von M. Wurtz, freundlicherweise zur Verfügung gestellt von E. Kellenberger

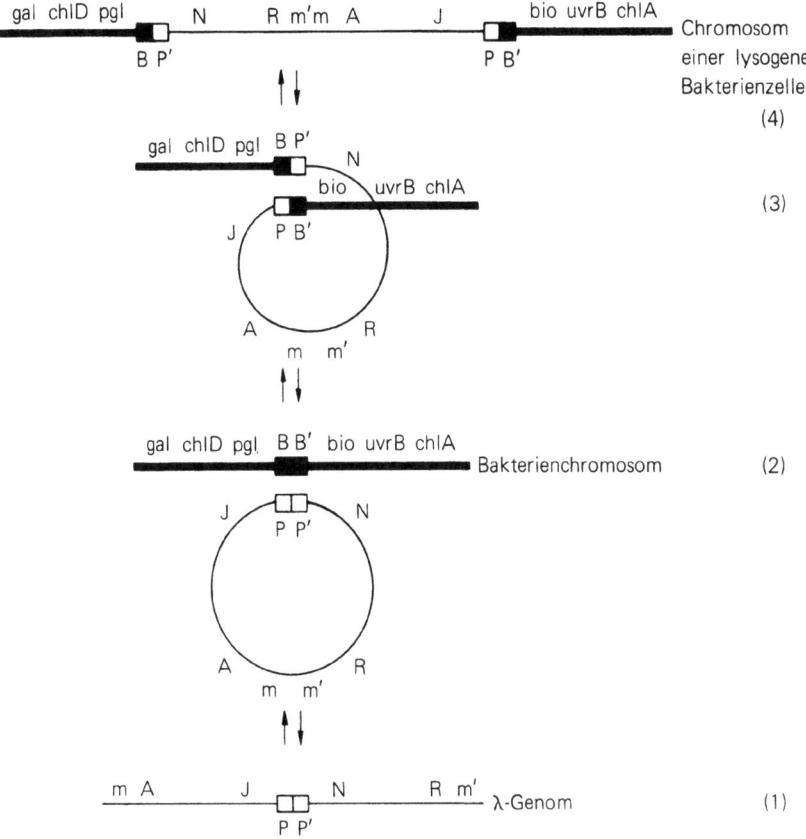

Abb. 78. Schematische Darstellung der Integration des Lambda-Genoms in das Chromosom von E. coli. Die Umkehr des Schemas entspräche der Excision. Aus Campbell, 1971, verändert. *1*: Das Lambda-Genom in linearer Form, wie es während des Infektionsvorganges vorliegt. *A, J, N* und *R* sind die bereits in Abb. 28 erwähnten phageneigenen Gene. *PP'* ist die phageneigene Einbauregion, *m* und *m'* sind die Enden des Lambda-Genoms. Darüber *2*: Ringschluß des Lambda-Genoms über die Enden m und m' nach Infektion der Wirtszelle. Assoziierung mit dem Bakterienchromosom über die Region *PP'* und die bakterieneigene Einbauregion *BB'*. *gal, chlD, pgl, bio, uvrB* und *chlA* sind Symbole für bakterielle Gene oder Gengruppen. *gal* bezeichnet das gal-Operon mit Genen für den Abbau von Galaktose, *bio* das bio-Operon mit Genen für die Synthese von Biotin. *3*: Nach einem Bruchereignis und Verheilung übers Kreuz ist die Integration erfolgt. Das Lambda-Genom ist noch als Schleife gezeichnet. *4*: Situation nach Streckung der Schleife. Chromosom der durch Integration des Phagen-Genoms entstandenen lysogenen Bakterienzelle

zierenden Partikel noch linear, nimmt nach erfolgter Infektion der Wirtszelle Ringform an. Es verharrt jedoch nicht in dieser vom bakteriellen Chromosom unabhängigen Form, sondern findet aus ihr heraus über einen Rekombinationsvorgang Aufnahme als „Prophage" in das Genom der infizierten Zelle (Abb. 78). Verantwortlich dafür, daß nur wenige Phagengene exprimiert werden, ist bei temperenten Phagen ein phageneigener *Repressor*, ein Protein, das bei dem Phagen Lambda von dem Gen CI codiert wird. Der Repressor blockiert zwei dem Gen CI beiderseits benachbarte Operatoren, deren einer über mehrere Zwischenstufen die sogenannten frühen, zum Wiederausscheren des Prophagen aus dem Bakterienchromosom nötigen Gene, und deren anderer weitere, sogenannte spätere, an der Replikation des ausgescherten Genoms, der Synthese phageneigener Strukturproteine und der Reifung der Tochterpartikel beteiligte Gene steuert (Abb. 79).

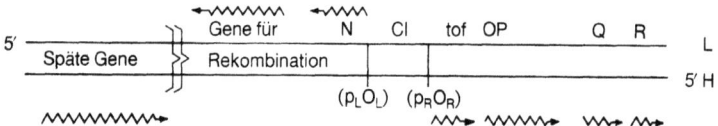

Abb. 79. Regulation der Transkription des Lambda-Genoms, schematisch. Die gegebene Anordnung des Genoms entspricht der in Abb. 78,1. In der lysogenen Zelle wird vom Gen *CI* (Mitte) ein Repressor produziert. Er blockiert die Operatoren O_L und O_R. Erst bei Inaktivierung des Repressors kommt von den zugehörigen Promotoren P_L und P_R eine links- und dann auch eine rechtsgerichtete Transkription in Gang. L = leichter Strang, mit zunächst nach links gerichteter Transkription. H = schwerer Strang, mit nach rechts gerichteter Transkription. *N, tof, O, P, Q* und *R*: Weitere Phagengene. Die links angegegebenen späten Gene liegen im integrierten Zustand des Genoms rechts an Gen *R* anschließend. Aus Ptashne, 1971, verändert

Der Repressor kann durch UV-Bestrahlung, bei gewissen Mutanten auch durch Temperaturerhöhung, inaktiviert werden. Die genannten Operatoren werden frei, von ihnen aus kommt die Transkription des vollständigen Phagengenoms in Gang. Man spricht von *Induktion*. Der *lytische Zyklus* beginnt, und er endet mit der Zerstörung der Wirtszelle unter Freisetzung von Tochterphagen. Da Bakterienzellen, welche einen Prophagen enthalten, unter bestimmten Bedingungen zur Lyse und Freisetzung von Tochterphagen gebracht werden können und gelegentlich auch von selbst unter Freisetzung von Tochterphagen lysieren, bezeichnet man sie als „*lysogene Zellen*".

Für den Einbau, die *Integration*, des Phagengenoms in das Chromosom des infizierten Bakteriums sorgt ein enzymähnliches Protein, das Produkt des int-Gens, auch als *int-Protein* bezeichnet. Zusätzlich ist eine bestimmte

Region im Phagengenom, mit PP' bezeichnet, und eine mit ihr korrespondierende bestimmte Region im Bakterienchromosom, mit BB' bezeichnet, dafür notwendig. Die betreffenden Regionen sind, wie neuere Versuche gezeigt haben, in ihrer Nukleotidsequenz einander nicht homolog (D. Kamp, mündl. Mitt.). Die Anheftung des Phagengenoms wird also nicht durch Wasserstoffbrückenbildung zwischen DNS-Strängen komplementärer Nukleotidsequenz gesteuert, wie das für die genetische Rekombination in anderen Fällen, darunter auch die in Kap. IV besprochene Transformation, postuliert wird (vgl. Abb. 50). Vielmehr liegt die Spezifität des Vorganges in den besonderen, noch ungenügend erforschten Eigenschaften des int-Proteins begründet. Es soll, möglicherweise mit einigen Untereinheiten, eine Anlagerung der PP'-Region des Phagengenoms an die BB'-Region des Bakterienchromosoms zustande bringen und zusätzlich, vielleicht mit anderen Untereinheiten, nach Art einer Transferase für die Umlegung der Zuckerphosphatbindungen beider DNS-Moleküle in der Gegend der Anheftungsstelle mit dem Ergebnis eines cross-overs sorgen (Abb. 80). Nach Streckung der vorübergehend eingenommenen Doppelschleifen-Konfiguration liegt das Phagengenom schließlich als Prophage kovalent und an vorbestimmter Stelle in das Bakterienchromosom integriert vor.

Das Ausscheren des Prophagen aus dem Chromosom der Wirtszelle, die *Excision*, geschieht normalerweise weitgehend in Umkehrung des Integra-

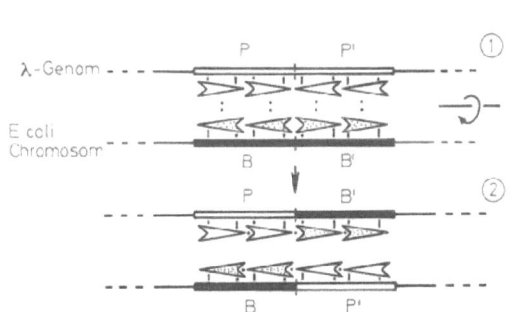

Abb. 80. Vorschlag zur Wirkung des int-Proteins bei der Integration des Lambda-Genoms in das E. coli-Chromosom. *PP'*: Einbauregion im Phagengenom. *BB'*: Einbauregion im Bakterienchromosom. Die liegenden Dreiecke symbolisieren Moleküle des int-Proteins. In *1* haben sich diese Moleküle in spezifischer Weise an die beiden Einbauregionen angelagert. Die an BB' liegenden sind zur Verdeutlichung des folgenden Geschehens punktiert. In dieser Lage soll sich eine seitliche Anheftung zwischen dem Lambda-Genom und dem E. coli-Chromosom ergeben (Doppelpunkte). In *2* haben die Moleküle des int-Proteins eine energetisch günstigere Lage zueinander eingenommen, mit dem Ergebnis eines cross-overs zwischen PP' und BB'. Nach Kamp, mündliche Mitteilung

tionsvorganges. Es ist wiederum das int-Protein beteiligt, außerdem ein zusätzliches Protein als Produkt des Gens xis. Es wird eine Schleife gebildet, die genannten Regionen im Phagengenom und im E. coli-Chromosom, in Verbindung mit den beiden Enzymen, sorgen für eine ortsspezifische Reaktion, die unter erneutem cross-over zum Freiwerden des Phagengenoms in seiner Ringform führt.

2. Spezielle Transduktion

Gelegentlich tritt die soeben erwähnte Schleifenbildung in etwas abgeänderter Weise ein. In diesen selteneren Fällen entstehen Phagengenome, die, meist unter Verlust eines Teiles der phageneigenen Gene, kleinere oder größere Abschnitte der an die Einbauregion auf der einen oder anderen Seite angrenzenden Bakterien-DNS enthalten. Dies sind dann jene Phagenlinien, die zur speziellen Transduktion befähigt sind. Man spricht von *Transduktion,* wenn Phagen bakterielle Gene enthalten und auf andere Bakterien übertragen. Spezielle Transduktion liegt vor, wenn ganz bestimmte bakterielle Gene in dieser Weise übertragen werden können.

Da das Genom des Phagen Lambda nur ca. 50 Gene enthält, und die in dieses Genom aufnehmbare bakterielle DNS gewöhnlich die Größenordnung einiger Gene hat, ergibt sich bei speziell transduzierenden Linien ein Verhältnis von etwa 1 : 10 für eine in der Phagen-DNS vorhandene bakterielle Gengruppe zu dem Anteil der Phagen-DNS selbst, während das Verhältnis bestimmter E. coli-Gene zur Gesamt-DNS aus einer E. coli-Zelle mit etwa 3×10^3 Genen im Chromosom bei 1 : 1000 liegt. Der Anreicherungsfaktor für die betreffenden E. coli-Gene nach Aufnahme in das Genom speziell transduzierender Phagen beträgt demnach etwa 1 : 100.

Die Einbauregion BB' für den Phagen Lambda im E. coli-Chromosom liegt zwischen der bereits erwähnten Gengruppe für den Abbau des Zuckers Galaktose, dem gal-Operon, und jener für die Biotinsynthese, dem bio-Operon (Abb. 81). Erfolgt beim Ausscheren die Schleifenbildung unter Einschluß des gal-Operons oder von Teilen von ihm, so entstehen Phagen, welche gal-negative E. coli-Zellen zu gal-positiven Zellen transduzieren können. Bei Einschluß des bio-Operons oder von Teilen dieses Operons entstehen Phagen mit der Befähigung zur Transduktion Biotinbedürftiger E. coli-Zellen.

Hat ein Prophage beim Ausscheren durch Schleifenbildung bakterielle Gene aus der Nachbarschaft der Einbauregion in sein Genom aufgenommen, so werden alle von ihm abgeleiteten Tochterphagen diese selben bakteriellen Gene enthalten. Blieb das Phagengenom selbst dabei vollständig erhalten oder ließ es nur solche Abschnitte im bakteriellen Chromosom zurück, die für die lytische Vermehrung des Phagen unwichtig sind, so können infizierte Zellen lysiert werden; in einem Wirtsbakterienrasen entstehen Plaques. Die transduzierende Phagenlinie heißt dann *plaquebildend* (p), z. B. λ p gal. Blieben hingegen Phagengene im bakteriellen Chromosom zurück, die für die lytische Vermehrung unabdingbar sind, so kann letztere nicht ohne Hilfe geschehen. Solche Phagen bezeich-

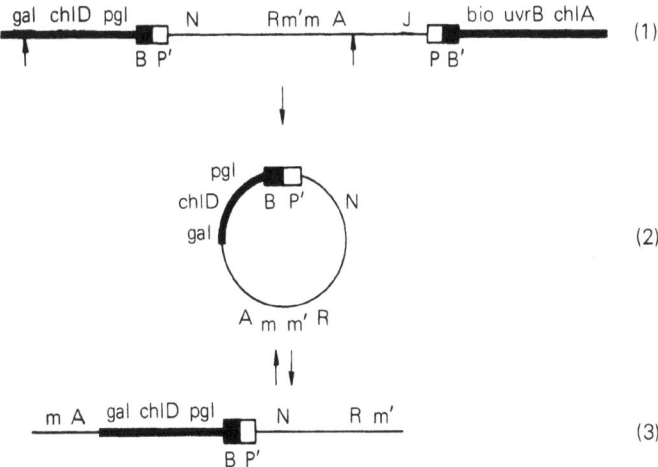

Abb. 81. Entstehung eines Lambda-Genoms mit bakteriellen Genen für den Galaktose-Abbau. Aus Campbell, 1971, verändert. *1*: Chromosom eines Lambda-lysogenen Bakteriums. *2*: Ringform des Lambda-Genoms nach Excision zwischen den mit Pfeilen markierten beiden Stellen unter Einschluß eines Abschnittes des bakteriellen Chromosoms. *3*: Lineare Form des Lambda-Genoms eines so entstandenen, transduzierenden Tochterpartikels

net man als *defekte* Phagen (d), z. B. λ d gal. Als *Helfer* lassen sich Wildtypphagen verwenden. Es entstehen dann Plaques, die transduzierende und nicht transduzierende Partikel im ungefähren Verhältnis von 1 : 1 enthalten. Daraus gewonnene Mischlysate transduzieren mit besonders hoher Frequenz. Man spricht daher von *HFT-Lysaten* (high frequency of transduction). Unter optimalen Bedingungen können Transduktionsraten von etwa 50% erhalten werden.

3. Ausweitung der speziellen Transduktion

Für die im vorliegenden Kapitel zu erörternden Versuche zur Übertragung von Prokaryonten-Genen auf Eukaryonten ist nun wichtig, ob die spezielle Transduktion durch temperente Phagen auf Gene aus der gal- bzw. bio-Region von E. coli beschränkt ist, oder ob sich, gegebenenfalls durch geeignete zusätzliche Maßnahmen, auch Phagenlinien mit der Befähigung zur Transduktion anderer Gene gewinnen lassen. Im ersten Fall wären speziell transduzierende Phagen bestenfalls zur Behandlung von gal- bzw. bio-negativen Eukaryonten brauchbar, im zweiten Fall hätten sie möglicherweise für die Korrektur einer Vielzahl erblicher Stoffwechseldefekte Bedeutung.

Aus der Tatsache, daß im E. coli-Genom nur die zwischen dem gal- und dem bio-Operon befindliche Einbauregion für den Lambda-Phagen existiert und Phagengenome mit transduzierenden Eigenschaften während der Excision des Prophagen entstehen, läßt sich schließen, daß die zwei bereits genannten Typen speziell transduzierender Lambda-Phagen allerdings die Regel sind. Andere, Lambda-ähnliche Phagen benutzen jedoch andere Einbauregionen, z. B. der Phage φ 80. Er integriert, wie schon erwähnt, als Prophage in der Nähe des trp-Operons von E. coli, also jener Gengruppe, welche für die Synthese von Tryptophan verantwortlich ist. Es können daher φ 80-Linien gewonnen werden, welche dieses Operon oder Teile davon enthalten. Sie sind zur Transduktion Tryptophan-bedürftiger Zellen von E. coli befähigt. Ferner wurden in letzter Zeit Methoden entwickelt, die gestatten, eine Vielzahl weiterer speziell transduzierender Phagenlinien zu gewinnen. So haben Shimada *et al.* (1972) Mutanten von E. coli benutzt, denen die Einbauregion für den Phagen Lambda fehlte. Solche Mutanten wurden als Deletionsmutanten mit Ausfall der zu beiden Seiten der Einbauregion liegenden Gene für Galaktose-Abbau, Biotin-Synthese und UV-Resistenz selektioniert. Werden Zellen derartiger E. coli-Mutanten mit Lambda-Phagen infiziert, so ist der reguläre Einbau des Phagengenoms in das bakterielle Chromosom nicht möglich. In seltenen Fällen, und zwar etwa 200mal seltener als bei normalen E. coli-Zellen, kann das Phagengenom dennoch eingebaut werden, jedoch an anderer Stelle. Auch dabei wird die Region PP′ des Phagengenoms und das int-Protein benutzt. Die Regionen im E. coli-Chromosom, die für den Einbau gewählt werden, lassen sich als *Regionen sekundärer Integration* bezeichnen. Vermutlich ist ihre Nukleotidsequenz derjenigen der normalen Einbauregion BB′ ähnlich.

Zellen, welche den Prophagen in Regionen sekundärer Integration tragen, sind lysogen. Liegt die betreffende Region innerhalb eines Gens für einen Biosyntheseweg, so sind diese Zellen zusätzlich für dessen Endprodukt auxotroph. Daß ein Prophage für eine solche Auxotrophie verantwortlich ist, kann erkannt werden, weil die betreffenden Zellen nach Ausscheren des Prophagen wieder prototroph werden. Das Ausscheren ist seltener als bei Phagen, die an der normalen Einbauregion integriert wurden, aber ebenfalls abhängig vom int- und xis-Protein. Sorgt man für das vollständige Ablaufen des lytischen Zyklus, so entstehen Tochterphagen. Unter diesen befinden sich gelegentlich solche, die, wie zuvor bei der Erörterung gal- oder bio-transduzierender Phagen beschrieben, Gene von E. coli enthalten, die der Einbaustelle des Prophagen benachbart waren. Welche Gene das jeweils sind, kann durch Transduktionsversuche mit geeigneten auxotrophen Testerstämmen von E. coli erkannt werden. Es wurden Phagen mit bakteriellen Genen für die Tryptophan-, Leucin-, Isoleucin-, Valin-, Cystin-, Prolin-, Lysin-, Methionin-, Purin- und Thymin-Synthese gefunden. Das Sortiment speziell transduzierbarer Gene von E. coli ist dadurch wesentlich erweitert.

Als Beispiel seien Versuche an Lambda-Phagen mit der Befähigung zur Übertragung von Genen für die Leucin-Synthese genauer beschrieben. Das leu-Operon von E. coli besteht aus den vier Strukturgenen A – D, von denen Gen A das Enzym Isopropylmalat-Synthetase und Gen B das Enzym Isopropylmalat-Dehydrogenase spezifizieren, die beide an der Leucin-Synthese beteiligt sind. Der Operator, von welchem aus die Transkription dieser Gengruppe gesteuert wird, liegt am Anfang des A-Gens. E. coli-Zellen, welchen die BB′-Region fehlte, wurden mit Lambda-Phagen infiziert. Es wurden anschließend Leucin-bedürftige, lysogene Zellinien selektiert. Durch deren Induktion konnte eine Serie von Phagenlinien gewonnen werden, die Leucin-bedürftige Mutanten von E. coli zur Leucin-Unabhängigkeit zu transduzieren vermochten. Jede Linie transduzierte unterschiedliche Gruppen von E. coli-Mutanten (Tab. 6), die Pha-

Tabelle 6. Ergebnisse von Transduktionsversuchen mit λ-leu-Phagen. Lysate 4 verschiedener Linien des Phagen Lambda mit der Befähigung zur Transduktion von Leucin-Genen wurden auf Minimalplatten mit 8 verschiedenen, Leucin-bedürftigen E. coli-Mutanten aufgetragen. Diese trugen Defekte in Gen A, B, C oder D des leu-Operons. (+): Es entstanden prototrophe Kolonien (Transduktanten). (−): Es entstanden keine Kolonien. Aus Klingmüller et al., 1973

E. coli Mutante Nr.	leu-Gene	Phage			
		267	517	518	889
371	A	−	−	+	−
401	B	+	+	−	+
061	B	+	+	−	+
171	C	+	+	−	+
222	C	+	+	−	−
211	D	+	+	−	−
101	D	+	+	−	−
141	D	+	+	−	−

gen enthielten demgemäß diskrete Teilstücke des leu-Operon von E. coli (Abb. 82). Durch Kreuzung zweier dieser transduzierenden Linien konnte inzwischen auch eine Linie hergestellt werden, welche das gesamte leu-Operon enthält. Phagen dieser Linie sind zur Transduktion sämtlicher Leucin-bedürftiger Mutanten von E. coli befähigt (M. Gall und J. Calvo, persönliche Mitteilung).

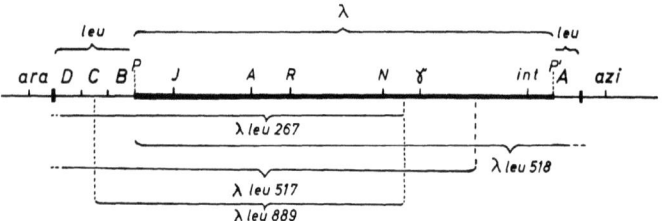

Abb. 82. Herkunft und genetische Struktur verschiedener Lambda-Linien mit der Befähigung zur Transduktion von Genen für die Leucin-Synthese. *Oben:* Der relevante Teil des Chromosoms jener lysogenen E. coli-Zelle, aus welcher die Phagenlinien abstammen. *D, C, B* und *A* sind die vier Gene des bakteriellen leu-Operons. Zwischen *B* und *A* das in dieses integrierte Lambda-Genom. *ara* und *azi* sind weitere bakterielle Gene. *Unten:* Der Umfang des Genoms von vier verschiedenen transduzierenden Lambda-Linien. Aus Klingmüller *et al.*, 1973

4. Aufnahme der genetischen Information in die Empfängerzelle

Für die Erzielung eines Effektes bei Transduktionsversuchen ist nötig, daß die genetische Information der transduzierenden Phagen in die zu transduzierenden Bakterienzellen hineingelangt. Der einfachste Weg dazu ist der natürliche, d. h. die Infektion dieser Zellen mit den betreffenden Phagenpartikeln. Hierbei tritt allerdings, denkt man an spätere Versuche zur Übertragung von Prokaryonten-Genen auf Eukaryonten, das Problem auf, daß der erste Teilschritt im Zuge des natürlichen Infektionsvorganges die *Adsorption* der infizierenden Partikel an die Zelloberfläche ist, und daß diese Adsorption jeweils nur *zwischen* bestimmten *Phagen und* bestimmten *Wirtsbakterien* erfolgt. Die Spezifität des Vorganges läßt sich einerseits auf phageneigene Proteine, zum anderen auf in der Bakterienwand vorhandene Rezeptorsubstanzen zurückführen, die für einige Phagen in der Lipoprotein-, für andere in der Lipopolysaccharidschicht dieser Wand enthalten sind.

Manche Phagen haben an ihrem Schwanz einen besonderen *Injektionsapparat*, der nach Adsorption der Partikel in Tätigkeit tritt. Mit ihm wird die in den Phagenköpfen enthaltene DNS nach lokaler Auflösung der Bakterienwand in die Empfängerzelle injiziert. Bei anderen Phagen, so bei Lambda, fehlt ein Injektionsapparat, obwohl ein Schwanz vorhanden ist. Bei ihnen, wie auch bei Phagen ohne Schwanz, gelangt die DNS durch noch unbekannte Kräfte aus dem Partikel heraus und durch die Bakterienwand ins Innere der Zelle. Einige Phagen benutzen haarartige Bildungen der Bakterienwand, sogenannte Sex-Pili, als Leitungskanäle für das Eindringen ihres genetischen Materials. Aus der Wand von *E. coli* ließ sich ein *Protein* isolieren, welches nach Reaktion mit Lambda-Partikeln in vitro in spezifischer Weise die *Ejektion* der in den Partikeln enthaltenen DNS verursacht. Es dürfte sich um eines der Proteine handeln, welche als Rezeptoren die Spezifität des Infektionsvorganges gewährleisten (Randall-Hazelbauer und Schwartz, 1973). Phagozytose-ähnliche Mechanismen, wie sie bei der Infektion von Säugerzellen durch animale Viren ablaufen, sind für die Infektion von Bakterien durch Bakteriophagen nicht bekannt.

Die zweite Möglichkeit zur Einbringung genetischer Information transduzierender Phagen in Bakterienzellen besteht in der Behandlung dieser Zellen mit reiner Phagen-DNS. Hierbei fallen die Einschränkungen in der Phage/Wirts-Beziehung fort, welche bei Benutzung vollständiger Phagen aus der Spezifität des Adsorptionsvorganges folgen. Die Applikation reiner DNS empfiehlt sich daher auch bei heterologen Systemen. Allerdings sind die Bedingungen, unter welchen reine Phagengenome in bakterielle Empfängerzellen eindringen können, von Fall zu Fall recht verschieden. Hierher gehörende Versuche wurden bereits im vorigen Kapitel gestreift (S. 108).

5. Einbau der genetischen Information in das bakterielle Chromosom

Außer der Aufnahme der genetischen Information eines transduzierenden Phagen in die Empfängerzelle ist für die Erzielung des jeweils gewünschten Effektes meist notwendig, daß zumindest ein Teil des interessierenden, im Genom des Phagen enthaltenen bakteriellen DNS-Stückes in das Genom der Empfängerzelle fest eingebaut wird. Einer der dafür bei transduzierenden Linien des Phagen Lambda in Frage kommenden Mechanismen ist die *durch einen Helfer-Phagen ermöglichte Integration* des Phagengenoms in die normale Einbauregion des Bakterienchromosoms. Sie scheint vor allem bei λ dgal-Phagen vorzukommen (Echols und Court,

1971). Zwar fehlt diesen Phagen, entstehungsbedingt, die normale Einbauregion PP'. Sie haben dafür aber in ihrem Genom eine Region, deren einer Teil (P') aus der Einbauregion des Phagen selbst, und deren anderer (B) aus der Einbauregion von E. coli stammt. Wird zunächst das Genom des Helfer-Phagen in die Region BB' des Genoms der infizierten Zelle integriert, so entstehen dadurch zwei neue chromosomale Einbauregionen, eine linke mit BP' und eine rechte mit PB'. Es scheint, daß insbesondere die linke eine Anheftung und Integration des λ dgal-Genoms mittels dessen Einbauregion BP' ermöglicht (Abb. 83). Die transduzierte Zelle ist eine dop-

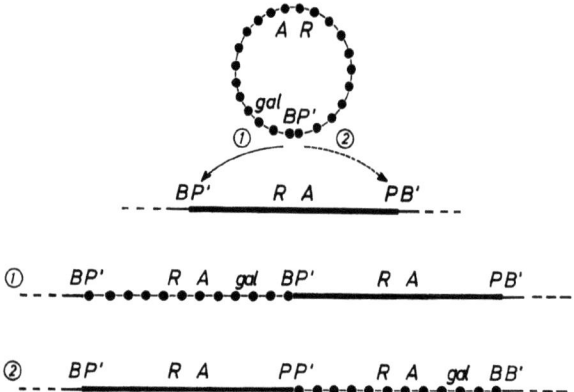

Abb. 83. Integration des Genoms eines transduzierenden Lambda-Phagen in das Chromosom einer E. coli-Zelle bei Vorliegen eines Helfer-Phagengenoms. *Oben:* Das ringförmige Genom eines gal-transduzierenden Phagen vor der Integration. Darunter: Bakterielles Chromosom mit integriertem Helfer-Phagengenom P'-R-A-P. Durch diese Integration entstanden zwei neue Einbauregionen, die linke BP' und die rechte PB'. *1*: Zusätzliche Integration des oben angegebenen Phagengenoms bei BP'. *2*: Alternative zu *1*, zusätzliche Integration bei PB'. Aus Echols und Court, 1971, verändert

pelt lysogene Zelle, sie enthält das Genom des Wildtypphagen und jenes des transduzierenden Phagen. Sie enthält außerdem sowohl die defekte genetische Information des Empfängers, für eine gal-Transduktion also das Allel gal$^-$, wie zusätzlich die intakte, im Phagengenom eingeschlossene Information des Spenders, im hier erörterten Beispiel also das Allel gal$^+$, und zwar beide an verschiedenen Stellen. Die Zelle ist daher für den transduzierten genetischen Abschnitt von E. coli diploid und wird als *Heterogenote* bezeichnet. Nach kurzzeitiger Induktion, ohne Einleitung des lytischen Zyklus, können die beiden Prophagen aus dem Bakterienchromosom ausscheren und bei weiteren Teilungen herausverdünnt werden, so daß schließlich, durch Verlust der übertragenen Information wieder gal$^-$-Zellen entstehen.

Ein zweiter Mechanismus basiert auf der auch in anderen Systemen wirksamen allgemeinen Rekombination. Dafür besitzt E. coli die sogenannten *rec-Gene* und deren Produkte, der Phage Lambda die *red-Gene* und deren Produkte. Sie sorgen für den Einbau des gesamten Phagengenoms in das bakterielle Chromosom mittels eines einfachen cross-overs. Die Stelle, an welcher der Einbau erfolgt, ist durch Homologie der Nukleotidsequenz des Genoms der Empfängerzelle und jener des im Phagengenom enthaltenen DNS-Stücks der ehemaligen Spenderzelle diktiert. Für das Beispiel der Phagen mit Teilen des leu-Operons von E. coli erfolgt der Einbau also innerhalb oder in der Nähe des leu-Operons (Abb. 84). Hierbei kann, je nach Größe des im Phagengenom enthaltenen Stückes des leu-Operons des ehemaligen Spenders, ein vollständiges, in-

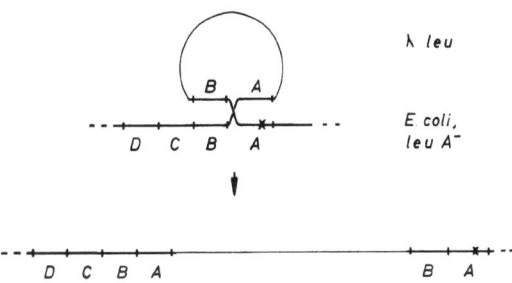

Abb. 84. Integration des Genoms eines transduzierenden Lambda-Phagen in das Chromosom einer E. coli-Zelle durch allgemeine Rekombination bei Annahme eines einfachen cross-overs. A, B, C und D seien verschiedene bakterielle Gene. Das bakterielle Chromosom soll in Gen A eine Mutation (×) tragen

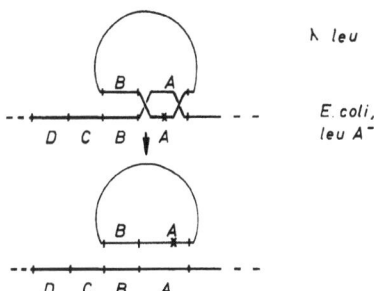

Abb. 85. Wie 84, aber Integration nur eines Teiles des Genoms bei Annahme eines doppelten cross-overs

taktes leu-Operon, durch dazwischenliegende Phagengene an ein zusätzliches, defektes leu-Operon angeschlossen, entstehen. Für die homologen Abschnitte bakterieller DNS ist die Zelle wieder diploid. Wenn zusätzlich zum ersten cross-over ein zweites jenseits der im Empfängergenom defekten Stelle erfolgt, liegen die Dinge anders. Das Phagengenom bleibt bzw. wird wieder autonom, nur ein relativ kleines Stück des in ihm enthaltenen DNS-Abschnittes des ehemaligen Spenders wird so in das Genom der Empfängerzelle übernommen. Die Zelle ist, sofern das Phagengenom später verloren geht, haploid, frei von Phagengenen oder Prophagen, also auch nicht mehr lysogen; sie ist dauerhaft geheilt (Abb. 85).

6. Versuche mit menschlichen Zellen als Empfängern

Wendet man sich nun den Arbeiten zu, in welchen der Versuch unternommen wurde, mit den genannten speziell transduzierenden Phagen erblich defekte Zellen oder Gewebe von Eukaryonten zu behandeln, so sind als erstes die Arbeiten von Merril *et al.* (1971; Geier und Merril, 1972) zu nennen. Die Verfasser benutzten Kulturen menschlicher Bindegewebszellen (Fibroblasten), welche von Patienten mit *Galaktosämie* stammten. Diese ist eine Stoffwechselkrankheit, die autosomal rezessiv vererbt wird. Schätzungen besagen, daß Homozygotie für das defekte Gen in 1/18 000 bis 1/70 000 Fällen vorliegt, Heterozygotie wurde in 0,9 – 1,25% der bisher untersuchten Fälle festgestellt. Kinder mit Galaktosämie in homozygoter Form können schon bei der Geburt oder in den ersten Lebenstagen klinische Symptome zeigen, die sich im allgemeinen rasch verstärken. Sie sind insgesamt vielfältig, am deutlichsten ausgeprägt sind Nahrungsverweigerung, Erbrechen, Gewichtsverlust, Vergrößerung von Leber und Milz sowie rasch fortschreitender grauer Star. Ein Zurückbleiben in der intellektuellen Entwicklung ist häufig, aber nicht obligat. Die Kinder sterben, von Sonderfällen abgesehen, im Säuglingsalter, sofern das Leiden nicht rechtzeitig erkannt und durch milchfreie Diät gemildert wird.

Ursache der Krankheitssymptome ist ein Block im Abbau von Galaktose (Abb. 86). Dieser Zucker entsteht aus Laktose, die vor allem dem Säugling mit der Milch zugeführt wird. Das defekte Enzym ist die *Galaktose-1-Phosphat-Uridyltransferase,* die beim Gesunden, zusammen mit der Epimerase, für die Umsetzung von Galaktose-1-Phosphat in Glukose-1-Phosphat sorgt. Letzteres kann dann über Glukose-6-Phosphat in die Glykolyse eingeschleust werden. Durch Ausfall der Transferase wird Galaktose-1-Phosphat angestaut, außerdem durch einen Seitenweg Galaktitol erzeugt. Beide scheinen toxisch zu wirken und die genannten Effekte

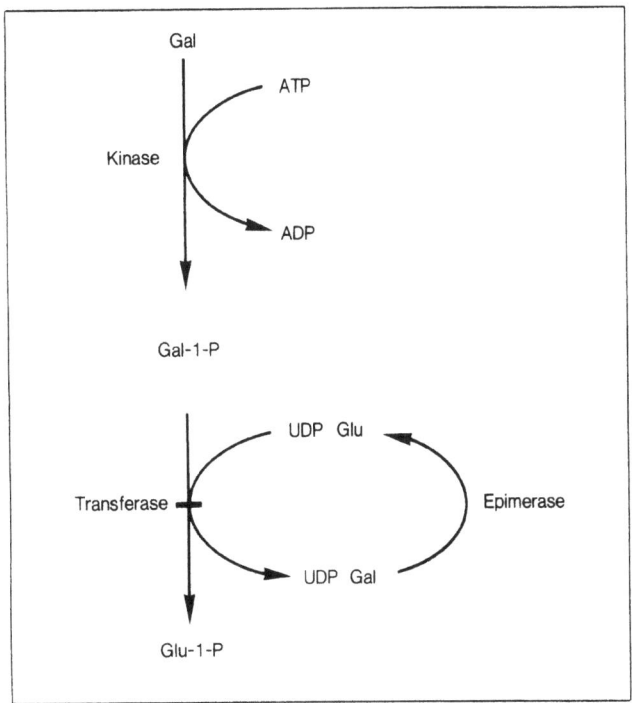

Abb. 86. Schematische Darstellung des Galaktose-Abbaus und des enzymatischen Blocks bei Galaktosämie. Aus Klingmüller, 1973

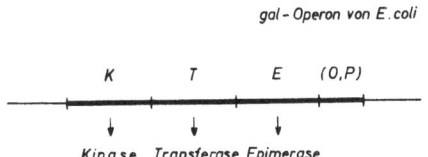

Abb. 87. Das gal-Operon von E. coli

zu bedingen. Außer der Galaktosämie mit Transferase-Defekt wurde auch eine schwächer ausgeprägte Form mit Kinase-Defekt beschrieben.

Der *Abbauweg von Galaktose* bei E. coli ist dem beim Menschen völlig gleich. Die einzelnen Enzyme sind in ihrer Funktion, allerdings nicht in ihrem molekularen Bau, mit jenen des Menschen identisch. Die betreffenden Enzyme werden bei E. coli von 3 Genen codiert, die gemeinsam im schon erwähnten gal-Operon liegen (Abb. 87). Auch bei E. coli gibt es außer Mutanten mit einem Defekt im Transferase-Gen solche mit Defekten im Kinase-Gen. Zusätzlich sind Mutanten mit Defekten im Epimerase-Gen und in der zugehörigen Kontrollregion, dem gal-Operator, bekannt.

Wie vorher beschrieben, sind das gal-Operon bzw. Teile davon in galtransduzierenden Lambda-Phagen enthalten. Der gedankliche Ansatz bei den Arbeiten von Merril *et al.* war, daß diese genetische Information aus E. coli, falls man sie mit den transduzierenden Phagen in die menschlichen Zellen einbringen kann, dort möglicherweise funktionieren würde, was unter anderem zur Bildung von E. coli-Transferase führen sollte, also zur Bildung eines Enzyms mit genau jener Funktion, welche den galaktosämischen Zellen fehlt. Diese müßten dadurch in den Stand gesetzt werden, Galaktose abzubauen. Positive Befunde in solchen Versuchen kämen einer Heilung erblich defekter menschlicher Zellen durch deren Behandlung mit Prokaryonten-Genen gleich.

Die Fibroblasten wurden, wie in der Gewebezucht üblich, in geeigneter Nährlösung in Flaschen kultiviert. Sie wurden dann für 1 St. mit den transduzierenden Phagen überschichtet. Anschließend wurde bis zu 8 Tagen weiterbebrütet, um den etwa aufgenommenen Phagen bzw. deren Genomen Gelegenheit zur Expression der mitgeführten E. coli-Gene zu geben. Diese erhoffte Expression wurde nach zwei verschiedenen Methoden geprüft.

Die erste Methode zielte auf den Nachweis etwa entstandener phagenspezifischer mRNS. Hier wurde den Kulturen ^{3}H-Uridin zur Markierung neu entstandener RNS zugesetzt. 24 Stunden später wurde die RNS extrahiert und gegen denaturierte Lambda-DNS, welche auf Cellulosenitrat-Filter festgelegt war, hybridisiert. Es wurde Hybridisierung gefunden. Ihr Ausmaß stieg mit der Dauer der Bebrütung in Gegenwart von Phagen und erreichte für 4½- und 8tägige Bebrütung Werte von 0,25% bezogen auf die insgesamt markierte RNS. Diese Befunde deuten auf die Synthese phagenspezifischer mRNS hin (Abb. 88). Die zweite Methode zielt auf den Nachweis etwa in den infizierten Zellen entstehender Transferase. Hierfür wurden die Zellen aufgeschlossen, und der Rohextrakt benutzt, um radioaktiv markiertes Galaktose-1-Phosphat in Uridindiphosphogalaktose (UDP-Galaktose) umzusetzen. Die beiden Verbindungen lassen sich dünnschichtchromatographisch trennen. Etwa entstandene UDP-Galaktose kann sodann autoradiographisch erfaßt werden. Mit steigenden Einwirkungszeiten wurden wachsende Mengen von UDP-Galaktose gefunden, als Hinweis auf die Gegenwart einer Enzymaktivität mit Transferaseeigenschaft. Auch bei Inkubation von Fibroblasten mit reiner Phagen-DNS wurden positive Effekte erhalten. Geeignete Kontrollen waren hingegen negativ.

Diese Ergebnisse haben seinerzeit international beträchtliches Aufsehen erregt, stießen aber schon bald auf mehr oder weniger fundierte Kritik. Einerseits schien ein erster brauchbarer Weg zur Heilung von Erbkrankheiten aufgezeigt, andererseits hatte die Arbeitsgruppe von Merril Schwierigkeiten mit der Reproduzierung ihrer Befunde. Andere Arbeitsgruppen, die alsbald ähnliches an abgewandelten Systemen versuchten, hatten nicht die gewünschten Erfolge.

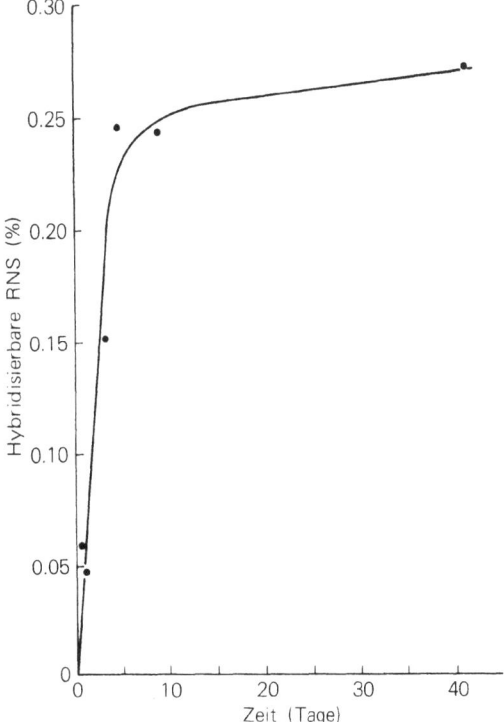

Abb. 88. Synthese phagenspezifischer RNS nach Inkubation von menschlichen Fibroblasten mit Lambda-Phagen. Den Zellen wurde nach Inkubation unterschiedlich lange (bis 41 Tage) die Gelegenheit zur Expression der Fremdinformation geboten (Abszisse). Dann wurde ^{3}H-Uridin zugefügt, die so markierte, neu entstandene RNS extrahiert, und gegen Lambda-DNS hybridisiert. Der Anteil phagenspezifischer RNS, bezogen auf die insgesamt markierte RNS ist auf der Ordinate aufgetragen. Aus Geier und Merril, 1972

Inzwischen haben Merril *et al.* eine größere Serie von Versuchen an mehreren Zellinien galaktosämischer Patienten durchgeführt. Zum Nachweis eines Transduktionseffektes wurde wiederum die Transferaseaktivität gemessen. Es wurden dabei die in Tab. 7 wiedergegebenen Resultate erhalten. Von 28 Versuchen mit verschiedenen Zellinien verliefen 19 positiv, sofern als Kriterium dafür eine Enzymaktivität von $\geq 0,1\%$ der in den Zellen Gesunder meßbaren gewertet wird. In den Versuchen mit dem deutlichsten Effekt wurden 35% Transferaseaktivität gemessen. Dies spricht für eine Wirkung der applizierten Phagen, jedoch bleibt, wie schon bei den Transformationsversuchen bei Eukaryonten (Kap. IV), die dürftige Reproduzierbarkeit und die Tatsache, daß die Ursachen dafür noch nicht gefunden werden konnten, ernüchternd.

Tabelle 7. Transferase-Aktivität in galaktosämischen menschlichen Fibroblasten nach Behandlung mit gal-transduzierenden Phagen. Zusammenstellung der Ergebnisse positiver Versuche an verschiedenen Zellinien. Nach Merril und Stanbro, 1974

	Zellinie: CCL-72	GM 52	GM 53	GM 54
Gefundene Transferase-Aktivität, bezogen auf normale Zellen	4,5 – 21,0%	0,6 – 35,0%	0,3 – 10,0%	0,1 – 1,2%

Neueste Daten an einem nahe verwandten System sind ähnlich gelagert (Horst *et al.*, 1975). Es wurden menschliche Fibroblasten eines Patienten mit einer *GM_1-Gangliosidose* benutzt. Bei dieser Krankheit sind aufgrund eines genetischen Defektes nur noch minimale Aktivitäten des für den Abbau von Laktose verantwortlichen Enzyms *β-Galaktosidase* vorhanden. Als Überträger von geeigneten Genen aus E. coli diente wieder der Phage Lambda, und zwar eine Linie mit dem größeren Teil des lac-Operons von E. coli (λ plac), in welchem insbesondere das vollständige Gen für β-Galaktosidase (z) enthalten war (vgl. Abb. 28). Nach Inkubation der stoffwechseldefekten Zellen mit Phagen oder deren DNS konnten erhöhte β-Galaktosidase-Aktivitäten in 3 von 19 bzw. 4 von 16 durchgeführten Experimenten gemessen werden. Die Enzymaktivitäten waren in zwei der vier Versuche mit DNS wesentlich höher als in den Versuchen mit intakten Phagen. Geeignete Kontrollen verliefen wieder negativ. Nach immunologischen Untersuchungen und physikochemischen Messungen handelt es sich bei der in den vormals defekten Zellen induzierten β-Galaktosidase um das E. coli-Enzym. Über den zahlenmäßigen Anteil der in den positiv ausgefallenen Versuchen erhaltenen transduzierten Zellen an der Gesamtpopulation und über die Stabilität des Effektes bei Klonierung und längerer Kultur solcher Zellen liegen noch keine Angaben vor.

7. Versuche mit pflanzlichen Zellen

Sowohl mit Phagen, die E. coli-Gene für den Abbau von Galaktose enthalten, als auch mit solchen, die E. coli-Gene für den Abbau von Laktose enthalten, haben Doy *et al.* (1972; 1973 a und b) gearbeitet. Als Empfänger dieser Prokaryonten-Information dienten pflanzliche Zellen, und zwar von Tomate und Arabidopsis (vgl. Kap. Transformation). Diese waren im Gegensatz zu den von Merril *et al.* benutzten menschlichen Zellen haploid, was die phänotypische Realisierung etwaiger genetischer Änderungen begünstigen sollte. Linien solcher Zellen wurden aus Pollenmutterzellen erhalten. Versieht man das Kulturmedium, welches sich gewöhnlich, mit Agar verfestigt, in Erlenmeyerkolben befindet, mit geeigneten pflanzlichen Wuchsstoffen in bestimmter Relation, z. B. mit 8 mg α-Naphthylessigsäure und 0,01 mg Kinetin pro Liter, so wird die Differenzierung der Zellen verhindert, die Kulturen wachsen als Kalli in Form großer, lose aneinanderhaftender Zellen. Die Verdopplungszeit pro Zellmasse beträgt dann bei 27° C 4–5 Tage. Solche *Kalluskulturen* benötigen für das Wachstum eine Kohlenstoff- und Energiequelle, gewöhnlich wird 2% Glukose verwendet. Laktose und Galaktose können nicht genutzt werden, was sich in einem Absterben der Kulturen innerhalb von etwa 3 Wochen äußert. Galaktose wirkt in Kombination mit Glukose toxisch.

Um die Möglichkeit einer Korrektur dieser Abbau-Unfähigkeit der pflanzlichen Zellen durch Angebot entsprechender E. coli-Gene zu prüfen, wurden Kallusstückchen der *Tomate* von glukosehaltigem auf galaktosehaltigen Nährboden übertragen, und gereinigte λ pgal-Phagen aufgetropft. Die Phagenkonzentration lag bei 10^8 plaquebildenden Einheiten pro 20–40 mg Zellfeuchtgewicht. Das Wachstum der Kalli wurde im Verlauf der folgenden 15 Wochen registriert. Als Kontrolle dienten Ansätze mit λ pgal$^-$-Phagen, also mit Phagen, welche zwar auch die E. coli-Gene für den Abbau von Galaktose enthielten, jedoch eines davon, und zwar das Transferase-Gen, in defekter Form. Es wurde bei den mit λ pgal$^+$-Phagen behandelten Kulturen ein um 15 Wochen längeres Überleben als bei den genannten Kontrollen registriert, mit Wachstumsraten von 5–20% der auf glukosehaltigem Medium zu erzielenden. Eine Nutzung von Galaktose ist nach Behandlung der Kalli mit den λ pgal$^+$-Phagen also möglich, wenn auch relativ schwach ausgeprägt.

Andere Kulturen wurden auf Medium mit Laktose als Kohlenstoff- und Energiequelle angesetzt und mit φ 80 plac-Phagen oder einer Mischung aus λ pgal- und φ 80 plac-Phagen behandelt (Abb. 89). Die in den φ 80 plac-Genomen enthaltene Information für das Enzym β-Galaktosidase sollte dem Abbau der Laktose in Glukose und Galaktose, die im λ pgal-Genom enthaltene Information zusätzlich der Umsetzung von so etwa entstehender Galaktose dienen. In diesen Versuchen zeigten 80% der Kalli ein gegenüber den Kontrollen verbessertes Wachstum. Die Wachstumsrate stieg in einigen Kalli nach etwa 10wöchiger Kultur auf Werte, die jenen in Gegenwart von Glukose entsprachen. Tomatenkalli besitzen auch ohne

Behandlung mit Phagen eine geringe β-Galaktosidase-Aktivität. Wozu sie im Normalfall dient, ist offen. Für das Wachstum auf laktosehaltigem Nährboden reicht sie, ohne Zusatz der Phagen, nicht aus. Serologische Versuche mit einem gegen β-Galaktosidase aus E. coli spezifischen Antiserum zeigten, daß das in den behandelten Kalli auftretende Enzym dem bakteriellen zumindest sehr ähnlich ist. Es unterscheidet sich von dem in unbehandelten Zellen vorhandenen pflanzlichen Enzym. Maximale Aktivität fand sich im Zeitraum von 6 – 10 Wochen nach Infektion (Doy et al., 1973 b).

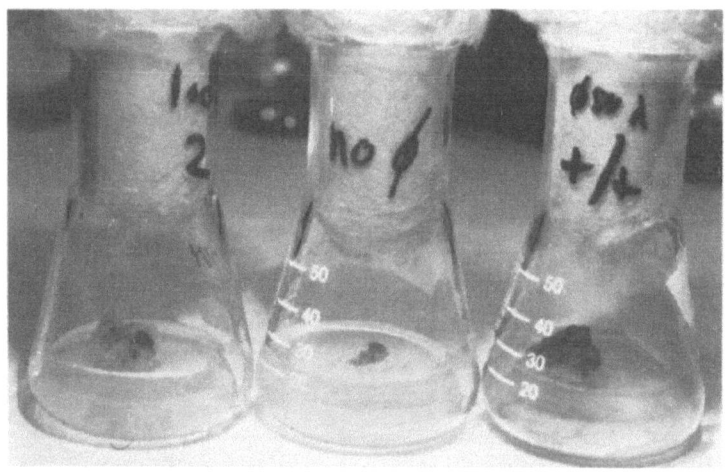

Abb. 89. Einfluß von lac- und gal-transduzierenden Phagen auf das Wachstum von Tomatenkallus, in Gegenwart von 10% Laktose, registriert nach 13 Wochen. Linker Kolben: Kallus wurde mit φ 80 p lac-Phagen behandelt. Mittlerer Kolben: Kontrolle. Kallus wurde mit Phagenpuffer, jedoch nicht mit Phagen behandelt. Rechter Kolben: Kallus wurde mit einer Mischung von φ 80 p lac- und λ p gal-Phagen behandelt. Aus Doy et al., 1972. Aufnahme freundlicherweise zur Verfügung gestellt von P. Gresshoff

Diese Befunde sprechen, wie die zuvor beschriebenen, für eine Aufnahme und langsame, aber schließlich doch in Gang kommende Replikation der in Form transduzierender Phagen angebotenen Prokaryonten-Information sowie für die Transkription und Translation dieser Information in den Eukaryontenzellen. Die Autoren haben das Phänomen generell als „Transgenosis" bezeichnet.

Eine interessante Variante in den Versuchen mit Tomatenkalli betraf den Phagen φ 80 su^+_{III}. Wie früher erläutert (Kap. III, S. 48), enthält dieser Phage in seinem Genom einen DNS-Abschnitt aus E. coli mit der Information für die Bildung einer mutierten Tyrosin tRNS (Tyrosin-Suppressor tRNS). Diese vermag das amber-Triplett zu lesen. Die Unlesbarkeit dieses Tripletts ist jedoch normalerweise entscheidend für die korrekte Beendigung der Translation am Ende eines Gens. Die etwaige Funktion des Genoms solcher Phagen in einer Eukaryontenzelle würde zur Suppression von amber-Tripletts und daher möglicherweise zu Störungen in der Proteinsynthese und zu Wachstumsstillstand führen. Tatsächlich wurde nach Behandlung von Tomatenkalli mit derartigen Phagen eine Abtötung

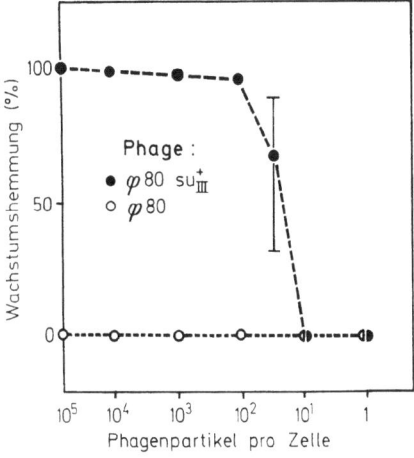

Abb. 90. Abtötung von Tomatenkallus durch Behandlung mit φ 80-Phagen, welche in ihrem Genom das bakterielle Gen für Tyrosin-Suppressor-tRNS enthalten. Die Abszisse gibt die Anzahl von Phagenpartikeln pro Kalluszelle, die Ordinate die resultierende Wachstumshemmung, gemessen nach 1 – 2 Wochen. Die Kalli wurden auf 2% Glukose gezüchtet. Aus Doy *et al.*, 1972, verändert

der Zellen innerhalb einer Woche beobachtet. Die Autoren sprechen hier von „zum Tode führender Transgenosis" (*transgenosis for death*). Der Effekt ließ sich quantitativ erfassen (Abb. 90), er trat nach Auftropfen von $\geq$ 100 Phagen pro Zelle ein. Allerdings ist nicht jedes Zellstadium sensibel, frisch subkultivierte Kalli von Tomaten scheinen besonders empfänglich, Zellen, die von Differenzierungsmedium stammen, unempfindlich zu sein. Auch Mutation zur Resistenz wurde bereits beobachtet.

Johnson *et al.* (1973) haben anstelle von Kallusstückchen *Suspensionskulturen* mit einzelnen Zellen benutzt. Das pflanzliche Objekt war der *Bergahorn*, Acer pseudoplatanus. Seine Zellen lassen sich bei 25° C in definiertem Nährmedium mit 2% Sucrose als Kohlenstoffquelle züchten.

Voraussetzungen sind konstantes Schütteln und regelmäßige Subkultivierung. Wie bei der Tomate und bei Arabidopsis, so können auch die Zellen des Bergahorns Laktose nicht verwerten. Es wurde versucht, ihnen diese Fähigkeit durch Behandlung mit λ plac-Phagen zu vermitteln. Zellkulturen in sucrosehaltigem Medium wurden während der exponentiellen Wachstumsphase mit 10^{11} gereinigten Phagen pro ml versetzt. Sie wurden in Gegenwart der Phagen zwei Tage lang weitergezüchtet, um diesen Gelegenheit zur Expression ihrer E. coli-Information zu geben. Die Zellen wurden dann gewaschen und in Medium mit Laktose übertragen. Zu verschiedenen Zeiten danach wurden Proben entnommen und an ihnen das gepackte Zellvolumen bestimmt. Aus den Meßwerten wurde die Wachstumsrate der Kulturen ermittelt. Es zeigte sich, daß die mit λ plac-Phagen behandelten Zellen nach Übertragung in das Laktose-Medium langsam weiterzuwachsen vermochten, was bis zu 15 Wochen verfolgt wurde. Die Zellen in Kontrollansätzen mit Wildtypphagen oder ohne Phagen starben hingegen rasch ab (Abb. 91). Dies spricht für eine Wirkung der in den Phagen enthaltenen genetischen Information für den Abbau von Laktose analog zu den von Doy *et al.* gefundenen Effekten. Leider scheint in neueren Versuchen die Reproduzierbarkeit dieser Daten schlecht, zumindest klingt hier das Wachstum der behandelten Zellen rascher ab als oben angegeben (Smith *et al.*, 1975). Der Versuch, in den behandelten Zellen mit-

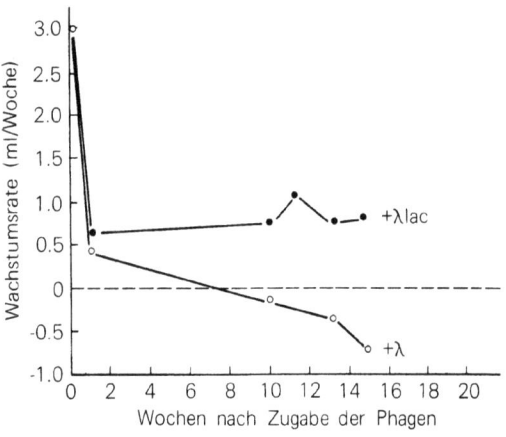

Abb. 91. Wachstum von Zellen des Bergahorns in Gegenwart von 2% Laktose nach Behandlung mit lac-transduzierenden Phagen (●). Die mit Wildtypphagen behandelten Kontrollansätze sterben ab (○). Angegeben ist die Zunahme des gepackten Zellvolumens, ermittelt an Suspensionskulturen, für verschiedene Wochen nach Zusatz der Phagen. Die anfängliche hohe Wachstumsrate gilt noch für Sucrose. Aus Johnson *et al.*, 1973, verändert

tels serologischer Methoden β-Galaktosidase von E. coli nachzuweisen, schlug fehl.

Alle bisher erörterten Versuche haben gemeinsam, daß zwar mit einiger Regelmäßigkeit mehr oder weniger deutliche Effekte gefunden wurden, daß aber über die Ursachen dieser Effekte nichts bekannt ist. Vor allem ist ungeklärt, wo und in welcher Form die in den Zellen offensichtlich wirksam werdende Prokaryonten-Information jeweils lokalisiert ist. Die klassische genetische *Methode zur Lokalisierung von Genen* in Zellen ist die *Kreuzungsanalyse*. Sie ist jedoch bei Zellkulturen des Menschen und bei solchen aus höheren Pflanzen nicht anwendbar. Ein eukaryotes Objekt, das ihre Anwendung gestattet und dafür geradezu prädestiniert wäre, ist

Tabelle 8. Verschiedene mögliche Kombinationen speziell transduzierender Phagen und auxotropher Empfängerstämme von Neurospora crassa

transduzierende Phagen	transduzierte bakterielle Gene	auxotrophe Empfängerstämme von Neurospora
λ p leu	Teile des Leucin-Operons von E. coli	leu-1, -2, -3, -4
φ 80 d his	Histidin-Operon von Salmonella	his-1, -2, -3, -4, -5, -6, -7
λ p trp, φ 80 p trp	Tryptophan-Operon von E. coli bzw. Salmonella	tryp-1, -2, -3, -4, -5

der Schimmelpilz *Neurospora crassa*. An ihm haben daher Klingmüller und Mitarbeiter Versuche analog zu den beschriebenen durchgeführt, mit dem weiter gesteckten Ziel, an etwa erhaltenen phänotypisch veränderten Zellen die in die Zellen eingebrachte Prokaryonten-Information zu lokalisieren.

Die Ausgangsbasis lieferten eine Reihe auxotropher Mutanten dieses Pilzes. Sie waren so gewählt, daß speziell transduzierende Phagen mit entsprechenden bakteriellen Genen verfügbar waren und eine Selektionsmöglichkeit für etwa erhaltene prototrophe Zellen auf Minimalmedium bestand (Tabelle 8). Da die Pilzzelle nicht nur eine Zytoplasmamembran, sondern auch eine Außenwand besitzt, wurden besondere Verfahren nötig, um den applizierten Phagen das Eindringen in die Zelle zu erleichtern. Sie bestanden in der Verwendung von protoplastierten Zellen, deren Außenwand enzymatisch abgebaut worden war; in der Inkubation von Myzelfragmenten; in der Inkubation von vollständigen Myzelien zum Zeitpunkt der Fusionierung ihrer Hyphen mit denen anderer, geeignet gewählter Myzelien und in der direkten Injektion von Phagenlysat in Hyphen des Pilzes mit Hilfe des Mikromanipulators.

Am weitesten konnten bisher die Versuche mit Myzelien vorangetrieben werden (Teifel, 1976), wobei die *Tryptophan-bedürftige Mutante tryp-1* von Neurospora verwendet wurde. Sie revertiert spontan nur äußerst selten, mit einer ungefähren Rate von $\leq 10^{-9}$. 1 – 3tägige Inkubation von Myzelfragmenten dieser Mutante mit gereinigten λ ptrp-Phagen, welche das gesamte trp-Operon von Salmonella tragen, oder mit deren DNS, Weiterbebrütung der Zellen auf Vollmedium bis zu 8 Wochen, und Plattierung der entstehenden Konidien auf Minimalmedium ergab in 14 von 31 bzw. 4 von 22 Versuchsansätzen prototrophe Kolonien (Abb. 92). In den positiv zu wertenden Versuchen schwankte die Absolutzahl der erhaltenen Kolonien beträchtlich. Die Schwankungen müssen im Zusammenhang mit den zuvor zitierten Angaben von Merril *et al.*, Horst *et al.* und Smith *et al.* gesehen werden. Die Ursachen sind auch hier noch nicht geklärt. Auch ein Vergleich mit den von Mishra und Tatum für Transformation bei Neurospora erhaltenen Schwankungen liegt nahe.

Insgesamt wurden 231 prototrophe Isolate erhalten. Davon wurden 58 unter Ausnutzung der besonderen Eignung von Neurospora für Kreuzungsanalysen nach verschiedenen Gesichtspunkten weitergeprüft. So wurde nach vegetativer Vermehrung über eine größere Zahl von Passagen hin die Tryptophan-Bedürftigkeit der entstehenden Konidien ermittelt. 38 Isolate erwiesen sich dabei als stabil prototroph, bei 20 Isolaten ging die Prototrophie unterschiedlich rasch verloren. In zusätzlichen Versuchen ließ sich zeigen, daß 19 der stabilen Isolate heterokaryotisch waren. Sie enthielten also nicht nur Kerne mit tryp$^+$-Eigenschaft, sondern auch solche mit dem tryp$^-$-Allel des Ausgangsstammes.

Bei sexueller Vermehrung unter Rückkreuzung der Isolate mit einem dem Ausgangsstamm entsprechenden tryp$^-$-Stamm von entgegengesetztem Paarungstyp entstehen als Meioseprodukte Ascosporen bzw. aus ihnen gezüchtet Ascosporenisolate. Deren Tryptophan-Bedürftigkeit wurde wiederum geprüft. Die Kreuzung vegetativ instabiler Isolate mit dem tryp$^-$-Stamm ergab nur tryp$^-$-Ascosporenisolate. Der betreffende Faktor ist also nicht nur bei vegetativer Vermehrung instabil, sondern kann auch die Meiose nicht passieren. Die Kreuzung vegetativ stabiler Isolate ergab meist eine 1 : 1-Aufspaltung, also Ascosporen vom Typ tryp$^+$ und tryp$^-$, etwa in gleicher Häufigkeit (in 27 von 38 Fällen). Seltener (9mal) wurde irreguläre Aufspaltung beobachtet, wobei teils die Zahl der tryp$^-$-Sporen, teils jene der tryp$^+$-Sporen, überwog. Dies ähnelt den Resultaten der Kreuzungsversuche von Mishra und Tatum während ihrer Arbeiten zur Transformation von Neurosporazellen mittels homologer DNS. Die hier erhobenen Befunde können mit der Annahme gedeutet werden, daß eine größere Zahl prototropher Isolate den betreffenden Faktor, vermutlich ein Stück des Phagengenoms mit dem in ihm enthaltenen trp-Operon von Sal-

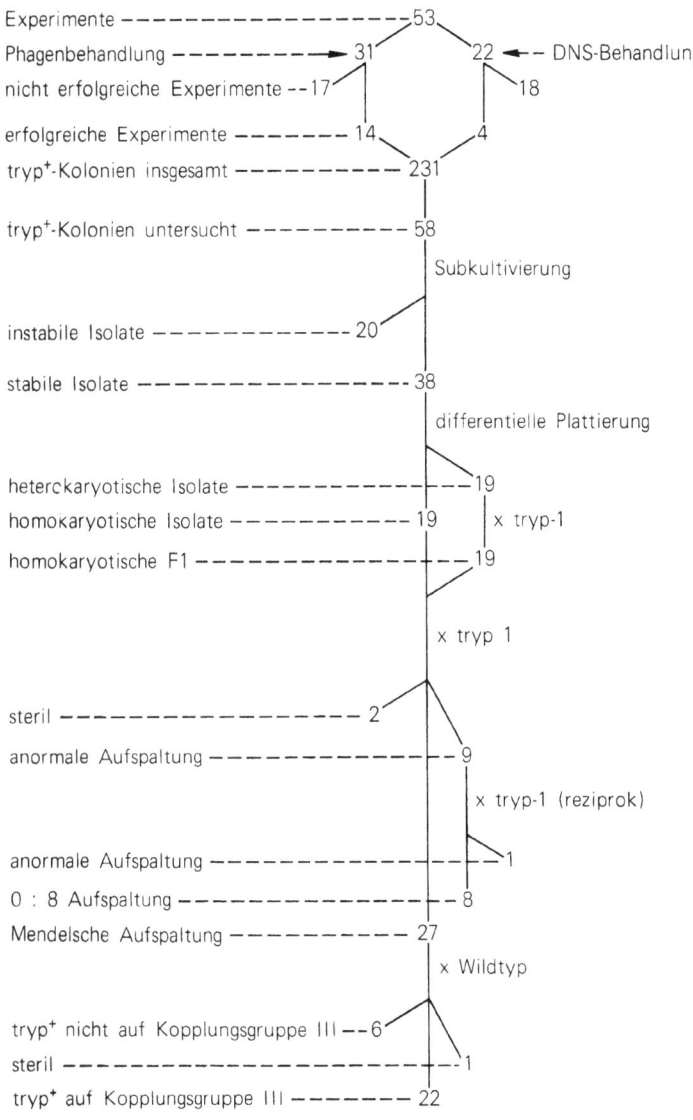

Abb. 92. Zusammenstellung von Ergebnissen aus Versuchen zur Expression des bakteriellen trp-Operons in Tryptophan-bedürftigen Neurospora-Zellen. Aus Teifel, 1976. Es wurden 53 Experimente durchgeführt, davon 31 mit kompletten Phagen und 22 mit Phagen-DNS. Von den ersteren waren 14, von den letzteren 4 erfolgreich. Von den insgesamt erhaltenen 231 prototrophen Kolonien wurden 58 genetisch weiter analysiert. Einzelheiten in der Abbildung selbst und im Text

monella, fest an das chromosomale Genom der Neurosporazellen assoziiert oder in dieses integriert enthalten. Versuche zur Kartierung des Faktors bei den normal segregierenden, stabilen Isolaten durch deren Kreuzung mit geeigneten Tester-Stämmen ergaben bisher in 6 von 27 Fällen eine Zugehörigkeit des Faktors zu einer anderen Kopplungsgruppe als der des tryp-1-Gens. Bei den meisten der zunächst irregulär aufspaltenden Isolate zeigten reziproke Kreuzungen, daß der Faktor im Zytoplasma liegt, möglicherweise als eine Art Plasmid.

8. Teilschritte bei Versuchen mit Eukaryontenzellen als Empfängern

Überdenkt man das im Vorstehenden Gesagte zusammenfassend, so läßt sich feststellen, daß Versuche zur Übertragung genetischer Information

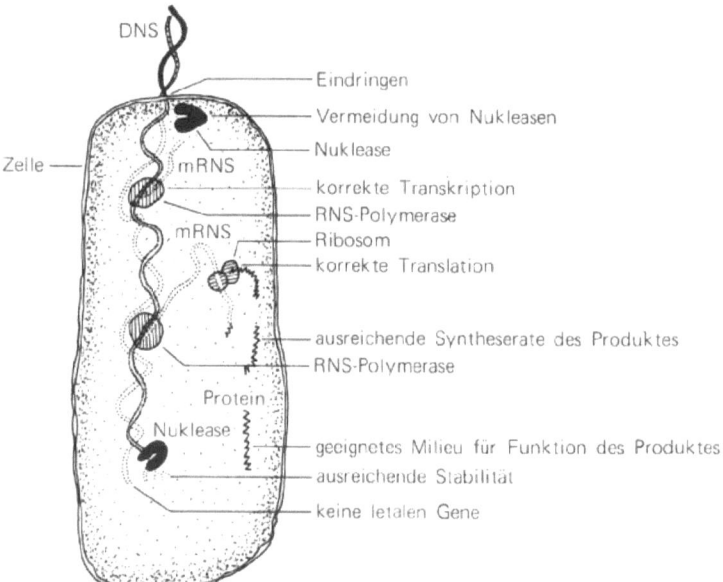

Abb. 93. Voraussetzungen für die Korrektur genetischer Defekte einer Zelle durch Behandlung mit transduzierenden Phagen oder deren DNS. Bei Behandlung mit Phagen muß die DNS zunächst freigesetzt werden. Ist die Empfängerzelle eine Eukaryontenzelle, so enthält sie einen Kern. Das Eindringen der Fremd-DNS in diesen und ihre feste Integration in das zelleigene Genom dürfte vorteilhaft sein. Für stabile Effekte ist auch eine geregelte Replikation der Fremd-DNS nötig. Aus Merril et al., 1974, verändert

aus Prokaryonten auf Eukaryonten mit Hilfe von Bakteriophagen zwar in einigen Fällen erste, vielversprechende Resultate erbracht haben, daß aber noch keine quantitativen Aussagen über Transduktionsraten gemacht werden können, da selbst dort, wo Einzelzellen behandelt wurden, die Reproduzierbarkeit der Befunde zu wünschen übrig läßt. Die *mangelnde Reproduzierbarkeit,* die ja auch in den Transformationsversuchen mit Eukaryonten zu verzeichnen war, dürfte daher rühren, daß zwischen der Applikation der Phagen oder ihrer DNS einerseits und dem schließlich an den behandelten Zellen beobachteten Effekt andererseits eine komplizierte Folge von Einzelschritten liegt, auf die eine Vielzahl, z. T. noch nicht erkannter Faktoren einwirkt. Einige Einzelschritte dieser Folge verdeutlicht Abbildung 93.

Ein erster, zuvor schon gestreifter Schritt ist die Passage der betreffenden Phagen oder ihrer DNS von außen durch die Zellwand und die Zellmembran ins Innere der Eukaryontenzelle. Da die Zelle nicht, wie die normale bakterielle Wirtszelle eines Phagen, spezifische Rezeptoren für dessen Adsorption und die Auslösung der Injektion seiner DNS hat, ergeben sich hier erste Komplikationen. Zwar kann die Passage durch Injektion erzwungen werden, doch sind die gewählten Objekte für die Anwendung dieser Methode unterschiedlich gut geeignet. Die *Injektion* in einzelne menschliche Fibroblasten ist wegen deren kleinem Volumen schwierig und bei den zu erwartenden niedrigen Transduktionsraten unökonomisch. Dagegen bietet Neurospora wegen der natürlichen Perforation der Hyphenquerwände bessere Voraussetzungen (Abb. 94). Das Injektionsgut kann hier durch den Plasmastrom im Myzel praktisch unbegrenzt verteilt werden und alle Zellkerne erreichen. Die Schwierigkeit liegt im geringen Durchmesser der Zellen, der Nadeln von etwa 1 μ lichter Weite erforderlich macht. In ihnen wirken enorme Adhäsionskräfte, zu deren Überwindung extreme Drucke notwendig sind, so daß die zu injizierende DNS beschädigt wird. Die *Aufnahme von Phagen oder* deren *DNS in Eukaryontenzellen* auf natürlichem Wege wurde an verschiedenen Systemen nachgewiesen. So können T 7-Phagen oder deren DNS in Hamsterzellen eindringen (Schechtman *et al.,* 1973). Es ließen sich bis zu 10^4 T 7-Genome in Assoziierung mit jedem Hamsterzellkern finden. Die Aufnahme von Lambda-Phagen wurde an keimenden Pollen von Petunien nachgewiesen (Hess *et al.,* 1974). Für die Aufnahme von DNS des Phagen T 4 in Keimlinge von Matthiola und den Einbau größerer Stücke dieser DNS in das Genom solcher Pflanzen sprechen Daten aus der Arbeitsgruppe von Hemleben (1976).

Ein zweiter Schritt, nach der Aufnahme intakter Phagen, ist die Freisetzung ihrer DNS im Zellinnern. Ohne eine solche Freisetzung ist kein Effekt zu erwarten. Die Freisetzung der DNS kommt experimentell einer In-

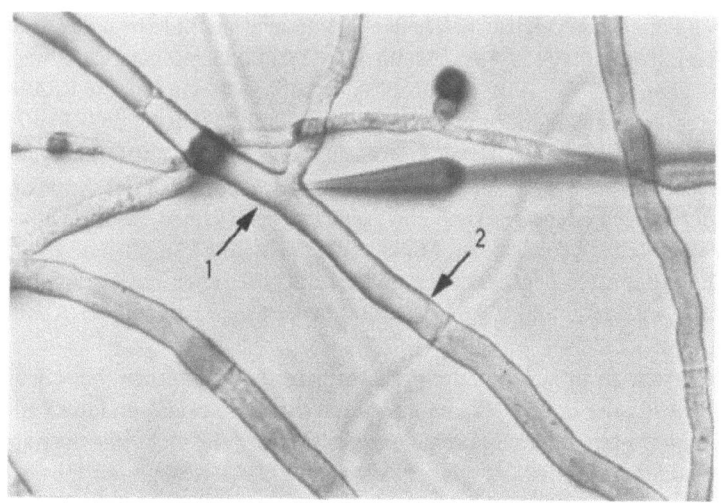

Abb. 94. Injektion in Neurospora-Hyphen am Mikromanipulator. Die behandelte Hyphe läuft, verzweigt, von rechts unten nach links oben. Die Injektionsnadel kommt von rechts (außerhalb der optischen Ebene). Sie ist im Zentrum der Aufnahme innerhalb der an einer Verzweigungsstelle angestochenen Zelle bei Pfeil *1* scharf zu erkennen. Das Injektionsgut, hier Silikon-Öl, hat die angestochene Zelle und anschließende Zellen bis zu dem mit Pfeil *2* markierten Meniskus gefüllt. Vergr. ca. 500×. Aus Angerbauer, 1976

aktivierung der aufgenommenen Phagen gleich. Ob eine solche in Eukaryontenzellen vor sich geht, wurde noch kaum geprüft. Klingmüller (1973, unveröffentlicht) fand in Rohextrakten aus Neurospora-Myzel nur eine geringfügige *Inaktivierung von Lambda-Phagen* innerhalb von 24 Stunden. Angerbauer (1976) konnte noch 6 Tage nach Injektion von Lambda-Phagen in Myzel von Neurospora aus den Hyphen intakte Phagen zurückgewinnen. Diese Befunde sprechen gegen eine rasche Freisetzung der Phagen-DNS in den Zellen. Geier *et al.* (1973) haben die Verteilung und Inaktivierung von Lambda-Phagen, die in lebende, keimfreie Mäuse injiziert worden waren, durch Aufarbeitung verschiedener Organe und nach unterschiedlichen Zeiten verfolgt. Die Autoren fanden eine unterschiedlich rasche Abnahme der Anzahl intakter Phagen in den einzelnen Organen. Nicht nur eine Inaktivierung, sondern auch Transportvorgänge könnten dazu beitragen. Am längsten, und zwar noch 100 Stunden nach Injektion, waren Phagen in der Milz nachzuweisen, der Titer hatte dann je nach Injektionsart um 2–3 Zehnerpotenzen abgenommen (Abb. 95). Weitere Versuche sind nötig, um die Art und Geschwindigkeit der etwaigen Freisetzung des Phagengenoms in Eukaryontenzellen exakt zu erfassen.

Die in die Zellen eingedrungene oder in ihnen aus Phagen freigesetzte DNS ist nun dem Angriff zelleigener Nukleasen ausgesetzt. Solche Nukleasen sind in Eukaryontenzellen in reichem Maße vorhanden. Über den Abbau von Prokaryonten-DNS durch sie ist noch wenig bekannt. Wie in vitro-Versuche mit Zellaufschlüssen aus Neurospora zeigten, bauen die hier vorhandenen Nukleasen lineare und überspiralisierte DNS des Pha-

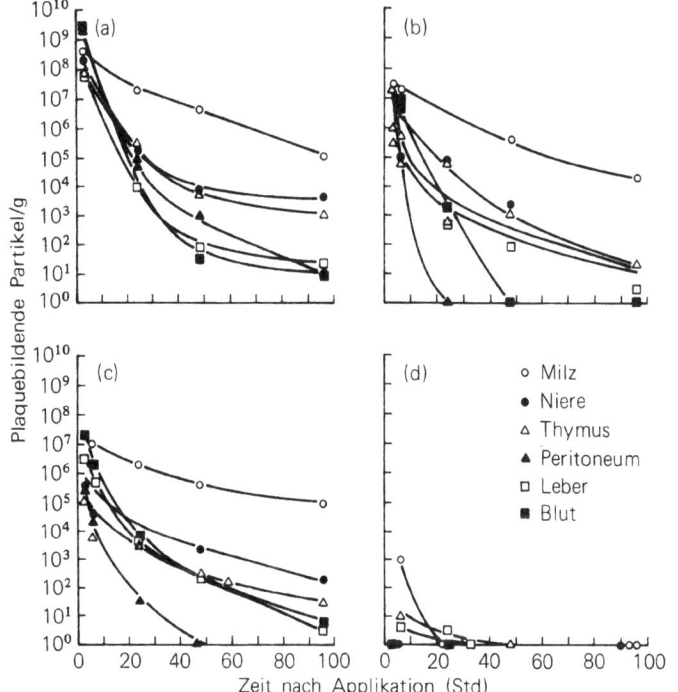

Abb. 95 a – d. Verbleib von Lambda-Phagen nach deren Injektion in keimfreie Mäuse. Angegeben ist die aus verschiedenen Organen rückgewinnbare Anzahl plaquebildender Partikel, bezogen auf das Gewebefeuchtgewicht in Gramm, für verschiedene Zeiten nach Applikation. Diese war (a) intraperitoneal, (b) intramuskulär, (c) intravenös und (d) per os. Aus Geier *et al.*, 1973, verändert

gen Lambda rasch ab, greifen hingegen entspannte Ringe solcher DNS nur langsam an, besonders dann, wenn DEAE-Dextran als Schutzsubstanz zugefügt wurde (Teifel, 1976; Nordenholz, 1976; Tabelle 9). Hier zeichnen sich demnach experimentelle Möglichkeiten ab, um die Ausbeute an Transduktanten in heterologen Versuchsansätzen gezielt zu verbessern.

Ein dritter Schritt ist, daß die in den Zellen befindliche Phagen-DNS sich entweder als Plasmid im Plasma der Zelle etablieren und dort auch mitrepliziert werden müßte, oder aber in den Zellkern gelangt und Anschluß an die DNS der dortigen Chromosomen erhält. Über das Vorkommen von Plasmiden in Zellen höherer Organismen ist noch wenig bekannt. In *Hefezellen* wurde ein sehr kleines, zytoplasmatisches, aus ringförmiger DNS bestehendes Element beschrieben, das als Plasmid aufgefaßt werden kann (*omicron-DNS*, Clark-Walker und Miklos, 1974). Die

Tabelle 9. Abbau von Lambda-DNS in Extrakten von Neurospora. Die Ansätze enthielten 1,4 mg Protein und 1,7 γ radioaktiv markierte DNS/ml, letztere in der links genannten Konfiguration. Angegeben ist die nach 6stündiger Inkubation verbleibende DNS, bezogen auf Meßwerte zur Zeit 0. Die verbleibende DNS wurde durch Säurefällung und Messung der Radioaktivität des Präzipitates bestimmt. Mittelwerte und mittlerer Fehler aus je 3 unabhängig voneinander durchgeführten Versuchen

	– DEAE-Dextran	+ 100 γ DEAE-Dextran/ml
lineare DNS	43 ± 9,4%	87 ± 13,2%
entspannte Ringe	83 ± 12,4%	96 ± 8,0%
überspiralisierte Ringe	21 ± 4,5%	89 ± 12,8%

Wahrscheinlichkeit, daß Phagen-DNS an die DNS von Eukaryonten-Chromosomen Anschluß finden kann, läßt sich aus den zuvor besprochenen Kreuzungsanalysen prototropher Isolate von Neurospora ableiten. Welche molekularen Mechanismen dabei eine Rolle spielen ist noch völlig offen.

Zum *Einbau von Phagengenomen in das E. coli-Chromosom* können, wie oben erwähnt, *3 verschiedene* genetische *Systeme* beitragen, das phageneigene, ortsspezifische Integrationssystem mit dem int-Protein, das phageneigene, allgemeine Rekombinationssystem, gesteuert durch die Gene red α, -β und -γ, und das wirtseigene Rekombinationssystem, gesteuert durch das Gen rec-A. Die beiden erstgenannten Systeme könnten also in einer mit Lambda-Phagen infizierten Eukaryontenzelle zum Tragen kommen, falls das Phagengenom hier transkribiert wird. Die Systeme der *Rekombination in Eukaryontenzellen* sind noch weniger gut verstanden als bei E. coli-Zellen und ihren Phagen. Außer einer Rekombination durch *Bruch und Fusion* kommt Rekombination durch *Genkonversion* in Betracht (Klingmüller, 1973). Für beide Rekombinationstypen wird aufgrund genetischer und biochemischer Daten die Beteiligung bestimmter Enzyme und sie codierender Gene angenommen. Gut belegt ist diese Annahme bereits bei dem Brandpilz Ustilago als Modellobjekt (Ahmad *et al.*, 1975).

Die Enzyme, welche in Pro- und Eukaryonten analoge Reaktionsschritte im Zellstoffwechsel katalysieren, sind zwar häufig ihrer Funktion nach gleich, ihrer molekularen Struktur nach aber stets verschieden. Dies bedeutet, daß auch die Nukleotidsequenz der betreffenden Gene verschieden ist. Falls in einer Eukaryontenzelle mit einem enzymatischen Defekt nach Angebot von Prokaryonten-DNS die betreffende enzymatische Aktivität auftritt, kann dies daher nicht auf den Einbau der Prokaryonten-DNS in jenes Gen der Eukaryontenzelle zurückgehen, welches funktionell dem übertragenen Genabschnitt entspricht. Vielmehr wird, aufgrund möglicher kürzerer Homologien, der Einbau an anderen Stellen erfolgen. Auch der rekombinative Austausch nur kurzer DNS-Abschnitte wie bei der bakteriellen Transduktion, würde nicht genügen. Statt dessen müßten komplette Gene aus der Prokaryonten-DNS in das Genom der Eukaryontenzellen übernommen werden, wenn funktionsfähige Einheiten erhalten bleiben sollen. Experimente dazu liegen noch nicht vor.

Ein vierter Schritt zwischen der Applikation der Phagen oder ihrer DNS und dem schließlich beobachteten Effekt wäre die Transkription der Prokaryonten-DNS in der Eukaryontenzelle. Dafür ist notwendig, daß sie Promotoren oder andere Ansatzstellen für die in Eukaryonten vorhandenen RNS-Polymerasen enthält oder an Promotoren der Eukaryontenzelle Anschluß findet. Auf dieses Erfordernis wird im folgenden Kapitel eingegangen.

Literatur

Ahmad, A. *et al.*: Nature (London) **258**, 54 – 56 (1975)
Angerbauer, N.: Dissertation Universität München 1976
Campbell, A.: In: The Bacteriophage Lambda, A. D. Hershey ed., Cold Spring Harbor Laboratory 1971, S. 13 – 44
Clark-Walker, G. D., Miklos, G. L. G.: Eur. J. Biochem. **41**, 359 – 365 (1974)
Doy, C. H. *et al.*: In: The Biochemistry of Gene Expression in Higher Organisms, J. K. Pollak und J. W. Lee eds., Dordrecht-Boston: D. Reidel Publishing Company 1972, S. 21 – 37
Doy, C. H. *et al.*: Proc. Nat. Acad. Sci. USA **70**, 723 – 726 (1973 a)
Doy, C. H. *et al.*: Nature New Biol. **244**, 90 – 91 (1973 b)
Echols, H., Court, D.: In: The Bacteriophage Lambda, A. D. Hershey ed., Cold Spring Harbor Laboratory 1971, S. 701 – 710
Geier, M. R., Merril, C. R.: Virology **47**, 638 – 643 (1972)
Geier, M. R. *et al.*: Nature (London) **246**, 221 – 223 (1973)
Goebel, W., Schieß, W.: Mol. Gen. Genet. **138**, 213 – 223 (1975)
Hayes, W.: The Genetics of Bacteria and their Viruses, 2nd ed., 3rd printing, Oxford und Edinburgh: Blackwell 1974
Hershey, A. D., Dove, W.: In: The Bacteriophage Lambda, A. D. Hershey ed., Cold Spring Harbor Laboratory 1971, S. 2 – 11

Hess, D. et al.: Z. Pflanzenphysiol. **74**, 371 – 376 (1974)
Hemleben, V.: Vortrag München 1976
Horst, J. et al.: Proc. Nat. Acad. Sci. USA **72**, 3531 – 3535 (1975)
Johnson, C. B. et al.: Nature New Biol. **244**, 105 – 107 (1973)
Klingmüller, W.: Umschau **73**, 653 – 657 (1973)
Klingmüller, W.: Naturwissenschaften **60**, 71 – 77 (1973)
Klingmüller, W. et al.: Mol. Gen. Genet. **126**, 1 – 6 (1973)
Merril, C. R. et al.: Nature (London) **233**, 398 – 400 (1971)
Merril, C. R. et al.: In: Birth Defects, Proc. IVth Intern. Confer. Vienna, A. G. Motulsky und W. Lenz eds., Amsterdam: Excerpta Medica 1974, S. 81 – 91
Merril, C. R., Stanbro, H.: Z. Pflanzenphysiol. **72**, 371 – 388 (1974)
Nordenholz, I.: Diplomarbeit Universität München 1976
Ptashne, M.: In: The Bacteriophage Lambda, A. D. Hershey ed., Cold Spring Harbor Laboratory 1971, S. 221 – 237
Randall-Hazelbauer, L., Schwartz, M.: J. Bacteriol. **116**, 1436 – 1446 (1973)
Schechtman L. M. et al.: Biophysical Society Abstracts (FPM-J2) 326 a (1973)
Shimada, K. et al.: J. Mol. Biol. **63**, 483 – 503 (1972).
Smith, H. et al.: In: Genetic Manipulations with Plant Materials. NATO Advanced Study Institutes Series. Series A-Life Sciences, 3. Plenum Press 1975, 551 – 563
Teifel, J.: Dissertation Universität München 1976

Kapitel VII
Das Problem der heterologen Ablesung

Im vorhergehenden Kapitel wurden Versuche zur Übertragung genetischer Information aus Prokaryonten auf Eukaryonten mit Hilfe von Bakteriophagen beschrieben. Die Ergebnisse dieser Versuche waren, vor allem wegen mangelnder Reproduzierbarkeit und niedriger Erfolgsrate, noch relativ unbefriedigend. Auch für die in Kap. IV beschriebenen Versuche zur heterologen Transformation waren mangelnde Reproduzierbarkeit und niedrige Erfolgsrate kennzeichnend. Es fragt sich, ob dies nur an methodischen Schwächen der betreffenden Versuche liegt, oder ob etwa ganz prinzipiell eine sinnvolle Funktion genetischer Information aus Prokaryonten in Eukaryonten nicht möglich ist.

Die Tatsache, daß der genetische Code, wenn auch mit gewissen Einschränkungen, universell ist, scheint zwar eine gute Basis für solche Versuche zu liefern. Sie ist jedoch nur eine notwendige, nicht eine alleine schon hinreichende Voraussetzung für deren Gelingen. Eine in Deutsch auf ein Tonband gesprochene, uns zugesandte Botschaft kann von uns grundsätzlich zwar verstanden werden, sie muß sich dafür aber in der Praxis auf einem Tonband befinden, das zu unserem eigenen Wiedergabegerät paßt. In gleicher Weise genügt es auch im vorliegenden Fall nicht, daß die Prokaryonten-Information in der Prokaryonten-DNS in dem auch für Eukaryonten gültigen genetischen Code niedergelegt ist. Vielmehr muß diese DNS zu der in Eukaryontenzellen vorhandenen Ablesemaschinerie passen.

Pro- und Eukaryonten arbeiten bei der Ablesung in zwei Teilschritten. Die in der DNS vorhandene Information wird zunächst in mRNS-Moleküle umgeschrieben. Diese dienen dann als Vorlage für die Synthese von Proteinen. Der erste Teilschritt ist die Transkription, der zweite die Translation. Sofern nicht DNS derselben Spezies, also homologe DNS, sondern solche aus nicht verwandten Spezies geboten wird, kann von *heterologer Transkription* bzw. *Translation* gesprochen werden. Um die Frage, ob bzw. unter welchen Bedingungen und in welchem Ausmaß eine derartige heterologe Ablesung möglich ist, insbesondere dann, wenn die heterologe DNS von Phagen oder Bakterien stammt, geht es in dem vorliegenden Kapitel.

1. Transkription bei E. coli

Der Vorgang der Transkription ist bisher für E. coli am besten untersucht. Um das Verständnis des folgenden zu erleichtern, seien die Verhältnisse daher für dieses Objekt kurz dargestellt. Die Matrizen-DNS ist hier doppelsträngig, es wird in vivo für vorgegebene Abschnitte jeweils nur einer der beiden Stränge als Matrize benutzt. Er wurde als *codogener Strang* be-

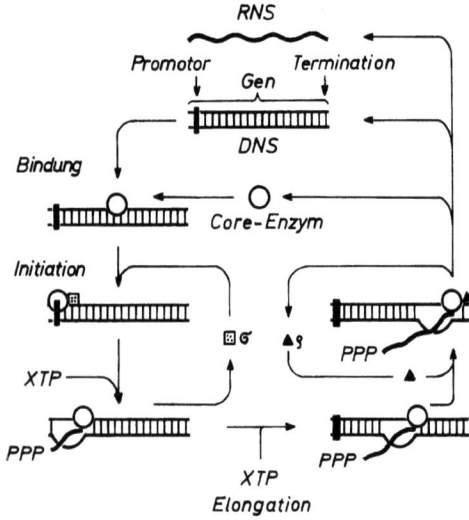

Abb. 96. Schema der Transkription. Aus Watson, 1976, verändert

zeichnet. Die Nukleotidsequenz der so entstehenden RNS ist komplementär zu jener des codogenen Stranges. Für die Synthese von RNS sind die vier Nukleosidtriphosphate ATP, GTP, CTP und UTP nötig. Ihr Zusammenbau wird katalysiert durch das Enzym *RNS-Polymerase*. Die synthetisierte RNS kann als mRNS in Verbindung mit den Ribosomen die Polypeptidsynthese steuern (Translation), als Transfer-RNS (tRNS) eine Mittlerfunktion zwischen der mRNS und den Aminosäuren während des gleichen Vorganges erfüllen, oder als ribosomale RNS (rRNS) zum Aufbau der Ribosomen beitragen.

Die Transkription bei E. coli läßt sich in vier Reaktionsschritte unterteilen, die Bindung der Polymerase an die DNS, die Initiation, die Elongation und die Termination (Abb. 96).

a) Bindung

Der Hauptbestandteil der RNS-Polymerase, das sogenannte Core-Enzym, bindet an den DNS-Doppelstrang, und zwar zunächst in unspezifischer Weise. Die Bindung wird durch Zutritt eines besonderen Proteinfaktors, des sogenannten σ-Faktors, spezifisch. Dieser Faktor lenkt die Enzymmoleküle an die Anfänge jeweils zu transkribierender genetischer Einheiten, die Promotorregionen. Dies sind Abschnitte besonderer Nukleotidsequenz. Auf sie wird später näher eingegangen.

b) Initiation

Das erste Nukleotid, mit dem ein von der RNS-Polymerase synthetisiertes mRNS-Molekül beginnt, ist immer ein Purin, das zweite vorzugsweise ein Pyrimidin. Sind ATP und GTP, die beiden Purinnukleotide, vorhanden, so kommt es, katalysiert durch die RNS-Polymerase, zu deren Anlagerung an die Matrizen-DNS am Anfang der zu transkribierenden genetischen Einheit. Ist auch das in 2. Position benötigte Nukleotid vorhanden, so wird dieses ebenfalls angelagert und mit dem in 1. Position verknüpft. Der DNS-Doppelstrang wird dafür und für die anschließende Elongation im Bereich einiger Nukleotidpaare geöffnet (Abb. 97). Welcher der beiden Stränge transkribiert wird, dürfte durch die Nukleotidsequenz des jeweiligen Promotors diktiert werden. Ist die erste Diesterbindung geknüpft, so dissoziiert der σ-Faktor ab und steht dann weiteren Core-Enzymmolekülen für die Initiation zur Verfügung.

c) Elongation

Das Core-Enzym kann nun, sofern die weiter benötigten Nukleosidtriphosphate vorhanden sind, die Transkription an der DNS-Matrize fortführen. Die entstehende RNS wird dabei von ihrem Anfang (5') her von der Matrize abgelöst, während am Ende (3') laufend neue Nukleotide angefügt werden. Noch während die Elongation erfolgt, können weitere Polymerasemoleküle vom Promotor aus zu transkribieren beginnen (Abb. 98).

d) Termination

Kommt das Enzym zum Ende des zu transkribierenden DNS-Abschnittes, das durch eine spezifische Nukleotidsequenz signalisiert wird, so reißt die Synthese ab, die fertige RNS und das Enzym lösen sich von der Vorlage. Die betreffende Sequenz wurde als Terminatorregion bezeichnet. Die spezifische Beendigung der RNS-Synthese am Ende eines zu transkribieren-

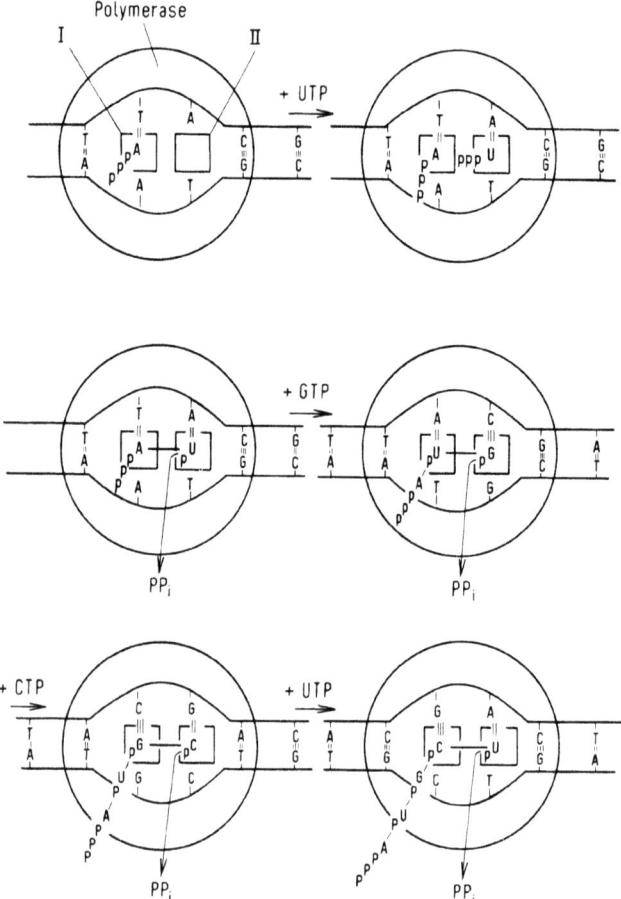

Abb. 97. Initiation und Elongation, schematisch. Aus Rüger, 1972. Ein Enzymmolekül befindet sich an einer DNS-Matrize. Der obere Strang ist der codogene. I = Produktbindestelle, II = Substratbindestelle, p = Phosphatrest, PP_i = Diphosphat

den DNS-Abschnittes kann begünstigt werden, wenn ein Proteinfaktor, der sogenannte ϱ-Faktor, zugegen ist.

Nicht alle so entstandenen RNS-Moleküle sind bereits funktionsfähig. Zumindest rRNS, tRNS und einige mRNS-Spezies unterliegen anschließend noch einer Reifung, d. h. sie werden in einer Reihe enzymatisch gesteuerter Reaktionsschritte auf die schließlich benötigte Größe zurechtgeschnitten (vgl. Abb. 36). Bei der tRNS wird zusätzlich ein großer Teil der eingebauten Basen noch chemisch abgeändert.

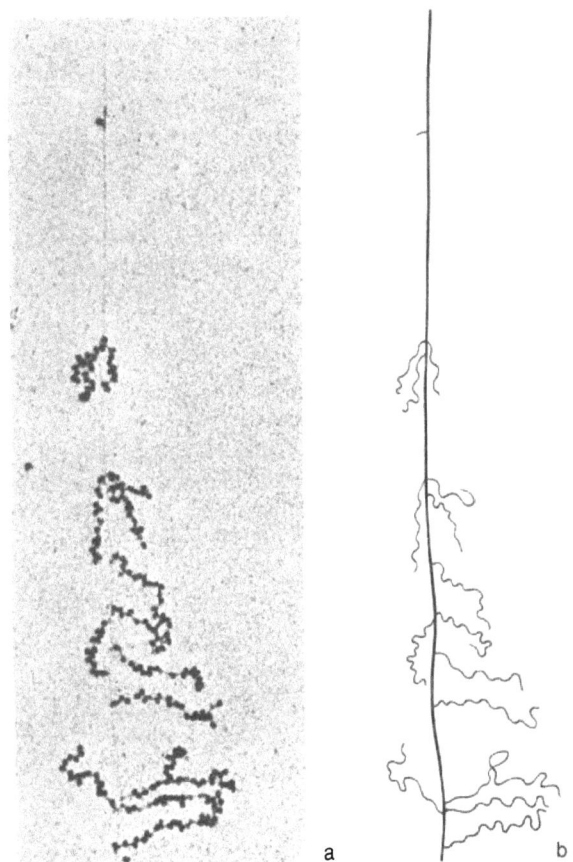

Abb. 98 a und b. Gleichzeitige Transkription eines DNS-Abschnittes von E. coli durch mehrere Polymerasemoleküle. Elektronenmikroskopische Aufnahme (a) und Schema (b). Die Polymerasemoleküle bewegten sich vor der Fixierung des Präparates an der DNS-Matrize entlang, im Bild von oben nach unten. Die am weitesten fortgeschrittenen (unten) haben die längsten RNS-Moleküle produziert. Diese stehen seitlich von der Matrize ab und sind bereits mit Ribosomen besetzt. Aus Bresch und Hausmann, 1972

2. Transkription bei Eukaryonten

Verglichen mit E. coli und anderen Prokaryonten ist die Transkription bei Eukaryonten noch ungenügend erforscht. Die Verhältnisse scheinen hier komplexer zu liegen. So gibt es in der Eukaryontenzelle nicht nur eine, sondern mehrere die Transkription katalysierende Enzyme. Eines, als *RNS-Polymerase A* bezeichnet, kommt in den Nukleolen des Zellkerns vor und dürfte für die Bildung der ribosomalen RNS zuständig sein. Mindestens ein weiteres, die *RNS-Polymerase B,* ist im Nukleoplasma vorhanden, und dürfte die Bildung von mRNS katalysieren. An einigen Objekten wurden noch zusätzliche Kernpolymerasen beschrieben. Außerdem gibt es eine *RNS-Polymerase in den Mitochondrien,* und nach einigen Autoren auch mindestens eine RNS-Polymerase im Zytoplasma. Diese Polymerasen werden durch die gebräuchlichen *Transkriptionshemmer* in unterschiedlicher Weise und meist anders als das E. coli-Enzym beeinflußt. So hemmt α-*Amanitin,* das Gift des Knollenblätterpilzes, die Polymerase B, nicht jedoch das A-Enzym und das E. coli-Enzym. *Rifampicin* hemmt das E. coli-Enzym, nicht jedoch Polymerase A und B. Für das mitochondriale Enzym werden noch widersprüchliche Angaben gemacht.

Die verschiedenen RNS-Spezies der Eukaryonten haben eine verwickelte *Biogenese* (Abb. 99). Für die mRNS dürften pro Genom nur relativ wenige *Transkriptionseinheiten* existieren, nach Untersuchungen an Chironomus nur etwa 2000, in etwa korrelierbar mit Zahl und Position der dort

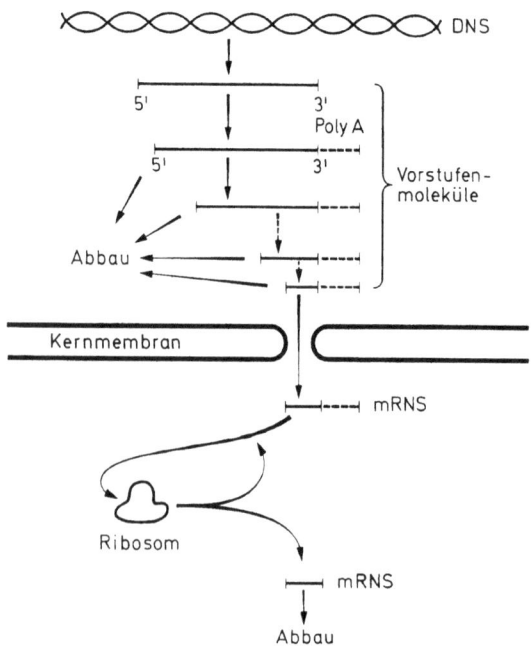

Abb. 99. Biogenese von mRNS in Säugerzellen. Aus Puschendorf, 1974, verändert

bisher bekannten chromosomalen Banden. Eine solche Einheit scheint im Zellkern in einer ersten Stufe der Transkription als ganzes in ein extrem langes *RNS-Vorstufenmolekül* transkribiert zu werden. Dies wurde z. B. von Scherrer (1973) für den Globin-Messenger in Entenerythroblasten gezeigt. Die Vorstufenmoleküle haben etwa die 10fache Länge der späteren reifen mRNS. In einer zweiten Stufe der Transkription werden an diese Vorstufenmoleküle PolyA-Abschnitte mit bis zu 200 Nukleotiden angehängt. Der Sinn dieser Maßnahme ist noch unbekannt. Solche *Poly A-Enden* besitzen jedoch fast alle bisher bekannt gewordenen Eukaryonten-Messenger, jene von E. coli hingegen nicht. Immer noch im Zellkern werden die Vorstufenmoleküle nun drittens in mehreren Reaktionsschritten durch geeignete Enzyme soweit abgebaut, daß die eigentliche mRNS übrig bleibt. Diese gelangt in einer vierten Stufe der Transkription, versehen mit verschiedenen Proteinen, in das Zytoplasma, wo sie Verbindung mit den Ribosomen aufnimmt. Die genannten Proteine bleiben auch während der nun anschließenden Translation an der mRNS haften. Sie dürften eine Schutz- oder Steuerfunktion ausüben. Was die Biogenese der rRNS betrifft, so ist sie besonders eingehend beim Krallenfrosch, aber auch bei HeLa- und Hefezellen untersucht. Eine schematische Darstellung der Reifung von rRNS der Hefe gibt Abb. 100.

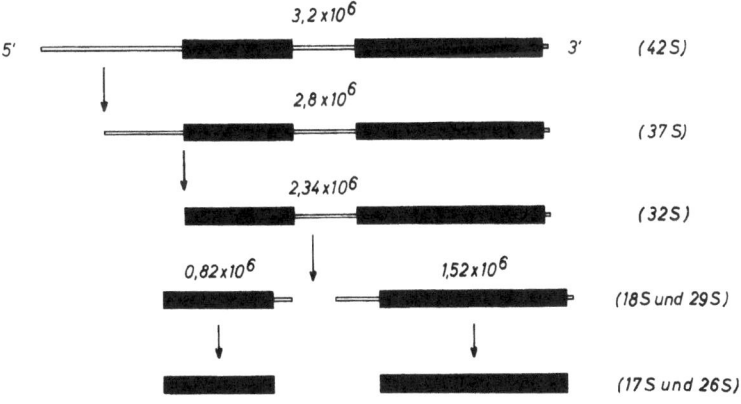

Reifung von r RNS der Hefe

Abb. 100. Reifung ribosomaler RNS der Hefe, schematisch. Nach Planta *et al.*, 1972, und Planta, mündliche Mitteilung. Oben die Vorstufen-RNS. Sie sedimentiert im Sucrosegradienten mit *42 S* und wird danach benannt. Die später in die Ribosomen eingehenden Segmente (*17 S* und *26 S*) sind schwarz, die im Zuge der Reifung davon abgetrennten Segmente weiß gezeichnet. *37 S* bis *18 S*: verschiedene Zwischenstufen-Moleküle

Für die spezifische Initiation der Transkription bei E. coli sind, wie schon erwähnt, bestimmte Nukleotidsequenzen am Anfang der zu transkribierenden Einheit, sogenannte Promotoren, entscheidend. Ob solche *Promotoren* auch *bei Eukaryonten* existieren und mit Hilfe welcher Einrichtungen sie gegebenenfalls erkannt und genutzt werden, ist eine noch nicht geklärte Frage. Nach Untersuchungen von Mandel und Chambon (1974 a) wird lineare Doppelstrang-DNS aus Säugerzellen oder von animalen Viren, die frei von Einzelstrangbrüchen ist, in vitro von Säugerpolymerasen kaum als Matrize angenommen. Andere Arbeitsgruppen haben dies bestätigt. Entsprechendes wurde auch für Systeme aus niederen Eukaryonten gefunden. Erst Einzelstrangbrüche oder Denaturierung der DNS machen eine Transkription möglich. Diese ist dann selbstverständlich nicht selektiv. Die Versuche von Mandel und Chambon wurden mit gereinigtem AI- und B-Enzym aus Kalbsthymus und mit gereinigtem B-Enzym aus Rattenleber durchgeführt. Als Matrize diente SV 40-DNS, Adenovirus-DNS und Mäuse-DNS. Die Autoren folgerten, daß entweder für die sinnvolle Transkription ein genereller *Initiationsfaktor* nötig ist, vergleichbar etwa dem σ-Faktor von E. coli, der bei der Reinigung der Eukaryonten-Polymerasen verloren gehen dürfte, oder daß die Transkriptionsrate bei Eukaryonten allgemein sehr niedrig ist. Letztere Annahme ist vertretbar, wenn man berücksichtigt, daß die mRNS hier eine sehr viel höhere Halbwertszeit als bei E. coli hat.

Über Proteine, welche die Transkription bei in vitro-Versuchen stimulieren, wurde verschiedentlich berichtet, so von Stein *et al.* (1973; Stein, 1976) für das B-Enzym aus Kalbsthymus, und von Lezius (1974) für das A-Enzym aus Mäusemyeloma. Im letzteren Fall handelt es sich um basische Phosphorproteine, die keine Histone sind und die speziell die Initiation zu begünstigen scheinen (Lezius und Heuer, 1976). Eukaryotische Initiationsfaktoren könnten z. B. Änderungen in der Sekundärstruktur der DNS bewirken, etwa eine Überspiralisierung, die zu Spannungen und zur teilweisen Auftrennung des DNS-Doppelstranges im Längsverlauf führen sollte. Tatsächlich wird überspiralisierte SV 40-DNS durch Polymerase A I und B aus Säugerzellen in vitro mit guter Ausbeute transkribiert. Diese *Transkription* ist jedoch *symmetrisch*, die entstehende RNS ist mit sich selbst hybridisierbar (Mandel und Chambon, 1974 b).

Die RNS-Moleküle fallen hier ihrer Größe nach in zwei Klassen: solche, die wesentlich größer als das SV 40-Genom sind und mit dem A I-Enzym erhalten werden, und solche, die kleiner, aber komplementär zu den verschiedensten Unterabschnitten des SV 40-Genoms sind. Sie werden vor allem mit dem B-Enzym erhalten. Die erhaltenen Transkriptionsprodukte sind daher wahrscheinlich biologisch unsinnig.

Über Terminationsfaktoren, vergleichbar dem ϱ-Faktor von E. coli, ist bei Eukaryonten nichts bekannt.

Für die etwaige Transkription von Prokaryonten-DNS in Eukaryontenzellen ist nach dem zuvor Gesagten offensichtlich einerseits von Bedeutung, wie im Vergleich zum E. coli-Enzym die RNS-Polymerasen der Eukaryonten gebaut sind; andererseits ist zu fragen, wie Promotorregionen bei den Prokaryonten, insbesondere bei E. coli oder Phagen aussehen, und ob solche Promotoren von den Eukaryonten-Polymerasen erkannt und zur Transkription benutzt werden, so daß biologisch brauchbare Transkriptionsprodukte erwartet werden können.

3. Bau der Polymerasen

Bei E. coli ist nur eine RNS-Polymerase bekannt, diese kann allerdings nach neueren Befunden in vivo durch gewisse Zusatzfaktoren physikalisch und funktionell abgewandelt werden. Dadurch dürfte das Enzymmolekül jeweils entweder geeigneter für die rRNS-Synthese oder die mRNS-Synthese werden (Travers und Buckland, 1973). Das von solchen Faktoren gereinigte Holoenzym hat ein Molekulargewicht von etwa 500 000. Es besteht aus fünf *Untereinheiten*, nämlich zwei α-Untereinheiten mit einem Molekulargewicht von je 40 000, einer β'-Untereinheit mit einem Molekulargewicht von 165 000, einer β-Untereinheit mit einem Molekulargewicht von 155 000, und dem schon erwähnten σ-Faktor mit dem Molekulargewicht von 95 000 (Abb. 101). Die Funktion der α-Untereinheiten ist noch unbekannt, die β'-Untereinheit scheint der Bindung des Enzyms an die DNS-Vorlage zu dienen. die β-Untereinheit dürfte an der Initiation und Elongation beteiligt sein, da sie nach bisherigen Befunden einerseits mit Rifampicin reagiert, was die Initiation, andererseits mit Streptolydigin, was die Elongation hemmt. Das Enzym ohne σ-Faktor kann in vitro in unspezifischer Weise jede DNS transkribieren, beginnt dabei aber an beliebigen Stellen der Vorlage. Ist die DNS doppelsträngig, so kopiert das Enzym

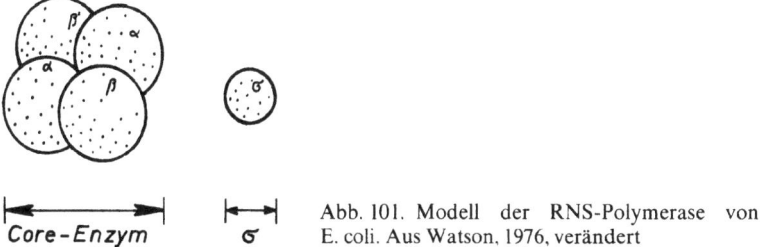

Abb. 101. Modell der RNS-Polymerase von E. coli. Aus Watson, 1976, verändert

wahllos den einen oder den anderen Strang, es entstehen also einander komplementäre RNS-Spezies. Nach Zusatz des σ-Faktors transkribiert das Enzym doppelsträngige DNS in vitro in sinnvoller Weise. Die *Transkription* ist jetzt *asymmetrisch* und selektiv, es werden also nur bestimmte DNS-Abschnitte und jeweils nur vom codogenen Strang kopiert. Voraussetzung ist, daß Promotorregionen vorhanden sind, an denen die Initiation erfolgen kann.

Die Reinigung und nähere Kennzeichnung des Baus von RNS-Polymerasen aus Säugerzellen und anderen Eukaryonten hat lange Zeit Schwierigkeiten gemacht. Sie sind meist schwer vom Nukleoprotein der Zellen zu trennen. Sofern dies gelingt, bleibt fraglich, welche der gefundenen Untereinheiten wirklich zum Enzym gehören und welche nur Verunreinigungen der Präparation darstellen. Da diese Enzyme in der gereinigten Form sehr instabil sind, ist der etwaige Verlust einer für die Funktion essentiellen Untereinheit bei der Aufarbeitung schwer zu beweisen. Nach neueren Berichten von Kedinger *et al.* (1974) kann man aus *Kalbsthymus* die Enzyme A I, B I und B II isolieren. A I besteht aus den voneinander verschiedenen, gelelektrophoretisch trennbaren Untereinheiten A 1, A 2, A 3 und A 4, zwei Untereinheiten A 5 und zwei Untereinheiten A 6 (Abb. 102). B I besteht aus den voneinander verschiedenen Untereinheiten B 1, B 3, ein bis zwei Untereinheiten B 4, zwei Untereinheiten B 5 und drei bis vier Untereinheiten B 6. B II unterscheidet sich von B I wahrscheinlich nur durch Vertauschung der Untereinheit B 1 gegen die davon verschiedene Untereinheit B 2. Das Molekulargewicht des Holoenzyms A wird mit

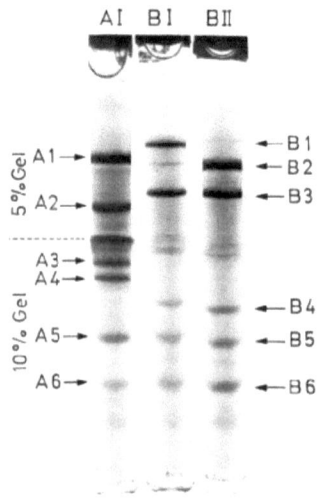

Abb. 102. Untereinheiten der RNS-Polymerasen von Eukaryonten. Gereinigte Kalbsthymus Polymerase *A I*, *B I* und *B II* wurden denaturiert und in SDS-Polyacrylamid-Gelen elektrophoretisch getrennt. Aus Kedinger *et al.*, 1974

550 000, jenes von B I mit 600 000 und das von B II mit 570 000 angegeben. Schon aus diesen summarischen Angaben geht hervor, daß die Kernpolymerasen der Eukaryonten, obwohl dem Molekulargewicht nach ähnlich der E. coli-Polymerase, doch aufgrund der größeren Zahl von Untereinheiten von dieser sehr verschieden sind. Diese Verschiedenheit konnte experimentell weiter belegt werden: Da Antikörper gegen das A I-Enzym aus Kalbsthymus spezifisch mit diesem reagierten, jedoch keine Präzipitation mit dem B-Enzym oder mit E. coli-Polymerase gaben, müssen das A I- und das B-Enzym sowie das A I- und das E. coli-Enzym deutlich verschieden sein. Sie enthalten nicht etwa die eine oder andere gemeinsame Untereinheit. Über die Funktion der einzelnen Untereinheiten bei den Eukaryonten-Polymerasen ist noch nichts bekannt.

Untersuchungen an niederen Eukaryonten, den *Hefen*, haben zu ähnlichen Ergebnissen geführt. Hier haben Dezélée und Sentenac (1973) und Buhler *et al.* (1974) Methoden zur Isolierung der Polymerasen A und B angegeben. Das A-Enzym besteht aus zwei großen Untereinheiten, mit dem Molekulargewicht 190 000 bzw. 135 000 und mehreren kleineren Polypeptidketten, darunter je einer vom Molekulargewicht 48 000 und 41 000 und je zweier vom Molekulargewicht 29 000 und 16 000. Das B-Enzym besteht ebenfalls aus zwei großen Untereinheiten mit dem Molekulargewicht 180 000 und 150 000 und wahrscheinlich drei weiteren kleineren Polypeptidketten.

In Hinsicht auf eine etwaige Transkription von Prokaryonten-DNS in Eukaryontenzellen ist die RNS-Polymerase aus *Mitochondrien* von besonderem Interesse. Mitochondrien enthalten ja eine eigene DNS, die innerhalb der Mitochondrien repliziert und transkribiert wird. Sie trägt die Information für die RNS der mitochondrialen Ribosomen, für wenigstens einige der mitochondrialen tRNS-Spezies und für einige mitochondriale Membranproteine. Wie hinlänglich bekannt, gibt es eine Reihe von Argumenten, die dafür sprechen, daß Mitochondrien ihrer Herkunft nach nicht eigentliche Bestandteile der Eukaryontenzellen sind, sondern von Bakterien abstammen (*Symbiontentheorie*). Wenn dies zutrifft, sollte die in den Mitochondrien enthaltene RNS-Polymerase der von E. coli ähnlich sein. Sie müßte also Prokaryonten-DNS selektiv und biologisch sinnvoll transkribieren.

Die mitochondriale RNS-Polymerase wurde an den verschiedensten Zelltypen untersucht (Wintersberger, 1973). Dabei wurde entweder mit intakten Zellen gearbeitet (in vivo) oder an isolierten Mitochondrien, oder im zell- und mitochondrienfreien System unter Einsatz isolierter Polymerase. In vivo-Versuche an HeLa-Zellen zeigten (Aloni und Attardi, 1971), daß zunächst RNS gebildet wird, die sich selbst komplementär ist. Die Transkription scheint daher anfangs symmetrisch zu sein. Nach längeren

Zeiträumen verbleibt jedoch RNS, die bevorzugt mit dem einen der beiden mitochondrialen DNS-Stränge hybridisiert. Diese sind bei HeLa-Mitochondrien trennbar. Das Endergebnis der Transkription ist also asymmetrisch. Es wird angenommen, daß dieses Ergebnis durch Abbau eines Teiles der zunächst entstandenen RNS erreicht wird. Einzelheiten darüber sind noch nicht bekannt.

Bei Versuchen zur Gewinnung reiner mitochondrialer RNS-Polymerase und zum Aufbau eines vollständigen in vitro-Systems damit stieß man zunächst, wie bei der zuvor besprochenen Isolierung von Kernpolymerasen, auf Schwierigkeiten. Die Befunde machten nämlich wahrscheinlich, daß das Enzym partikulär gebunden vorliegt, entweder an die Mitochondrienmembran oder die mitochondriale DNS. Es verliert bei Ablösung rasch seine Funktionsfähigkeit. Möglicherweise bleiben auch Teile des Enzyms an der ursprünglichen Bindungsstelle zurück. Inzwischen konnten jedoch in einigen Fällen Methoden zur Isolierung funktionsfähiger mitochondrialer Polymerasen erarbeitet werden. Sie ähneln jenen für die Isolierung der Kernpolymerasen aus Eukaryonten, mit einigen Abänderungen, und nutzen die Neigung des Enzyms zur Bildung von Aggregaten. Nach der mitochondrialen RNS-Polymerase aus Neurospora (Küntzel und Schäfer, 1971) wurde jene des Krallenfrosches (Wu und Dawid, 1972), aus Rattenleber (Reid und Parsons, 1971) und aus Hefe erfaßt (Wintersberger, 1973). Die Enzyme enthalten nur je eine Polypeptidkette. Die Molekulargewichte liegen bei 46 000 (Krallenfrosch), 64 000 (Rattenleber und Neurospora) und 56 000 bis 98 000 (Hefe, je nach Fraktion). Diese Daten sprechen gegen die Symbiontentheorie, insoweit sie die mitochondriale RNS-Polymerase betrifft, da das E. coli-Enzym komplizierter gebaut ist und insgesamt ein höheres Molekulargewicht hat. Allerdings haben Parker und Woodward (1974) über eine größere und aus mehreren Untereinheiten zusammengesetzte Polymerase aus Neurospora-Mitochondrien berichtet.

Hinsichtlich der Hemmbarkeit der mitochondrialen RNS-Polymerasen durch Rifampicin liegen widersprüchliche Angaben vor. Einige Untersucher fanden Empfindlichkeit (z. B. Küntzel und Schäfer, 1971), andere hingegen Unempfindlichkeit. Da die RNS-Polymerase von E. coli rifampicinsensibel ist, bietet dies der Theorie keine Stütze. Schließlich hat sich gezeigt, daß die mitochondriale Polymerase nicht in der mitochondrialen DNS, sondern im Kerngenom codiert ist und im Zytoplasma an den dortigen Ribosomen synthetisiert wird. Sowohl Barath und Küntzel (1972) als auch Wintersberger (1970) haben dies auf verschiedenen Wegen für Neurospora bzw. Hefe überzeugend dargelegt. Aufgrund der genannten Fakten wird unwahrscheinlich, daß die eingangs geäußerte Vermutung zutrifft, wonach diese Polymerasen notwendigerweise Prokaryonten-DNS als Matrize annehmen müßten. Inwieweit dies doch geschieht, wird später erörtert. Die bisherigen Befunde zeigen zumindest, daß gerade von mitochondrialer RNS-Polymerase die ihr zugehörige DNS, also mitochondriale DNS, besonders wirksam transkribiert wird (Küntzel und Schäfer, 1971; Abb. 103). Das Enzym wirkt also bei Vergleich verschiedener DNS-Matrizen relativ spezifisch.

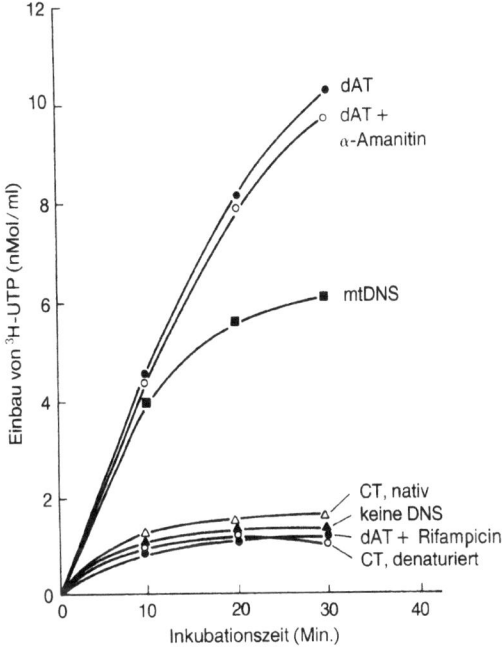

Abb. 103. Aktivität der mitochondrialen RNS-Polymerase von Neurospora an verschiedenen DNS-Matrizen. dAT = synthetische DNS aus AT-Paaren. mtDNS = mitochondriale DNS. CT = Kalbsthymus-DNS. Sie wurde nativ (doppelsträngig) oder denaturiert (einzelsträngig) geprüft. Rifampicin: Inhibitor der RNS-Polymerase von E. coli. α-Amanitin: Inhibitor des B-Enzyms von Eukaryonten. Aus Küntzel und Schäfer, 1971, verändert

Über die RNS-Polymerasen im Zytoplasma ist noch wenig bekannt. Einige Autoren haben über das Vorkommen solcher Polymerasen berichtet, und zwar u. a. für Hefe, HeLa-Zellen und Rattenleber. Diese Polymerasen haben die Bezeichnung *Polymerase C* erhalten und dürften Vorstufen von Kernpolymerasen sein (Seifart et al., 1973; Benecke et al., 1974). Das C-Enzym aus Rattenleber ist teilweise hemmbar durch α-Amanitin, während das A-Enzym des Kerns nicht, das B-Enzym vollständig hemmbar ist. Ob die C-Polymerasen im Zytoplasma der lebenden Zelle als Polymerasen funktionieren können, z. B. bei Eindringen fremder DNS in die Zelle, ist unbekannt.

4. Der Bau von Promotorregionen

Die Analyse des Baus von Promotorregionen steht noch am Anfang. Immerhin konnte die Nukleotidsequenz solcher Regionen schon für einige Beispiele ermittelt werden. Diese Beispiele betreffen, mit einer Ausnahme, Prokaryonten-DNS. Über das in der Gruppe von Khorana bearbeitete System, die Tyrosin-tRNS von E. coli und die zugehörige, diese codierende DNS wurde bereits berichtet (Kap. III). Im Zuge der Bemühungen zur Synthese des vollständigen Gens mit allen zugehörigen Steuerelementen konnte kürzlich sowohl eine jenseits des CCA-Endes des eigentlichen Gens anschließende Sequenz von 23 Nukleotiden, also mindestens ein Teil der betreffenden Terminatorregion erfaßt werden, als auch eine am Anfang des Gens befindliche, dem ersten transkribierten Nukleotid vorgeschaltete Sequenz von 29 Nukleotiden, also wahrscheinlich der größere Teil der zu diesem Gen gehörigen Promotorregion (Loewen et al., 1974; Sekiya und Khorana, 1974; Sekiya et al., 1975). Die vorgeschaltete Sequenz von 29 Nukleotiden besitzt bemerkenswerte Eigenschaften: Sie enthält zwei äußere Abschnitte, die nur aus GC-Paaren bestehen (Abb. 104). Die Sequenz dieser GC-Paare im einen Abschnitt ist nach Drehung dieses Abschnittes in der Längsachse derjenigen im anderen Abschnitt *spiegelbildsymmetrisch*. Der zentrale Teil ist AT-reich und enthält wieder zwei Abschnitte, die nach Drehung in der Längsachse einander spiegelbildsymmetrisch sind. Die Gesamtsequenz kann daher vermutlich nach Ausstülpung von Einzelstrangabschnitten aus der regulären DNS-Doppelhelix heraus zwei Schleifen bilden, also eine *Sekundärstruktur* einnehmen, wie

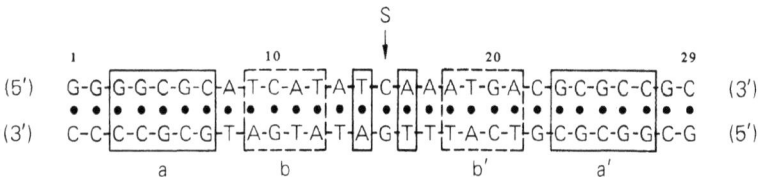

Abb. 104. Die Nukleotidsequenz in der Promotorregion des E. coli-Gens für Tyrosin-tRNS. Abschnitte, welche einander nach Drehung um die Längsachse symmetrisch sind, erscheinen umrandet. Sie sind mit a und a' bzw. b und b' gekennzeichnet. S = Symmetrieachse. Die Transkription beginnt links des Nukleotidpaares 1 und läuft von dort unter Verwendung des oberen DNS-Stranges als codogenem Strang nach links. Aus Sekiya und Khorana, 1974, verändert

sie in Abb. 105 vorgeschlagen wird. Man vermutet, daß derartige Sekundärstrukturen der DNS als Erkennungssignal für die RNS-Polymerase dienen.

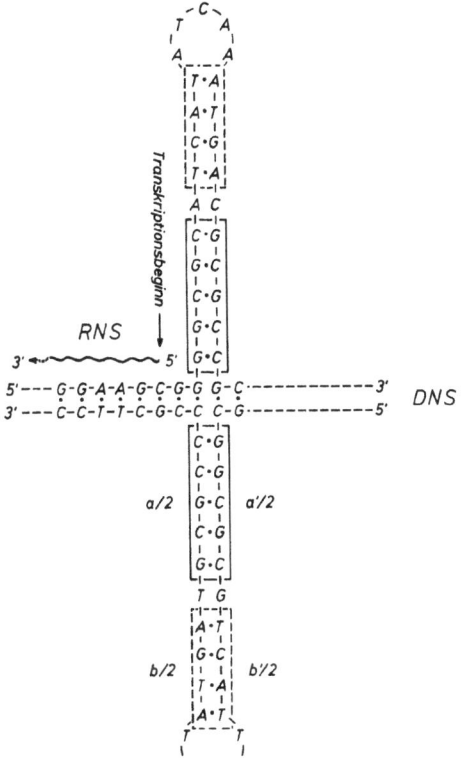

Abb. 105. Mögliche Sekundärstruktur der in Abb. 104 gezeigten Promotorregion. Aus Sekiya und Khorana, 1974, verändert

Beim Phagen Lambda haben Maniatis *et al.* (1974) und Kleid *et al.* (1975) eine Sequenz von 36 Nukleotiden in einem der bisher für diesen Phagen identifizierten, und zwar dem nach links arbeitenden Promotor am Anfang des Gens N bestimmt. Er ist für die Initiation der Synthese früher mRNS zuständig (Abb. 79). Bei der Aufklärung dieser Nukleotidsequenz konnte die Tatsache genutzt werden, daß sie sowohl der RNS-Polymerase als auch einem bestimmten Restriktionsenzym als Bindungsstelle dient.

Auch die Nukleotidsequenz des zum lac-Operon von E. coli gehörigen Promotors wurde kürzlich geklärt (Dickson *et al.*, 1975). Schließlich ist die Nukleotidsequenz einer der Hauptbindungsstellen für RNS-Polymerase im Genom des Phagen fd bekannt (Schaller *et al.*, 1975, Abb. 106).

Eine Arbeitsgruppe hat auch eine Promotorregion des SV 40-Virus analysiert (Zain et al., 1974; Dhar et al., 1974). Da dieses Virus auf Säugerzellen spezialisiert ist, handelt es sich hier um eine Promotorregion, die für Eukaryonten-Polymerasen mit Sicherheit geeignet ist. Die gefundene Sequenz hat Ähnlichkeit mit den bisher gefundenen Sequenzen in Porkaryonten-DNS (Abb. 106). Die Ähnlichkeit betrifft vor allem eine AT-reiche

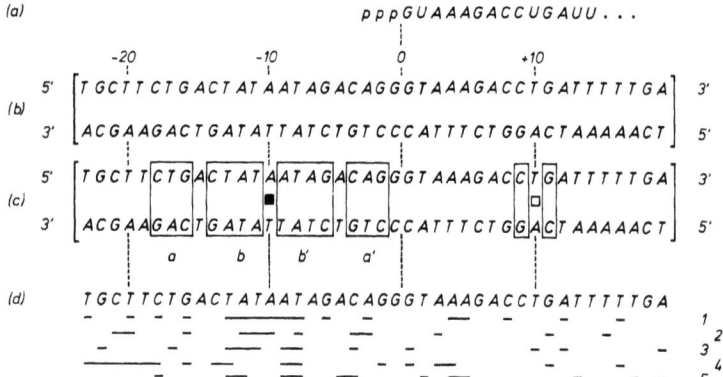

Abb. 106 a – d. Die Nukleotidsequenz der Promotorregion pDNS-I des Phagen fd sowie Übereinstimmungen zwischen Abschnitten dieser Region und anderer bisher analysierter Promotorregionen. (a) Der Anfangsabschnitt der entstehenden mRNS. Die Transkription beginnt an Nukleotidpaar +1 der in (b) gezeigten DNS und läuft komplementär zu deren unterem Strang nach rechts. (b) Die im Bereich des Transkriptionsbeginns bisher sequenzierte DNS-Region. (c) Dieselbe DNS-Region, nach Kennzeichnung der Hauptsymmetrieachse (■) und der zu ihr gehörenden Nukleotidsequenzen (a, a', b, b'). Eine Nebensymmetrieachse ist mit (□) angegeben. (d) Der obere Strang allein. Es sind jene Abschnitte durch Unterstreichung gekennzeichnet, die übereinstimmen mit Abschnitten von Promotorregionen aus 1 SV 40, 2 Lambda, 3 E. coli (Tyrosin tRNS-Gen), 4 E. coli (lac-Operon) und 5 T 7. Aus Schaller et al., 1975, verändert

Hexanukleotidfolge links der Stelle, von der aus die Transkription beginnt. Alle Promotorregionen haben ferner gemeinsam, daß aufgrund ähnlicher Symmetriebeziehungen in Teilbereichen ähnliche zweidimensionale Strukturen aus ihnen abgeleitet werden können, nach Art der schon angegebenen Schleifen. Daß solche zweidimensionale Strukturen innerhalb eines DNS-Doppelstranges als Erkennungsmarken dienen könnten, hat schon Gierer (1966) vorgeschlagen. Ob RNS-Polymerase-Moleküle gerade mit solchen zweidimensionalen DNS-Strukturen reagieren und wenn, weshalb, muß durch weitere Untersuchungen geklärt werden. Es wäre auch zu fragen, wie es dabei gegebenenfalls zur Auswahl des codogenen Stranges kommt. Im vorliegenden Zusammenhang sind vor allem Versuche mit heterologen RNS-Polymerasen, also solchen aus Eukaryonten, vordringlich.

5. Versuche zur heterologen Transkription in vitro

Ergebnisse von Untersuchungen über eine etwaige Reaktion von gereinigten Eukaryonten-Polymerasen mit Promotorsequenzen von Phagen oder Bakterien wurden noch nicht publiziert. Es sind aber generelle Transkriptionsversuche mit derartigen heterologen Systemen durchgeführt worden, und zwar meist in größerem Zusammenhang. Versuche zur Transkription von Phagen-DNS in vitro mittels Kernpolymerase aus Hefe haben Frederick *et al.* (1969) beschrieben. Bei diesen Versuchen wurde noch nicht zwischen Polymerase A und B unterschieden. Es konnte gezeigt werden, daß die verwendete Polymerase-Präparation vor allem denaturierte, also einzelsträngige DNS als Matrize annahm und transkribierte. DNS der Phagen T 5 und T 2 wurde am besten, Kalbsthymus-DNS weniger gut, Lambda-DNS und T 7-DNS nur mäßig und Hefe-DNS bemerkenswerterweise am schlechtesten transkribiert. Die Transkription wurde durch Mn^{++} begünstigt, hingegen kaum durch Mg^{++}. Die Länge der erhaltenen RNS-Ketten betrug 1500 bis 2000 Nukleotide, entsprach also 1–2 Genen. Bei Verwendung nativer DNS erschien die Hauptmenge der RNS als freies Produkt, bei Verwendung denaturierter DNS war sie hingegen vornehmlich mit der Matrize zum Hybridmolekül verbunden. Aus den Befunden wurde geschlossen, daß das Hefe-Enzym, verglichen mit dem E. coli-Enzym, eine verringerte Befähigung zur lokalen Öffnung nativer DNS zum Zwecke der Initiation der Transkription hat und daß die Initiation der RNS-Synthese in der lebenden Hefezelle wohl anders als bei E. coli abläuft.

Umfangreichere Daten zum Problemkreis Transkription von Phagen-DNS durch *Hefepolymerasen* haben kürzlich Buhler *et al.* (1974) und Dezélée *et al.* (1974) publiziert. Ihre Untersuchungen zielten auf Klärung der Frage, wie Eukaryonten-Polymerasen die Transkription initiieren. Als Matrize diente neben Kalbsthymus-DNS und einigen anderen DNS-Spezies hauptsächlich DNS des Phagen T 7. Um den Einfluß der molekularen Struktur dieser DNS auf ihre Matrizenaktivität zu prüfen, wurde sie in verschiedener Weise abgewandelt. Einerseits wurde sie durch Behandlung mit Endonuklease S 1, einem Enzym, das für den Abbau von Einzelstrangabschnitten spezifisch ist, überall dort geschnitten, wo bereits Einzelstrangbrüche vorhanden waren, so daß Doppelstrangstücke übrig blieben, die zwar verkürzt, aber frei von Einzelstrangbrüchen waren. Andererseits wurde die DNS mit pankreatischer DNase behandelt und so in definierter Weise mit neuen Einzelstrangbrüchen versehen. Schließlich wurde auch DNS benutzt, deren Einzelstrangbrüche durch anschließende Behandlung mit Exonuklease II zu längeren Einzelstranglücken ausgeweitet worden waren. Die so erhaltenen verschiedenen Typen von T 7-DNS dienten als Matrize in Versuchen zur RNS-Synthese in vitro unter Einsatz von radioaktiv markiertem UTP und Hefepolymerase B, z. T. auch Hefepolymerase A. Die Ergebnisse der Einbauversuche sprechen dafür, daß das B-Enzym, aber auch das A-Enzym, die Transkription an doppelsträngiger T 7-DNS vor allem dann initiieren kann, wenn Einzelstranglücken von 20 bis 50 Nukleotiden in dieser DNS vorhanden sind (Abb. 107). In diesem Fall

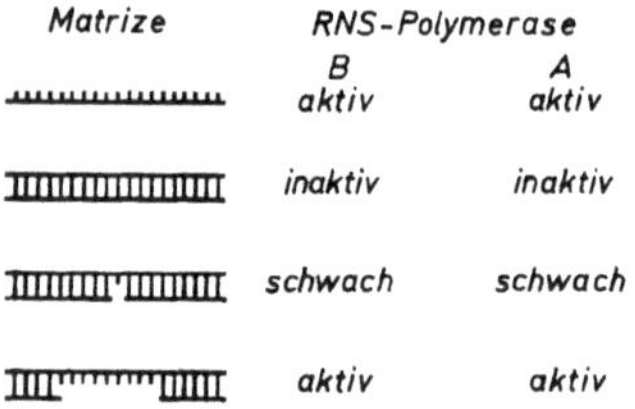

Matrize	RNS-Polymerase	
	B	A
▬▬▬▬▬▬▬▬▬	aktiv	aktiv
▬▬▬▬▬▬▬▬▬	inaktiv	inaktiv
▬▬▬▬ ▬▬▬▬	schwach	schwach
▬▬▬ ▬▬▬	aktiv	aktiv

Abb. 107. Eignung verschiedener Formen von T 7-DNS als Matrize in Transkriptionsversuchen mit RNS-Polymerase A und B aus Hefe. Aus Dezélée *et al.*, 1974, verändert

wird die RNS während der Transkription laufend frei. Nur die Polymerase selbst verbindet sie mit ihrer Matrize. Auch Einzelstrang-DNS kann als Matrize dienen, und zwar mit höherer Ausbeute als Doppelstrang-DNS, doch entstehen hier vor allem überlange RNS-Stränge, die, wie schon Frederick *et al.* gefunden hatten, mit ihrer Matrize über lange Strecken hin nach Art von Hybridmolekülen verbunden bleiben. Doppelsträngige T 7-DNS mit Einzelstranglücken von 20 – 50 Nukleotiden ist nicht die natürliche Form. Das E. coli-Enzym transkribiert die intakte Doppelstrang-DNS, wobei typische Promotoren, wie oben erörtert, als Initiationsstellen dienen. Verallgemeinert man diese Befunde, so müßte, um Transkription von Prokaryonten-DNS in Eukaryonten zu erreichen, dafür gesorgt werden, daß die Prokaryonten-DNS zunächst in geeigneten Bereichen mit den hier beschriebenen Lücken versehen wird.

Eigene, zusammen mit Van Keulen durchgeführte Untersuchungen zu diesem Fragenkomplex lieferten inzwischen abweichende Ergebnisse. Die dabei verwendeten RNS-Polymerasen waren aus Hefe nach einem besonders schonenden Verfahren (vgl. Van Keulen *et al.*, 1975) isoliert worden. Als Matrize diente DNS der Phagen Lambda und φ 80 sowie Kalbsthymus-DNS, jeweils in nativer Doppelstrangform und in denaturierter einsträngiger Form. Das A- und das B-Enzym transkribierten denaturierte

DNS besser als native, jedoch war die Transkription an nativer Lambda- und φ 80-DNS, verglichen mit der an nativer Kalbsthymus-DNS und an Einzelstrang-DNS, relativ gut (Tabelle 10). Die native Phagen-DNS war aus reifen Phagenpartikeln gewonnen worden. Sie enthielt keine Einzelstrangbrüche, wie Ultrazentrifugation im alkalischen Dichtegradienten

Tabelle 10. Transkriptionsaktivität des A-Enzyms aus Hefe an verschiedenen DNS-Matrizen. Angegeben ist die Radioaktivität im säurefällbaren Material (I. p. M./Probe) nach 30minütiger Inkubation mit ^{3}H-UTP. 18γ DNS und 140 γ Enzym/ml, 10 mM Mg^{++}, 28° C. Der Nullwert betrug ca. 150 I. p. M.

Herkunft der DNS	nativ	denaturiert
φ 80 (1)	3101	7721
φ 80 (2)	2131	5864
λ	2412	7063
Kalbsthymus	6398	9830

zeigte, und selbstverständlich keine längeren Einzelstranglücken. Sie hatte aber, kennzeichnend für lambdoide Phagen, überstehende Einzelstrangenden, die schon erwähnten „sticky ends" (S. 106). Es bleibt zu prüfen, ob diese oder aber spezifische Nukleotidsequenzen innerhalb des DNS-Doppelstranges, für die hier erfolgende Transkription verantwortlich sind.

Dezélée et al. fanden mit φ 80-DNS als Matrize keine Transkription. Dies dürfte an den von ihnen benutzten Enzympräparationen liegen. Das in den hier besprochenen eigenen Versuchen verwendete A-Enzym aus S. carlsbergensis hatte zusätzlich zu den von Buhler et al. für das Enzym aus S. cerevisiae beschriebenen eine weitere Untereinheit mit dem Molekulargewicht 35 000. Wie schon erwähnt, wird von mehreren Arbeitsgruppen angenommen, daß beide Kernenzyme der Eukaryonten, sowohl das A- wie das B-Enzym ebenso wie die E. coli-Polymerase, für die Transkription an nativer Doppelstrang-DNS gewisse Zusatzfaktoren benötigen. Um einen solchen könnte es sich bei der genannten Untereinheit handeln.

Versuche, in welchen Phagen-DNS mit RNS-Polymerase aus Kalbsthymus transkribiert wurde, haben Gniazdowski et al. (1970) beschrieben. Sowohl das A- als auch das B-Enzym wurden geprüft. Als Matrize diente DNS der Phagen T 4 und Lambda sowie, als Referenz, Kalbsthymus-DNS. Die DNS beider Phagen wurde in denaturierter Form vom B-Enzym mäßig, in nativer Form hingegen nur schlecht transkribiert, vom A-Enzym in jeder Form nur schlecht. Die Enzyme konnten aber an solche DNS binden. Vorbehandlung nativer T 4-DNS mit pankreatischer DNase zum Zwecke der Erzeugung von Einzelstrangbrüchen ergab eine deutliche

Erhöhung der RNS-Synthese mit dem A- und B-Enzym, begünstigte also die Initiation. Zusatz von bakteriellem σ-Faktor verbesserte die RNS-Synthese nicht. Die Transkriptionsprodukte waren symmetrisch (Chambon, pers. Mitt.). Die Autoren kamen zu dem Schluß, daß die Promotoren in nativer T 4- und Lambda-DNS durch Kalbsthymus-RNS-Polymerase A und B nicht erkannt werden können und daß Einzelstrangbrüche als künstliche, aber unspezifische Initiationsstellen dienen. Dies entspricht den Vorstellungen von Frederick und von Dezélée *et al.*

Versuche zur Transkription von Prokaryonten-DNS durch *mitochondriale RNS-Polymerasen* haben Richter *et al.* (1972) beschrieben. Als Matrize diente lineare Doppelstrang-DNS der Phagen T 3 und T 7, als Enzym die RNS-Polymerase aus Hefemitochondrien. Zusätzlich waren die für eine an die RNS-Synthese in vitro anschließende Translation in vitro nötigen Bestandteile eines proteinsynthetisierenden zellfreien Systems vorhanden. Gemessen wurde nicht die Synthese von RNS selbst, sondern die Entstehung zweier phagenspezifischer Enzyme, des Lysozyms und eines für die Spaltung von S-Adenosylmethionin nötigen Enzyms, aus der auf die biologisch korrekte Transkription der betreffenden Phagengene im benutzten System rückgeschlossen werden konnte. Aus der Tatsache, daß beide Enzyme auftraten, wenn T 3-DNS als Matrize geboten wurde, jedoch nur das Lysozym allein, wenn T 7-DNS als Matrize geboten wurde, die das Gen für das zweite Enzym nicht enthält, läßt sich folgern, daß die mitochondriale RNS-Polymerase der Hefe dieselben Initiationssignale an T 3- und T 7-DNS erkennt, wie das E. coli-Enzym. Diese Signale müssen also in Mitochondrien-DNS und E. coli-DNS sehr ähnlich sein.

Zusammenfassend ergibt sich, daß eine Transkription von Prokaryonten-DNS durch Eukaryonten-Polymerasen in vitro möglich ist, allerdings besteht bisher keine Übereinstimmung hinsichtlich des Ausmaßes und der Spezifität dieser Transkription. Bei der Mehrzahl der Versuche wurde die Rate der Transkription als Einbau von radioaktiv markiertem UTP in säurefällbares Material gemessen. Damit ist über die Art des entstehenden Transkriptionsproduktes nichts ausgesagt. Es ist weder die Nukleotidsequenz, die sich ergibt, notwendigerweise streng komplementär zur jeweiligen Matrize, noch braucht die Länge der entstehenden RNS-Ketten, ihr Beginn und ihr Ende, den natürlichen Gegebenheiten zu entsprechen. Auch eine etwa notwendig werdende Reifung der Moleküle ist in vitro bisher nicht gewährleistet. Wo, etwa durch Molekulargewichtsbestimmungen, durch Hybridisierung der entstandenen RNS-Stränge untereinander oder durch Hybridisierung der Stränge gegen die jeweils verwendete Matrize eine nähere Charakterisierung versucht wurde, scheinen die bisherigen Befunde darauf hinzudeuten, daß die heterologe Transkription in vitro weniger spezifisch ist als in homologen bakteriellen Systemen.

Dies könnte an Beschränkungen der in vitro-Systeme liegen, z. B. daran, daß gewisse Zusatzfaktoren fehlen. Untersuchungen, in denen alle Zusatzfaktoren vorhanden sein sollten, sind solche an *isolierten Zellkernen*. Sie wurden von Blaschek und Hess (Hess, 1975) und von Weigand (1976) durchgeführt. Die zuerst genannten Autoren verwendeten Zellkerne von Petunien, die aus Protoplasten in schonender Weise gewonnen worden waren. Es konnte gezeigt werden, daß diese Kerne noch in starkem Maße zu endogener RNS-Synthese befähigt sind (Blaschek *et al.*, 1974). Bei Zu-

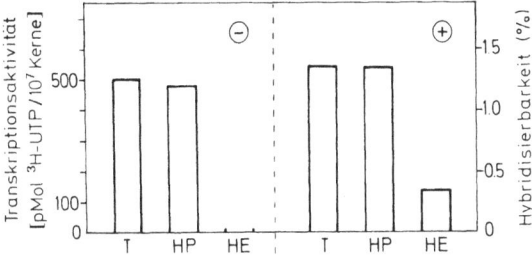

Abb. 108. Transkriptionsaktivität isolierter Zellkerne von Petunia, ohne (−) bzw. mit (+) zugesetzter DNS aus E. coli. Die entstehende RNS wurde auf ihre Hybridisierbarkeit mit Petunien-DNS (*HP*) und E. coli-DNS (*HE*) geprüft. *T* = Transkriptionsaktivität. Aus Hess, 1975, verändert

satz von E. coli-DNS ergab sich zwar keine deutliche Steigerung der Transkriptionsaktivität. Ein Teil der jetzt gebildeten RNS war aber E. coli-spezifisch (Abb. 108). Bemerkenswerterweise blieb die Bildung derartiger RNS aus, wenn die Zellkerne nach Inkubation mit E. coli-DNS und vor Beginn der Transkriptionsmessung gewaschen wurden. Die Synthese der E. coli-spezifischen RNS dürfte daher entweder an der Oberfläche der Kerne oder im sie umgebenden Medium stattfinden. Rifamycin hatte keine Wirkung. Die hier arbeitende Polymerase kann also keine bakterielle sein.

Weigand untersuchte die RNS-Synthese in Kernen von Neurospora crassa, wobei zur schonenden Gewinnung dieser Kerne eine zellwandfreie Mutante benutzt wurde. Die Kerne wurden im üblichen in vitro-Reaktionsansatz mit ^{3}H-UTP als Markierung und verschiedenen Typen heterologer DNS als Matrize inkubiert. Nach unterschiedlichen Zeiten wurde die Radioaktivität im säurefällbaren Material bestimmt. Es ergaben sich die in Tabelle 11 zusammengestellten Daten. Danach ist durch heterologe DNS, z. B. auch solche des Phagen Lambda, eine Stimulierung der RNS-Synthese in oder an den Kernen zu erzielen. Wie bei den in vitro-Versuchen mit

Tabelle 11. Transkriptionsaktivität isolierter Zellkerne von Neurospora, ohne bzw. mit Zusatz verschiedener Typen von heterologer DNS. Alle Kerne stammten aus einer Aufarbeitung (15 mg Nukleinsäure und 2,3 mg Protein/ml). Sie wurden mit ^{3}H-UTP inkubiert. Nach Inkubationszeiten bis zu 15 min. wurden Proben entnommen, präzipitiert, und die Radioaktivität des Präzipitates (I. p. M./Probe) bestimmt. Aus Weigand, 1976

Zusatz	Inkubationszeit (min.)			Stimulation
	0	10	15	(bei 15 min.)
– –	330	1989	1822	– –
Kalbsthymus-DNS, 1 mg/ml	401	2739	2963	72%
λ-DNS, 0,1 mg/ml	391	2256	2294	27%
Micrococcus lysodeikticus-DNS, 1,2 mg/ml	308	2391	2531	49%
Ribonuklease 1 mg/ml	309	456	525	– –

Hefepolymerasen wurde Kalbsthymus-DNS, vor allem in denaturierter Form, besonders stark transkribiert. Die nähere Charakterisierung der erhaltenen RNS, z. B. durch Hybridisierungsversuche, steht noch aus. Auch die an isolierten Kernen erhobenen Befunde sprechen also, wie schon die Ergebnisse der in vitro-Versuche, dafür, daß Polymerasen von Eukaryonten Prokaryonten-DNS transkribieren können. Inwieweit diese Transkription spezifisch und biologisch sinnvoll ist, muß weiter geprüft werden.

6. Versuche zur heterologen Transkription in vivo

Die einschlägigen Arbeiten können drei Kategorien zugeordnet werden, und zwar (1) in vivo-Versuche mit direktem, chemischem Nachweis der Transkription als RNS-Synthese, (2) in vivo-Versuche mit indirektem Nachweis der Transkription anhand der biologischen Funktion der gebildeten RNS (tRNS) und (3) in vivo-Versuche mit indirektem Nachweis der Transkription anhand des Auftretens bestimmter Enzymaktivitäten.

Über Ergebnisse von Arbeiten der ersten Kategorie ist bisher nur selten berichtet worden. Produkte einer in ganzen Zellen etwa erfolgten heterologen Transkription zu identifizieren, ist methodisch schwierig. Im allgemeinen stört die zelleigene RNS-Synthese. Man kann sie nicht abblocken, ohne gleichzeitig auch die etwa durch Fremd-DNS spezifizierte zu unterbinden. Es gibt allerdings Objekte, die in bestimmten frühen Entwicklungsstadien nur eine geringe eigene RNS-Synthese haben. Dies trifft z. B. für Oozyten des Krallenfrosches zu, die zu Eiern heranreifen. Versuche, in solchen Zellen nach Injektion von DNS eine RNS-Synthese nachzuweisen, schlugen bisher fehl. Ferner gibt es Objekte, die man durch geeignete Behandlung kernlos machen kann, z. B. wieder Eier des Krallenfrosches (Gurdon, 1968), Seeigeleier oder Zellen von Acetabularia (Hämmerling, 1963). Es bleibt aber in diesen Fällen die zelleigene RNS-Synthese der Mitochondrien, bei Acetabularia zusätzlich die der Chloroplasten, was die Messung einer durch Fremd-DNS spezifizierten RNS-Synthese wiederum stört.

Die neben der zelleigenen RNS entstehende, durch Prokaryonten-DNS codierte RNS kann aber erkannt werden, wenn man die Gesamt-RNS gegen Proben der eingesetzten Matrizen-DNS hybridisiert (vgl. Abb. 108, S. 179). Nur Kopien der gesuchten RNS werden mit dieser Matrizen-DNS reagieren. Diese Methodik wurde bei den Versuchen von Merril *et al.* (1971) und Geier und Merril (1972) angewendet. Wie bereits besprochen (S. 142), fanden die Autoren nach Inkubation von menschlichen Zellen mit Lambda-Phagen eine RNS-Spezies, welche mit Lambda-DNS hybridisierbar, also an dieser entstanden war. Demnach kann Lambda-DNS von Polymerasen menschlicher Zellen transkribiert werden. Daraus allein folgt allerdings noch nicht, daß sinnvolle Transkriptionsprodukte entstehen, und es bleibt auch offen, welche Gene bzw. Abschnitte des Genoms zur Transkription kamen. Prinzipiell ähnlich waren auch die bereits erwähnten Versuche von Goebel und Schieß (1975) ausgelegt (S. 127). Col-E 1 Plasmid-DNS gab hierbei in Hamsterzellen eine bakterienspezifische RNS-Synthese. Diese hielt allerdings nur über zwei Zellgenerationen an.

Die Versuche an *Oozyten des Krallenfrosches* wurden inzwischen in bemerkenswerter Richtung fortgeführt. Statt reiner DNS wurden nämlich jeweils eine größere Zahl von *Kernen menschlicher HeLa-Zellen* injiziert. Diese Kerne lassen sich in den Oozyten von deren eigenem Kern mikroskopisch leicht unterscheiden. Nach Angebot von radioaktiven RNS-Vorstufen, wie ^{3}H-U oder ^{3}H-G, und Autoradiographie wurde gefunden, daß die injizierten Kerne mindestens einen Monat lang RNS synthetisierten. Ab dem dritten Tag nach der Injektion ließen sich sogar HeLa-Proteine nachweisen. Eine größere Zahl von HeLa-Proteinen unterscheiden sich deutlich von den Oozyten-Proteinen. Aus der Tatsache, daß nur einige, aber nicht alle so identifizierbaren HeLa-Proteine auftraten, wird gefolgert, daß nur einige, aber nicht alle mit den HeLa-Zellkernen in die Oozyten des Krallenfrosches eingebrachten Gene transkribiert werden (Gurdon *et al.*, 1976). Daran sind, zumindest anfangs, vermutlich noch kerneigene (HeLa-)Polymerasen beteiligt.

In anderer Weise gingen Anker und Stroun (1972) vor. Sie injizierten Fröschen Bakterien dreier verschiedener Spezies in die Bauchhöhle. Einige Tage später wurde ein ^{3}H-Uridin-Puls geboten und sodann aus dem Gehirn die RNS extrahiert. Die Hirnschranke verhindert eine Verfälschung der Ergebnisse durch eingedrungene Bakterien. Die RNS war z. T., wie sich zeigen ließ, gegen DNS der verwendeten Bakterien hybridisierbar. Die Hybridisierbarkeit solcher RNS war 12 Stunden nach Injektion am höchsten und nahm später ab. Sie variierte mit der Bakterienspezies. Bei Injektion reiner DNS konnte keine bakterienspezifische RNS gefunden werden, obwohl diese DNS ohne Abbauerscheinungen in das Hirn gelangte. Die Autoren schlossen, daß bakterielle DNS in tierischen, aber auch in pflanzlichen Zellen nur transkribiert werden kann, wenn sie durch ihre eigene RNS-Polymerase begleitet wird. Dies war nach ihrem Dafürhalten bei den Injektionsversuchen mit ganzen Bakterien der Fall.

In vivo-Versuche, bei welchen man die Transkription indirekt, anhand der biologischen Funktion der gebildeten RNS zu messen trachtet, sind die in der schon erwähnten Arbeit von Doy *et al.* (1973) unter dem Begriff „transgenosis for death" beschriebenen (S. 147). Hier wurde in Tomatenkalli auf die Entstehung von bakterieller tRNS (Tyrosin-SuppressortRNS) geschlossen, wenn diese Kalli nach Behandlung mit bestimmten Bakteriophagen abstarben. Diese Deutung unterstellt nicht nur, daß die Phagen-DNS von zelleigenen Polymerasen transkribiert wird, sondern auch, daß in den Tomatenzellen Enzyme vorhanden sind, welche die Reifung der betreffenden tRNS ermöglichen. Letzteres ist bisher experimentell nicht belegt.

In vivo-Versuche, bei welchen als Nachweis für eine erfolgte Transkription das Auftreten geeignet gewählter Enzyme gewertet wird, sind zwar technisch einfach. So kann man nach Behandlung auxotropher Zellen des eukaryotischen Schimmelpilzes Neurospora mit geeigneten transduzierenden Phagen oder deren DNS und Plattierung der behandelten Zellen auf Minimalmedium nach makroskopisch sichtbaren, prototrophen Kolonien suchen.

Diese Möglichkeit, sowie verschiedene ähnlich gelagerte Beispiele, wurden bereits im vorhergehenden Kapitel besprochen. Die prototrophen Isolate können auf eine Transkription und anschließende Translation der Phageninformation, darunter auch des Strukturgens für das fehlende Enzym, zurückgehen. Das Gelingen solcher Versuche setzt aber unter anderem voraus, daß außer der Transkription der Fremdinformation zusätzlich auch deren Translation möglich ist und daß beide Reaktionen völlig korrekt ablaufen, da nur dann funktionsfähige Enzyme erwartet werden können. Die Chancen einer derartigen heterologen Translation seien im nächsten Abschnitt gesondert erörtert.

7. Heterologe Translation

Auch hier müssen wieder Versuche an zellfreien Systemen (in vitro) und Versuche an lebenden Zellen (in vivo) unterschieden werden. Ein Beispiel für heterologe Translation in vitro haben Schreier *et al.* (1973) gegeben. Die Autoren benutzten als Messenger die RNS der Phagen R 17 und Q_β (Kap. II). Diese wurde einem zellfreien Retikulozytensystem aus Säugern mit Bestandteilen aus Ratten-, Mäuse- und Kaninchenzellen beigefügt. In diesem System kann ein homologer Messenger, nämlich die 9 S mRNS für Kaninchenglobin, korrekt translatiert werden, es entsteht also Kaninchenglobin. Bei Einsatz der Phagen-RNS konnte statt dessen die Synthese

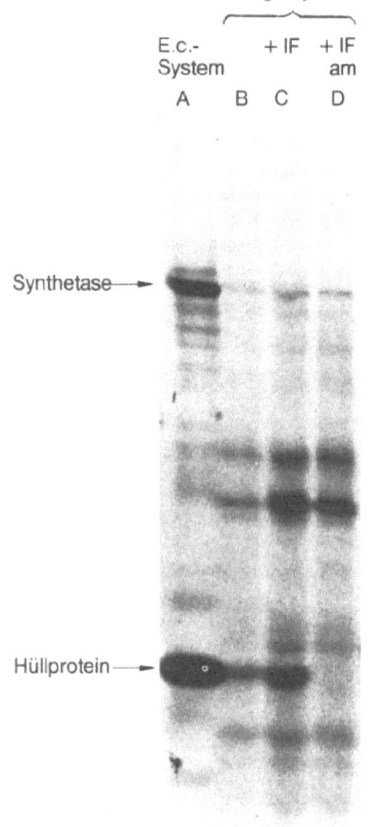

Abb. 109. Synthese phagenspezifischer Proteine in einem zellfreien Retikulozytensystem aus Säugern nach Zusatz von RNS des Phagen R17. Die entstandenen Proteine waren radioaktiv markiert. Sie wurden gelelektrophoretisch aufgetrennt. Die Gele wurden dann autoradiographiert. *A*: Kontrolle. Synthetase und Hüllprotein von R 17, erhalten in einem mit R 17-RNS versehenen, zellfreien E. coli-System. *B* bis *D*: Säugersystem, versehen mit R 17-RNS. *B*: mit wenig Initiationsfaktor, *C*: mit viel Initiationsfaktor, *D*: wie *C*, doch wurde anstelle normaler RNS von R 17 die RNS einer amber-Mutante benutzt. Ausfall des Hüllproteins. Aus Schreier *et al.*, 1973, verändert

zweier phagenspezifischer Proteine, und zwar des vollständigen Hüllproteins und des Synthetaseproteins nachgewiesen werden (Abb. 109). Die betreffenden Gene werden also korrekt translatiert. Allerdings wurden noch einige weitere, in einem zellfreien System aus E. coli bei Einsatz der Phagen-RNS nicht auftretende Proteine gemacht. Speziell das Hüllprotein wurde aber dann nicht synthetisiert, wenn die Phagen-RNS in dem betreffenden Gen eine amber-Mutation trug. Das amber-Triplett wird also in dem zellfreien Retikulozytensystem erkannt. Im Gegensatz zur GlobinmRNS aus Kaninchen benötigte die Translation vor allem der R 17-RNS, aber auch der Q_β-RNS, zusätzlich einen, bisher nur partiell gereinigten, Initiationsfaktor IF-E_3 aus Kaninchenretikulozyten.

Positive Ergebnisse ähnlicher Versuche, in denen die Translation von Q_β-RNS in zwei verschiedenen zellfreien Systemen, und zwar aus Asziteszellen und aus L-Zellen der Maus (Fibroblasten), gemessen wurde, haben auch Aviv *et al.* (1972) und Morrison und Lodish (1973) beschrieben. Bei diesen Versuchen wurde ebenfalls das Auftreten von phagenspezifischem Hüllprotein als Nachweis für die erfolgte heterologe Translation gewertet. Dieses wurde anhand seiner elektrophoretischen Mobilität und der aus ihm zu erhaltenden tryptischen Peptide identifiziert. Die Tatsache, daß zumindest das Q_β-Hüllproteingen in einem zellfreien Säugersystem translatiert

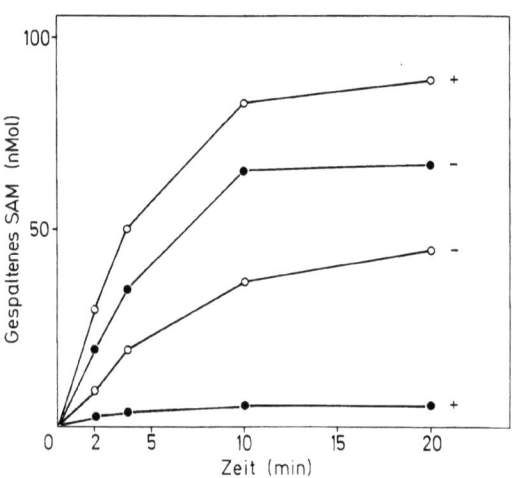

Abb. 110. Synthese eines für den Phagen T 3 spezifischen Enzyms in einem zellfreien System aus E. coli (●–●) bzw. Aszteszellen (○–○) bei Verwendung früher T 3-mRNS als Matrize. Das geprüfte Enzym spaltet S-Adenosylmethionin (SAM). Es wurde mit (+) bzw. ohne (−) Zusatz von Initiationsfaktoren gearbeitet. Abszisse: Dauer der Enzym-Synthese. Ordinate: Nach Übertragung von Proben in entsprechende Testansätze gespaltene nMol des Substrates. Aus Ullrich, 1975

wird, deutet auf gemeinsame Grundzüge des Translationsprozesses bei Pro- und Eukaryonten hin. Damit sind feinere Unterscheidungsmechanismen, die bei der Translation der Eukaryonten eine Rolle spielen dürften, nicht ausgeschlossen. Sie könnten in vivo realisiert sein, aber in vitro durch die Vorgabe von Bedingungen, die für die Transkription eines speziellen, heterologen Messengers günstig sind, überspielt werden.

Neueste Untersuchungen dazu stammen von Ullrich (1975). Dieser Autor benutzte zellfreie Systeme aus Asziteszellen, Kaninchenretikulozyten und Weizenkeimen. Als Prokaryonten-RNS wurde neben anderen Typen auch rein dargestellte, durch den Phagen T 3 spezifizierte mRNS verwendet. Diese mRNS regte die Synthese zweier phagenspezifischer Enzyme an. Eines davon war das schon erwähnte Enzym für die Spaltung von S-Adenosylmethionin (S. 178; Abb. 110). Die Synthese wurde durch Initiationsfaktoren aus Retikulozyten stimuliert. Eukaryotische Ribosomen können also Initiationsstellen an prokaryotischer mRNS erkennen. Dieser Befund ist insofern bemerkenswert, als kürzlich wahrscheinlich gemacht werden konnte, daß die Nukleotidsequenz am Anfang der 16 S-RNS bakterieller Ribosomen für das Zustandekommen des Initiationskomplexes bei der Translation von Phagen-RNS entscheidend ist (Argetsinger-Steitz und Jakes, 1975). Die korrekte Translation von Phagen-RNS an Eukaryonten-Ribosomen deutet darauf hin, daß deren 18 S-RNS in ihrem Anfangsabschnitt der 16 S-RNS ähnelt. Dies sollte sich prüfen lassen.

In vivo-Versuche zur heterologen Translation haben Gurdon *et al.* (1971) durchgeführt. Als heterologer Messenger diente die schon erwähnte 9 S-mRNS für Kaninchenglobin. Die damit versehenen Zellen waren unbefruchtete Eier und Oozyten des Krallenfrosches. Diese synthetisieren normalerweise niemals Hämoglobin. Die RNS wurde in solche Zellen injiziert. Mittels Pulsmarkierung mit ^{3}H-Histidin konnte anschließend an die Injektion die Synthese eines Proteins nachgewiesen werden, das in nicht injizierten Zellen nicht auftrat (Abb. 111). Dafür werden die im Zytoplasma der Zellen vorhandenen Ribosomen und tRNS-Spezies benutzt. Es ließ sich zeigen, daß das neu synthetisierte Protein in der Größe und nach Fingerprint-Analysen auch in der Aminosäuresequenz mit Kaninchenglobin genau übereinstimmt, also solches ist. Unter optimalen Bedingungen wurde jedes Molekül der injizierten mRNS etwa einmal in zwei Minuten translatiert (Gurdon, 1974), und zwar mindestens über 24 Stunden. Auch α- und β-Globin-mRNS von Maus und Ente werden korrekt translatiert, erstere in Oozyten über zwei Wochen hin ohne Abnahme der Effizienz (Abb. 112). Vergleichbare Experimente wurden auch mit befruchteten Eiern durchgeführt. Injizierte Globin-mRNS von Kaninchen überdauerte hier mindestens eine Woche. Nach diesem Zeitraum hatten die Eier 15 Teilungszyklen durchlaufen und sich in schwimmende Kaulquappen ent-

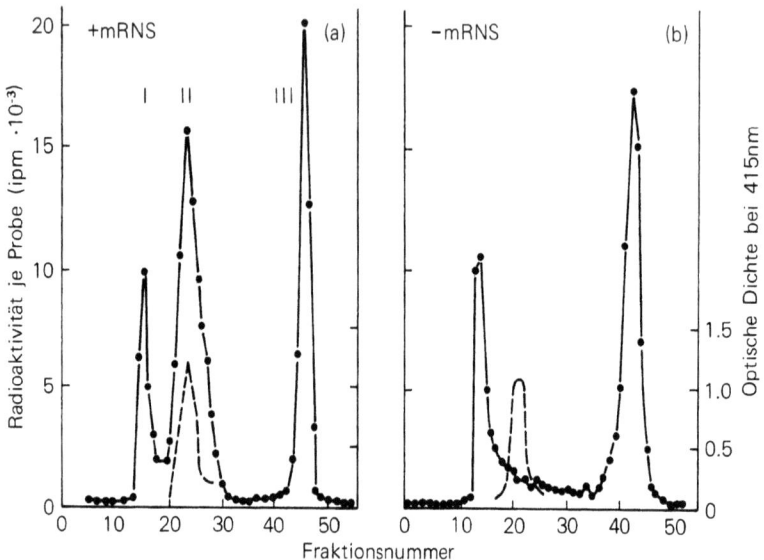

Abb. 111 a und b. Translation von Kaninchenglobin-mRNS in Oozyten des Krallenfrosches. Die nach Injektion der mRNS erhaltenen, mit ³H-Histidin markierten Proteine wurden extrahiert und säulenchromatographisch getrennt. Es ergaben sich 3 Aktivitätsmaxima (a, I – III). Bei Extraktion nicht injizierter Oozyten erhält man nur 2 Aktivitätsmaxima (b). Maximum I: Oozytenproteine. Maximum II: Kaninchenglobin, identifiziert anhand von reinem, dem Extrakt im Überschuß zugesetztem Kaninchenglobin und Messung der optischen Dichte (gestrichelte Kurve). Maximum III: Nicht verbrauchtes, freies ³H-Histidin. Aus Gurdon, 1973, verändert

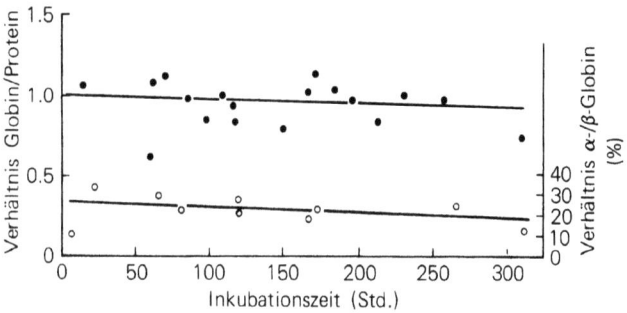

Abb. 112. Stabilität injizierter Mäuseglobin-mRNS in Oozyten des Krallenfrosches. Zu verschiedenen Zeiten nach der Injektion (Abszisse) wurden Gruppen von Oozyten mit ³H-Histidin inkubiert und anschließend extrahiert. Der Anteil von Globin am Gesamtprotein (linke Ordinate, ●) und das Verhältnis von α-Globin zu β-Globin (rechte Ordinate, ○) wurden dann ermittelt. Beide Parameter blieben während des Versuchszeitraums nahezu konstant. Aus Gurdon, 1974, verändert

wickelt. Diese produzierten noch immer Kaninchenglobin. Das bedeutet, daß die Translationsmaschinerie des Krallenfrosches auch für mRNS von Säugern geeignet ist. Im selben System wurde auch Mäusemyeloma-Messenger translatiert, der synthetische Messenger $AUG(UUU)_x$ und RNS des Phagen f2 hingegen nicht.

Die Feinheiten der Voraussetzungen für das Gelingen von Versuchen zur heterologen Translation werden dort besonders gut sichtbar, wo mit dem gleichen Messenger sowohl in vitro wie in vivo gearbeitet wurde. Ein Beispiel sind die Arbeiten von Knowland (1974; Knowland et al., 1975). Als Messenger diente die RNS des schon erwähnten Tabakmosaikvirus (TMV, II. Kapitel). Einsatz derartiger RNS in ein zellfreies System aus Retikulozyten oder Weizenkeimlingen, aber auch Injektion solcher RNS in Oozyten des Krallenfrosches ergab übereinstimmend die Synthese mehrerer Polypeptide, unter denen vor allem eines mit dem Molekulargewicht 140 000 hervorstach. Dieses entspricht einem in infizierten Tabakzellen gemachten Protein, jedoch nicht, auch nicht in Teilen der Aminosäuresequenz, dem eigentlichen Hüllprotein, nach dem gesucht wurde. Auch die übrigen Polypeptide schienen nicht das Hüllprotein zu sein. Es wurde daher zunächst angenommen, daß die Translation wegen gewisser grundsätzlicher Komplikationen im heterologen System nicht wunschgemäß erfolgte. Die einzige, recht unwahrscheinliche Alternative war, daß die RNS der reifen Viruspartikel die Information für das Hüllprotein des Virus gar nicht enthält. Inzwischen konnte gerade die letztere Möglichkeit experimentell belegt werden. Es ließ sich nämlich aus TMV-infizierten Tabakpflanzen eine RNS von niedrigem Molekulargewicht isolieren, die sowohl in vitro als auch nach Injektion in Oozyten die Synthese von Hüllprotein des TMV spezifizierte. Diese RNS ist in nicht infizierten Pflanzen nicht nachweisbar. Sie scheint also die mRNS für das Hüllprotein zu sein. Sie könnte bei der Replikation des Virusgenoms in der Pflanze als Teil eines Komplementärstranges entstehen (Abb. 113), doch ist dies noch nicht bewiesen. Bei Versuchen zur heterologen Translation ist demnach jeweils zu-

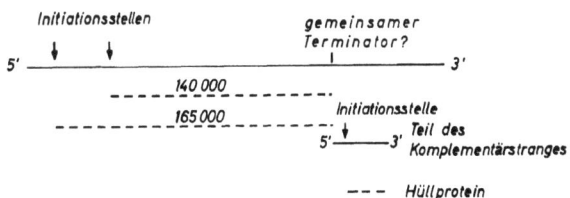

Abb. 113. Translation des TMV-Genoms, schematisch. 140 000 und 165 000: Zwei bisher bekannte TMV-Proteine mit diesen Molekulargewichten. Rechts unten der hypothetische Messenger für das Hüllprotein, als Teil des Komplementärstranges. Aus Knowland et al., 1975, verändert

nächst zu klären, ob der benutzte Messenger auch tatsächlich für das jeweils gesuchte Protein codiert. Nur unter dieser Voraussetzung kann man hoffen, es zu finden.

Außer TMV-RNS wird auch pflanzliche mRNS in Oozyten des Krallenfrosches translatiert. Das konnte mit Hilfe von RNS aus Griffeln von Petunienblüten gezeigt werden. Solche RNS diktiert in Oozyten die Bildung mehrerer neuer Proteine, die nach Extraktion und Applikation auf andere Griffel das Wachstum von Pollenschläuchen in ihnen in spezifischer und biologisch sinnvoller Weise hemmen (Van der Donck, 1975).

Diesen Ergebnissen zufolge scheinen auch die Voraussetzungen zur Translation von Prokaryonten-RNS in Oozyten nicht schlecht. Den negativen Befunden mir f2-RNS stehen die positiven Befunde mit Q_β- und R 17-RNS in vitro gegenüber. Insgesamt deuten die bisherigen Befunde zur heterologen Translation darauf hin, daß die zuvor erwähnten in vivo-Versuche zur heterologen Transkription, bei welchen als Nachweis für eine erfolgte Transkription das Auftreten geeignet gewählter Enzyme gewertet wird (S. 182), nicht unsinnig sind. Die erhaltenen Daten gewinnen damit an Gewicht.

Literatur

Aloni, Y., Attardi, G.: Proc. Nat. Acad. Si. USA **68**, 1757 – 1761 (1971)
Anker, P., Stroun, M.: Science **178**, 621 – 623 (1972)
Argetsinger-Steitz, J., Jakes, K.: Proc. Nat. Acad. Sci. USA **72**, 4734 – 4738 (1975)
Aviv, H. *et al.:* Science **178**, 1293 – 1295 (1972)
Barath, Z., Küntzel, H.: Nature New Biol. **240**, 195 – 197 (1972)
Benecke, B. J. *et al.:* Hoppe-Seyler's Z. Physiol. Chem. **355** (6) (Oktober 1974)
Blaschek, W. *et al.:* Z. Pflanzenphysiol. **72**, 262 – 271 (1974)
Bresch, C., Hausmann, R.: Klassische und molekulare Genetik, 3. Aufl., Berlin-Heidelberg-New York: Springer 1972
Buhler, J. M.*et al.:* J. Biol. Chem. **249**, 5963 – 5970 (1974)
Dezélée, S., Sentenac, A.: Eur. J. Biochem. **34**, 41 – 52 (1973)
Dezélée, S. *et al.:* J. Biol. Chem. **249**, 5971 – 5977 und 5978 – 5983 (1974)
Dhar, R. *et al.:* Nucl. Acids Res. **1**, 595 – 614 (1974)
Dickson, R. C. *et al.:* Science **187**, 27 – 35 (1975)
Doy, C. H. *et al.:* Proc. Nat. Acad. Sci. USA **70**, 723 – 726 (1973)
Frederick, E. W. *et al.:* J. Biol. Chem. **244**, 413 – 424 (1969)
Geier, M. R., Merril, C. R.: Virology **47**, 638 – 643 (1972)
Gierer, A.: Nature (London) **212**, 1480 – 1481 (1966)
Goebel, W., Schieß, W.: Mol. Gen. Genet. **138**, 213 – 223 (1975)
Gniazdowski, M. *et al.:* Biochem. Biophys. Res. Commun. **38**, 1033 – 1040 (1970)
Gurdon, J. B.: Scientific American **219**, December 1968, S. 24 – 35
Gurdon, J. B.: In: Readings in Genetics and Evolution. Oxford University Press, 1973
Gurdon, J. B.: Nature (London) **248**, 772 – 776 (1974)
Gurdon, J. B. *et al.:* Nature (London) **233**, 177 – 182 (1971)

Gurdon, J. B. et al.: Nature (London) **260**, 116 – 120 (1976)
Hämmerling, J.: Ann. Rev. Plant Physiol. **14**, 65 – 92 (1963)
Hess, D.: Vortrag beim „Fourth International Symposium on Yeast and other Protoplasts", Nottingham, England, 1975
Kedinger, C. et al.: Eur. J. Biochem. **44**, 421 – 436 (1974)
Kleid, D. G. et al.: J. Biol. Chem. **250**, 5574 – 5582 (1975)
Knowland, J.: Genetics **78**, 383 – 394 (1974)
Knowland, J. et al.: Les Colloques de l'Institut National de la Santé et de la Recherche Médicale **47**, 211 – 216 (1975)
Küntzel, H., Schäfer, K. P.: Nature New Biol. **231**, 265 – 269 (1971)
Lezius, A. G.: Hoppe-Seyler's Z. Physiol. Chem. **355**, (56) (1974)
Lezius, A. G., Heuer, E.: Hoppe-Seyler's Z. Physiol. Chem. **357**, 325 – 326 (1976)
Loewen, P. C. et al.: J. Biol. Chem. **249**, 217 – 226 (1974)
Mandel, J. L., Chambon, P.: Eur. J. Biochem. **41**, 367 – 378 (1974 a)
Mandel, J. L., Chambon, P.: Eur. J. Biochem. **41**, 379 – 395 (1974 b)
Maniatis, T. et al.: Nature (London) **250**, 394 – 397 (1974)
Merril, C. R. et al.: Nature (London) **233**, 398 – 400 (1971)
Morrison, T. G., Lodish, H. F.: Proc. Nat. Acad. Sci. USA **70**, 315 – 319 (1973)
Parker, D., Woodward, D.: Report on the Seventh Neurospora Information Conference. Neurospora News Letter **21**, 3 (1974)
Planta, R. J. et al.: In: RNA Viruses/Ribosomes, S. 183 – 196. Amsterdam-London: North-Holland 1972
Puschendorf, B.: Biologie in unserer Zeit **4**, 138 – 145 (1974)
Reid, B., Parsons, P.: Proc. Nat. Acad. Sci. USA **68**, 2830 – 2834 (1971)
Richter, D. et al.: Nature New Biol. **238**, 74 – 76 (1972)
Rüger, W.: Angew. Chem. **84**, 961 – 972 (1972)
Schaller, H. et al.: Proc. Nat. Acad. Sci. USA **72**, 737 – 741 (1975)
Scherrer, K.: In: Regulation of Transcription and Translation in Eukaryotes. E. K. F. Bautz ed., Berlin-Heidelberg-New York: Springer 1973, S. 81 – 104
Schreier, M. H. et al.: J. Mol. Biol. **75**, 575 – 578 (1973)
Seifart, K. H. et al.: In: Regulation of Transcription and Translation in Eukaryotes. E. K. F. Bautz, ed., Berlin-Heidelberg-New York: Springer 1973, S. 139 – 160
Sekiya, T., Khorana, H. G.: Proc. Nat. Acad. Sci. USA **71**, 2978 – 2982 (1974)
Sekiya, T. et al.: J. Biol. Chem. **250**, 1087 – 1098 (1975)
Stein, H. et al.: In: Regulation of Transcription and Translation in Eukaryotes. E. K. F. Bautz, ed., Berlin-Heidelberg-New York: Springer 1973, S. 163 – 175
Stein, H.: Hoppe-Seyler's Z. Physiol. Chem. **357**, 338 (1976)
Travers, A., Buckland, R.: Nature New Biol. **243**, 257 – 260 (1973)
Ullrich, A.: Dissertation Universität Heidelberg 1975
Van der Donk, J. A. W. M.: Nature (London) **256**, 674 – 675 (1975)
Van Keulen, H. et al.: Biochim. Biophys. Acta **395**, 179 – 190 (1975)
Watson, J. D.: Molecular Biology of the Gene. 3rd ed., New York: W. A. Benjamin Inc. 1976
Weigand, H.: Diplomarbeit Universität München 1976
Wintersberger, E.: Biochem. Biophys. Res. Commun. **40**, 1179 – 1184 (1970)
Wintersberger, E.: In: Regulation of Transcription and Translation in Eukaryotes. E. K. F. Bautz, ed., Berlin-Heidelberg-New York: Springer 1973, S. 179 – 193
Wu, G. J., Dawid, I. B.: Biochemistry **11**, 3589 – 3595 (1972)
Zain, B. S. et al.: Nucl. Acids Res. **1**, 577 – 594 (1974)

Kapitel VIII
Das nif-Operon und die biologische Stickstoffixierung

Um 1650 betrug die *Zunahme der Weltbevölkerung* etwa 0,3% jährlich, die Verdopplungszeit lag bei 250 Jahren. 1970 betrug die Zunahme hingegen 2,1%, die Verdopplungszeit war auf 33 Jahre zusammengeschrumpft. Inzwischen leben schätzungsweise 4 Milliarden Menschen auf der Erde. Diese ungeheure Zunahme der Weltbevölkerung stellt die Menschheit vor eines der ernstesten Probleme seit ihrer Entstehung, nämlich jenes, für alle, auch die in den unterentwickelten Ländern, ausreichende Ernährungsmöglichkeiten zu schaffen, obwohl die auf der Erde vorhandene, landwirtschaftlich nutzbare Fläche weitgehend ausgeschöpft ist. Das Problem wurde besonders eindringlich vom *Club of Rome* in seinem Bericht

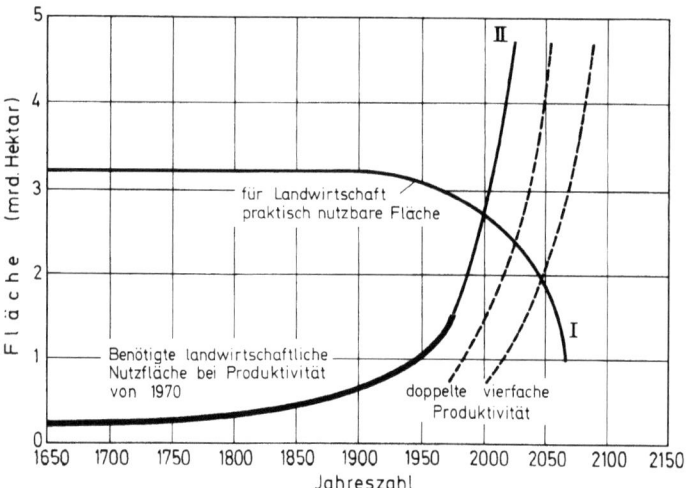

Abb. 114. Zur Verfügung stehende (*I*) und benötigte (*II*) landwirtschaftliche Nutzfläche auf der Erde. Jeder Mensch benötigt bei der gegenwärtigen Produktionsrate etwa 0,4 Hektar zu seiner Ernährung. Kurve II spiegelt, darauf bezogen, den Verlauf des Bevölkerungswachstums wider. Dünn ausgezogen: Der hochgerechnete Landbedarf nach 1970 unter der Voraussetzung, daß die Bevölkerung sich entsprechend der gegenwärtigen Wachstumsrate weiter vermehrt. Die gestrichelten Kurven zeigen den Bedarf, wenn die gegenwärtige Produktivität verdoppelt beziehungsweise vervierfacht werden kann. Aus Meadows, 1972, verändert

zur Lage der Menschheit (Meadows, 1972) dargestellt. Nach den dort mitgeteilten Untersuchungen gab es bis vor kurzem auf der Erde noch etwa 3,2 Milliarden Hektar prinzipiell landwirtschaftlich nutzbarer Fläche (Abb. 114). Diese Fläche verkleinert sich z. Z. laufend, z. B. wegen Verbauung. Die zur ausreichenden Ernährung der Weltbevölkerung insgesamt benötigte landwirtschaftliche Nutzfläche steigt hingegen wegen Zunahme der Bevölkerung laufend an. Nach derzeitigen Schätzungen wäre etwa im Jahre 2000 der Zeitpunkt erreicht, jenseits dessen selbst bei gleichmäßiger Verteilung aller Nahrungsmittel eine ausreichende Versorgung nicht mehr möglich ist. Abgesehen von bevölkerungspolitischen Maßnahmen ist daher vor allem eine baldige, drastische Steigerung der landwirtschaftlichen Produktivität je Fläche notwendig. Eine solche Steigerung kann auf verschiedenem Wege angestrebt werden.

Einer der möglichen Wege ist die Züchtung verbesserter Getreidesorten, z. B. von Sorten mit geringerer Anfälligkeit gegen Pilzkrankheiten, mit rascherem Wuchs, oder mit höherer Standfestigkeit, generell also von Sorten, die auch unter ungünstigen Bedingungen hohe Erträge liefern. Solche Sorten zu züchten ist man schon lange bemüht. In den 50er Jahren begann dann Borlaug (Friedensnobelpreis 1970) einen *Zwergweizen* zu entwickeln, der an eine Vielfalt unterschiedlicher Wachstums- und Entwicklungsbedingungen angepaßt ist (Abb. 115). Der neue Zwergweizen, kaum halb so hoch wie die bisher gebräuchlichen Sorten und mit viel steiferem Halm, reagiert sehr gut auf Düngung und zusätzliche Bewässerung, ohne zu lagern. Er wird daher heute in den verschiedensten Zonen angebaut, von der Türkei über Indien bis Paraguay. In Indien ließ sich die Weizenernte dadurch in den letzten Jahren um 75% erhöhen (Plarre, 1971). Ähnliche Sorten wurden inzwischen auch von anderen Getreiden, z. B. dem Reis, entwickelt. Institute für solche Züchtungsversuche befinden sich insbesondere in Mexico und auf den Philippinen. Man spricht in diesem Zusammenhang heute von der *grünen Revolution*.

Um bei solchen Hochleistungssorten die von ihrer Konstitution her möglichen hohen Erträge zu erzielen, sind hohe Düngergaben notwendig, vor allem eine reichliche *Stickstoffdüngung*. Außer organischen Düngern stehen dafür vor allem die sogenannten Mineraldünger zur Verfügung, wie sie die chemische Industrie in gewaltigem Umfang schon seit dem 1. Weltkrieg produziert. Das auch heute noch hauptsächlich angewandte Verfahren ist das *Haber-Bosch-Verfahren,* bei welchem Luftstickstoff mit Wasserstoff in Gegenwart von Katalysatoren unter Druck und Erhitzen zu Ammoniak reagiert:
$$3\,H_2 + N_2 \rightarrow 2\,NH_3$$

Von dem so erhaltenen Ammoniak gelangt man durch katalytische Ammoniakverbrennung zu Salpetersäure und ihren Salzen.

Abb. 115. Zuchtstamm eines kurzstrohigen, standfesten Hochleistungsweizens (links) neben einer langstrohigen Form aus Kalifornien (rechts). Aufnahme freundlicherweise zur Verfügung gestellt von W. Plarre

Die für die chemische Fixierung des Luftstickstoffs notwendige *Energie* ist beträchtlich. Vor allem die zur Gewinnung des Wasserstoffs gebräuchliche Zerlegung von Wasser in Wasserstoff und Sauerstoff und die Beseitigung des letzteren, aber auch die Gewinnung des Stickstoffs aus Luft erfordern enorme Mengen an Kohle, Erdgas oder Rohöl. Es wird geschätzt, daß der Gesamtbetrag der Energie, die in der Welt heute täglich für die Produktion mineralischer Stickstoffdünger umgesetzt wird, etwa 2×10^6 Fässern Öl entspricht (Sweeney, 1976). Schon ohne Energiekrise ist dies eine enorme Zahl. In der gegenwärtigen Situation muß dieser Faktor aber zu einer drastischen Verknappung und Verteuerung mineralischer Stickstoffdünger führen. Damit wird eine der wesentlichen Voraussetzungen für die Ertragssteigerung durch Hochleistungsgetreide in der Praxis bald nicht mehr gegeben sein.

Um dieser Entwicklung zu begegnen, hat man nach anderen Möglichkeiten der Stickstoffixierung Ausschau gehalten. Eine derartige Möglichkeit wäre jene der *Stickstoffixierung auf biologischem Wege*. Es gibt Bakterien, die Luftstickstoff selbständig fixieren können. Es gibt andererseits eine Familie von landwirtschaftlich wichtigen Pflanzen, die Leguminosen, die die gleiche Leistung in Symbiose mit Bakterien vollbringen. Die Leguminosen sind daher von mineralischer Stickstoffdüngung unabhängig. Es liegt nahe, zu versuchen, auch für andere höhere Pflanzen derartige Symbiosen zu schaffen oder ihnen durch genetische Manipulationen die bakterielle Information für die Fixierung von Luftstickstoff zu übermitteln, um auch sie ohne mineralische Stickstoffdüngung anbauen zu können. Von solchen Versuchen soll hier die Rede sein. Um die Zusammenhänge ins richtige Licht zu rücken sei zunächst beschrieben, auf welche Weise höhere Pflanzen normalerweise Stickstoff aufnehmen.

1. Stickstoffaufnahme bei Pflanzen

Höhere Pflanzen benötigen Stickstoff in Form von Nitrat- oder Ammonium-Salzen. Diese Salze sind im Boden vorhanden oder werden ihm mit der Düngung zugeführt. Wichtigste *landwirtschaftliche Stickstoffdünger* sind Kalkammonsalpeter (22 – 24% N), schwefelsaures Ammoniak und Kalkstickstoff. Diese Salze, letzteres nach Umwandlung im Ammonium-Stickstoff, können in Form ihrer Ionen im Bodenwasser gelöst von den pflanzlichen Wurzelhaaren aufgenommen werden und in den Leitungsbahnen zu den Stellen des Bedarfs gelangen. Die Pflanze setzt dabei *Nitratstickstoff* in der unten angegebenen Reaktionsfolge mit Hilfe geeigneter Enzyme zu NH_4^+ um:

$$NO_3^- \xrightarrow[\text{Nitratreduktase}]{} NO_2^- \xrightarrow[\text{Nitritreduktase}]{} NH_4^+ \xrightarrow[\text{Glutamatdehydrogenase}]{} Glu$$

Diese Verbindung nimmt eine Schlüsselstellung in der Stickstoffversorgung der Pflanze ein. Vom NH_4^+ gehen direkte Synthesewege zur Glutaminsäure, zum Alanin, zur Asparaginsäure und zum Glutamin. Alle anderen im Stoffwechsel benötigten Aminosäuren erhalten ihre Aminogruppe von einer der vier hier genannten. Die an diesen Reaktionsschritten beteiligten *Enzyme* sind gut untersucht. An einfachen Eukaryonten, wie dem Schimmelpilz Neurospora, wurden sie nicht nur biochemisch, sondern auch genetisch analysiert. So ist für die Umsetzung von NH_4^+ mit α-Ketoglutarat zu Glutaminsäure das Enzym *Glutamatdehydrogenase* verantwortlich. Es wurden eine größere Zahl von Mutanten gefunden, die diese

Reaktion nicht durchzuführen vermögen. Ihre nähere genetische Analyse zeigte, daß zwei verschiedene derartige Enzyme vorhanden sein müssen. Mutanten mit Defekten im einen der beiden Enzyme ließen sich einem Genort zuordnen. Durch Komplementationsstudien an Paaren von je zwei diesem Genort zugehöriger Mutanten konnte gezeigt werden, daß das En-

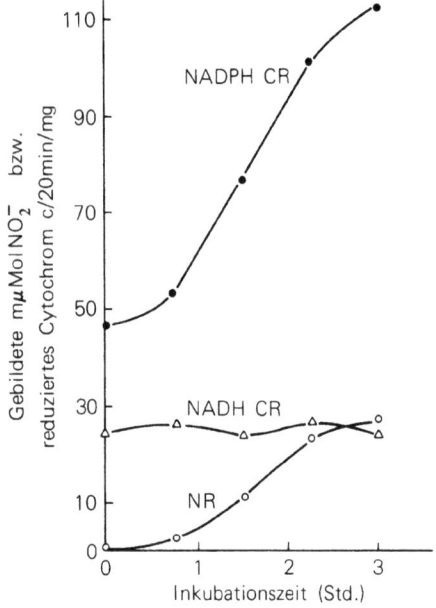

Abb. 116. Zeitlicher Verlauf der Induktion von Nitratreduktase bei Neurospora. Myzelstücke wurden für unterschiedliche Zeiten in einem Vollmedium mit Nitrat inkubiert. Sie wurden dann extrahiert. In den Extrakten wurde die Aktivität der Nitratreduktase (NR) und zu Vergleichszwecken diejenige zweier anderer Enzyme bestimmt. Letztere waren NADPH-Cytochrom c Reduktase und NADH-Cytochrom c Reduktase. Die NR-Aktivität steigt parallel zur NADPH-Cytochrom c Reduktase-Aktivität. Aus Nicholas, 1965; nach Kinsky, verändert

zym aus mehreren identischen Untereinheiten besteht. Sie konnten inzwischen sowohl für den Wildtyp, als auch für Defektmutanten rein dargestellt werden und ihre Reaktion konnte in vitro gemessen werden. Die Enzym-Untereinheiten der Mutanten sind gegenüber dem Wildtyp strukturell geändert (Fincham 1962; Fincham und Coddington 1963; Esser und Kuenen, 1967). Für die *Nitratreduktase* sind ebenfalls Defektmutanten bekannt. Sie ließen sich zwei verschiedenen Genorten, nit-1 und nit-2 zuordnen (Sorger und Giles, 1965). Die Synthese dieses Enzyms ist induzierbar durch Nitrat, die Induktion benötigt unter normalen Bedingungen etwa 3 Std. (Abb. 116). Das Enzym enthält Molybdän. NH_4^+ hemmt seine Synthese, in Gegenwart von Ammonium-Stickstoff wird zuerst dieser verbraucht. Die Fähigkeit, Luftstickstoff direkt in NH_4^+ umzuwandeln und so zu binden, besitzen höhere Pflanzen und Schimmelpilze nicht.

2. Stickstoffixierung durch Bakterien und Blaualgen

Bei Bakterien und Blaualgen können, wie bei den höheren Pflanzen, Nitrat, Nitrit und Ammoniakverbindungen als Stickstoffquelle dienen. Zusätzlich haben aber einige dieser Organismen die Befähigung zur biologischen Fixierung des Luftstickstoffs erlangt. Unter den Bakterien sind es freilebende Arten, wie Azotobacter und Clostridium, ersteres in Böden und Gräben vorkommend, letzteres als Vergärer von Polysacchariden zu Buttersäure und anderen Produkten bekannt. Außerdem gehören hierzu eine Reihe phototropher Arten, wie Thiocapsa, Rhodospirillum und Chloropseudomonas. Unter den Blaualgen sind Dichothrix, die einzellige Aphanothece sowie Vertreter der fädigen Gattungen Lyngbya, Oszillatoria und Trichodesmium zu nennen (Kessler, 1974). Auch zwei Hefen, Rhodotorula und Pullaria, sollen Luftstickstoff fixieren können (Nicholas, 1965). Diese Angaben sind allerdings umstritten.

Neben den freilebenden Bakterien gibt es weiter solche Bakterienarten, die in engem Kontakt mit höheren Pflanzen, gewöhnlich innerhalb deren Wurzeln, Luftstickstoff fixieren können, so Rhizobien in Symbiose mit Leguminosen und Streptomyceten in Symbiose mit Erlen oder Sanddorn.

Die Menge an Luftstickstoff, die auf diese Weise durch Bakterien im Boden *festgelegt* wird, ist ziemlich groß. Sie beträgt für Rhizobien in einem mit Leguminosen bestellten Acker 100 – 300 kg N/ha/Jahr. Bei den freilebenden Arten ist sie geringer und beläuft sich auf etwa 0,4 – 0,8 kg N/ha/Jahr (Yates, 1976). Die durch Blaualgen fixierte Menge von Luftstickstoff kann in Reisfeldern, deren Boden wegen seiner feuchten Beschaffenheit für solche Algen ein besonders günstiges Biotop darstellt, beträchtlich sein. Sie liegt hier für freilebende Blaualgen bei 30 – 50 kg N/ha/Jahr. In Symbiosen zwischen Blaualgen und dem Wasserfarn Azolla werden Werte von 300 kg N/ha/Jahr erreicht (Werner, 1974). Mit den Niederschlägen werden dem Boden 3 – 30 kg N/ha/Jahr zugeführt. Es sei zum Vergleich erwähnt, daß ein Acker in der landwirtschaftlichen Düngepraxis für die Bestellung mit Weizen etwa 50 – 60 kg Reinstickstoff/ha erhält. Dies entspricht etwa 300 kg Kalkammonsalpeter (22 – 24% N), die z. Z. ca. 95,– DM kosten.

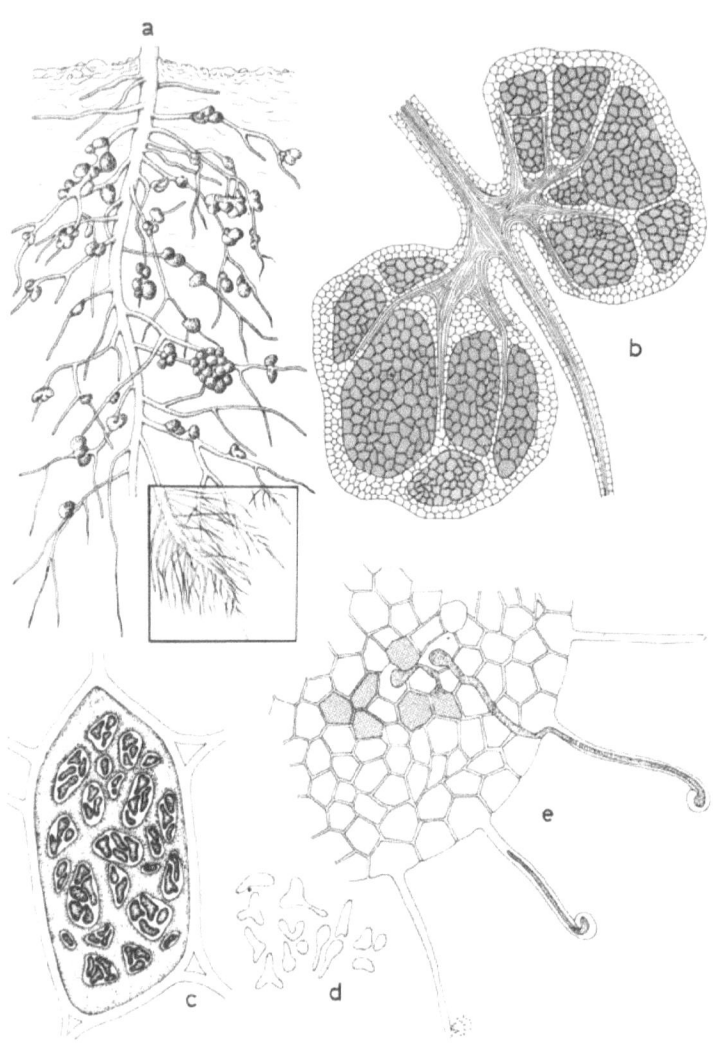

Abb. 117 a – e. Symbiose zwischen Leguminosen und Rhizobien. (a) Erbsenwurzel mit Knöllchen. (b) Schnitt durch ein fertig ausgebildetes Knöllchen. (c) Schnitt durch eine mit Rhizobien angefüllte Zelle. Jeweils mehrere Bakterien, in Form vergrößerter, unregelmäßig gestalteter „Bacterioide", sind von einer Membran umschlossen. (d) Bacterioide, einzeln. (e) Eindringen der Bakterien an der Spitze der Wurzelhaare und Wachstum des Infektionsschlauches durch die Wurzelrinde. Stark schematisiert. Aus Schlegel, 1976

Der Lebenszyklus von *Rhizobien in Verbindung mit Leguminosen* ist in Abb. 117 dargestellt. Die Bakterien infizieren junge Wurzelhaare und dringen von dort mittels eines Infektionsschlauches ins Rindengewebe vor, wo sie sich insbesondere in tetraploiden Zellen stark vermehren und die anliegenden Zellen zu Wucherungen, d. h. zur Bildung der bekannten Knöllchen anregen. In dem bakteriengefüllten Gewebe entsteht der hämoglobinähnliche Farbstoff *Leghämoglobin*, wobei die farbgebende Komponente von den Bakterien, das Protein dazu unter Beteiligung der Pflanze synthetisiert wird. In Gegenwart dieses Farbstoffes sind die Rhizobien imstande, Stickstoff zu fixieren. Die Energie dafür liefert die Pflanze. Die Bakterien vermehren sich zunächst auf deren Kosten. Erst später kehrt sich das Gleichgewicht um, die Bakterien werden schließlich abgebaut, und ihre Bestandteile dienen der Pflanze für eigene Biosynthesen. Durch Zerfall der Knöllchen werden restliche Bakterien frei. Sie verbleiben im Boden, so daß eine erneute Bestellung mit Leguminosen auf günstige Voraussetzungen trifft. In einem rhizobienfreien Boden entwickeln sich Leguminosen nur schlecht. Versuche zur Behandlung von Leguminosensamen, z. B. von Sojabohnen, mit geeigneten Rhizobien waren jedoch erfolgreich. Eine solche Behandlung verbessert die Wachstumschancen der Keimpflanzen in ungenügend vorbereitetem Boden wesentlich (D. F. Weber, pers. Mitt.).

In der biochemischen Analyse der Reaktionsmechanismen der Stickstoffixierung durch Bakterien sind in letzter Zeit beträchtliche Fortschritte erzielt worden. Die Fixierung hängt vor allem ab von einem Multienzymkomplex, dem sogenannten *Nitrogenase-System*. Er gestattet, im Gegensatz zu den Verfahren der Laborchemie, Luftstickstoff bei Zimmertemperatur und normalem Druck zu binden. Hochgereinigte Präparationen davon sind jetzt aus vier verschiedenen Bakterienarten verfügbar, darunter Azotobacter vinelandii und Clostridium pasteurianum. Der Multienzymkomplex besteht aus zwei Proteinen (Abb. 118). Eines davon, mit einem Molekulargewicht von 220 000, enthält zwei Atome Molybdän sowie eine größere Zahl von Eisenatomen und Schwefel. Es wird als Mo-Fe-Protein bezeichnet. Das andere, mit einem Molekulargewicht von 60 000, enthält kein Molybdän, aber vier Eisen- und vier Schwefelatome, man kann daher vom Fe-Protein sprechen. Beide Proteine sind wiederum aus Untereinheiten aufgebaut. Aus Elektron-Spin-Resonanz(ERP)-Messungen geht hervor, daß bei der Reduktion des Luftstickstoffs offenbar zunächst ein Komplex aus Mg, ATP und reduziertem Fe-Protein gebildet wird, von dem die Elektronen anschließend über das Mo-Fe-Protein zum N_2 gelangen. Die Reaktion benötigt eine Elektronenquelle wie reduziertes Ferredoxin, ein eisenhaltiges Protein mit sehr niedrigem Redoxpotential, oder Natrium-Dithionit. Der eigentliche *Primärprozess der Fixierung*, das Einfangen des Stickstoffmoleküls, konnte inzwischen von verschiedenen Arbeitsgruppen mit definierten chemischen Verbindungen in vitro simuliert werden, modellhaft für die in der lebenden Bakterienzelle vermutlich ablaufenden Vorgänge. Der zweite Schritt, der für die Fixierung nötig ist, die Reduktion des gebundenen Stickstoffs zu Ammoniak, ist in vitro schwerer zu verwirklichen. Kürzlich wurde dafür ein Komplex von Molybdän mit

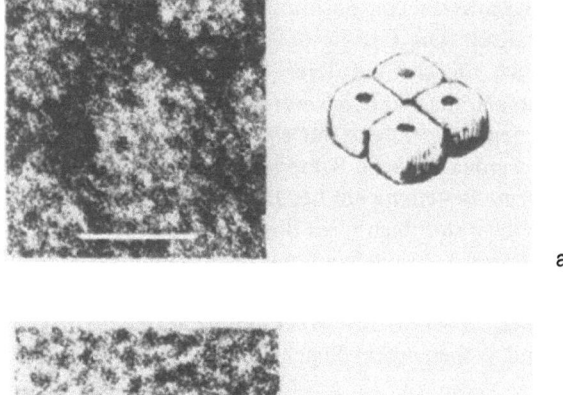

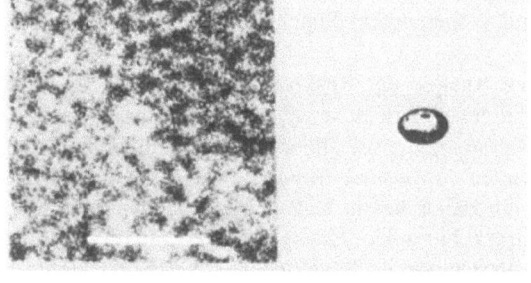

Abb. 118 a und b. Aufbau der Nitrogenase (Azotobacter-Enzym). (a) Mo-Fe-Protein. (b) Fe-Protein. Links: Elektronenmikroskopische Aufnahmen. Rechts: Deren Interpretation im Modell. Weißer Strich = 10 mm. Aus Hardy und Havelka, 1975, verändert

organisch gebundenem Phosphor in einer Methanol-Schwefelsäurelösung vorgeschlagen (Chatt *et al.*, 1975). Durch Reaktion dieses Komplexes mit N_2 entstehen 2 Moleküle NH_3 auf je ein Molekül N_2. Die Ausbeute von NH_3 kann bis zu 90% pro reduziertes N_2-Molekül betragen. Untersuchungen dieser Art dürften wesentlich zum Verständnis des Reaktionsgeschehens in vivo beitragen.

Wichtig für den Nachweis der Nitrogenase ist, daß sie auch andere, ähnliche Substanzen zu reduzieren vermag, außer N_2 noch Cyanid, Azid, N_2O, Nitrile und *Azetylen*. Letzteres wird dabei in Äthylen verwandelt.

Die *Verfahren zur Messung der Nitrogenaseaktivität* nutzen das aus. Das entstehende Äthylen wird gaschromatographisch ermittelt (Abb. 119).

Die *Biosynthese des Enzyms* wird, ähnlich wie die der Nitratreduktase, *durch NH_4^+ reguliert,* und zwar im Zuge einer Repression. Dies ließ sich zeigen, da NH_4^+-Entzug zur Neusynthese des Enzyms führt. Mit Rifampicin und Chloramphenicol erzielte Ergebnisse deuten darauf hin, daß

Abb. 119. Gaschromatograph zur Messung der Nitrogenaseaktivität im Azetylenreduktionstest. Die „Säule", ein spiralig gewundenes, dünnes Metallrohr, ist im unteren Geräteteil zu erkennen. Sie enthält pulverförmiges Aluminiumoxyd. Das zu analysierende Gasgemisch wird am einen Ende in die Säule eingespritzt. Es durchläuft die Säule, wobei seine Komponenten aufgetrennt werden. Am Ausgang der Säule wird das Gas verbrannt (Detektoreinheit, über der Spirale). Der dabei entstehende Ionisationsstrom wird elektronisch verstärkt und vom Schreiber (rechts unten) registriert. Gerät Labor E. Beck

die Repression auf der Ebene der Transkription erfolgt, nicht auf jener der Translation (Tubbs und Postgate, 1973). Eine derartige Repression ist sinnvoll, da die biologische Stickstoffixierung außerordentlich energieaufwendig ist. Z. B. wurde errechnet, daß 32% des von einer Erbsenpflanze assimilierten Kohlenstoffes in die Knöllchen abwandert und davon nur 45% in Form von Aminoverbindungen in die Pflanze zurückkehren, während der Rest von 55% für die Vermehrung der Rhizobien und als Energiequelle für die Stickstoffixierung verbraucht wird (Minchin und Pate, 1973). Unter diesen Bedingungen ist es sinnvoll und ökonomisch, den Stickstoff bei Vorhandensein von NH_4^+ in Form dieser Quelle zu nutzen.

3. Das nif-Operon von Klebsiella

Denkt man daran, die genetische Information für die Stickstoffixierung aus Prokaryonten auf Eukaryonten zu übertragen, so muß bekannt sein, in welcher Form sie in den Prokaryontenzellen vorliegt. Es ist zu fragen, wieviele Gene beteiligt sind, wo sie im Genom liegen und in welcher Weise sie zusammenwirken. Da das Nitrogenase-System, wie erwähnt, aus zwei Teilen besteht, müssen mindestens zwei Strukturgene dafür vorhanden sein. Diese, sowie etwaige Regulationsgene, lassen sich erkennen, wenn es gelingt, sie zu mutieren. Mutationen in Strukturgenen müssen zu einer Veränderung der Nitrogenase-Proteine, meist verbunden mit einer Funktionsunfähigkeit der Nitrogenase führen, Mutationen in Regulationsgenen zur Veränderung der Syntheserate dieser Proteine und damit zu verringerter oder verstärkter Bildung der Nitrogenase. Die betreffenden *Mutanten* sollten also im Vergleich zum Wildtyp Änderungen, meist einen Defekt, in der Fähigkeit zur *Fixierung von Luftstickstoff* haben. Die Gewinnung und Kartierung einer größeren Zahl solcher Mutanten muß Aufschluß über Zahl und Lage der beteiligten Gene geben.

Derartige Versuche bei verschiedenen freilebenden stickstoffixierenden Bakterien, deren Nitrogenase-System biochemisch besonders gut untersucht ist, stießen auf Schwierigkeiten. Zwar hat man Mutanten von Azotobacter vinelandii und Clostridium pasteurianum mit Defekten in der Stickstoffixierung gefunden und biochemisch näher charakterisiert; bei Azotobacter wurden auch Regulationsmutanten gefunden, die Nitrogenase trotz Gegenwart von Ammonium-Ionen bilden (Hardy und Havelka, 1975); sie ließen sich aber genetisch nicht analysieren, da bei diesen Stämmen die Möglichkeit des Gentransfers, z. B. durch Konjugation, Transformation oder Transduktion, nicht gegeben ist.

Bei *Rhizobien* gibt es zwar einen solchen Gentransfer. Er erfolgt als Transformation oder *Konjugation*. Bei letzterer wird das genetische Material nicht einseitig übertragen, sondern zwischen den einzelnen Partnern ganzer Zellgruppen wechselseitig ausgetauscht. Mit Hilfe dieses Vorganges konnten eine Anzahl auxotropher Marken sowie Gene für die Carotinoid-Biosynthese kartiert werden (Heumann, 1969). Die Kartierung etwaiger

Nitrogenase-Gene erwies sich aber wegen Infertilität der untersuchten Stämme als schwierig.

Besser liegen die Dinge bei Klebsiellen. Sie sind mit E. coli und Salmonella nahe verwandt. Vertreter dieser Gattung können Luftstickstoff fixieren. Klebsiellen kommen in Blättern tropischer Rubiaceen, wie Psychotria und Pavetta vor, wo sie knöllchen-ähnliche Höhlungen besiedeln. Aus ihrer Anwesenheit sollen die Wirtspflanzen symbiontisch Nutzen ziehen. In der Humanmedizin sind Klebsiellen als Erreger von Harnwegsinfektionen bekannt. Sie können aus dem Atemtrakt und dem Darm isoliert werden. Klebsiella pneumoniae ist ein Erreger von Lungenentzündung. Im Gegen-

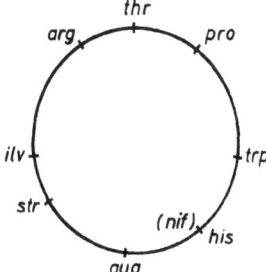

Abb. 120. Genkarte von Klebsiella pneumoniae. Aus Streicher *et al.*, 1972, verändert

satz zu Azotobacter und Clostridium ist bei Klebsiella die Kartierung von genetischen Marken möglich, und zwar auf dem Wege der Transduktion und Konjugation. Die so bisher für Klebsiella erstellte Genkarte stimmt mit jener von E. coli weitgehend überein (Abb. 120, vgl. Abb. 27). Durch Behandlung von *Klebsiella*-Zellen mit geeigneten Mutagenen konnte eine große Zahl von genetisch stabilen *Mutanten* erhalten werden, denen die Befähigung zur Stickstoffixierung fehlt (Streicher *et al.*, 1971). Da Zellen des Wildtyps Stickstoff vornehmlich unter anaeroben Bedingungen fixieren, wurden für die Selektion der Defektmutanten (nif⁻) Platten benutzt, welche sich im Exsiccator in einer Stickstoffatmosphäre befanden. Sie enthielten im Nährboden Spuren von Ammonsulfat. Hier wachsen nif⁺-Zellen zu starken Kolonien heran, nif⁻-Zellen geben nur schwache Kolonien (Abb. 121). Letztere wurden isoliert und näher geprüft. Die Isolate zeigten stark verringerte Nitrogenaseaktivität, ⅔ davon weniger als 0,5% jener des Ausgangsstammes. Bei der *Kartierung* solcher Mutanten wurde die Tatsache genutzt, daß einige Stämme von Klebsiella pneumoniae sensibel für den zur allgemeinen *Transduktion* befähigten E. coli-Phagen P1 sind. Dieser Phage kann also Klebsiella-Zellen infizieren und sich in ihnen vermehren. Nach Infektion von nif⁺-Zellen entstehen Lysate mit Phagenpartikeln, von denen einige genetisches Material der Wirtszelle für die Stickstoffixie-

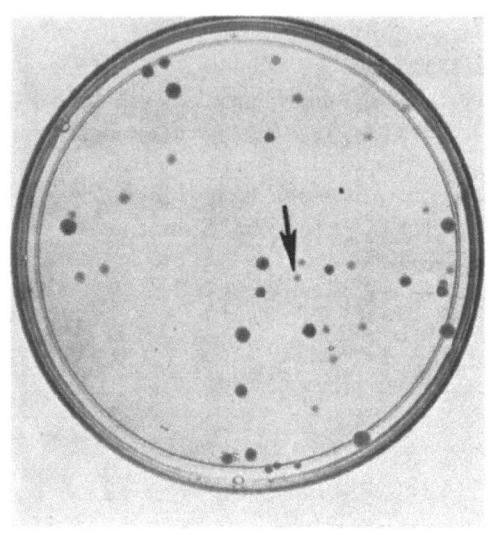

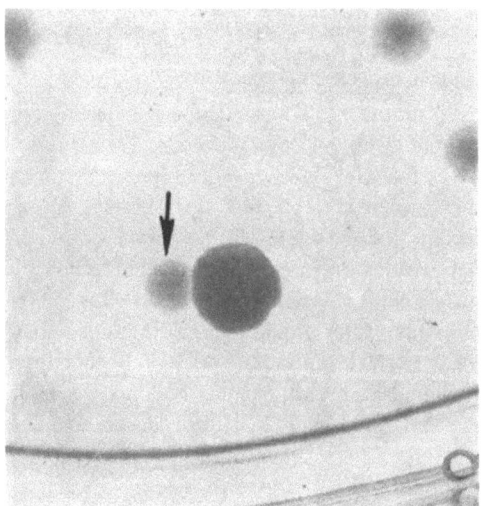

Abb. 121. Kolonien des Wildtyps und mehrerer nif⁻-Mutanten (Pfeil) von Klebsiella pneumoniae auf nahezu stickstofffreiem Nährboden (N_2-Atmosphäre). Oben: Übersicht. Unten: 2 Kolonien, stärker vergrößert. Aus Streicher *et al.*, 1971

rung enthalten. Dies ließ sich aus der Tatsache ableiten, daß die Infektion von nif⁻ Zellen mit derartigen P1-Lysaten mit einer Häufigkeit von etwa 10^{-5} nif-positive, also zur Stickstoffixierung befähigte Transduktanten lieferte. Bei solchen Versuchen wurde gefunden, daß gemeinsam mit der Information für die Stickstoffixierung auch das his-Operon (Gengruppe für die Synthese von Histidin) übertragen werden kann. Die Häufigkeit einer solchen *Kotransduktion* betrug für verschiedene nif⁻-Mutanten zwischen 30 und 78%. Das bedeutet, daß die Mutationsorte, welche die nif⁻-Mutanten kennzeichnen, fast alle in Form einer Gruppe in der Nähe des his-Operons bei 38 Minuten auf dem bakteriellen Chromosom liegen (Shanmugam *et al.*, 1974; Shanmugam und Valentine, 1975 a; Abb. 122). Man spricht vom nif-Operon. Die betreffende Region hat nach Schätzungen eine Länge von 15 – 20 Genen.

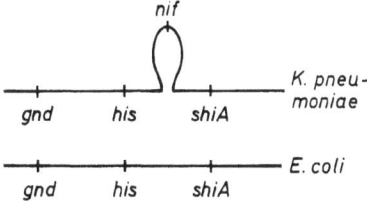

Abb. 122. Teilstück der Genkarte von Klebsiella pneumoniae mit dem nif-Operon, im Vergleich zu dem entsprechenden Teilstück der Genkarte von E. coli. Abkürzungen: *gnd*, 6-Phosphoglukonat-Dehydrogenase. *his*, his-Operon. *shi A*, Shikimat-Permease. Aus Shanmugam und Valentine, 1975 a

Während die zuvor genannten Autoren zur Kartierung der nif⁻-Mutanten die Transduktion benutzten, haben Dixon und Postgate (1971) nif⁻-Mutanten *mittels Konjugation kartiert*. Die Schwierigkeit, die hier zunächst wie bei Rhizobien auftrat, war, daß gerade jene Stämme von Klebsiella, welche zur Stickstoffixierung befähigt sind, sich in Kreuzungsversuchen als infertil erwiesen. Bei E. coli ist für die Fertilität ein besonderes, extrachromosomales Element, der *F-Faktor,* verantwortlich. Er hat ein Molekulargewicht von 62×10^6 und besteht, wie das E. coli-Chromosom, aus doppelsträngiger DNS, die zum Ring geschlossen ist. Er enthält unter anderem Gene für seine Replikation und seinen Transfer und Gene für die Ausbildung der schon erwähnten *Sexualpili* an den ihn beherbergenden E. coli-Zellen. Diese Pili sind für die Herstellung eines spezifischen und effektiven Kontaktes zwischen zwei konjugierenden Zellen notwendig. Ohne Sexualpili ist eine Konjugation nicht möglich. Den betreffenden Klebsiella-Stämmen fehlte ein solcher Faktor. Man kann in derartigen Fällen die *Ausbildung von Sexualpili* jedoch auch durch andere, dem F-Faktor verwandte extrachromosomale Elemente erzwingen. Vor allem kommen hierfür bakterielle *Resistenzfaktoren* in Betracht. Der verwendete

Faktor hatte die Bezeichnung R 144 drd 3. Er trägt außer Genen für verschiedene Resistenzen solche für die Ausbildung von Pili, welche eine Konjugation begünstigen.

Die mit Hilfe von R-Faktoren zu erzielenden Konjugationsraten sind normalerweise nur gering. Sie liegen in der Größenordnung von 1% jener, die mit dem F-Faktor erhalten werden können. Es wird vermutet, daß dafür ein auf dem R-Faktor codierter Repressor verantwortlich ist, der die Bildung von Pili einschränkt. Es sind also in Populationen R-Faktor-haltiger Zellen nur wenige im Besitz der für die Konjugation nötigen Pili. *In gewissen Mutanten ist die Konjugationsrate* aber wesentlich *gesteigert*. Sie kann hier die mit dem F-Faktor zu erzielende erreichen. Es wird angenommen, daß in diesen Mutanten der Repressor inaktiv und die Bildung der Pili daher deprimiert ist. Ein solcher R-Faktor wurde von Dixon und Postgate benutzt. Die Inkubation von Klebsiella-Zellen mit E. coli-Zellen, welche den genannten R-Faktor enthielten, führte zur Übertragung des Faktors auf Klebsiella. Solche Zellen waren nun in der Lage, mit geeignet gewählten Klebsiella-Mutanten zu konjugieren und chromosomale Gene auf sie zu übertragen. Unter den Mutanten waren auch solche mit Defekten in der Stickstoffixierung. In typischen Kreuzungen wurden stickstoffixierende Rekombinanten-Kolonien mit einer Häufigkeit von etwa 10^{-5} pro Spenderzelle erhalten, was die Effizienz der R-Faktor-stimulierten Konjugation zeigt. Die Mischung von his^+, nif^+-Spenderzellen, welche den R-Faktor enthielten, mit Zellen zweier verschiedener his^-, nif^--Mutanten als Empfängern, bei anschließender Abtötung der Spenderzellen durch Streptomycin, ergab his^+, nif^+-Rekombinanten in Zahlenwerten, die für eine dichte Kopplung der beiden nif^--Mutationssorte mit dem his-Operon sprechen, analog zu den Befunden von Streicher *et al.*

4. Wege zur technischen Nutzung der bakteriellen NH_4^+-Produktion

Aus den zuvor beschriebenen Tatsachen folgt, daß sowohl die biochemische Seite der Stickstoffixierung von Bakterien als auch die genetische Basis dieses Reaktionsgeschehens zumindest an einigen Beispielen schon recht weitgehend geklärt ist. Es kann daraus die Erwartung abgeleitet werden, daß in absehbarer Zeit auch eine großtechnische Nutzung dieser bakteriellen Stoffwechselleistung möglich werden wird. Sie müßte in der biologischen Produktion von Stickstoffdünger aus atmosphärischem Stickstoff mit Hilfe der genannten Bakterien bestehen. Tatsächlich sind Versuche in dieser Richtung bereits im Gange, wenn auch noch nicht in großtechnischem Maßstab. Es wurde dabei gefunden, daß einige Bakterienarten wie Azotobacter vinelandii, Clostridium pasteurianum und Calothrix brevissima, *Ammoniumionen* und Aminosäuren in das Kulturmedium *abgeben*. Bei Clostridium sind es etwa 50% des insgesamt fixierten Stickstoffs. Weiter führen Versuche von Shanmugam und Valentine (1975 b). Diese Autoren haben kürzlich eine Mutante von Klebsiella pneumoniae isolieren können, in welcher die *nif-Gene dereprimiert* vorlagen (Nif C$^-$) und zusätzlich der Umbau von NH_4^+ zu Glutamat blockiert war (asm$^-$). Zellen dieser Mutante wurden unter anaeroben Bedingungen und bei fortwährender Begasung mit Stickstoff gezüchtet. Als Energiequelle diente Glukose. Da Glutamat von dieser Mutante nicht gebildet wurde, mußte es dem Medium zugesetzt werden. Wie Abb. 123 zeigt, wurden unter diesen Bedingungen große Mengen von gebundenem Stickstoff in Form von NH_4^+ ins Medium abgegeben. Pro mg Zellprotein waren es innerhalb von 24 Stunden bis zu 20 µMol. Messungen der Nitrogenaseaktivität ergaben, daß diese Mutante, im Gegensatz zum Wildtyp, trotz Gegenwart von NH_4^+ noch Nitrogenase synthetisiert, und zwar bis zu 65% der ohne NH_4^+ gebildeten. Ähnlich unabhängig von der Gegenwart von NH_4^+ ist die Synthese der Glutaminsynthetase. Obwohl die betreffenden Mutationen noch nicht kartiert sind, läßt sich die Derepression der Nitrogenase- und der Glutaminsynthetasebildung wahrscheinlich auf dasselbe mutative Ereignis zurückführen (Nagatani *et al.*, 1971). In Abb. 123 fällt auf, daß auch dann,

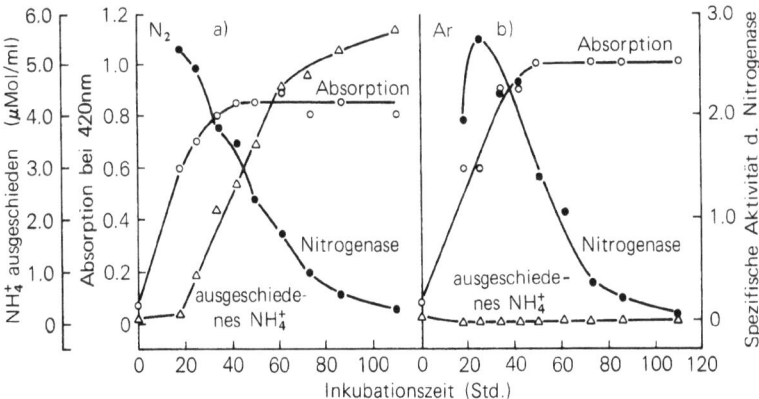

Abb. 123 a und b. Zeitlicher Verlauf der NH_4^+-Produktion von Klebsiella-Zellen mit dereprimierten nif-Genen und blockierter NH_4^+-Assimilation. (a) Kultur in Stickstoffatmosphäre, (b) Kultur in Argonatmosphäre. Es ist zusätzlich zur NH_4^+-Produktion auch die Nitrogenaseaktivität (gemessen mit dem Azetylreduktionstest) und die Absorption der Kulturen bei 420 nm (Maß für die Zelldichte) angegeben. Aus Shanmugam und Valentine, 1975 b, verändert

wenn die Zellen in die stationäre Phase übergehen, noch NH_4^+ ausgeschieden wird, und zwar noch für mehrere Tage. Das graduelle Absinken der Nitrogenaseaktivität läßt sich auf den Verbrauch des für deren Synthese nötigen Glutamats in der Kultur zurückführen. Es lassen sich leicht experimentelle Bedingungen erdenken, z. B. die Verwendung eines Chemostaten, unter denen ein solches Absinken nicht auftritt, und daher die NH_4^+-Produktion des Systems beliebig lange weiterläuft. Extrapoliert man auf andere mögliche Beispiele, so scheint es generell leicht, auch bei ihnen, z. B. durch chemische Mutagene, das Regulationssystem der nif-Gene, welches die NH_4^+-Produktion aus Luftstickstoff mit dem Zellwachstum korreliert, zu durchbrechen, die betreffenden Mutanten in großem Maßstab unter geeigneten Bedingungen zu züchten und den assimilierten Stickstoff als NH_4^+ einer technischen Nutzung zuzuführen. Als Energiequelle könnten, bei Wahl geeigneter Bakterien, z. B. Zellulose aus der Papier- und Forstwirtschaft, Melasse als Rückstand aus der Zuckerrübenverarbeitung, oder eine Vielzahl anderer, billiger Abfallprodukte verwendet werden. Auch an den Einsatz von Blaualgen wäre zu denken, da deren Energiebedarf mit Sonnenlicht gedeckt werden könnte.

5. Übertragung des nif-Operons auf andere Bakterien

Ein anderer Weg zur Nutzung der bakteriellen Information zur Stickstofffixierung wäre die Übertragung dieser Information in Zellen höherer Pflanzen mit dem Ziel, sie dort fest zu etablieren und zur Funktion zu bringen. Falls dies gelänge, ließen sich z. B. verschiedene Getreidearten herstellen, die von einer Stickstoffdüngung weitgehend unabhängig wären. In Vorbereitung solcher Arbeiten haben sich einige Autoren mit der Möglichkeit beschäftigt, die Information zur Stickstofffixierung zunächst auf Bakterien anderer Gattungen zu übertragen, die diese Information nicht enthalten. Wegweisend hierbei waren die Experimente von Dixon und Postgate (1972).

Die Autoren verwendeten als Spender der Information *Klebsiella pneumoniae,* das Objekt also, an welchem diese Information in Form des nif-Operons bereits kartiert war. Als Empfänger dienten Zellen von *E. coli.* Dieses Bakterium ist von Natur aus nif⁻. Beide Bakterienarten sind, wie die Ähnlichkeit der Genkarte zeigt, relativ nahe verwandt. Sie unterscheiden sich jedoch deutlich im GC-Gehalt ihrer DNS, derjenige von Klebsiella liegt bei 60%, jener von E. coli bei 50%. Die Homologie der Nukleotidsequenz beider DNS-Arten ist demgemäß gering, sie liegt bei 20%. Die meisten E. coli-Stämme besitzen Restriktionsenzyme, welche fremde DNS erkennen und abbauen (vgl. V. Kapitel). Um dennoch zum Ziel zu kommen, verwendeten die Autoren einen Stamm, der solche Enzyme nicht hat. Es ist E. coli C. In Zellen dieses Stammes hat fremde DNS die Chance, längere Zeit zu überdauern. Abgesehen von der Unfähigkeit, Stickstoff zu fixieren, waren die Empfängerzellen zusätzlich aufgrund einer Mutation his$^-$. Nach Mischung solcher E. coli C, nif$^-$, his$^-$-Zellen mit nif$^+$, his$^+$-Zellen von Klebsiella, die zur Stimulierung der Konjugation eine Variante des schon erwähnten, dereprimierten R-Faktors enthielten, kam es zur Übertragung von genetischem Material aus Klebsiella auf E. coli. Um jene Empfängerzellen, welche den interessierenden, durch nif$^+$ und his$^+$ gekennzeichneten genetischen Abschnitt erhalten hatten, zu erfassen, wurde zunächst unter aeroben Bedingungen auf Minimalmedium plattiert. Die Rate der so gefundenen his$^+$-Rekombinanten lag bei 10^{-7} pro Spenderzelle. Diese his$^+$-Rekombinanten wurden sodann unter anaeroben Bedingungen auf die Befähigung zur Reduktion von Azetylen und damit auf das Vorhandensein von Nitrogenase geprüft. Von 12 his$^+$-Rekombinanten aus einem ersten Ansatz waren 10 nif$^+$, von 6 aus einem zweiten Ansatz waren es 2. Diese nif$^+$-Rekombinanten trugen als zusätzlichen Beleg dafür, daß sie nicht etwa Klebsiella-Zellen waren, eine Reihe von zu Kontrollzwecken verwendeten E. coli-Marken. Die meisten nif$^+$, his$^+$-Rekombinanten gaben unter anaeroben Bedingungen große, mucoide Kolonien, segregierten aber auch winzige nif$^-$-Klone heraus. Sie waren also nicht stabil nif$^+$. Eine nif$^+$, his$^+$-Rekombinante mit der Nummer C-M 7, war hingegen stabil nif$^+$. Da die Befähigung zur Azetylenreduktion bei allen Rekombinanten durch Ammoniumionen vollständig reprimiert werden konnte, wird gefolgert, daß nicht nur die zur Stickstoffixierung nötigen Strukturgene des nif-Operons von Klebsiella, sondern auch die zugehörigen Regulationsgene auf die E. coli-Zellen übertragen wurden. Sie scheinen in den Rekombinanten sinnvoll zu funktionieren. Es waren somit, hinsichtlich des Genotyps, bakterielle Hybride hergestellt worden, welche zusätzlich zur eigenen genetischen Information Teile der Information einer anderen Gattung enthalten. (Für den vorliegenden Zusammenhang ist wichtig, daß es sich bei der zusätzlichen Information um die Gene für die bakterielle Stickstoffixierung handelt.)

Während bei den soeben beschriebenen Versuchen ein freilebendes, stickstoffixierendes Bakterium als Spender der Information diente, haben Dunican und Thierney (1974) in neueren Untersuchungen als Spender der Information das normalerweise nur in Symbiose mit Leguminosen stickstoffixierende Bakterium Rhizobium trifolii benutzt. Als Empfänger diente ein Stamm von Klebsiella aerogenes, der natürlicherweise zur Stickstoffixierung nicht befähigt ist. Der Transfer wurde wiederum mit Hilfe eines F-ähnlichen R-Faktors bewerkstelligt, der zuvor in Rhizobium trifolii eingeführt worden war. Das nif-Operon wurde hier mit der Häufigkeit von 10^{-7} übertragen. Die Klebsiella-Rekombinanten reduzierten Azetylen mit der gleichen Rate, mit welcher es der zuvor schon erwähnte, stickstoffixierende Stamm von Klebsiella pneumoniae von Natur aus tut. Damit war gezeigt, daß Rhizobium trifolii genetische Information für die Stickstoffixierung enthält, und daß auch diese, ebenso wie jene aus Klebsiella pneumoniae, über die Gattungsgrenze hinweg auf andere Bakterien übertragen werden kann. Aufgrund von physikalisch-chemischen Untersuchungen an der DNS der nif$^+$-Rekombinanten und jener von nif$^-$-Segreganten, die aus ihnen hervorgingen, wird geschlossen, daß sich die nif-Gene in den Empfängerzellen auf einem Plasmid mit einem Molekulargewicht von 9×10^6 befanden. In welcher Form sie in den Spenderzellen vorlagen ist offen.

6. Klassifizierung der Rekombinanten

Der Befund, daß die Mehrzahl der im vorgehenden Abschnitt erwähnten nif$^+$-Rekombinanten von E. coli instabil waren, jedoch auch stabile vorkommen, führte zu der Frage nach dem Zustand, in welchem die übertragene, das *nif-Operon* von Klebsiella enthaltende DNS *in* solchen *Rekombinanten* vorliegt. Untersuchungen dazu wurden von Cannon *et al.* (1974 a und b) publiziert. In ihnen wurden einerseits das durch Plattierungen und

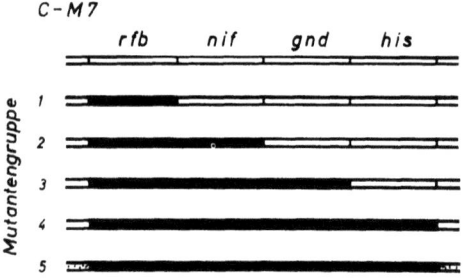

Abb. 124. Kartierung des Einbauortes der Klebsiella-DNS im Genom des stickstoffixierenden E. coli-Stammes C-M 7. Oben: Teil des Genoms dieses Stammes. Abkömmlinge von C-M 7, die gegen den Phagen EC 1 resistent waren, erwiesen sich als Deletionsmutanten, denen Teile der hier interessierenden Region zwischen rfb und his fehlten. Es wurden 5 Gruppen solcher Deletionsmutanten festgestellt, mit den unter *1* bis *5* schwarz angegebenen Deletionen im Genom. Das jeweilige Ausmaß der Deletionen wurde durch Prüfung der Funktionen *rfb, nif, gnd* und *his* ermittelt. Das Vorkommen von Mutanten der Gruppe *2* läßt darauf schließen, daß das nif-Operon neben rfb liegt. Das Vorkommen von Mutanten der Gruppe *3* zeigt darauf aufbauend, daß das nif-Operon zwischen rfb und gnd liegt. rfb = rough. Andere Marken wie in Abb. 122. Aus Cannon *et al.*, 1974 a, verändert

biochemische Messungen ermittelte Auftreten zusätzlicher genetischer Marken aus Klebsiella in den Rekombinanten, andererseits die in physikalisch-chemischen Messungen gewonnenen Daten zur Struktur der in den Rekombinanten enthaltenen DNS, als Kriterien zur Beurteilung der jeweiligen Situation benutzt. Zum Vergleich wurden entsprechende Analysen auch an den Ausgangsstämmen und an nif$^-$-Segreganten der instabilen nif$^+$-Rekombinanten durchgeführt. Es zeigte sich, daß in der stabilen nif$^+$-Rekombinante, dem Stamm C-M 7, der zur Stimulierung der Konjugation eingesetzte R-Faktor R 144 drd 3, aber kein weiteres Plasmid vorhanden war. Die Eliminierung dieses Faktors durch Superinfektion der

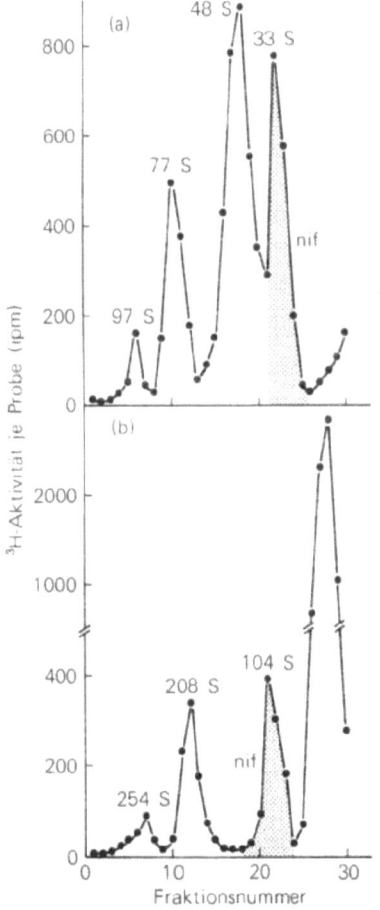

Abb. 125 a und b. Ergebnis der Zentrifugation von Plasmid-DNS aus Zellen des stickstoffixierenden E. coli-Stammes C-M 9 im Sucrosegradienten. (a) neutraler, (b) alkalischer Gradient. Die DNS war ^{3}H-markiert. Das mit *33 S* (neutral) bzw. *104 S* (alkalisch) sedimentierende Plasmid trägt das nif-Operon von Klebsiella. Die betreffenden Banden sind durch Punktierung gekennzeichnet. Aus Cannon *et al.*, 1974 b, verändert

Zellen mit einem anderen, ähnlichen Faktor änderte die nif⁺, his⁺-Eigenschaft entsprechender Klone nicht. Das betreffende DNS-Segment des Spenders muß hier also im Chromosom der Empfängerzelle integriert vorliegen. Die Analyse der Segregation weiterer biochemischer Marken von Spender und Empfänger in Nachkommen des Stammes C-M 7 ließ den Schluß zu, daß der *Einbauort* der Klebsiella-DNS in der Nähe des his-Operons des *E. coli-Chromosoms* liegt. Sie liegt dort vermutlich in der in Abb. 124 angegebenen Folge vor. Der Einbauort dürfte durch Homologien der Nukleotidsequenz im his-Operon des Spenders und des Empfängers determiniert worden sein.

Im Gegensatz zu diesen Befunden deuten die bei zwei anderen, instabilen nif⁺-Rekombinanten erhaltenen Daten darauf hin, daß die relevante Klebsiella-Information hier *in Plasmiden* enthalten ist. Es wurden in diesen beiden Rekombinanten nämlich mehrere Plasmide nachgewiesen, von denen jeweils eines dem verwendeten R-Faktor entsprach, die übrigen aber Neubildungen waren. Für die Rekombinante C-M 9, die zwei zusätzliche Plasmide enthielt, konnte jenes mit dem nif-Operon von Klebsiella identifiziert werden. Es trug auch das his-Operon und hat ein Molekulargewicht von $9,5 \times 10^6$. Bei der zweiten Rekombinante, C-L 4, die 3 zusätzliche Plasmide enthielt, war eine solche Zuordnung noch nicht möglich. Die Plasmide ließen sich durch Zentrifugation im Sucrosegradienten voneinander trennen (Abb. 125), vorerst jedoch nur in kleinen Mengen, die eine präparative Weiterverarbeitung nicht zuließen.

7. Gewinnung von Plasmiden mit dem nif-Operon

Die Konjugation zwischen Klebsiella-Zellen mit der Befähigung zur Stickstoffixierung und E. coli-Zellen, die diese Fähigkeit nicht besitzen, gibt unter den beschriebenen Bedingungen zwar nif⁺-Rekombinanten von E. coli, liefert jedoch noch keine Handhaben, um die genetische Information zur Stickstoffixierung in konzentrierter Form zu erhalten. Eine solche Konzentrierung könnte von Plasmiden mit dieser Information ausgehen und in einer intensiven Vermehrung gerade dieser Plasmide in Bakterienzellen bestehen. Ein Plasmid, welches das nif-Operon enthält, wurde als genetische Determinante im Stamm C-M 9 von E. coli soeben erwähnt, doch ist es nur schwer anzureichern. Es hat ferner den Nachteil, nur bedingt infektiös zu sein. Um Plasmide zu gewinnen, die sich wesentlich besser vermehren und auf andere Zellen übertragen lassen, als das genannte, sind zwei Wege denkbar. Der eine besteht in der Zerschneidung von DNS aus Klebsiella mit geeigneten Restriktionsenzymen und der in vitro-Vereinigung der so erhaltenen Teilstücke mit geeigneten molekularen Vehikeln. Es muß sich eine Transformation von E. coli-Zellen mit den Produkten, eine Selektion jener Zellen, die Plasmide mit dem nif-Operon enthalten, und die Klonierung dieser Plasmide anschließen. Näheres über diese Verfahren wurde in Kap. V gesagt.

Der zweite Weg, der im Gegensatz dazu die Vorgänge in vivo nutzt, soll hier besprochen werden. Der F-Faktor als Träger von Genen für die Konjugation von E. coli wurde bereits erwähnt (S. 203). Dieser Faktor kann Gene aus der Wirtszelle aufnehmen. Dazu kommt es über seine gelegentliche Integration in das Genom, ähnlich jener des Phagen Lambda (Kapitel VI), und ein späteres Wiederausscheren. Auf diese Weise entstehen *substituierte F-Faktoren* (F'), z. B. solche mit Genen für den Abbau des Zuckers Laktose (F'lac). Die Infektion von F$^-$, lac$^-$-Zellen mit solchen F-Faktoren verleiht den Empfängerzellen die Befähigung zum Abbau von Laktose. Cannon *et al.* (1976, a und b) haben davon ausgehend einen F'-Faktor gewinnen können, welcher das nif-Operon von Klebsiella, kombiniert mit dem his-Operon enthält. Dieser substituierte F-Faktor war infektiös. Er wurde noch brauchbarer durch den zusätzlichen Einbau von Genen für Carbenicillinresistenz. Er konnte präparativ gewonnen werden. Die Autoren waren jetzt in der Lage, das nif-Operon nicht nur in Konjugationsversuchen, sondern auch durch Transformation auf andere E. coli-Stämme, auf nif$^-$-Stämme von Klebsiella pneumoniae sowie auf Salmonella typhimurium zu übertragen.

Nachteilig in solchen Versuchen wirkte sich aus, daß die in der genannten Weise substituierten F-Faktoren die Tendenz haben, bei der Reindarstellung für Transformationen, aber auch beim Transfer von Zelle zu Zelle, in kleinere Teilringe zu zerfallen. Auch ist ihr Wirtsbereich relativ begrenzt. Eine Übertragung z. B. auf Erwinia herbicola oder auf Proteus mirabilis gelang bisher nicht. Um die Stabilität dieser Plasmide und ihre Übertragbarkeit auf andere Bakterienarten zu verbessern, hat dieselbe Arbeitsgruppe inzwischen einen der das nif-Operon enthaltenden F-Faktoren durch Rekombination in vivo mit Teilen zweier *R-Faktoren der Klasse P,* darunter der Faktor RP 4, versehen (Dixon *et al.*, 1976; Cannon *et al.*, 1976 b). Faktoren der Klasse P stammen ursprünglich aus Pseudomonas, sie ließen sich von dort auf E. coli und andere Gramnegative Bakterien bis hin zu Rhizobium lupini übertragen, haben also einen besonders *breiten Wirtsbereich.* Dies liegt vermutlich daran, daß solche Faktoren Abwehrmechanismen gegen sie angreifende Wirtsenzyme besitzen. Welcher Art diese Mechanismen sind, ist allerdings noch offen. Der breite Wirtsbereich macht diese Faktoren besonders geeignet für Übertragungsversuche zwischen Angehörigen verschiedener Bakteriengattungen. Das Molekulargewicht des hier erhaltenen Verbundplasmids betrug 59×10^6, entsprach also

Tabelle 12. Übertragbarkeit des Plasmids RP 41 mit dem nif-Operon zwischen verschiedenen Bakterienarten und Exprimierbarkeit der nif-Information in verschiedenen Empfängern. Gemische zweier, jeweils in Spalte 1 und 2 angegebener Bakterienarten wurden auf Medien plattiert, die eine Selektion von Empfängerzellen mit den in Spalte 3 angegebenen genetischen Marken ermöglichten. Diese Marken kennzeichnen, zusätzlich zum nif-Operon, das zu übertragende Plasmid. Die Häufigkeit, mit welcher solche Empfängerzellen auftraten, ist in Spalte 4 angegeben. Nach Vermehrung entsprechender Isolate und Messung ihrer Nitrogenaseaktivität erwiesen sich die in Spalte 5 angegebenen als phänotypisch nif$^+$. Km^r = Kanamycinresistenz, Tc^r = Tetracyclinresistenz. E. = Escherichia, K. = Klebsiella, A. = Agrobacter, R. = Rhizobium. Nach Cannon, persönliche Mitteilung, 1976

Versuch Nr.	1 Spender	2 Empfänger	3 Selektion	4 Übertragungshäufigkeit	5 Anzahl geprüfter Isolate und deren Phänotyp
1	E. coli K 12 JC 5466 (RP 41)	K. pneumoniae M 5 a 1 Δ52	his$^+$ Km^r	1×10^{-1} 1×10^{-1}	87, alle nif$^+$ 56, alle nif$^+$
2	K. pneumoniae M 5 a 1 Δ52 (RP 41)	E. coli K 12 SB 1801	his$^+$ Km^r	5×10^{-1} 5×10^{-1}	29, alle nif$^+$ 24, alle nif$^+$
3	E. coli K 12 JC 5466 (RP 41)	A. tumefaciens 544	his$^+$	1×10^{-3}	10, alle nif$^-$
4	A. tumefaciens 544 (RP 41)	E. coli K 12 JC 5466	his$^+$ Km^r	1×10^{-6} 1×10^{-6}	10, alle nif$^+$ 10, alle nif$^+$
5	E. coli K 12 JC 5466 (RP 41)	R. meliloti A 1	his$^+$ Tc^r	6×10^{-5} 1×10^{-5}	10, alle nif$^-$ 20, alle nif$^-$
6	R. meliloti A 1 (RP 41)	E. coli K 12 JC 5466	his$^+$	3×10^{-2}	20, davon 19 nif$^-$

etwa dem zweifachen des Genoms des Phagen Lambda. Daß große Abschnitte des RP 4-Faktors in ihm enthalten waren, konnte anhand der diesen Faktor kennzeichnenden Resistenzen gegen Kanamycin, Tetracyclin und Carbenicillin sowie der Sensibilität für den P-spezifischen Phagen PRR 1 gezeigt werden.

Dieses neue, das nif-Operon von Klebsiella tragende Plasmid wurde als RP 41 bezeichnet. Es hat, der Absicht der Autoren gemäß, auch jene Gene, die für den breiten Wirtsbereich der P-Faktoren verantwortlich sind. Es überträgt das nif-Operon, zusammen mit den übrigen zur Selektion von Rekombinanten brauchbaren Marken, aus E. coli-Zellen auf verschiedene Bakteriengattungen, darunter Rhizobium, Agrobacter und Azotobacter, ganz abgesehen von anderen E. coli-Stämmen und Klebsiella. Diese Breite der Übertragbarkeit dürfte für weitere Versuche, insbesondere mit Eukaryonten, außerordentlich nützlich sein. Allerdings zeigte sich bei solchen Versuchen (Tabelle 12), daß das übertragene nif-Operon in Agrobacter tumefaciens und Rhizobium meliloti nicht zur Expression kommt. Die Empfängerzellen bleiben hier phänotypisch nif$^-$. Daß das Plasmid mit dem nif-Operon in ihnen angekommen war, ließ sich durch seine Rückübertragung aus solchen Zellen auf E. coli-Zellen zeigen. Hier wurde es dann wieder exprimiert. Solche Resultate deuten an, daß die Übertragung der genetischen Information zur Stickstoffixierung allein nicht ausreicht, um stickstoffbedürftigen Zellen ein Wachstum auf stickstofffreiem Medium zu ermöglichen. Es scheinen vielmehr weitere Faktoren innerhalb der Zelle dabei mitzuspielen. Welcher Art diese sind, wird z. Z. geprüft (Cannon und Postgate, 1976). Man denkt vor allem an Regulationsphänomene.

8. Möglichkeiten einer Übertragung auf höhere Pflanzen

Bei Versuchen zur Übertragung der genetischen Information für die Stickstoffixierung aus Bakterien auf höhere Pflanzen sind eine Vielzahl zusätzlicher Probleme zu bedenken, ohne deren Lösung kaum auf Erfolg gehofft werden kann. Sie betreffen einerseits die Tatsache, daß hier Information aus Prokaryonten auf Eukaryonten übertragen und in den Eukaryontenzellen zur Funktion gebracht werden soll. Die daraus abzuleitenden Schwierigkeiten wurden bereits in Kap. VI und VII besprochen. Zum anderen ist die extreme *Sauerstoffempfindlichkeit der Nitrogenase* störend. Ohne diesen Faktor hätten die hier gedachten Versuche sehr viel bessere Erfolgschancen als solche zur Korrektur erblich defekter Zellen des Menschen. Während nämlich für die etwaige spätere Behandlung menschlicher

Erbkrankheiten eine hohe Ausbeute geheilter Zellen und eine zuverlässige Reproduzierbarkeit der Ergebnisse der in Zellkulturen angestellten Versuche gefordert werden muß, die, wie schon gesagt, bisher nicht gewährleistet ist, würde im hier erörterten System schon eine einzige Rapszelle, in welcher das nif-Operon von Klebsiella fest etabliert und zur Funktion gebracht wird, den Durchbruch bedeuten. Eine solche Zelle könnte ausreichen, um aus ihr durch Regeneration eine ganze Pflanze, und bei Weiterzucht eine Rapsvarietät zu erhalten, die zur Stickstoffixierung befähigt ist. Dabei würde auch die Frage, ob in dieser Pflanze wirklich die eingebrachte Prokaryonten-Information wirkt, oder etwa nur bereits vorhandene, zelleigene genetische Information aktiviert oder durch Rückmutation reaktiviert wurde, keine Rolle spielen. Diese Frage ist bei den anderen heterologen Systemen von großer Bedeutung. Im vorliegenden Fall könnte sie mit der Feststellung beantwortet werden, daß bisher keine höhere Pflanze die betreffende Information besaß. Darüber hinaus wäre es für die Praxis unwichtig, wodurch letztlich die erwünschte Rapsvariante entstand.

Diesem nicht unerheblichen Vorteil des Systems steht die erwähnte Sauerstoffempfindlichkeit der Nitrogenase gegenüber. Während andere bakterielle Enzyme, wie die Tryptophansynthetase oder die β-Galaktosidase, sofern sie in Eukaryontenzellen erst gebildet werden, dort auch, zumindest für einige Zeit, funktionieren sollten, ist dies für die Nitrogenase ohne zusätzliche Annahmen unwahrscheinlich. Die extreme Sauerstoffempfindlichkeit der Nitrogenase dürfte auch der Grund dafür sein, daß die meisten bakteriellen Stickstoffixierer entweder anaerob leben, wie die Clostridien oder, wie Klebsiella, nur *unter* weitgehend *anaeroben Bedingungen Stickstoff fixieren*. Jene Bakterien, die unter aeroben Bedingungen Stickstoff zu binden vermögen, sind durch dicke Schleimhüllen gegen die Außenwelt abgegrenzt, was den Sauerstoffzutritt hemmt. Auch bei Blaualgen scheinen nicht alle Zellen, sondern nur die dickwandigen Heterocysten der Stickstoffixierung zu dienen. Die in den vorher beschriebenen Versuchen gewonnenen E. coli-Hybride fixierten Stickstoff nur unter anaeroben Bedingungen. Inwieweit es möglich sein wird, in pflanzlichen Zellen eine Situation zu schaffen, unter welcher die Nitrogenase funktionieren kann, ist offen. Eine Denkmöglichkeit, deren Realisierung zum Erfolg führen könnte, wäre die Alternative, die Nitrogenase durch Mutation der nif-Gene so zu ändern, daß sie unempfindlicher gegen Sauerstoff wird.

Abgesehen von dem Vorhandensein einer funktionsfähigen Nitrogenase müssen für eine *Stickstoffixierung in Pflanzenzellen* eine Reihe weiterer *biochemischer Voraussetzungen* erfüllt sein. Ob dies der Fall ist, muß für jedes Objekt einzeln geklärt werden. In dieser Hinsicht sind sogar verschiedene pflanzliche Kompartimente wie Chloroplasten und Mitochon-

Tabelle 13. Biochemische Voraussetzungen für eine Stickstoffixierung in verschiedenen denkbaren nif-Gen Empfängern. + = erfüllt, − = nach bisherigen Kenntnissen nicht erfüllt. Nach Shanmugam und Valentine, 1975 a, verändert

Voraussetzung	Empfänger E. coli (Prokaryont)	Chloroplasten (Pflanze)	Mitochondrien (Säuger)
Nitrogenase	−	−	−
reduziertes Ferredoxin oder Äquivalent	+	+	−
ATP	+	+	+
Glutamatsynthase für Assimilation des NH_4^+	+	−	−
Schutz gegen Sauerstoff	+ (unter anaeroben Beding.)	−	−
Molybdän	+	+	+

drien verschieden ausgestattet. Shanmugam und Valentine (1975 a) haben diese biochemischen Voraussetzungen erörtert und in übersichtlicher Form zusammengestellt (Tabelle 13). Sie betreffen unter anderem die Zufuhr von stark reduzierenden Verbindungen, z. B. in Form von Ferredoxin oder Flavodoxin, die Zufuhr von ATP als Energiequelle, und das Vorliegen eines auf die Weiterverarbeitung des anfallenden NH_4^+ abgestellten Stoffwechselweges. Zusammenfassend kann daher gesagt werden, daß zur Erreichung des Fernzieles der Einpflanzung bakterieller nif-Gene in das Genom höherer Pflanzen noch manche Vorarbeit geleistet werden muß.

9. Stickstoffixierende Symbiosen

Angesichts der Schwierigkeiten, welche eine Übertragung der genetischen Information für Stickstoffixierung aus Prokaryonten auf Eukaryonten und die stabile Etablierung solcher Information in Eukaryontenzellen bietet, liegt es nahe, auch einfachere Wege zu prüfen, bei welchen sich eine derartige Übertragung vermeiden läßt. Ein solcher Weg wäre die Herstellung neuer stickstoffixierender Symbiosen. Die genetische Information des bakteriellen Partners der Symbiose bliebe in ihrer natürlichen Umgebung, der Bakterienzelle, so daß sich von dieser Seite keine Probleme ergeben könnten. Statt dessen trifft man jetzt aber auf das Problem der *Wirtsspezifität*. Bei der Symbiose der Leguminosen mit Rhizobien sind nach bisheriger Auffassung jeweils ganz bestimmte Arten von Rhizobien auf bestimmte Leguminosenarten festgelegt, in Gemeinschaft mit anderen können sie offensichtlich nicht gedeihen. Dafür sollen genetische Faktoren auf Seiten des Bakteriums und der Pflanze verantwortlich sein.

In neueren Untersuchungen konnte gezeigt werden, daß die Bindung an einen bestimmten pflanzlichen Wirt nicht die Voraussetzung für das Wachstum und die Stickstoffixierung der Rhizobien ist, da die *Fixierung* auch unter stark vereinfachten Bedingungen *in Gewebekultur* ablaufen kann. Dabei läßt sich auch Pflanzenmaterial von Nicht-Leguminosen als Partner der Rhizobien verwenden. Stickstoffixierung in Gewebekultur erhielt eine Arbeitsgruppe der Dupont Laboratorien in den USA (Holsten *et al.*, 1971). Die Autoren arbeiteten mit Kallusstückchen aus Sojabohnenwurzeln, die mit dem natürlichen bakteriellen Partner, Rhizobium japonicum, infiziert worden waren. Das Ausmaß der so erzielten Stickstoffixierung war zwar gering, diese erfolgte aber ohne Bildung von Knöllchen, Leghämoglobin und Bakterioiden, die in der vollständigen Pflanze damit einhergeht. Diese Ergebnisse an Gewebekulturen wurden von der Fachwelt begeistert aufgenommen, doch verblieb, wegen der Schwierigkeit ihrer Absicherung durch adäquate biologische Kontrollen, auch eine gewisse Skepsis.

Weiter führten dann Berichte zweier Arbeitsgruppen aus Canada und Australien (Child, 1975; Scowcroft und Gibson, 1975). Beide legten Befunde vor, die zeigten, daß zumindest die sogenannten *langsam wachsenden Rhizobien* mit pflanzlichen Zellen *in vitro Symbiosen* bilden können, und zwar nicht nur mit Kalluskulturen jener Leguminosen-Arten, mit denen sie auch natürlicherweise Symbiosen eingehen, sondern darüber hinaus mit Kalluskulturen von *Pflanzen-Arten, die* normalerweise *keine Knöllchen bilden*, darunter die verwandtschaftlich den Leguminosen sehr ferne stehenden Arten Tabak und Weizen. In diesen Arbeiten wurden sehr sorgfältige und die Fachwelt überzeugende Kontrollen gemacht, so daß z. B. eine Kontamination der Kalluskulturen durch andere, auch ohne Symbiosepartner stickstoffixierende Bakterien, ausgeschlossen erscheint. Die Versuche waren so konzipiert, daß die pflanzlichen Kalli auf einer Membran, die auf der Oberfläche eines festen, agarhaltigen Nährbodens lag, gezüchtet wurden. Im Nährboden befanden sich die Rhizobien. Durch Entfernung der Membran konnte das Pflanzenmaterial nach unterschiedlichen Einwirkungszeiten von den Rhizobien getrennt werden. Zuvor und anschließend wurde deren Stickstoffixierung gemessen. Es zeigte sich, daß die Rhizobien in Gegenwart des Pflanzenmaterials, aber auch noch mehrere Stunden nach seiner Entfernung, Stickstoff zu fixieren vermochten.

Der unmittelbare *Kontakt zwischen Bakterium und Pflanzenzelle,* wie er natürlicherweise bei diesen Symbiosen gegeben ist, war also für die Stickstoffixierung *nicht erforderlich.* Die Bakterien benötigen aber, um die in ihrem Genom enthaltene Information zur Stickstoffixierung zu realisieren, gewisse diffusible Substanzen aus den Pflanzenzellen.

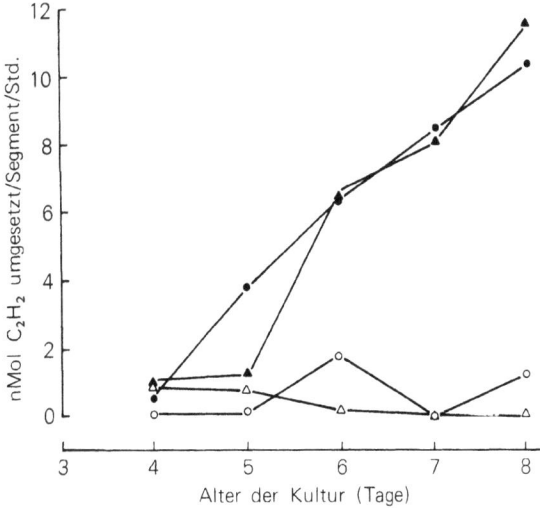

Abb. 126. Nitrogenaseaktivität von Rhizobienkulturen bei Anzucht ohne pflanzliche Zellen, mit (●) bzw. ohne (○) Arabinose. Desgl. mit pflanzlichen Zellen, mit (▲) bzw. ohne (△) Arabinose. Die Rhizobien befanden sich auf Agarstückchen mit synthetischem Nährmedium plus 25 mM Succinat, in Gefäßen mit 20% O_2, 10% C_2H_2 und 70% Argon. Arabinosekonzentration 25 mM. Pflanzliche Zellen: Nicotiana tabacum. Messung der Nitrogenaseaktivität im Azetylenreduktionstest. Aus Pagan *et al.,* 1975, verändert

Inzwischen wurden auch Daten publiziert, aus denen hervorgeht, um welche Substanzen es sich dabei handeln könnte. Es scheinen vor allem Pentosen, wie Arabinose oder Xylose sowie Dicarbonsäuren, wie Succinat zu sein (Pagan *et al.,* 1975; Kurz und La Rue, 1975; Mc Comb *et al.,* 1975; Postgate, 1975). Beide Stoffklassen kommen in Pflanzen regelmäßig vor. *Bei Angebot von Succinat und Arabinose können* verschiedene *Rhizobienstämme* frei von pflanzlichen Zellen *zur Fixierung von Luftstickstoff gebracht werden* (Abb. 126). Dies dürfte einen Durchbruch in der Symbioseforschung bedeuten. *Symbiosen* von Leguminosen und Rhizobien können danach *experimentell getrennt* werden, ohne daß die entscheidende Funktion der Stickstoffixierung, von der bisher angenommen wurde, daß sie nur in Symbiose zustande kommt, verloren geht. Die Resultate zeigen, daß zumindest gewisse Rhizobien die vollständige genetische Information für die Fixierung von Luftstickstoff besitzen, was bisher durchaus umstritten war. Wichtig ist auch, daß hier die *Stickstoffixierung in Gegenwart von Sauerstoff* möglich ist. Es wird angenommen, daß die gemeinsame Respiration der Bakterien in einer Zellschicht oder Zellkolonie die Sauerstoffspannung in den einzelnen Zellen soweit absenkt, daß die Nitrogenase funktionieren kann. Die weitere genetische und biochemische Analyse der hier erörterten Probleme in Verbindung mit genetischen Manipulationen wie Mutagenese oder Gentransfer sollte Möglichkeiten eröffnen, um in vivo bestehende Wirtsspezifitäten zu durchbrechen und Rhizobien auch an anderen Pflanzen als den Leguminosen zu etablieren.

Literatur

Cannon, F. C., Postgate, J. R.: Nature (London) **260**, 271 – 272 (1976)
Cannon, F. C. et al.: J. Gen. Microbiol. **80**, 227 – 239 (1974 a)
Cannon, F. C. et al.: J. Gen. Microbiol. **80**, 241 – 251 (1974 b)
Cannon, F. C. et al.: In: Proceedings of the First International Conference on Nitrogen Fixation, W. E. Newton and C. J. Nyman eds., Washington State University Press, Pullman 1976 a, S. 320 – 326
Cannon, F. C. et al.: J. Gen. Microbiol. **93**, 111 – 125 (1976 b)
Chatt, J. et al.: Nature (London) **253**, 39 – 40 (1975)
Child, J. J.: Nature (London) **253**, 350 – 351 (1975)
Dixon, R. A., Postgate, J. R.: Nature (London) **234**, 47 – 48 (1971)
Dixon, R. A., Postgate, J. R.: Nature (London) **237**, 102 – 103 (1972)
Dixon, R. A. et al.: Nature (London) **260**, 268 – 271 (1976)
Dunican, L. K., Thierney, A.: Biochem. Biophys. Res. Commun. **57**, 62 – 72 (1974)
Esser, K., Kuenen, R.: Genetics of Fungi. Berlin-Heidelberg-New York: Springer, 1967
Fincham, J. R. S.: J. Mol. Biol. **4**, 257 – 274 (1962)
Fincham, J. R. S., Coddington, A.: J. Mol. Biol. **6**, 361 – 373 (1963)
Hardy, R. W. F., Havelka, U. D.: Science **188**, 633 – 643 (1975)
Heumann, W.: Umschau **69**, 722 – 728 (1969)
Holsten, R. D. et al.: Nature (London) **232**, 173 – 176 (1971)
Kessler, E.: In: Fortschritte der Botanik **36**, 99 – 107 (1974)
Kurz, W. G. W., La Rue, T. A.: Nature (London) **256**, 407 – 409 (1975)
Mc Comb, J. A. et al.: Nature (London) **256**, 409 – 410 (1975)
Meadows, D. et al.: Die Grenzen des Wachstums. Bericht des Club of Rome zur Lage der Menschheit. Stuttgart: Deutsche Verlagsanstalt, 1972
Minchin, F. R., Pate, J. S.: J. Exp. Bot. **24**, 259 – 271 (1973)
Nagatani, H. et al.: Arch. Mikrobiol. **79**, 164 – 170 (1971)
Nicholas, D. J. D.: In: The Fungi, G. C. Ainsworth und A. S. Sussman eds., New York und London: Academic Press, Vol I. S. 349 – 376 (1965)
Pagan, J. D. et al.: Nature (London) **256**, 406 – 407 (1975)
Plarre, W.: Umschau **71**, 21 – 22 (1971)

Postgate, J.: Nature (London) **256,** 363 (1975)
Scowcroft, W. R., Gibson, A. H.: Nature **253,** 351 – 352 (1975)
Schlegel, H. G.: Allgemeine Mikrobiologie 4. Aufl., Stuttgart: Thieme, 1976
Shanmugam, K. T. *et al.*: Biochim Biophys. Acta **338,** 545 – 553 (1974)
Shanmugam, K. T., Valentine, R. C.: Science **187,** 919 – 924 (1975 a)
Shanmugam, K. T., Valentine, R. C.: Proc. Nat. Acad. Sci. USA **72,** 136 – 139 (1975 b)
Sorger, G. J., Giles, N. H.: Genetics **52,** 777 – 788 (1965)
Streicher, S. *et al.*: Proc. Nat. Acad. Sci. USA **68,** 1174 – 1177 (1971)
Streicher, S. *et al.*: Nature (London) **239,** 495 – 499 (1972)
Sweeney, G. C.: In: Proceedings of the First International Conference on Nitrogen Fixation, W. E. Newton und C. J. Nyman eds., Washington State University Press, Pullman, 1976, S. 648 – 655
Tubbs, R. S., Postgate, J. R.: J. Gen. Microbiol. **79,** 103 – 117 (1973)
Werner, D.: Naturwissenschaftl. Rdsch. **27,** 177 – 182 (1974)
Yates, M. G.: Trends in Biochemical Sciences, January 1976, S. 17 – 20

Kapitel IX
Künstliche Hybridisierung bei höheren Pflanzen

Im vorstehenden Kapitel wurde bereits das Problem der Zunahme der Weltbevölkerung und die Notwendigkeit der Steigerung der Nahrungsproduktion angeschnitten. Es wurde zunächst auf Arbeiten zur Verbesserung von Getreidesorten hingewiesen, und sodann erörtert, inwieweit durch Übertragung bakterieller Gene mit der Information für die Fixierung von Luftstickstoff auf Zellen höherer Pflanzen möglicherweise Sorten entstehen könnten, die von einer Stickstoffdüngung unabhängig wären. Dies war eine typische Fragestellung der Genmanipulation. Kehren wir von der bei höheren Pflanzen bisher nicht vorhandenen Eigenschaft der Stickstoffixierung zurück zu Eigenschaften, wie sie bei der einen oder anderen Pflanze normalerweise schon vorhanden sind, die man aber vorteilhafterweise gerne in ein und derselben Pflanze vereinigt sähe. Der Einsatz von Methoden der Genmanipulation kann auch hier erwogen werden, obwohl jetzt die interessierende Information nicht bakteriellen Ursprungs ist, sondern aus höheren Pflanzen stammt, die einander systematisch mehr oder weniger nahe stehen. Da bei Arten, die nur entfernt verwandt oder nicht miteinander verwandt sind, verschiedene Sperrmechanismen bei der Bestäubung und Befruchtung eine Kombination von genetischem Material auf natürlichem Wege verhindern, ist dieses Ziel so nicht zu erreichen. Man kann aber z. B. an die Kombination von genetischem Material auf dem Wege einer somatischen Hybridisierung durch Fusion von Zellen beider Partner in vitro denken. So ließe sich, zunächst theoretisch, genetische Information für Produktqualität, Krankheitsresistenz, Schnellwüchsigkeit usw. aus Pflanzen verschiedener Gattungen oder Familien kombinieren. Derartige, bisher nicht existierende Kombinationen von Erbfaktoren in pflanzlichen Individuen zu erzwingen und diese dadurch zur Ausbildung bestimmter erwünschter Merkmale zu veranlassen, ist ein in vieler Hinsicht reizvolles und später voraussichtlich auch lohnendes Ziel. Ehe auf Versuche zur künstlichen Hybridisierung auf somatischem Wege eingegangen werden kann, muß die sexuelle Hybridisierung durch Kreuzung kurz rekapituliert werden.

1. Hybridisierung durch Kreuzung

Das Prinzip geht auf *Mendel* zurück. Er kreuzte, wie erinnerlich, u. a. zwei verschiedene Varietäten der Gartenerbse, Pisum sativum, die sich in zwei Merkmalen, der Samenfarbe und der Samenform, unterschieden. Die eine Varietät hatte gelbe, runde, die andere grüne, kantige Samen. In der ersten Tochtergeneration (F 1) traten nur gelbe, runde Samen auf. Nach Aufzucht der Pflanzen aus ihnen und deren Selbstung entstanden Erbsen mit vier verschiedenen Phänotypen, darunter gelbe, kantige und grüne, runde Erbsen. Die Farbe und Form der Samen wird bei der Erbse wesentlich durch die Kotyledonen bestimmt, die hier bereits zur F 2 gehören. Einige der Erbsen mit neuem Phänotyp züchteten bei Selbstung rein weiter, waren also genetisch stabil und damit als neue Varietäten aufzufassen. Die Selbstung ist bei der Erbse leicht möglich, da hier die Antheren schon in der Blütenknospe aufplatzen, die Bestäubung also schon erfolgt, ehe Fremdpollen zutreten kann. Die künstliche Befruchtung bei bestimmten Kreuzungsprogrammen, wie dem hier genannten, erfordert das vorzeitige Öffnen der Knospe, die Entfernung der Staubblätter mit einer Pinzette und das Auftragen des Fremdpollens auf die Narbe des Fruchtknotens.

Aus den von Mendel erhaltenen Zahlenwerten läßt sich ableiten, daß die beiden Merkmale gelb und rund dominant, die beiden Merkmale grün und kantig aber rezessiv sind. Mendel schloß auf das Zugrundeliegen von Erbfaktoren und folgerte, daß diese unabhängig voneinander vererbt werden. Das dieser Hybridisierung durch Kreuzung nach heutigen Kenntnissen zugrunde liegende Schema gibt Abb. 127. Das Allel für Gelbfärbung der Samen ist mit a^+, jenes für Grünfärbung mit a bezeichnet. Entsprechend bedeutet b^+ rund und b kantig. Es wird davon ausgegangen, daß jedes der beiden beteiligten Gene auf einem anderen Chromosomenpaar liegt. Nur diese Chromosomen sind im Schema gezeigt. Die Kreuzung beginnt mit den Elterntypen gelb, rund $a^+ a^+ b^+ b^+$ und grün, kantig a a b b. Sie ergibt in der F 2 u. a. die neuen Varietäten gelb, kantig $a^+ a^+$ b b und grün, rund a a $b^+ b^+$.

Kreuzungen wie die eben beschriebene sind in der Regel nur zwischen Angehörigen derselben Art möglich. Der *Artbegriff* wurde ursprünglich geradezu anhand dieses Kriteriums definiert (Rieger *et al.*, 1968). Damit können nur solche Merkmale als neue Kombinationen in neuen Varietäten auftauchen, die innerhalb einer Art jeweils schon vorhanden waren. Trachtet man nach einer Erweiterung der Kombinationsmöglichkeiten durch Kreuzung von Angehörigen verschiedener Arten, so trifft man schon dann, wenn beide Arten zur selben Gattung gehören, auf Schwierigkeiten. Nur in wenigen Familien, z. B. bei Gramineen und Cruciferen, waren auch *Kreuzungen zwischen Angehörigen verschiedener Gattungen* erfolgreich. Bei solchen Kreuzungen entstehen über Umwege sogenannte Amphidiploide, die fortpflanzungsfähig sind. Die folgenden Beispiele sollen dies erläutern.

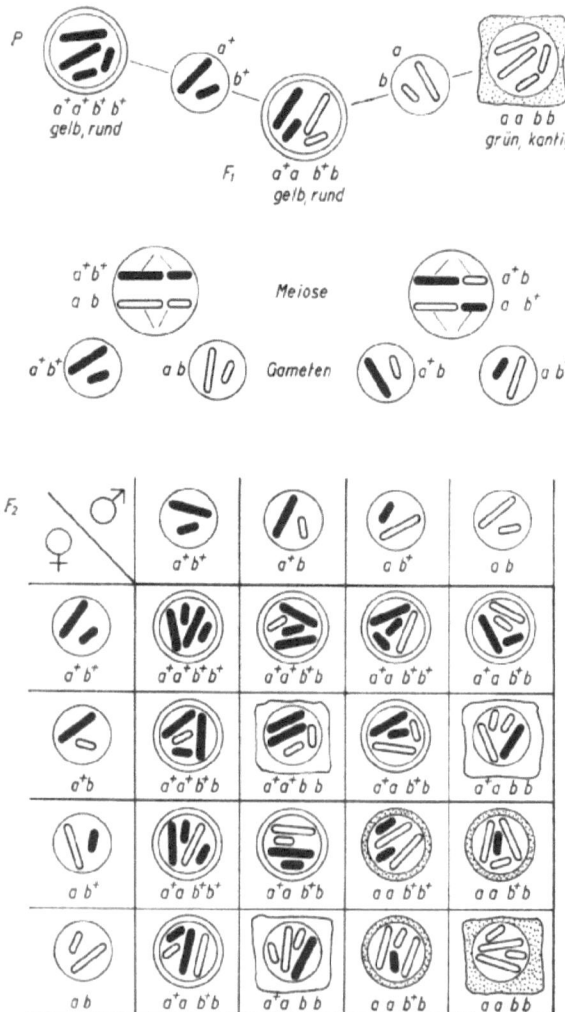

Abb. 127. Schema einer Hybridisierung durch Kreuzung. Kreuzungspartner sind zwei Erbsenvarietäten. P = Elterngeneration. $F\,1$ = erste, $F\,2$ = zweite Tochtergeneration. Somazellen doppelt umrandet, Keimzellen einfach umrandet. Weitere Erklärungen im Text. Aus Günther, 1971

2. Erzeugung von Amphidiploiden

Amphidiploide Pflanzen besitzen in ihren Somazellen die vereinigten diploiden Chromosomensätze zweier verschiedener Kreuzungspartner, aus denen sie hervorgingen. Sie können nach Günther (1971) auf verschiedene Weise entstehen: Wenn man zwei Arten mit den inhomologen, diploiden Genomen AA und BB kreuzt, entsteht, sofern eine Befruchtung überhaupt möglich ist, nach Verschmelzen der Gameten mit den haploiden Genomen A und B zunächst ein Hybrid mit dem Genom AB. Wenn die Genome der Ausgangsarten sehr verschieden sind, erfolgt keine Paarung der Chromosomen in der Meiose, sie werden unregelmäßig auf die Meioseprodukte verteilt, der Hybrid ist steril. Das Auftreten der Unregelmäßigkeiten im Meioseverlauf kann jedoch die Trennung der Chromosomen auch ganz verhindern und die Bildung unreduzierter Meioseprodukte begünstigen, die beide Genome (A und B) enthalten. Wenn bei einer Befruchtung zwei solche Gameten aufeinander treffen, entsteht die amphidiploide Zygote AABB, aus der dann eine amphidiploide Pflanze wird. Das gleiche läßt sich erreichen, wenn man den Hybrid mit dem Genom AB im somatischen Bereich polyploidisiert oder wenn spontan eine somatische Verdopplung der Chromosomenzahl in der Zygote erfolgt. In der Meiose amphidiploider Individuen paaren die Chromosomen des Genoms AA untereinander ohne Schwierigkeiten, die Chromosomen des Genoms BB ebenfalls, so daß keine weiteren Störungen auftreten.

Viele Kulturpflanzen sind amphidiploid. Aus den kombinierten, diploiden Genomen zweier verschiedener Elternarten setzt sich z. B. das Genom des Raps zusammen, der durch die Kreuzung von Kohl mit Rübsen entstanden ist. Beide sind Angehörige der Gattung Brassica. Weitere Beispiele gibt Tabelle 14. Auch zwischen den weniger nah verwandten Arten Rettich (Raphanus sativus) und Kohl (Brassica oleracea) sind Kreuzungen

Tabelle 14. Kulturpflanzen oder wild vorkommende Arten, die Amphidiploide sind und deren Elternarten experimentell ermittelt werden konnten. Aus Günther, 1971, nach Oehler, verändert

Name	2n	Mutter	2n	Vater	2n
Gossypium hirsutum	52	G. thurberi	26	G. arboreum	26
Prunus domestica	48	P. divaricata	16	P. spinosa	32
Rubus maximus	42	R. idaeus	14	R. caesius	28
Nicotiana tabacum	48	N. silvestris	24	N. tomentosiformis	24
Brassica napus	38	B. campestris	20	B. oleracea	18
Galeopsis tetrahit	32	G. pubescens	16	G. speciosa	16
Spartina townsendii	126	S. stricta	56	S. alternifolia	70

möglich. Es handelt sich hier um Gattungskreuzungen. Beide Arten besitzen im diploiden Satz 18 Chromosomen, die Gameten also je 9 Chromosomen. In der F 1-Generation treffen bei der Zygotenbildung je 9 Brassica- und 9 Raphanus-Chromosomen zusammen. Der Hybrid wächst auf. Da eine Paarung dieser Chromosomen im Zuge der Meiose nicht möglich ist, sind die Pflanzen nahezu steril. Bei der Meiose entstehen aber gelegentlich auch Gameten mit allen 18 Brassica- und allen 18 Raphanus-Chromosomen. Die Verschmelzung zweier derartiger Gameten liefert dann amphidiploide Pflanzen. Der Meiose bieten sich bei ihnen keine Schwierigkeiten mehr, sie sind daher fortpflanzungsfähig und bilden eine neue Art „Raphanobrassica".

3. Überwindung physiologischer Sperren

Bei den soeben erörterten Art- und Gattungskreuzungen ergaben sich Schwierigkeiten vor allem auf chromosomaler Ebene. Die Paarung unterschiedlicher Chromosomensätze in der Meiose ist nicht möglich. Man kann hier von einer genetischen Sperre sprechen. Außer dieser Sperre gibt es jedoch weitere, physiologische Sperren, die eine Kreuzung zwischen Angehörigen verschiedener Arten oder gar Gattungen verhindern können. Im Prinzip ähnliche Sperren sind bei gemischtgeschlechtigen Pflanzen als Blockaden einer Selbstbefruchtung bekannt. Solche Sperren können z. B. in der Narbe oder dem Griffel der Fruchtblätter lokalisiert sein und als chemische Substanzen die Pollenkeimung oder das Pollenschlauchwachstum verhindern, wodurch eine Befruchtung unmöglich wird.

Hier setzen Versuche von Bates *et al.* (1974) an, die darauf hinzielen, diese Sperren durch *Immunsuppressiva* zu beseitigen. Substanzen, wie ε-Amino-Capronsäure unterdrücken die Wirkung der natürlichen, antigenartigen Verbindungen, welche die Unverträglichkeit von Pollen und Griffel verursachen, so daß es zur Befruchtung kommen kann. Ob solche Versuche praktische Bedeutung erlangen werden, ist jedoch vorerst noch offen. In einigen Fällen ließ sich das Problem auch über *in vitro-Befruchtungen* umgehen, in denen die Samenanlagen durch Entfernung der Fruchtknotenwand freigelegt oder völlig aus dem Fruchtknoten isoliert wurden. Der Pollen kann dann direkt auf die Samenanlage aufgebracht werden. Falls die Samenanlage aus dem Fruchtknoten isoliert wurde, muß sie nach der Befruchtung in einem geeigneten Nährboden weitergezüchtet werden, bis eine vollständige Pflanze entsteht. Erfolgreich waren Hybridisierungsversuche in vitro nur innerhalb recht enger systematischer Kategorien, so bei nahe verwandten Gattungen der Caryophyllaceen oder, in etwas abgewandelter Technik, der Gramineen (Hess, 1974; 1975 b).

4. Triticale

In vitro-Methoden spielen auch eine Rolle bei Versuchen zur Verbesserung von Roggen-Weizen Hybriden. Zum ersten Mal beschrieben wurden solche Hybride schon Ende des vorigen Jahrhunderts. Sie hatten die 14 Chromosomen des diploiden Roggensatzes und die 42 Chromosomen eines diploiden Weizens. Sie erhielten als amphidiploide Bastarde aus Weizen (Gattung Triticium) und Roggen (Gattung Secale) den Namen Triticale. Die Vereinigung der guten Eigenschaften des Weizens mit denen des Roggens, auf die hier abgezielt worden war, führte aber auch zur Vereinigung negativer Merkmale der beiden Gattungen, so daß solche Bastarde zunächst in der Landwirtschaft kaum Verwendung fanden.

Neuerdings hat man nun zwei wichtige methodische Hilfen bei der Erzeugung von Roggen-Weizen-Hybriden in Anspruch nehmen können, die eine stellt das *Colchicin* dar, die andere die *Embryokultur*. Die aus Kreuzungen zunächst hervorgehenden Körner haben wegen der genetischen Unverträglichkeit der beiden Elternarten meist eine geringe Keimungsrate. Die Hybridembryonen entwickeln sich nicht normal. Ihre Überlebenschancen können wesentlich verbessert werden, wenn man die Embryonen in unreifen Samen 10–21 Tage nach der Bestäubung vom Rest des Kornes abtrennt und auf geeignetem Agarnährboden weiterkultiviert. Die in Kultur genommenen Embryonen werden zunächst im Dunkeln gehalten, bis Wurzeln erscheinen, und dann in Dauerlicht gebracht, wo sich Sprosse entwickeln. Anschließend kann in Erde umgetopft werden. Die so gewonnenen F1-Pflanzen sind meist steril. Die Ursache dafür ist, wie bei anderen Gattungskreuzungen, daß die Chromosomensätze der beiden Kreuzungspartner zu verschieden sind, um in der Meiose zu paaren. Man kann die Keimpflanzen jedoch mit Colchicin behandeln, einem Alkaloid der Herbstzeitlosen. Diese Droge stört die Ausbildung der Teilungsspindel bei der Zellteilung, so daß die Aufteilung der Chromosomen auf die Tochterkerne unterbleibt. Der Chromosomensatz einer Zelle wird also ohne Zellteilung verdoppelt. Was entsteht, sind amphidiploide Zellen, unter anderem in den Blüten. Damit sind die Voraussetzungen einer Paarung der Chromosomen in der Meiose gegeben, so daß sich fertile Rassen von Triticale herausbilden können.

Ein Zufallsereignis, durch welches zusätzlich Erbfaktoren eines Zwergweizens in Triticale eingebracht wurden, trug weiter zur Verbesserung der Triticalerassen bei (Hulse und Spurgeon, 1974). Heute gibt es eine Vielzahl davon, die landwirtschaftlich interessant sind. Wichtig ist z. B., daß einige den hohen Proteingehalt des Weizens zusammen mit dem hohen *Lysingehalt* des Roggens besitzen. Lysin ist eine der zehn für den Menschen essentiellen Aminosäuren, die der Körper nicht selbst synthetisieren kann. Der biologische Wert eines Nahrungsproteins hängt von seinem Gehalt an solchen *essentiellen Aminosäuren* ab. Dabei ist jene Aminosäure, die relativ betrachtet in der niedrigsten Konzentration vorliegt, limitierend. Diese Aminosäure ist in vielen Getreiden das Lysin. Triticalerassen, welche nicht nur allgemein viel Protein liefern, sondern insbesondere ein Protein mit hohem Lysingehalt, sind daher besonders wertvoll. Es sei hier erwähnt, daß Weizen im Schnitt etwa 180 mg Lysin pro Gramm Gesamtstickstoff enthält. Einige der aussichtsreichsten neuen Triticalerassen haben etwa 250 mg pro Gramm Gesamtstickstoff. Von dieser Eigenschaft abgesehen können Triticalerassen auch den hohen Ertrag von Weizen mit der Wirtschaftlichkeit von Roggen vereinen und an ungünstige Klimate und Bodenverhältnisse angepaßt werden. Einige Rassen scheinen resistenter gegen Rostbefall zu sein als Weizen. Diese Eigenschaft ist von besonderer Bedeutung, da Rost die Weizenproduktion in vielen Teilen der Welt einschränkt. Abb. 128 zeigt einige Ähren von Triticale. Bisher sind Triticalerassen hinsichtlich des Ertrages nur in besonderen Klimaten mit Weizen oder anderen Getreidearten konkurrenzfähig (Zillinsky, 1974). Dennoch

Abb. 128. Ähren von Triticale. Freundlicherweise zur Verfügung gestellt von F. Zeller und G. Fischbeck. Vergr. 0,29×

werden die vor allem in Canada und Mexico durchgeführten Entwicklungsarbeiten der letzten Jahre insgesamt als so erfolgreich betrachtet, daß nun auch Versuche zur Erzeugung weiterer neuer Getreide durch andere Gattungskreuzungen bei Gramineen begonnen wurden.

5. Versuche mit Protoplasten

Bei Versuchen zur Kreuzung von Angehörigen verschiedener Pflanzengattungen mit dem Ziel der Erzeugung von Gattungsbastarden stören die schon erwähnten natürlichen Barrieren. Außerdem sind sexuelle Kreuzungen wegen der Größe vieler pflanzlicher Objekte und der Dauer ihres Generationszyklus meist umständlich und zeitraubend. Teile der natürlichen Barrieren können aber beseitigt und die Experimente ökonomischer und rascher abgewickelt werden, wenn statt ganzer Pflanzen Protoplasten einzelner pflanzlicher Zellen benutzt und in vitro zur Fusion gebracht werden. Während pflanzliche Zellen mit intakter Wand nur in besonderen Fällen fusionieren, ist dies bei Protoplasten, denen die Zellwand fehlt, leichter zu erreichen. Man kann so die Sexualität als Mittel der Hybridisierung umgehen, und spricht im Gegensatz zur Hybridisierung durch Kreuzung von somatischer Hybridisierung.

a) Methodik der Protoplastierung

Methoden zur Gewinnung pflanzlicher Protoplasten sind im letzten Jahrzehnt bis zu großer Verfeinerung ausgearbeitet worden. Protoplasten können z. B. aus dem Mark von Zuckerrohrstengeln, dem Mesophyll junger Tabakblätter oder den Sproßspitzen von Erbsenkeimlingen gewonnen werden. Beim Tabak werden dafür z. B. Streifen der unteren Epidermis abgezogen und mit den daranhängenden Mesophyllzellen in einer hypertonischen Rohrzuckerlösung (0,6 M) für 4–6 Stunden mit Enzymen behandelt, welche die Mittellamelle und die zellulosehaltigen Zellwände abbauen. Solche Enzyme sind Pektinase (0,4%) und Zellulase (4%). Die Lösung muß hypertonisch sein, um ein Platzen der frei werdenden Protoplasten durch zu starkes Anschwellen zu vermeiden. Ein Beispiel für die Freisetzung von Protoplasten aus Wurzelspitzen von Petunia durch enzymatischen Abbau der Zellwände gibt Abb. 129. Ein Vorteil beim Arbeiten mit Protoplasten ist, daß aus einer einzelnen Pflanze homogene Populationen vieler tausender Protoplasten mit bekannter genetischer Zusammensetzung gewonnen werden können.

b) Regeneration

Protoplasten einiger Pflanzenarten können unter geeigneten Bedingungen zu vollständigen Pflanzen regenerieren. Dies ist für die Versuche zur somatischen Hybridisierung von Protoplasten von großer Bedeutung. Grundlegende Voraussetzung für diese Regeneration ist die *Totipotenz pflanzlicher Zellen*, die Tatsache also, daß zumindest Zellen aus bestimmten pflanzlichen Geweben noch die vollständige genetische Information der betreffenden Pflanzenart enthalten. Diese Tatsache wurde schon um die Jahrhundertwende von dem deutschen Botaniker Otto Haberlandt postuliert. Sie konnte Ende der fünfziger Jahre durch A. Braun vom Rockefeller-Institut experimentell an Einzelzellen des Tabaks nachgewiesen werden, die in einem Nährmedium mit bestimmten chemischen Zusätzen zu vollständigen Tabakpflanzen regenerierten. Um die *Regeneration einzelner Pflanzenzellen* zu vollständigen Pflanzen zu erreichen, wurden mehr oder weniger empirisch z. T. sehr komplizierte Verfahren ausgearbeitet. Z. B. mußten beim Zuckerrohr Einzelzellen aus Gewebestückchen des Marks mit Hilfe eines Mikroskalpells steril entnommen und zunächst in Röhr-

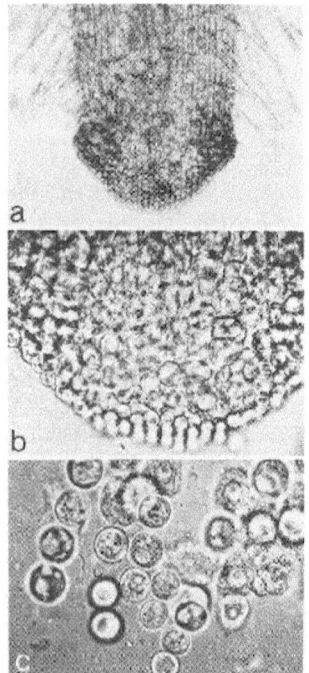

Abb. 129 a – c. Freisetzung von Protoplasten aus einer Wurzelspitze von Petunia. (a) Übersicht. (b) Ausschnitt. Wurzelspitze vergrößert. (c) Sich aus dem Gewebeverband lösende Protoplasten. Aufnahme freundlicherweise zur Verfügung gestellt von I. Potrykus

chen, welche das gleiche Gewebe als Nährsubstrat enthielten, zur Proliferation gebracht werden. Steriles Filterpapier, das zwischen die Zellen und das als Nährsubstrat dienende Gewebe eingeschoben war, verhinderte eine Vermischung, gestattete jedoch den Durchtritt von Flüssigkeit und Nährstoffen. Die so erhaltenen, von einer Einzelzelle abstammenden, noch undifferenzierten Kallusstückchen wurden dann in eine Nährlösung übertragen, welche bestimmte pflanzliche Wuchsstoffe enthielt. Sie konnten damit zur Ausbildung von Sprossen und Wurzeln angeregt werden (Nikkell und Heinz, 1973). Auch aus isolierten Einzelzellen von Tabak und Möhre können auf dem Wege über die Kallusbildung wieder ganze Pflanzen entstehen. Als entscheidend bei solchen Versuchen hat sich herausgestellt, daß die dem Nährsubstrat zugefügten *Wuchsstoffe*, meist β-Indolylessigsäure oder α-Naphthylessigsäure und Kinetin, in bestimmter Relation und zeitlicher Folge geboten werden (Abb. 130). Z. B. fördert der Zusatz von 0,1 mg α-Naphthylessigsäure und 2 mg Kinetin pro Liter zu einer Kalluskultur haploider Tomatenzellen die Differenzierung, während 8 mg α-Naphthylessigsäure und nur 0,01 mg Kinetin pro Liter ein weiteres undifferenziertes Wachstum der Kalli begünstigt (Gresshoff und Doy, 1972, und Kap. VI, S. 145). Ähnlich lassen sich aus Petunienzellen durch schrittweisen Transfer von einem Medium mit 2,4-Dichlorphenoxyessigsäure über ein Medium mit 6-Benzyladenin auf ein solches mit α-Naphthylessigsäure wieder ganze Pflanzen erhalten (Hess, 1975 a). Grundsätzlich müßte jede Pflanze durch Gewebekultur aus Einzelzellen vegetativ vermehrt werden

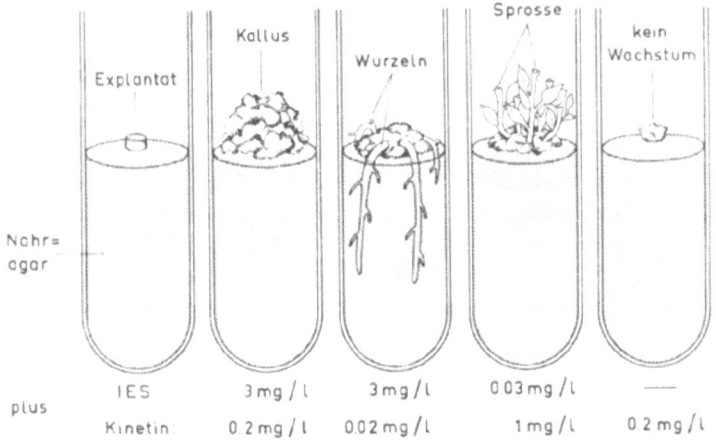

Abb. 130. Wuchsstoffrelation und Differenzierung. Schematische Darstellung für Tabakgewebe. Aus Mohr und Sitte, 1971, nach Ray

können. Bei vielen Objekten ist dies aber noch nicht gelungen, da deren spezifische Regulationsmechanismen für die Organanlagen nicht bekannt sind (Reuther, 1974).

Die soeben beschriebenen Versuche betrafen die Regeneration von Pflanzen aus Einzelzellen mit intakter Wand. Um von Protoplasten aus ebenfalls zu ganzen Pflanzen zu kommen, ist zunächst eine *Regeneration der Zellwand* und die Anregung der Teilung der Protoplasten nötig. Geeignete Methoden wurden für Protoplasten verschiedener Pflanzenarten beschrieben (Eriksson *et al.*, 1974). Der erste Schritt, die Bildung von Zellwänden, erfolgt nach Auswaschen der Zellulase spontan. Er läßt sich durch Behandlung der Protoplasten mit Calcofluor White, einem Fluoreszenzfarbstoff, der dem Zellulosenachweis dient, mikroskopisch leicht verfolgen. Anschließend setzen Zellteilungen ein. Leider ist der Anteil an Protoplasten einer Kultur, bei welchen es dazu kommt, bisher meist gering, was vorerst noch als schwerwiegender Nachteil solchen Materials aufgefaßt wird (Gamborg *et al.*, 1974). Eine Methode für Tabak, bei welcher nahezu alle Protoplasten zur Wandbildung und zu weiteren Teilungen schreiten, haben kürzlich Meyer und Abel (1975) angegeben. Dies ist das Objekt, bei welchem als erstem eine Regeneration ganzer Pflanzen aus Protoplasten erreicht wurde (Takebe *et al.*, 1971). Hierauf wird später noch zurückzukommen sein.

Bei Petunien werden die besten Erfolge in flüssigem Medium erzielt (Binding, 1974), doch sind auch Teilungen in Agar möglich (Hess und Potrykus, 1972). Die so entstehenden Kalli werden, ähnlich wie zuvor für intakte Zellen beschrieben, durch Übersetzen auf wuchsstoffhaltigen Agar zur Bildung von Sprossen und Wurzeln gebracht. Außer bei Petunien gelang die Regeneration ganzer Pflanzen auch bei der Möhre und dem Raps.

c) Fusion

Die Fusion von Protoplasten kann spontan eintreten, und zwar schon während ihrer Isolierung. Solche spontane Fusion erfolgt besonders dann, wenn die Protoplasten aus pflanzlichen Zell- oder Kalluskulturen stammen. Bei Protoplasten, die aus Gewebe oder Organen intakter Pflanzen erhalten wurden, ist spontane Fusion seltener (Gamborg *et al.*, 1974). Werden Protoplasten aus unterschiedlichem Pflanzenmaterial verwendet, so muß ihre Fusion durch geeignete Mittel induziert werden. Protoplasten sind wegen des Fehlens der Zellwand rundlich. Sie haben nur wenige Berührungsstellen. Voraussetzung für die Erzielung guter Fusionsraten ist daher, daß die Kontaktfläche zwischen den einzelnen Protoplasten vergrößert und die Zellmembran für die Fusion vorbereitet wird. Frühere Berichte zeigten, daß Agentien wie Nitrationen, künstliches Seewasser oder Lysozym in dieser Weise wirken, nämlich die Fusion stimulieren. Die so erhaltenen Fusionsraten waren aber noch relativ niedrig, und die Fusionsprodukte waren nicht teilungsfähig. Die genauere Analyse ergab, daß sich das Geschehen bei der Fusion von Protoplasten formal in 3 Teilschritte zerlegen läßt. Der erste ist die Aggregation, der zweite die eigentliche Fusion. Ein dritter, früher oder später notwendiger Schritt ist die Verschmelzung der Kerne, so daß eine wirkliche Hybridzelle entsteht (Abb. 131).

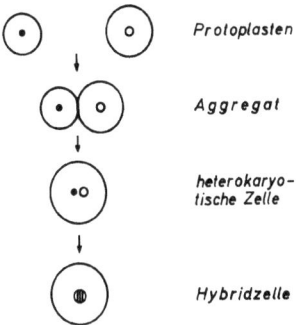

Abb. 131. Teilschritte bei der Fusion von Protoplasten

Hartmann *et al.* (1973) erzielten mit Hilfe von Antiseren eine sehr wirksame Steigerung der Aggregation zwischen Protoplasten verschiedener Pflanzengattungen, jedoch erfolgte keine eigentliche Fusion. Die Zellen verklebten also nur äußerlich, ohne daß heterokaryotische Zellen oder gar Hybridzellen entstanden. Keller und Melchers (1973) wiesen dann einen Weg zur Verbesserung auch der Fusionsraten. Benutzt wurden 0,05 M $CaCl_2$ in 0,4 M Mannitol bei 37° C und pH 10,5. Das biologische Material waren Protoplasten aus den Blättern verschiedener Mutanten des Tabaks. Diese Behandlung hatte keine irreversiblen, schädigenden Effekte. Es wurden Fusionsraten von 20 – 50% erhalten.

Als besonders geeignet für die Stimulation der Aggregation und der Fusion von Protoplasten verschiedener Pflanzenarten hat sich inzwischen das *Polyäthylenglykol* erwiesen (Kao und Michayluk, 1974). Diese Substanz mit der allgemeinen Formel $HOCH_2(CH_2\text{-}O\text{-}CH_2)_nCH_2OH$ gibt es in verschiedenen Molekulargewichten. Sie scheint als Brücke zwischen den Oberflächen benachbarter Protoplasten dienen zu können. Der Zusatz von Polyäthylenglykol mit dem Molekulargewicht 1500 in einer Konzentration von etwa 50% zu Protoplasten verschiedener Herkünfte verursacht deren sofortige Aggregation. Ein Beispiel gibt Abb. 132. Danach wird das Polyäthylenglykol langsam herausverdünnt, was die Fusion der aggregierten Zellen zur Folge hat. Die Fusion resultiert hier wahrscheinlich aus einer

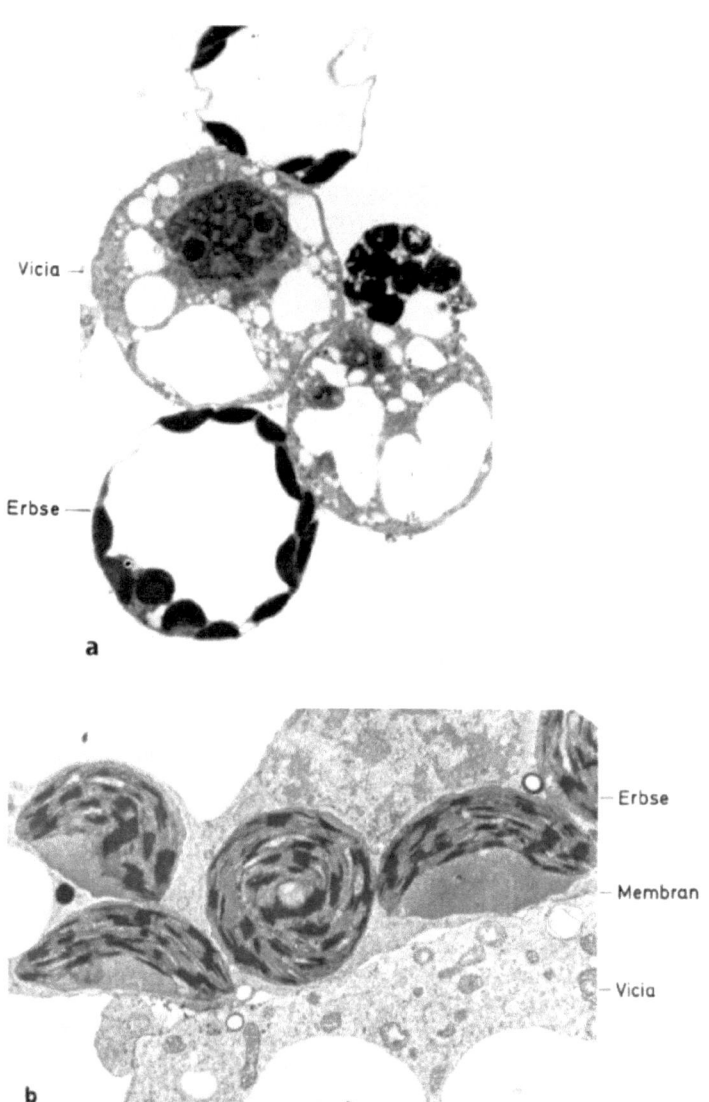

Abb. 132 a und b. Aggregation von Protoplasten. (a) Lichtmikroskopische Aufnahme. Protoplasten aus Erbsenblättern, kenntlich an den dunkel gefärbten Chloroplasten, und aus Zellkulturen von Vicia hajastana, kenntlich am Fehlen von Chloroplasten, nach Mischung und Behandlung mit Polyäthylenglykol. (b) Elektronenmikroskopische Aufnahme dazu. Es ist die Verklebung der Membranen zweier Protoplasten gezeigt. Oben Erbse, unten Vicia. Aus Gamborg et al., 1974. Vergr. = 7 000×

Störung und Neuverteilung elektrischer Ladungen während der Auswaschung des Polyäthylenglykols. Die Häufigkeit der Fusion und damit der Bildung heterokaryotischer Zellen liegt bei 15 – 30% der überlebenden Protoplasten (Kao et al., 1974). Die Fusionsrate hängt von der Art der Protoplasten, der Konzentration des Polyäthylenglykols und seiner Anwendungs- und Herausverdünnungsweise ab. Der Vorteil dieses Mittels gegenüber den meisten anderen bisher erprobten besteht ähnlich wie bei dem Verfahren von Keller u. Melchers darin, daß es trotz effektiver Steigerung der Fusionsrate gewöhnlich keine schädigenden Nebenwirkungen auf die Protoplasten hat. Die meisten so zu erhaltenden heterokaryotischen Zellen enthalten nur 2 – 3 Kerne, rühren also von der Fusion zweier oder höchstens dreier Protoplasten her. Höherkernige Fusionsprodukte sind selten. Es scheinen, sofern bisher bekannt, keine biologischen Schranken zu bestehen, die eine Fusion von Protoplasten verschiedener Pflanzengattungen oder Familien verhindern. Auch aus welchem Teil einer Pflanze das für die Protoplastengewinnung verwendete Gewebe jeweils stammte, scheint unwichtig zu sein.

Die durch Fusion von Protoplasten zunächst erhaltenen *heterokaryotischen Zellen* können weiterkultiviert und zur *Teilung* gebracht werden (Kao und Michayluk, 1974). Die Teilung erfolgt, sofern geeignete Kulturbedingungen gewählt werden, und sofern wenigstens einer der beiden Partner im Protoplastenstadium auch allein zur Teilung neigt. Protoplasten aus Blattzellen teilen sich meist nicht gut, läßt man sie aber mit Protoplasten, die aus Zellsuspensionskulturen erhalten wurden und hohe Teilungsraten aufweisen, fusionieren, so können die entstehenden heterokaryotischen Zellen sich ebenfalls teilen.

Die Identifizierung von interspezifischen Aggregations- und Fusionsprodukten wird visuell möglich, wenn geeignete Zellinien benutzt werden, deren Protoplasten sich mikroskopisch sichtbar unterscheiden. So können z. B. Protoplasten aus Blattmesophyll, welche grüne Chloroplasten enthalten, als der eine Verschmelzungspartner, und solche aus Zellsuspensionskulturen, denen Chloroplasten fehlen, als der andere Verschmelzungspartner dienen (Abb. 132). Letztere haben ihrerseits mikroskopisch sichtbare zytoplasmatische Besonderheiten, die den Blattmesophyll-Protoplasten fehlen. Unter den Kulturbedingungen sterben die Blattmesophyll-Protoplasten nach und nach ab. Hingegen sind bis zu 40% der entstehenden heterokaryotischen Zellen teilungsfähig, und einige von ihnen bilden bald ganze Zellgruppen (Kao et al., 1974).

Ob es zu *Kernverschmelzungen* kommt scheint davon abzuhängen, wie nahe verwandt die beiden Pflanzenarten waren, deren Protoplasten zur Fusion gebracht wurden. Zwar ließen sich in einigen, später noch zu erörternden Fällen Kernverschmelzungen auch dann beobachten, wenn die

Fusionspartner verschiedenen Gattungen angehörten; zu Hybridzellen, die über längere Zeit teilungsfähig sind und größere Zellgruppen von hybriden Nachkommenzellen liefern, führten solche Verschmelzungen aber bisher nur bei Angehörigen derselben Art, z. B. verschiedenen Tabakvarietäten. Bei der Weiterzucht der erhaltenen Zellgruppen gehen Hybridzellen im Zuge der Differenzierung meist nach und nach verloren. Dies liegt daran, daß auch nicht fusionierte Zellen der beiden Ausgangspopulationen vorhanden sind, deren Nachkommen die Hybridzellen überwuchern. Um zu gewährleisten, daß die bei solchen Versuchen schließlich erhaltenen Pflanzen tatsächlich Hybride und Nachkommen zweier verschiedener fusionierter Protoplasten sind, werden Selektionsverfahren benötigt. Ein solches Verfahren wäre z. B. dann gegeben, wenn man mit unterschiedlich auxotrophen Mutanten auf Minimalmedium arbeiten könnte. In fusionierten Zellen sollten die defekten Funktionen wechselseitig ergänzbar sein, was Wachstum ermöglichen müßte. Nicht fusionierte Zellen würden absterben. Das Prinzip entspricht der bei den verschiedensten Mikroorganismen beschriebenen „intergenen Komplementation". Voraussetzung für solche Versuchsansätze bei Protoplasten von höheren Pflanzen sind geeignete Defektmutanten. Man bemüht sich heute, solche Mutanten zu gewinnen, wobei haploide Zellinien als Ausgangsmaterial dienen.

d) Haploide Linien

Geeignet für die Selektion von Hybridzellen nach Fusion von Protoplasten sollten außer auxotrophen Mutanten auch solche sein, die resistent gegen bestimmte Antibiotika, Hemmstoffe oder basenanaloge Substanzen sind. Alle diese Mutanten sind bei höheren Pflanzen, im Gegensatz zu den Mikroorganismen, nur schwer zu erhalten. Das Haupthindernis ist, daß die betreffenden Mutationen meist rezessiv sind. Da Pflanzenzellen normalerweise diploid sind, kommen solche Mutationen nur unter bestimmten Bedingungen zur Ausprägung. Das Problem kann aber umgangen werden, wenn haploide Zellen verwendet und der Mutagenese unterworfen werden. Solche Zellinien können heute durch *Antheren- und Pollenkultur* erhalten werden. Dies gilt z. B. für den Tabak (Vasil und Nitsch. 1975). Im unreifen Pollen von Antheren, die auf geeignete Nährböden steril aufgebracht werden, treten Teilungen auf, wodurch eine Art Embryo entsteht. Die Zellen darin haben den einfachen Chromosomensatz, sind also haploid. Man kann diese Embryonen weiterkultivieren und so entweder zu haploiden Zellinien oder zu haploiden Pflanzen gelangen. Allerdings kann es schwierig sein, solche Zellen für längere Zeit im haploiden Zustand in Kultur zu halten, da eine gewisse Tendenz zur Entstehung von Zellen mit unterschiedlichem Ploidiegrad besteht. Neuerdings wurde gezeigt, daß der Hemmstoff *p-Fluorophenylalanin*, zumindest beim Tabak, diploide Zellen abtötet und dadurch *haploide Zellinien stabilisiert* (Gupta und Carlson, 1972; Vasil und Nitsch, 1975).

Ausgehend von haploiden Zellinien wurden bei verschiedenen Pflanzenarten *Linien mit Auxotrophien* für Vitamine, Aminosäuren und Purinderivate gewonnen. Bei Petunien und Tabak gibt es *Zellinien mit Resistenz* gegen Streptomycin, beim Tabak auch Zellinien mit Resistenz gegen BU und 8-Azaguanin (Holl et al., 1974). Die Protoplastierung solcher Zellen ist einfach. Da die Fusion haploider Protoplasten zweier verschiedener Zellinien ein und derselben Art nach Verschmelzung der Kerne zu diploiden Zellen führen muß, ergeben sich hier besonders günstige Voraussetzungen für die Entstehung ganzer Pflanzen und damit für den Erfolg der somatischen Hybridisierung. Dennoch waren Versuche zur Selektion von Hybriden nach Fusion haploider Protoplasten auxotropher Tabakmutanten bisher nicht befriedigend. Viele der auxotrophen Protoplasten wachsen im Gemisch mit anderen auxotrophen Protoplasten auf Minimalmedium, wenn auch nur schwach (Carlson, 1973). Diese Unschärfe des Selektionsverfahrens rührt vermutlich davon her, daß Nährstoffe aus dem Inneren der Protoplasten und Zellen nach außen diffundieren, was zu wechselseitiger Kompensation der Defekte und somit zu Wachstum benachbarter Zellen auch ohne deren Verschmelzung führen kann. Man spricht hier von „*cross-feeding*". So können Hybride vorgetäuscht werden. Dies ist der Grund, weshalb beim Tabak vorerst noch mit anderen Selektionsverfahren gearbeitet wird.

6. Somatische Hybridisierung bei niederen Eukaryonten

Im Gegensatz zu höheren Pflanzen sind bei niederen Eukaryonten, wie den Pilzen und Moosen, gute auxotrophe Mutanten verfügbar. Mit ihrer Hilfe kann man bei Hefen und Schimmelpilzen schon lange, bei Moosen seit kurzem Hybridzellen auf Minimalmedium selektionieren. Das Ergebnis eines solchen Versuches an Neurospora crassa gibt Abb. 133. Die Fusionierung der beiden auxotrophen Ausgangsstämme zu Heterokaryen erfolgt hier leicht und schon ohne vorherige Protoplastierung der Zellen.

Die neueren *Versuche an Moosen* wurden von Schieder (1974) durchgeführt. Als Objekt diente Sphaerocarpus donnellii, ein Lebermoos. Von ihm waren zwei auxotrophe Mutanten verfügbar, deren eine (nic_2) Nikotinsäure als Wuchsfaktor benötigte, deren andere aber in Folge eines Defekts in der Assimilation von CO_2 auf Glukosezufütterung angewiesen war (pal_2). Das Moos ist getrenntgeschlechtig, die beiden Mutanten waren haploid. Weibliche Pflanzen besitzen hier 7 Autosomen und ein großes X-Chromosom pro Zelle, männliche neben den Autosomen ein kleines Y-Chromosom. Die Geschlechtschromosomen können bei Fusionsversuchen als zytologischer Nachweis für das Vorhandensein des Genoms beider Mutanten in einem etwa erhaltenen Hybrid dienen. Nach enzymatischer

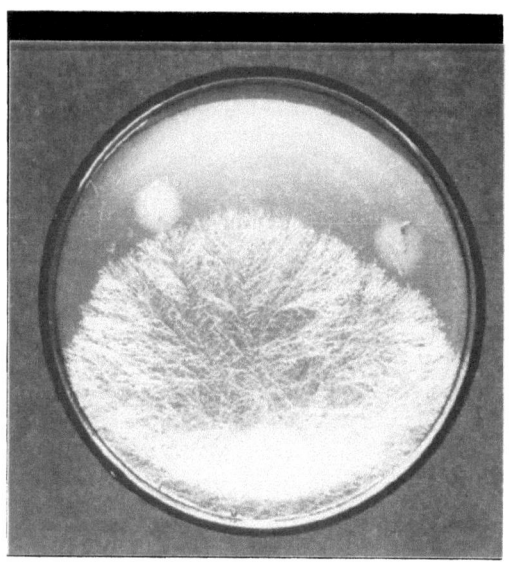

Abb. 133. Somatische Hybridisierung bei Neurospora. Auf Minimalmedium wurden Konidien zweier Mangelmutanten aufgeimpft, und zwar an getrennten Stellen (oben links und rechts) und gemeinsam (unten). An der gemeinsam beimpften Stelle entstand nach Fusionierung von Hyphen ein heterokaryotisches Myzel. Aus Klingmüller, 1962

Gewinnung von Protoplasten, deren Mischung und Fusion, wurde die Suspension zunächst in Seewasser mit Nikotinsäure und Glukose aufgenommen, um die Regeneration der Zellwand und erste Teilungen zu erzielen. Später wurden Proben auf Minimalmedium überführt. Hier starben die meisten Zellen wie zu erwarten früher oder später ab. Ein normal grüner Keim entwickelte sich jedoch schnell zu einer vielzelligen Pflanze (Abb. 134). Diese war, da sie auf unsupplementiertem Minimalmedium wuchs, unabhängig von Nikotinsäure und Glukose. Die Zellen hatten zusätzlich, wie die zytologische Untersuchung ergab, 14 Autosomen und sowohl ein X- wie ein Y-Chromosom. Die erhaltene Pflanze muß daher ein somatischer Hybrid sein.

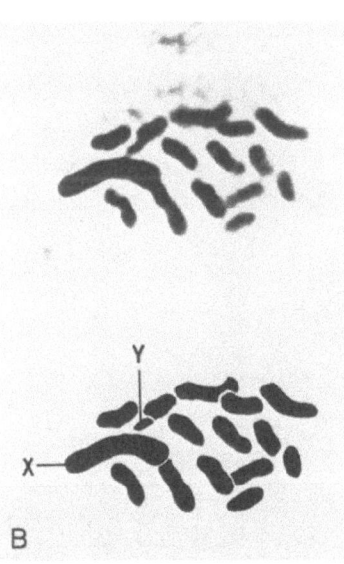

Abb. 134 A und B. Somatische Hybridisierung bei Sphaerocarpus. (A): Habitusaufnahme des erhaltenen Hybrids. (B) oben: Metaphase. unten: Zeichnung dazu mit Markierung der beiden Geschlechtschromosomen X und Y, als Beleg für die Hybridnatur der Pflanze. Aufnahmen freundlicherweise zur Verfügung gestellt von O. Schieder

7. Somatische Hybridisierung beim Tabak

Als Beispiel dafür, wie unter Verwendung von Protoplasten eine somatische Hybridisierung auch bei höheren Pflanzenarten erreicht werden kann, seien nun im Detail jene Versuche besprochen, die dazu am Tabak durchgeführt wurden. Es sei dabei begonnen mit den Untersuchungen der Arbeitsgruppe um Carlson in den USA (Carlson *et al.*, 1972; Carlson, 1973). Die besondere Eignung des Tabaks für solche Versuche besteht nicht nur darin, daß hier leicht Protoplasten erhalten und aus ihnen wieder ganze Pflanzen gewonnen werden können, sondern zusätzlich darin, daß bei Tabak eine *sexuelle Hybridisierung* durch Kreuzung verschiedener Arten möglich ist. Die dabei entstehenden amphidiploiden Hybride lassen sich als Kontrollen für somatische Hybridisierungsversuche benutzen. Sie zeigen, welche phänotypischen Merkmale für einen Hybrid charakteristisch sind. Nachkommenschaften aus somatischen Hybridisierungsversuchen können daher anhand bekannter Kriterien durchmustert und wirkliche Hybride erkannt werden. Dies war im vorliegenden Fall wichtig, weil das angewandte, später noch erörterte Selektionsverfahren relativ unscharf ist.

Gearbeitet wurde mit Nicotiana glauca (2 n = 24 Chromosomen) und Nicotiana langsdorfii (2 n = 18 Chromosomen). Die zuerst genannte Art hat rundliche, gestielte Blätter, die zuletzt genannte längere ohne deutlich abgesetzten Stiel (Abb. 135). Die sexuelle Kreuzung gibt nach den zuvor

Abb. 135. Somatische Hybridisierung beim Tabak. Gezeigt sind Blätter zweier verschiedener Tabakarten, und zweier aus ihnen gewonnener Hybride. Links außen: Nicotiana glauca. Rechts außen: Nicotiana langsdorfii. Links innen: Sexueller Hybrid. Rechts innen: Somatischer Hybrid. Aus Carlson *et al.*, 1972

schon erwähnten Prinzipien amphidiploide, fertile Hybridpflanzen mit $2n = 42$ Chromosomen. An ihnen wurden die folgenden Parameter erfaßt und mit jenen der beiden Kreuzungspartner verglichen: Blattform, Behaarung der Blätter, Tumorinduktion bei Pfropfung, Chromosomenzahl und Isozymmuster der Blattperoxidase. Die Amphidiploiden unterscheiden sich darin mehr oder weniger deutlich von den beiden Kreuzungspartnern. Die Blattform ist ähnlich derjenigen von N. glauca, in der Behaarung liegt der Amphidiploid zwischen N. glauca und N. langsdorfii, die Tumorbildung ist allein für ihn typisch, die Chromosomenzahl und das Isozymmuster sind eine Addition jener der Kreuzungspartner.

Davon ausgehend wurde versucht, Hybride auch auf somatischem Wege zu erhalten. Dazu wurden zunächst Protoplasten aus dem Mesophyll junger Blätter beider Tabakarten gewonnen. Um die paarweise Fusionierung zu erreichen, wurden je 10^7 Protoplasten beider Tabakarten unter Zusatz von 0,25 M $NaNO_3$ gemischt und anschließend auf einen verfestigten Nährboden mit allen nötigen Salzen, Spurenelementen und Wuchsstoffen plattiert. Zur Vermeidung des Platzens der wandlosen Zellen enthielt er zusätzlich Mannitol in hoher Konzentration. Das Plattierungsmedium geht auf Nagata und Takebe (1971) zurück. Es wurde empirisch gefunden. Auf diesem Medium entstanden 33 Kalli. Sie wurden sechs Wochen später auf wuchsstofffreies Medium übertragen und weiter gezüchtet. Da Kalli beider Kreuzungspartner für ihr Wachstum solche Wuchsstoffe benötigen, Kalli sexuell erzeugter Hybride aber nicht, bedeutet dies eine Selektion. Alle 33 Kalli wuchsen lebhaft weiter und bildeten schließlich rudimentäre Sprosse und Blätter, allerdings keine Wurzeln. Um eine weitere Differenzierung zu erhalten, wurden die Sprosse auf frisch geschnittene Stammflächen junger Pflanzen von N. glauca aufgepfropft, wo einige bis zur Blüten- und Fruchtbildung gelangten.

Die genauere Untersuchung dreier solcher Pflanzen ergab, daß sie in den zuvor genannten Eigenschaften sexuell erzeugten Amphidiploiden glichen. Sie sind keine Chimären aus unverschmolzenen Zellen der beiden Elternpflanzen (Carlson, 1973). Sie haben in ihren Zellkernen den amphidiploiden Chromosomensatz (Abb. 136). Damit ist gezeigt, daß die somatische Methode zur Herstellung von Hybriden aus zwei verschiedenen Tabakarten geeignet ist.

Das von Carlson *et al.* (1972) gewählte Selektionssystem ist ein sehr spezielles, das in dieser Form nur beim Tabak gegeben ist. Um für die Kombination anderer Pflanzenarten analoge Systeme zu entwickeln, müßten, wie hier, zunächst sexuell erzeugte Hybride untersucht werden. Bei Kombination von Pflanzen, die sich systematisch ferner stehen, sind solche aber nicht verfügbar. Um die Selektion von somatischen Hybriden auf eine breitere Basis zu stellen, werden also andere Verfahren benötigt. Den Weg

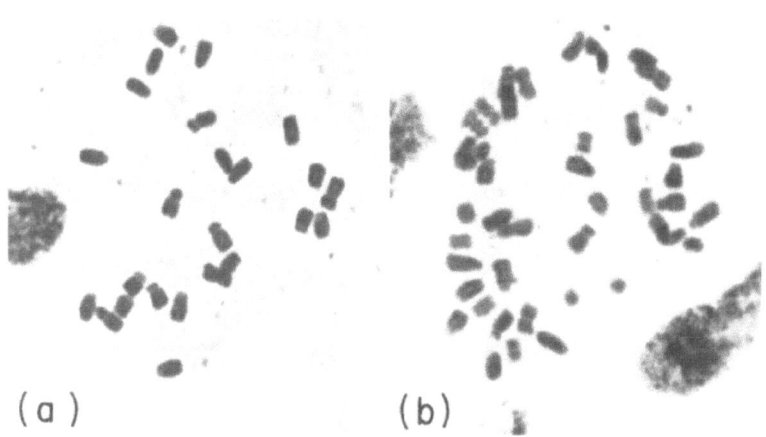

Abb. 136 a und b. Metaphasen in Zellen junger Blätter des Tabaks. (a) Nicotina glauca (2n = 24). (b) Somatischer Hybrid aus Nicotiana glauca und Nicotiana langsdorfii (amphidiploid, 24 + 18 Chromosomen). Aus Carlson *et al.*, 1972

Abb. 137. Habitusaufnahmen verschiedener Tabakpflanzen, nach Anzucht unter starker Beleuchtung. Links außen und rechts außen: Zwei chlorophylldefekte, lichtempfindliche Mutanten, homozygot ss bzw. vv. Links innen und rechts innen: Zwei aus diesen beiden Mutanten durch sexuelle Kreuzung erhaltene, heterozygote Hybride. Aufnahme freundlicherweise zur Verfügung gestellt von G. Melchers

dazu weisen die Untersuchungen von Melchers und Mitarbeitern (Melchers und Labib, 1974).

Die Verbesserung der Methodik zur Fusionierung von Protoplasten durch diese Arbeitsgruppe mit Hilfe von Calcium-Ionen und alkalischem pH wurde bereits erwähnt (Keller und Melchers, 1973). Das nun zu besprechende *Selektionsverfahren* nutzt die Tatsache, daß bei Pflanzen chlorophylldefekte, *lichtempfindliche Mutanten* existieren, z. B. sind es beim Tabak die Mutanten „sublethal" (s) und „virescent" (v), die betreffenden beiden Mutationen sind rezessiv und voneinander verschieden. Pflanzen der Normalform von Nicotiana tabacum Var. „Samsun" (2 n = 48) sind im Gewächshaus unter normalen Lichtverhältnissen wegen starker Chlorophyllbildung dunkelgrün. Die Mutanten bekommen im Gewächshaus oder in Klimakammern mit Kunstlicht bei schwachen Lichtintensitäten (700 – 800 lux) hellgrüne Blätter. Bei stärkerer Belichtung gehen die Pflanzen ein (Abb. 137). Durch Antherenkultur waren aus beiden Mutanten haploide Linien mit jeweils 24 Chromosomen pro Zellkern erhalten worden. Sie ließen sich vegetativ durch Schößlinge vermehren und blieben dabei haploid. Kreuzt man diese beiden haploiden Linien untereinander (v × s), so erhält man Hybride mit 48 Chromosomen. In diesen Hybriden werden die beiderseitigen Mutationen zum Wildphänotyp komplementiert, so daß dunkelgrüne Blätter entstehen und lebhaftes Wachstum, auch unter starker Beleuchtung, erfolgt (Abb. 137). Diese Tatsache wurde zur Selektion somatischer Hybride ausgenutzt.

Bei den dazu durchgeführten Versuchen mit Zellkulturen auf synthetischem Nährboden nach Nagata und Takebe (1971) zeigte sich allerdings, daß hier die Lichtempfindlichkeit der Mutanten nur dann klar in Erscheinung tritt, wenn organische Bestandteile, vor allem Zucker, aus dem Nährmedium weggelassen werden und ein hoher O_2-Partialdruck gewährleistet ist. Dem wurde im letzten Schritt des insgesamt dreistufigen Kulturverfahrens Rechnung getragen. Nach Herstellung von Protoplasten aus dem Mesophyll haploider Pflanzen der beiden Mutanten und der Mischung und Fusion dieser Protoplasten wurden sie in einem ersten Schritt in Weichagar plattiert und für 72 Stunden bei schwachem Licht (300 lux) kultiviert. Danach wurde die Lichtintensität auf 3000 lux gesteigert. Unter diesen Bedingungen ist für alle Zellen Wachstum möglich, es erfolgt noch keine Selektion, vielmehr nur eine Vermehrung. Zwei bis drei Wochen später wurden die im Weichagar entstandenen Kalli in einem zweiten Schritt durch Mischung mit frischem Weichagar verdünnt und weiterkultiviert. Auch dieser Schritt dient lediglich der Vermehrung. Etwa 2 Wochen später wurden die Kalli schließlich im letzten Schritt unter erneuter Verdünnung mit Weichagar als dünne Schicht auf Platten mit festem Agar ausgebreitet. Sie sind nun dem Luftsauerstoff ausgesetzt. Der Bodenagar enthielt keine or-

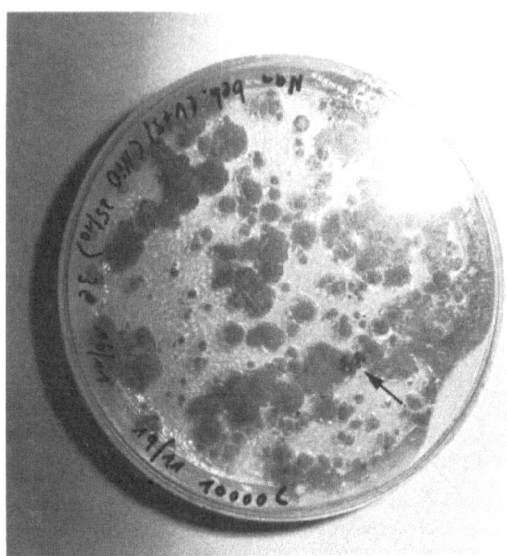

Abb. 138. Platte aus einem Versuch zur Selektion somatischer Hybride des Tabaks durch Licht. Protoplasten haploider Linien der in Abb. 137 gezeigten beiden lichtempfindlichen Tabakmutanten wurden gemischt. Nach Fusion wuchsen in einem mehrstufigen Kulturverfahren Kalli heran, die schließlich hoher Lichtintensität ausgesetzt wurden. Ein lichtunempfindlicher, dunkelgrüner Kallus, der sich später zytologisch als diploider Hybrid erwies, ist durch den Pfeil gekennzeichnet. Aufnahme freundlicherweise zur Verfügung gestellt von G. Melchers

ganischen Nährstoffe. Die Kalli werden also jetzt der Selektion auf Lichtunempfindlichkeit unterworfen (Abb. 138).

Auf diese Weise konnte eine größere Zahl von Hybridpflanzen erhalten werden, von denen mindestens 20 mit Sicherheit unabhängig voneinander entstanden sind. Diese Hybridpflanzen haben bei Kultur auf Erde trotz hoher Lichtintensität dunkle Blätter und gute Wuchseigenschaften, in glei-

---

Abb. 139. Schema zur Selektion somatischer Hybride des Tabaks durch Licht. Im Kästchen links und rechts die beiden Ausgangspflanzen, chlorophylldefekt und lichtempfindlich, homozygot *ss* bzw. *vv*. Darüber ihre Blüten. Aus Antheren, über Pollenmutterzellen (PMC), Pollentetraden und Pollenkörner, entstehen haploide Kalli und schließlich haploide Pflanzen. Sie lassen sich bei schwachem Licht kultivieren (800 Lux). Aus den Blättern (Querschnitt) werden Protoplasten gewonnen. Diese können als solche zu haploiden Pflanzen regenerieren (links unten bzw. rechts unten, lichtempfindlich) oder miteinander fusionieren (Mitte bei +). Aus den so erhaltenen diploiden Hybridzellen entstehen Hybridpflanzen (unten Mitte), die lichtunempfindlich sind. Aus Melchers und Labib, 1974, verändert

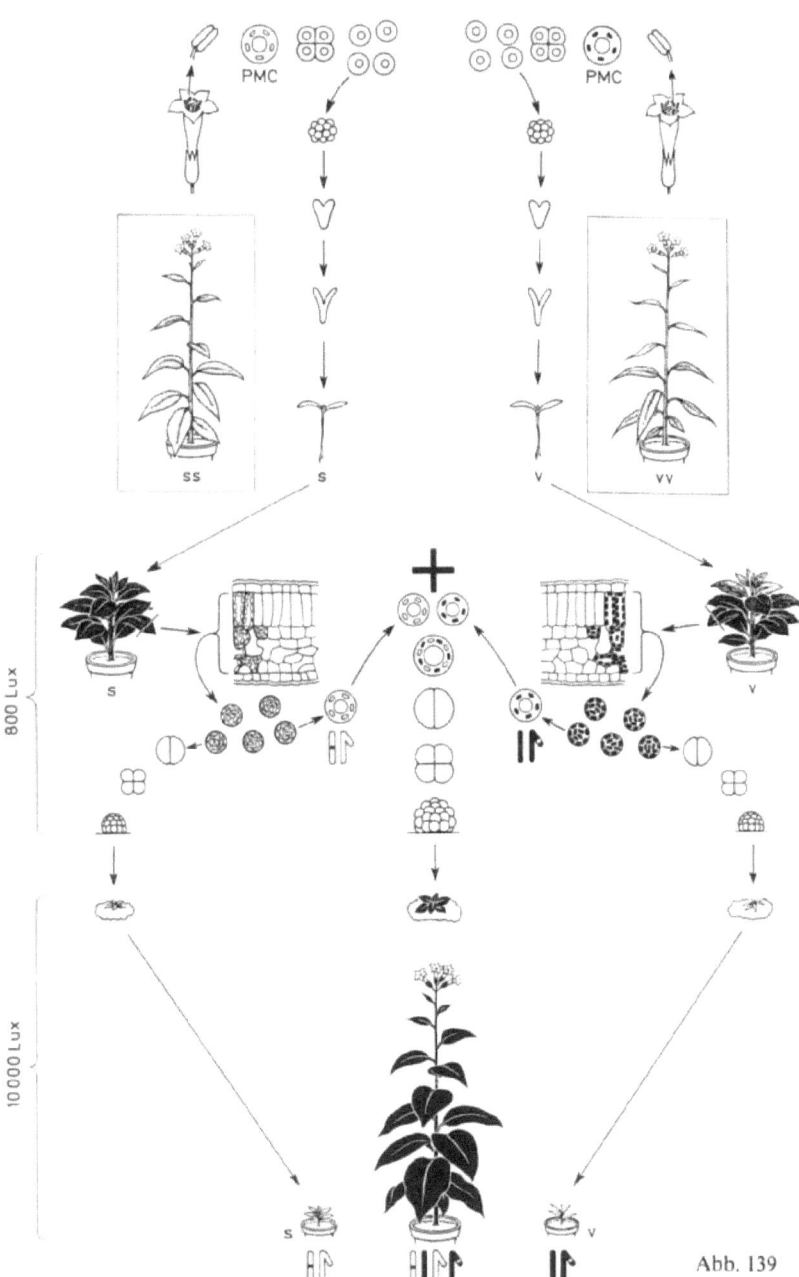

Abb. 139

cher Weise wie sexuell erzeugte Hybride. Die Auszählung ihrer Chromosomen ergab in der Mehrzahl der Fälle 48 (amphidiploid), in einigen Fällen aber auch 96 (tetraploid), 72 (triploid) oder verschiedene aneuploide Zahlen (Melchers, 1976; Melchers und Sacristán, 1976). Dies bedeutet, daß nicht alle somatischen Hybridpflanzen genetisch gleich sind. Ein Schema des im vorstehenden besprochenen Versuchsganges gibt Abb. 139. Blattfarbmutationen sind bei Pflanzen relativ häufig und leicht aufzufinden. Die Wahrscheinlichkeit, daß nicht nur beim Tabak, sondern auch bei anderen Pflanzen, welche man etwa zu kombinieren wünscht, Mutationen des hier beschriebenen Typs gefunden werden können, die wechselweise verschieden sind und komplementieren, ist gut. Daher dürfte das skizzierte Verfahren zur Selektion somatischer Hybride zukünftig eine allgemeinere Bedeutung erlangen.

8. Somatische Hybridisierung zwischen Angehörigen verschiedener Nutzpflanzenarten

Bei den soeben besprochenen Versuchen ging es um die Hybridisierung von Mutanten ein und derselben Pflanzenart. Der Herstellung somatischer Hybride durch Verschmelzung von Protoplasten aus unterschiedlichen Pflanzenarten, insbesondere landwirtschaftlich wichtigen, hat sich vor allem die Arbeitsgruppe von Gamborg in Canada gewidmet. Hier ist die Leitidee, eines Tages vielleicht Pflanzen schaffen zu können, die wünschenswerte Eigenschaften zweier verschiedener Nutzpflanzenarten in sich vereinen, z. B. eine über der Erde Tomaten produzierende Pflanze, die in der Erde auch Kartoffeln produziert, oder eine Tabakpflanze, deren Wurzel eine Mohrrübe bildet. Auch an die Herstellung von Getreidearten, deren Wurzeln leguminosenähnlich sind und daher für eine Symbiose mit Rhizobien geeignet sein müßten, läßt sich denken. Solche Getreidearten sollten unabhängig von mineralischer Stickstoffdüngung sein. Hier böte sich also eine Alternative zu Ansätzen wie sie im VIII. Kapitel erörtert wurden. Die praktische Verwirklichung dieser Ideen erscheint zwar vorerst noch utopisch, immerhin lassen die jetzt zu besprechenden Arbeiten erste Ansätze zur Erzeugung von Hybriden aus verschiedenen Pflanzenarten erkennen.

In diesen Arbeiten (Kao *et al.*, 1974) wurden Protoplastensuspensionen von Soja, verschiedenen Vicia-Arten, Gerste, Erbsen, Mais und Tabak benutzt. Sie wurden mit Polyäthylenglykol nach dem weiter oben schon beschriebenen Verfahren unter zusätzlicher Variation einer Reihe von experimentellen Parametern zur Fusion gebracht. Die Häufigkeit der Bildung heterokaryotischer Zellen betrug für die Kombination Vicia hajastana + Soja und Gerste + Soja bis zu 23%, für Erbse + Soja bis zu 35%, für Vicia hajastana + Erbse bis zu 20%, für Mais + Soja bis zu 14% und für Vicia villosa + Vicia hajastana bis zu 10%. 40% der aus Gerste + Soja, Mais + Soja und Erbse + Soja entstandenen heterokaryotischen Zellen teilten sich nach der Fusion noch mindestens einmal. Einige teilten sich vielmals und bildeten innerhalb von zwei Wochen Gruppen von bis zu 100 Zellen. Auch die aus Vicia hajastana + Soja und Vicia villosa + Vicia hajastana entstandenen heterokaryotischen Zellen teilten sich. Inzwischen wurde auch über die somatische Hybridisierung von Raps- und Soja-Protoplasten berichtet (Kartha *et al.*, 1974). Die so erhaltenen heterokaryotischen Zellen wuchsen zu vielzelligen Kalli heran, gingen dann aber zugrunde.

Kernfärbungen zeigten, daß die heterokaryotischen Zellen von Vicia hajastana + Soja, Erbse + Soja, Mais + Soja und Gerste + Soja Mitosen durchlaufen können. Die *Kernteilungen* liefen in ihnen meist nahezu oder ganz synchron ab (Abb. 140).

Die Verschmelzung von Kernen wurde bisher am genauesten im System Blattmesophyll-Protoplasten der Erbse/Zellsuspensions-Protoplasten von

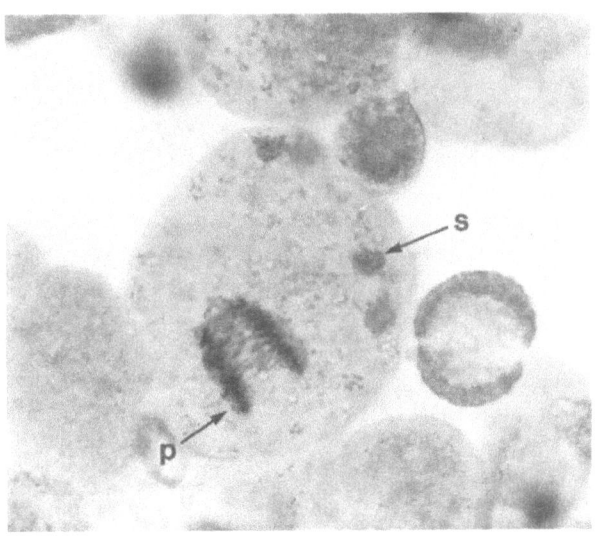

Abb. 140. Kernteilung in einer heterokaryotischen Zelle aus Erbse und Soja, 3 Tage nach der Fusion. s = Chromosomen von Soja, p = Chromosomen der Erbse. Beide Genome in Anaphase, jedoch nicht voll synchron und noch mit je zwei eigenen Polen. Aus Kao *et al.*, 1974. Vergr. 500×

Soja untersucht (Constabel et al., 1975). Sie scheint bevorzugt zwischen Interphasekernen zu erfolgen, und zwar ab einem Tag nach der Fusion der Protoplasten. Der Prozess benötigt mehrere Stunden. Nach der Verschmelzung mischt sich das Chromatin beider Kerne langsam. Das Volumen des Hybridkernes ist größer als das der Verschmelzungspartner. Ganz allgemein scheint die Fusion von Kernen in Heterokaryen häufiger zu sein als zunächst angenommen wurde. Für das System Gerste/Soja wurde ein

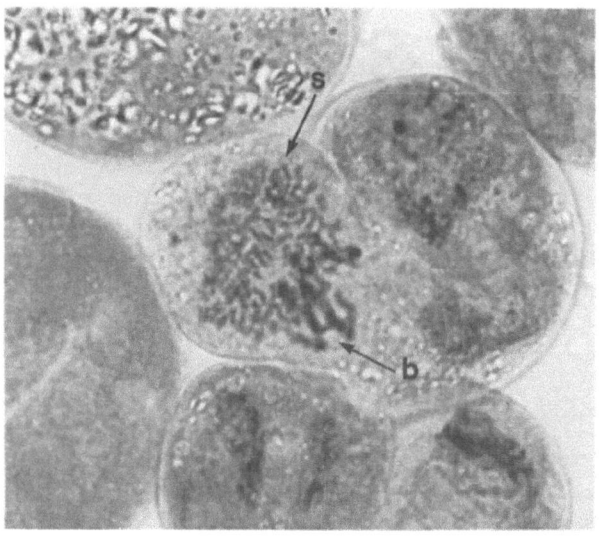

Abb. 141. Kernteilung in einem Hybrid aus Gerste und Soja, 5 Tage nach der Fusion. s=Chromosomen von Soja, b=Chromosomen der Gerste. Es läuft die dritte Zellteilung ab. Aus Kao et al., 1974. Vergr. 500×

Hybrid beobachtet, der sich am 5. Tag nach seiner Entstehung aus zwei Protoplasten in der 3. Zellteilung befand (Abb. 141). Allerdings gab es auch Zellen mit mehr als zwei Polen sowie chimärische Zellkolonien. Diese gehen wahrscheinlich auf zunächst entstandene heterokaryotische (mehrkernige) Zellen zurück, aus denen bei anschließender Teilung einkernige Zellen heraussegregierten. Solche Befunde lassen es notwendig erscheinen, daß man die Kulturen mit Hilfe geeigneter Selektionssysteme stabilisiert. Ein geeignetes System dürfte das im vorigen Abschnitt erörterte, mit lichtempfindlichen Mutanten arbeitende sein.

In Tabelle 15 sind einige Kombinationen von Protoplasten verschiedener Gattungen, bei welchen bisher Fusion und Teilung der entstandenen heterokaryotischen Zellen beobachtet werden konnten, zusammengestellt.

Tabelle 15. Somatische Hybridisierung von Protoplasten verschiedener Gattungen. Die angegebenen Kombinationen lieferten sich teilende heterokaryotische Zellen. Aus Gamborg, 1975, verändert

Herkunft der Protoplasten Blattmesophyll		Zellkultur
Gerste (Hordeum vulgare)	×	Soja (Glycine max)
Mais (Zea mays)	×	Soja
Erbse (Pisum sativum)	×	Soja
Raps (Brassica napus)	×	Soja
Weißklee (Melilotus alba)	×	Soja
Alfalfa (Medicago sativa)	×	Soja
Cicer arietinum	×	Soja
Erbse (Pisum sativum)	×	Vicia hajastana
Angelica archangelica	×	Möhre (Daucus carota)

9. Übertragung von Organellen

Die in den letzten Abschnitten dargestellten Arbeiten zur Kombination der Genome verschiedener Pflanzen gingen von ganzen Zellen aus, wenn auch nach Beseitigung deren Zellwand. Auf prinzipiell anderem Wege haben Potrykus und Hoffmann (1973) versucht, zum gleichen Ziel zu kommen. Sie benutzten *isolierte Zellkerne* von Petunien und stellten sich die Aufgabe, diese in Protoplasten, darunter auch solche anderer höherer Pflanzen, z. B. von Tabak und Mais, zu übertragen. Die Kerne wurden aus Mesophyllprotoplasten isoliert. Um ihren Verbleib im Versuch optisch verfolgen zu können, wurden sie mit dem Fluoreszenzfarbstoff Ethidiumbromid behandelt. Ihre Membran wurde mit Lysozym modifiziert. Dann wurden frisch isolierte Protoplasten in isotonischer Lösung in ein enges Zentrifugenröhrchen gegeben und durch leichtes Zentrifugieren sedimentiert. Der Überstand wurde abgesaugt und durch Kernsuspension ersetzt. Die Kerne wurden nun in das Protoplastensediment hineinzentrifugiert. Weitere Überschichtungen und Zentrifugationen folgten. Abschließend wurde hypotonische Mannitollösung zugesetzt, um durch Schwellen der Protoplasten eine Aufnahme der Kerne zu begünstigen. Die mikroskopische Auswertung, die nach Ablauf von zwei Stunden vorgenommen wur-

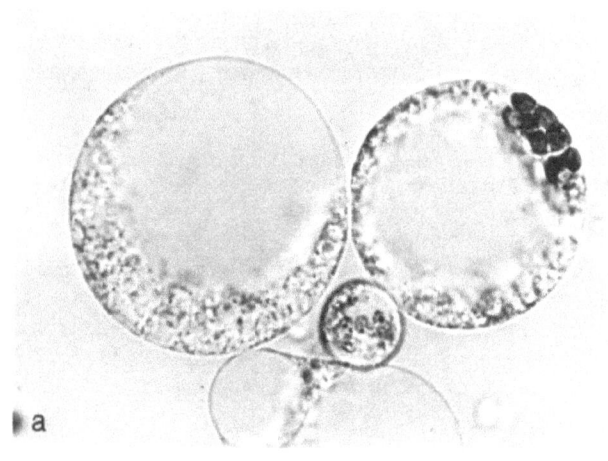

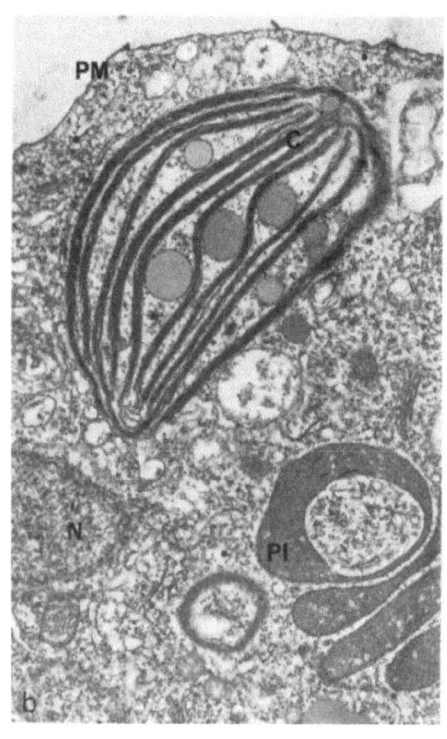

Abb. 142 a u. b

de, zeigte, daß die meisten Protoplasten nur ihren eigenen, nicht gefärbten Kern besaßen. Etwa 0,5% hatten aber einen bis mehrere weitere, gefärbte Kerne. Es ließ sich zeigen, daß diese Kerne innerhalb des Zytoplasmas, gelegentlich sogar innerhalb der Vakuole lagen. Die Protoplasten überlebten mehr als 18 Stunden.

In ähnlichen Versuchen wurde auch die *Übertragbarkeit von Chloroplasten* geprüft (Potrykus, 1973). Als Empfänger dienten Protoplasten einer extrachromosomal bedingt variegierenden Petunia-Pflanze, die nur farblose Plastiden besaßen. Die Chloroplasten stammten aus normal grünen Petunien. Es wurden mit einer Ausbeute von 0,1 – 0,5% Protoplasten erhalten, die 1 – 20 grüne Chloroplasten neben 50 – 100 farblosen Plastiden enthielten (Abb. 142 a). Sie überlebten unter den hier gewählten experimentellen Bedingungen bis zu 6 Tagen. Auch Carlson (1973) berichtet über derartige Versuche, jedoch an Tabak. Wiederum dienten Protoplasten einer variegierenden albino-Mutante als Empfänger. Da die albino-Anlage zytoplasmatisch vererbt wird, liegt ihr eine Mutation in der Chloroplasten-DNS zugrunde. der Kern solcher Zellen hat die Wildtypinformation. Sie sollte gewährleisten, daß Chloroplasten des Wildtyps repliziert werden und funktionieren können. Die albino-Protoplasten wurden mit Wildtyp-Chloroplasten gemischt, was zu deren Aufnahme in das Zytoplasma der Protoplasten führte. Nach Carlson konnten aus den so mit fremden Chloroplasten versehenen Protoplasten vollständige Pflanzen regeneriert werden, die grüne Wildtyp-Chloroplasten enthielten. Neueste Befunde haben Bonnett und Eriksson mitgeteilt (1974; Bonnett, 1976). Bei ihren Versuchen wurden Chloroplasten der Alge Vaucheria benutzt, als Empfänger dienten Protoplasten der Möhre. Hier konnte die intrazelluläre Lokalisierung der Chloroplasten durch Elektronenmikroskopie belegt werden (Abb. 142 b). Die Aufnahme der fremden Chloroplasten wurde durch Zusatz von Polyäthylenglykol gefördert. Innerhalb der Protoplasten befanden sie sich nicht in membranbegrenzten Vesikeln, sondern frei im Zytoplasma. Es besteht also direkter Kontakt zu diesem, was das Zustandekommen einer geregelten photosynthetischen Aktivität innerhalb der Wirtszelle be-

---

Abb. 142 a und b. Aufnahme von Chloroplasten in Protoplasten. (a) Chloroplastenfreie (weiße) Protoplasten von Petunia als Empfänger, versehen mit Chloroplasten aus normal grünen Petunienpflanzen. Der rechte Protoplast hat eine Gruppe von 8 solcher Chloroplasten aufgenommen. Abbildung freundlicherweise zur Verfügung gestellt von I. Potrykus. (b) Vaucheria-Chloroplast im Inneren eines Möhren-Protoplasten. Elektronenmikroskopische Aufnahme, freundlicherweise zur Verfügung gestellt von H. T. Bonnett. *PM*: Zytoplasmamembran des Möhren-Protoplasten. *C*: Vaucheria-Chloroplast mit der für ihn charakteristischen lamellaren Struktur. *N*: Kern des Möhren-Protoplasten. *Pl*: Plastid des Möhrenprotoplasten. Vergr. 18 500×

günstigen sollte. Möglicherweise können durch Chloroplastentransfer eines Tages wichtige Nutzpflanzen mit besonders wirksamen Chloroplasten ausgestattet werden.

Zusammenfassend ergibt sich, daß die Herstellung und Fusion von Protoplasten verschiedener Pflanzenarten heute grundsätzlich möglich ist, die Aufzucht vollständiger Hybridpflanzen daraus aber erst in wenigen Fällen gelang. Diese wenigen Fälle betreffen Pflanzen, die miteinander nahe verwandt, und schon von sich aus auf sexuellem Wege zur Hybridisierung befähigt sind. Bei den übrigen bisher geprüften Kombinationen ist man über das Stadium einiger weniger Zellteilungen der erhaltenen Verschmelzungsprodukte bisher noch nicht hinausgelangt. Die Anzahl der mittels somatischer Hybridisierung bisher erhaltenen Hybridpflanzen ist noch gering, die statistische Sicherung und Reproduzierbarkeit der Versuche entspricht noch nicht dem bei mikrobengenetischen Versuchen normalerweise erreichten Standard. Immerhin wäre dies, solange nur aus den Verschmelzungsprodukten vollständige, fertile Pflanzen entstehen, wie schon im vorgehenden Kapitel für das Merkmal der Stickstoffixierung gesagt nicht kritisch, da schon wenige Individuen mit vorteilhaften neuen Kombinationen von Erbfaktoren ausreichen würden, um über eine weitere sexuelle Vermehrung ihre landwirtschaftliche Nutzung zu initiieren. Anders ist die Lage bei entsprechenden Versuchen mit Zellen aus Säugern oder dem Menschen zu beurteilen. Hier ist eine Regeneration vollständiger Individuen aus einzelnen Zellen noch nicht möglich. Dennoch sind auch bei Tieren und dem Menschen Versuche zur somatischen Verschmelzung von Zellen im Gange. Die Zielrichtungen dabei sind außer der Genmanipulation und Gentherapie auch Fragen der Grundlagenforschung. Solche Versuche haben bereits sehr bemerkenswerte Resultate erbracht. Darauf wird im nun folgenden Kapitel eingegangen.

Literatur

Bates, L. S. *et al.*: Cereal Sci. Today **19**, 283 – 285 (1974)
Binding, H.: Plant Science Letters **2**, 185 – 187 (1974)
Blaschek, W. *et al.*: Z. Pflanzenphysiol. **72**, 262 – 271 (1974)
Bonnett, H. T.: Planta **131**, 229 – 233 (1976)
Bonnett, H. T., Eriksson, T.: Planta **120**, 71 – 79 (1974)
Carlson, P. S.: Proc. Nat. Acad. Sci. USA **70**, 598 – 602 (1973)
Carlson, P. S. *et al.*: Proc. Nat. Acad. Sci. USA **69**, 2292 – 2294 (1972)
Constabel, F. *et al.*: Can. J. Botany **53**, 2092 – 2095 (1975)
Eriksson, T. *et al.*: In: Tissue Culture in Plant Science. E. H. Street ed., London-New York: Academic Press, 1974
Gamborg, O.: Advan. Exp. Med. and Biol. **62**, 45 – 63 (1975)
Gamborg, O. L. *et al.*: Can. J. Genet. Cytol. **16**, 737 – 750 (1974)

Gresshoff, P. M., Doy, C. H.: Planta **107**, 161 – 170 (1972)
Günther, E.: Grundriß der Genetik, 2. Aufl. Stuttgart: G. Fischer, 1971
Gupta, N., Carlson, P. S.: Nature New Biol. **239**, 86 (1972)
Hartmann, J. X. *et al.*: Planta **112**, 45 – 56 (1973)
Hess, D.: Biol. Rdsch. **12**, 297 – 311 (1974)
Hess, D.: Biologie in unserer Zeit **5**, 129 – 138 (1975 a)
Hess, D.: Umschau **75**, 501 – 507 (1975 b)
Hess, D., Potrykus, I.: Naturwissensch. **59**, 273 – 274 (1972)
Holl, F. B. *et al.*: In: Tissue Culture and Plant Science. H. E. Street ed., London-New York: Academic Press, 1974
Hulse, J. H., Spurgeon, D.: Scientific American **231**, August 1974, S. 72 – 80
Kao, K. N., Michayluk, M. R.: Planta **115**, 355 – 367 (1974)
Kao, K. N. *et al.*: Planta **120**, 215 – 227 (1974)
Kartha, K. K. *et al.*: Can. J. Botany **52**, 2435 – 2436 (1974)
Keller, W. A. und Melchers, G.: Z. Naturforsch. **28 c**, 737 – 741 (1973)
Klingmüller, W.: Naturwissenschaftl. Rdsch. **15**, 363 – 373 (1962)
Melchers, G.: Physiology and Biochemistry of Cultural Plants. Moscow 1976 (im Druck)
Melchers, G., Labib, G.: Mol. Gen. Genet. **135**, 277 – 294 (1974)
Melchers, G., Sacristán, M. D.: Masson et Cie., Paris 1976 (im Druck)
Meyer, Y., Abel, W. O.: Planta **125**, 1 – 13 (1975)
Mohr, H., Sitte, P.: Molekulare Grundlagen der Entwicklung. München-Bern-Wien: BLV 1971
Nagata, T., Takebe, I.: Planta **99**, 12 – 20 (1971)
Nickell, L. G., Heinz, D. J.: In: Genes, Enzymes and Populations. A. M. Srb. ed., New York: Plenum, 1973
Potrykus, I.: Z. Pflanzenphysiol. **70**, 364 – 366 (1973)
Potrykus, I., Hoffmann, F.: Z. Pflanzenphysiol. **69**, 287 – 289 (1973)
Reuther, G.: Umschau **74**, 121 – 122 (1974)
Rieger, R. *et al.*: A Glossary of Genetics and Cytogenetics, 3rd ed., Berlin-Heidelberg-New York: Springer, 1968
Schieder, O.: Z. Pflanzenphysiol. **74**, 357 – 365 (1974)
Takebe, I. *et al.*: Naturwissensch. **58**, 318 – 320 (1971)
Vasil, I. K., Nitsch, C.: Z. Pflanzenphysiol. **76**, 191 – 212 (1975)
Zillinsky, F. J.: Advances in Agronomy **26**, 315 – 348 (1974)

Kapitel X
Künstliche Hybridisierung bei tierischen und menschlichen Zellen

Beabsichtigt man, bei Tieren Hybride als Nachkommen zweier verschiedener Individuen zu gewinnen, so bietet sich, wie bei den Pflanzen, als natürlicher Weg jener der Hybridisierung durch sexuelle Kreuzung an. Handelt es sich bei den Kreuzungspartnern um Angehörige verschiedener Arten, so gelingen solche Kreuzungen jedoch nur in Ausnahmefällen, insgesamt noch seltener als bei Pflanzen. Zu den Ausnahmen zählt die Kreuzung von Pferd und Esel, aus der *Maulesel und Maultier* hervorgehen. Beide Hybride sind nicht fortpflanzungsfähig. Auch Zebras lassen sich in Gefangenschaft mit Pferden kreuzen, ferner mit Eseln und Halbeseln. Man erhält *Zebroide,* die in sich die Eigenschaften beider Eltern vereinigen. Eine andere, sinngemäß ähnliche Kreuzung ist jene zwischen Löwe und Tiger, die in einigen Zoos gelang (Sanderson, 1956). Den erhaltenen Hybriden hat man, je nach dem Vater, in den USA die Namen „Liger" und „Tigon" gegeben. Für die Landwirtschaft ist von Interesse, daß kürzlich nach langjährigen, erfolglosen Versuchen Bison und Rind gekreuzt werden konnten (Basolo, 1974). Welches Verfahren dabei zum Erfolg führte, wurde bisher nicht mitgeteilt. Das Produkt, als „*Beefalo*" bezeichnet, wächst doppelt so schnell wie ein Rind, braucht als Futter nur Gras und hat weniger fettes Fleisch als ein Rind (7% statt 25%), was der heutigen Geschmacksrichtung nordamerikanischer und europäischer Verbraucher entgegenkommt. Solche Beefalos wurden in Californien hergestellt (Abb. 143). Ein Bulle soll kürzlich für 2,5 Millionen Dollar nach Canada verkauft worden sein. Es gibt inzwischen etwa 500 000 Tiere. Nach Pressemeldungen wird ihr Fleisch auch bei uns jetzt auf den Markt kommen.

Trotzdem sind die Möglichkeiten der sexuellen Hybridisierung von Angehörigen verschiedener Tierarten so beschränkt, daß es naheliegt auch andere Möglichkeiten zu suchen, und man gelangt so, wie bei den Pflanzen, zu Experimenten mit tierischen und menschlichen Körperzellen. Zellen aus Geweben der verschiedensten Tierarten, wie Maus, Ratte und chinesischer Hamster, aber auch von anderen Säugern können heute in vitro gezüchtet werden. Man hat Methoden entwickelt, um verschiedene Zellen der gleichen Tierart sowie Zellen verschiedener Tierarten miteinander zu verschmelzen und spricht hier, wie bei den Pflanzen, von somatischer Hybridisierung. Die Hybridisierungsprodukte können zur Kartierung von

Abb. 143. Beefalo. Aufnahme freundlicherweise zur Verfügung gestellt von Euro-Pacific Ltd., London

Genen auf den Chromosomen und zur Klärung von Teilschritten bei der Differenzierung von Zellen dienen. Als Fernziel aber läßt sich ansehen, daß durch Aufzucht vollständiger Organismen aus solchen Hybridisierungsprodukten schließlich Individuen geschaffen werden sollen, die wünschenswerte Eigenschaften der jeweils benutzten Arten in sich vereinen.

1. Kultur von Säugerzellen in vitro

Die Methoden zur Züchtung von Säugerzellen in vitro sind heute weitgehend standardisiert. Im Prinzip wird folgendermaßen vorgegangen (Abb. 144): Embryonen oder Gewebestückchen aus Körperpartien eines erwachsenen Tieres werden in Flüssigkeit mit Trypsin behandelt, was die Zellverbände lockert. Durch Rühren wird das Gewebe in Einzelzellen aufgelöst. Die Suspension wird mit Nährlösung verdünnt und in Kulturgefäße, meist Schalen oder Flaschen aus Plastik oder Glas, eingebracht. Die am häufigsten verwendete *Nährlösung* geht auf *Eagle* (1955) zurück. Sie enthält eine Mischung von 6 Salzen, darunter Na-Bikarbonat, 13 verschiedene Aminosäuren, 8 Vitamine, Glukose als Energiequelle, Kälberserum in einer Konzentration zwischen 1 und 10% sowie Penicillin und Streptomycin zur Vermeidung bakterieller Kontamination. Als Indikator für eine etwaige zu starke Erhöhung des Säuregrades durch die beim Wachstum

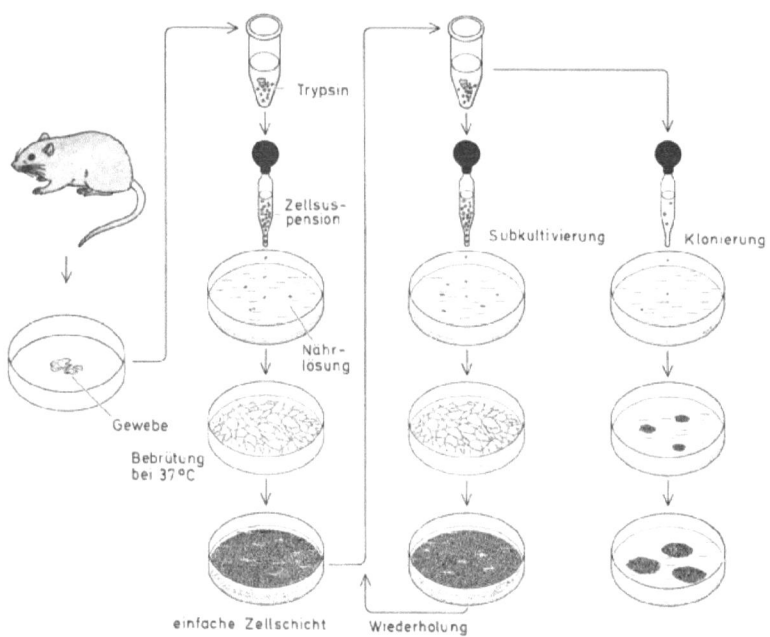

Abb. 144. Prinzipien der Kultur von Säugerzellen in vitro. Die Kultur beginnt mit der Entnahme von Gewebe aus dem links abgebildeten Tier. Weitere Erklärungen im Text. Aus Ephrussi und Weiss, 1969, verändert

der Zellen entstehende Milchsäure dient Phenolrot. Man wartet, bis sich die Zellen absetzen. Sie haften dann am Boden des Gefäßes. Nun bebrütet man die Kultur bei 37° C in feuchter Luft, der 5% CO_2 beigemischt ist. Dieses puffert, gemeinsam mit dem in der Nährlösung enthaltenen Bikarbonat, den pH der Lösung auf physiologische Werte ab. Die Zellen beginnen sich zu teilen und bilden am Boden des Gefäßes einen einschichtigen Zellrasen (*monolayer*). Ist die Zellschicht geschlossen, so hört das Wachstum in der Regel auf. Um den Zellen Gelegenheit zu weiterem Wachstum zu geben, werden sie mit Trypsin vom Boden des Gefäßes abgelöst. Eine verdünnte Suspension der Zellen wird in ein zweites Gefäß mit frischer Nährlösung eingebracht, erneut bebrütet, und so weiter. Diese Subkultivierung kann viele Male fortgesetzt werden. Stammt die Zellkultur aus Embryonen, so ist sie heterogen, da diese verschiedene Zelltypen enthalten. Um einheitliche Zellpopulationen zu bekommen, muß man ein Gefäß mit nur wenigen, gut verteilten Zellen beschicken. Jetzt kann jede einen Zellklon in Form einer Kolonie bilden. Solche Kolonien können isoliert, und die Zellen wiederum weiter gezüchtet werden.

Viele Säugerzellinien lassen sich unbegrenzt in Kultur halten. Solche *„permanenten Linien"* sind z. B. bestimmte Mäuse- und Hamsterzellinien, darunter die häufig verwendeten L- und 3T3-Zellinien der Maus und die BHK-Zellinien des Hamsters, ferner menschliche Fibroblasten und HeLa-Zellen. Andere Zellinien altern mit der Zahl der Passagen und stellen schließlich die Teilung ein. Man muß dann auf Zellen aus früheren Passagen zurückgreifen, die in tiefgefrorenem Zustand aufbewahrt wurden oder aus frischem Gewebe neue Zellinien gewinnen. Frisch hergestellte Zellinien haben im allgemeinen den diploiden Chromosomensatz, bei der Maus z. B. 40 Chromosomen. Permanente Zellinien sind meist heteroploid, sie haben nicht den diploiden Satz, sondern davon abweichende, in den einzelnen Zellen etwas streuende Chromosomenzahlen. Die mittlere Chromosomenzahl liegt meist höher, und zwar beim 3- bis 4fachen des haploiden Satzes, bei einigen Mäusezellinien z. B. um 54, bei 3T3-Zellen um 70. HeLa-Zellen haben eine mittlere Chromosomenzahl von etwa 66. Die Ursachen für dieses Phänomen sind unbekannt, doch dürfte ein Zusammenhang zwischen den in den Zellen zusätzlich enthaltenen Chromosomen und der Tatsache, daß diese Zellen in Kultur unbegrenzt teilungsfähig sind, bestehen.

2. Möglichkeiten der Aufzucht

Wie im IX. Kapitel dargelegt wurde, ist bei höheren Pflanzen die Regeneration vollständiger Individuen aus einzelnen somatischen Zellen in einigen Fällen bereits gelungen. Bei Säugern liegen die Dinge anders. Eine Aufzucht vollständiger Individuen aus somatischen Zellen ist hier vorerst nicht möglich. Selbst eine *Differenzierung solcher Zellen in Kultur* läßt sich nur ausnahmsweise beobachten, z. B. an Zellinien aus bestimmten bösartigen Tumoren der Maus, den sogenannten *Teratocarcinomen* (Martin, 1975). Züchtet man solche Zellen mehrere Wochen lang ohne Subkultivierung in Petrischalen, so setzt eine Differenzierung in verschiedene Zelltypen ein. Es entstehen Knorpel-, Muskel-, Neural- und Pigmentzellen

(Abb. 145). Sie sind jedoch meist ungeordnet. Andererseits ist aber die Aufzucht vollständiger Individuen aus Eizellen möglich. Sie ist an deren vorherige Befruchtung gebunden. Diese kann heute in vitro vorgenommen werden. Anschließend müssen die befruchteten Eizellen in den Uterus ei-

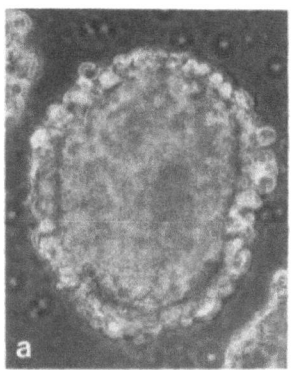

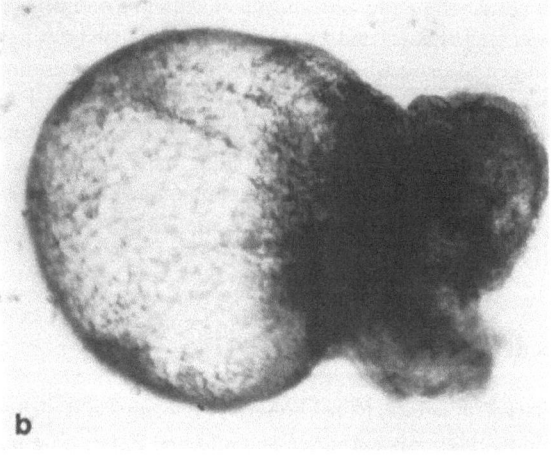

Abb. 145 a – c. Differenzierung von Teratocarcinom-Zellen der Maus in Gewebekultur. (a) 5. Tag nach Plattierung von Einzelzellen. Es ist ein einfacher, embryoähnlicher Körper mit einer äußeren Schicht endodermaler Zellen entstanden. Phasenkontrast, Vergr. 200×. (b) 7 – 10 Tage später in Suspension. Es ist eine Cyste mit einem flüssigkeitsgefüllten, dottersackähnlichen Teil (links) und einem fetalen Teil (oben rechts) entstanden. Vergr. 90×. (c) 2 Wochen nach Anheftung eines embryoähnlichen Körpers an ein geeignetes Substrat. Entstehung eines Gürtels von differenzierten Zellen um ihn und von Neuralzellen an dessen Peripherie. Phasenkontrast, Vergr. 110×. Aus Martin, 1975

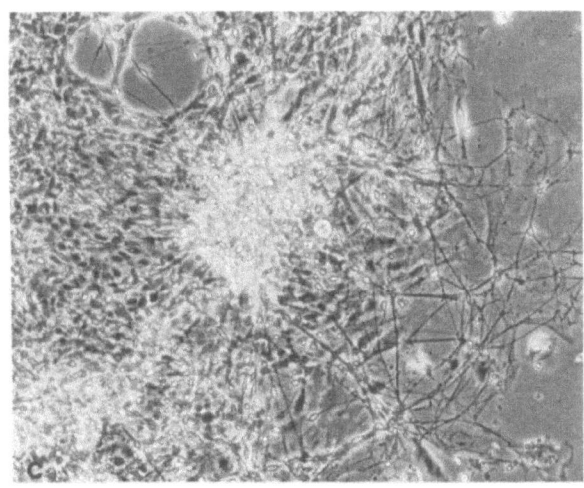

Abb. 145 c

nes entsprechend vorbehandelten Muttertieres re-implantiert werden. Auch eine Weiterkultur befruchteter Eizellen in vitro ist möglich. Die Entwicklung bleibt hier aber bisher auf frühen Embryonalstadien stehen.

a) Künstliche Befruchtung von Eizellen und Versuche zur Aufzucht in vitro

Eine eindeutige *in vitro-Befruchtung bei Säugern* gelang erstmals 1959 (Chang) u. zwar mit Eizellen des Kaninchens. Später konnten entsprechende Versuche auch beim Hamster und bei Mäusen durchgeführt werden. Schwierigkeiten ergaben sich dadurch, daß die Spermien vieler Säuger erst nach ihrem Eindringen in den Uterus des weiblichen Partners befruchtungsbereit werden (*Kapazitierung*). Für in vitro-Befruchtungen mußten sie also aus dem Uterus gepaarter weiblicher Tiere entnommen werden. Inzwischen kennt man aber bei verschiedenen Säugern, wie Hamster und Maus, auch Möglichkeiten zur Kapazitierung der Spermien in vitro.

Die Entwicklung der befruchteten Eizellen in vitro blieb zunächst auf dem Zwei-Zellstadium stehen (Abb. 146). Whittingham (1968) sowie Whitten und Biggers (1968) beschrieben dann eine Entwicklung bis zum *Blastocystenstadium*. Sie gelang in einem neuen Nährmedium, einer modifizierten Krebs-Ringer Bikarbonatlösung. Es enthält außer anorganischen Salzen Serumalbumin, Glukose und Antibiotika, Milchsäure und Pyruvat.

Daß bei Säugereiern in vitro das Blastocystenstadium erreicht werden kann, ist bereits ein schöner Erfolg, der durch Vergleich mit der Entwicklung befruchteter Eizellen anderer Tiere, z. B. von Amphibien, nicht geschmälert wird. Letztere läuft zwar in vitro reibungslos bis zum ausgewachsenen Tier, doch liegt sie hier schon normalerweise außerhalb des Muttertieres, diejenige von Säugereiern spielt sich hingegen naturgemäß im Inneren des Uterus ab und ist in späteren Stadien an die Ernährung des Embryos über die Plazenta gebunden. Versuche zur Weiterführung der Embryonalentwicklung von Säugern außerhalb des Uterus sind im Gange. Hierbei wird Kollagen als Substrat für die Anheftung der Blastocysten benutzt (Sherman, 1975).

Die *Befruchtung menschlicher Eizellen in vitro* wurde schon 1961 von Petrucci auf dem 2. internationalen Kongress für Humangenetik in Rom beschrieben. Eine Publikation dazu erschien nicht. Wie man erfahren konnte, verlor dieser Wissenschaftler seine Stellung an der Universität Bo-

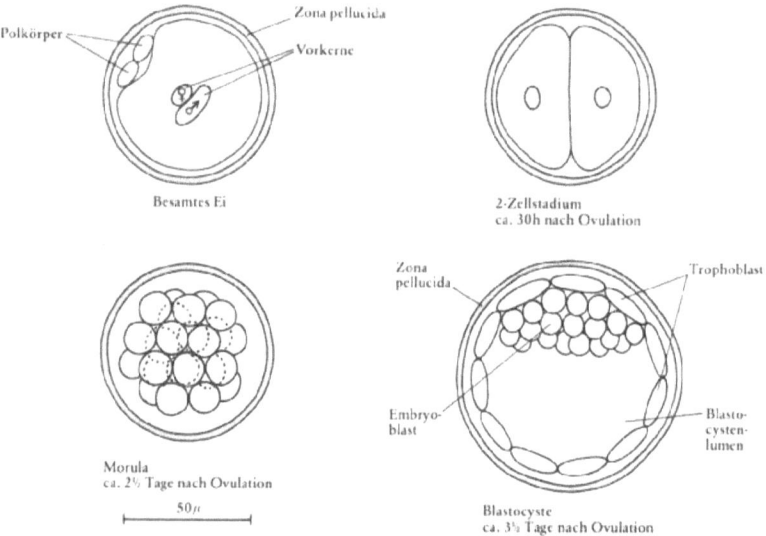

Abb. 146. Frühe Embryonalentwicklung der Maus. Das befruchtete Ei (links oben) enthält den männlichen und den weiblichen Vorkern sowie Polkörper als Reste aus der vorangegangenen Meiose. Es ist von einer zellfreien Hülle, der Zona pellucida, umgeben. Nach der Befruchtung verschmelzen die Vorkerne miteinander. Die erste Furchung führt zum Zwei-Zellstadium (rechts oben). Weitere Furchungen ergeben die Morula (links unten) und schließlich die Blastocyste (rechts unten). Der in ihr gezeigte Embryoblast bildet später den Feten. Der Trophoblast leitet die Einnistung in den Uterus ein und bildet später u. a. den fetalen Anteil der Plazenta. Aus Petzoldt, 1975

logna und mußte die Versuche aufgeben. In neuerer Zeit haben vor allem Edwards und Mitarbeiter in England in vitro-Befruchtungen an menschlichen Eizellen durchgeführt (Edwards *et al.*, 1969, 1970; Steptoe *et al.*, 1971; Edwards, 1974). Dabei konnten die an Hamster- und Mäuse-Eizellen gewonnenen methodischen Verbesserungen genutzt werden. Die Zellen stammten anfangs aus Follikeln von Ovarien, welche Patientinnen wegen medizinischer Indikation entnommen werden mußten. Sie waren daher unreif. Um eine Reifung zu erzielen, wurden sie in Follikelflüssigkeit, z. T. unter Zusatz verschiedener synthetischer Nährlösungen, bis zu 38 Stunden lang inkubiert. Die Mehrzahl von ihnen war dann in die Metaphase II der Meiose eingetreten und damit reif für die Befruchtung (Abb. 147). Die Insemination erfolgte durch Mischung der Zellen mit Spermien. Diese waren zuvor durch Behandlung mit Follikelflüssigkeit befruchtungsbereit gemacht worden. Die weiteren Vorgänge wurden nach verschiedenen Zeiten in vivo mittels Phasenkontrastmikroskopie oder nach Fixierung und Färbung der Zellen verfolgt. Es konnte dabei das Eindringen der Spermien in das Eihäutchen (Zona pellucida) und die eigentliche Befruchtung (Eindringen des Spermienkopfes in das Zytoplasma der

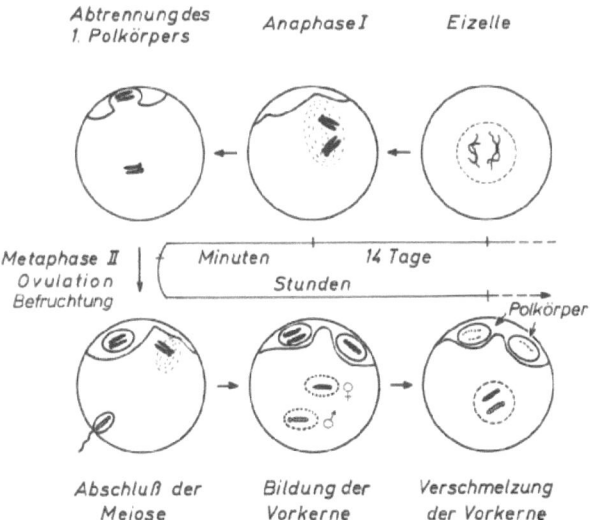

Abb. 147. Eireifung beim Menschen. Zur Vereinfachung ist nur ein Chromosomenpaar der ursprünglich diploiden Eizelle angegeben. Jedes der beiden Chromosomen besteht aus 2 Chromatiden. Das Schema beginnt rechts oben mit der Wiederaufnahme der Meiose in einer Eizelle während der ersten Hälfte des Monatszyklus (Skala: „14 Tage"). Aus Bresch und Hausmann, 1972, verändert

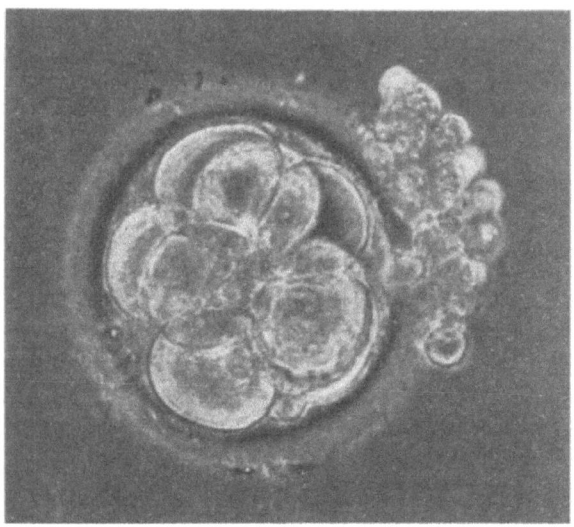

Abb. 148. Menschliches Ei nach Befruchtung in vitro und Kultur in Ham's F 10-Medium. Achtzellstadium. Aus Edwards *et al.*, 1970

Eizelle, Umwandlung des Kopfes in einen Vorkern, Ausstoßung des zweiten Polkörpers) beobachtet und voneinander unterschieden werden. Ca. 70% der verfügbaren Eizellen reiften in vitro. Nach der Insemination hatten 18 von 34 reifen Eizellen Spermien in der Zona pellucida oder Vorkerne, in diesen 18 Eizellen lief also höchstwahrscheinlich gerade die Befruchtung ab.

In neueren Versuchen wurden statt unreifen Eizellen aus operativ entfernten Ovarien nahezu reife Eizellen aus gesunden Frauen in Verbindung mit einer *Laparoskopie* entnommen. Dies ist eine relativ harmlose Operation, bei welcher ein optisches Instrument durch einen Einschnitt am unteren Nabelrand in das Abdomen eingeführt wird. Mit einem durch die gleiche Öffnung an die Ovarien herangeführten Zusatzinstrument lassen sich nun einzelne Eizellen kurz vor der Ovulation absaugen. Um das Follikelwachstum und die Eireifung anzuregen, war den Patientinnen zuvor Menopausen- und Chorion-Gonadotropin injiziert worden. Die Eizellen wurden dann in Tropfen ihrer eigenen Follikelflüssigkeit mit verschiedenen synthetischen oder halbsynthetischen Nährmedien versetzt und noch einige Stunden bebrütet. Sie befanden sich danach wiederum in Metaphase II der Meiose. Anschließend wurden sie gewaschen und mit Spermien gemischt. 12 – 15 Stunden später wurden die Eizellen in verschiedene, die

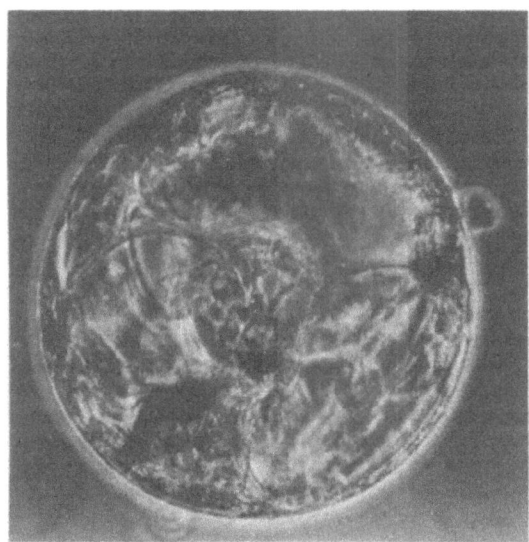

Abb. 149. Menschliche Blastocyste, hervorgegangen aus einem in vitro befruchteten und anschließend für 150 Stunden in Ham's F 10-Medium kultivierten Ei. Vgl. mit Abb. 146. Man erkennt die Zona pellucida und den Trophoblast. Im unteren Teil innen der Embryoblast. Aus Steptoe *et al.*, 1971

Zellteilung begünstigende Nährmedien übertragen. Insgesamt teilten sich hier 38 Eizellen, fast alle mindestens zweimal. Die Teilungsbereitschaft variierte mit dem verwendeten Medium. Am günstigsten erwies sich das Medium F 10 von Ham (1963), supplementiert mit 20% fetalem Kälberserum bei einem osmotischen Druck von 300 milli-osmolen/kg. Dieses Medium zeichnet sich gegenüber den bisher verwendeten durch einen hohen Argininegehalt bei sorgfältig optimierter Prolin-, Serin- und Glycinkonzentration aus. In ihm teilten sich sieben Eizellen sogar mindestens je viermal, so daß Zellhäufchen mit 16 Zellen entstanden (Abb. 148). Zwei Embryonen entwickelten sich über typische Morulae bis zum Stadium voll ausgebildeter Blastocysten (Abb. 149). Dies dauerte insgesamt etwa 150 Stunden. Die Embryonen hatten dann etwa 110 Zellkerne, mehrere davon in Mitose. Mit dieser Methode kommt man hier also inzwischen ebensoweit wie mit in vitro befruchteten Mäuseeizellen.

b) Aufzucht künstlich befruchteter Eizellen im Uterus

Eine vollständige Entwicklung künstlich befruchteter Eizellen von Säugern wurde in mehreren Fällen durch *Re-Implantation in den Uterus* erreicht. Solche Versuche hat Whittingham (1968) an Mäusen durchgeführt. Er übertrug künstlich befruchtete Eizellen im Zweizellstadium in die Eileiter dreier pseudoträchtiger und zweier trächtiger Weibchen. Die ersteren waren zuvor mit sterilen, die letzteren mit fertilen Männchen gepaart worden. Die Übertragung erfolgte kurz darauf. Am 17. Tag wurden die Uteri entnommen und untersucht (Abb. 150). Eines der ursprünglich nur pseudoträchtigen Weibchen enthielt 9 Feten, 5 davon hatten schwarze und 4 rote Augen. Auch ein trächtiges Weibchen hatte außer rötäugigen einen schwarzäugigen Fetus. Die Augenfarbe war bei diesem Aufzuchtversuch als genetische Marke gewählt worden. Sie zeigte, daß es sich im ersten Weibchen nicht um Parthenogenese, beim zweiten nicht nur um Nachkommen aus dem natürlichen Paarungsvorgang handelte. Auch bei Ratten

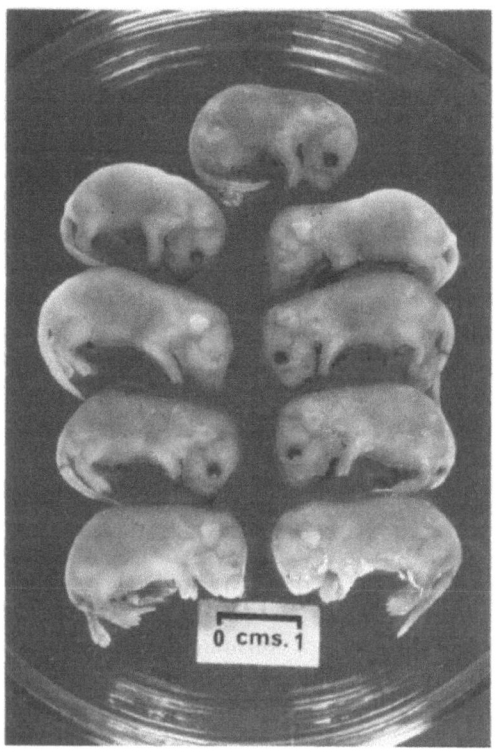

Abb. 150. Entwicklung künstlich befruchteter Eizellen in utero. Einem pseudoträchtigen Mäuseweibchen wurden in vitro befruchtete, im Zweizellstadium befindliche Eier implantiert. Auswertung nach 17 Tagen. 5 schwarzäugige und 4 rotäugige Feten. Aus Whittingham, 1968

und Kaninchen konnte eine Entwicklung normaler Feten nach Re-Implantation künstlich befruchteter Eizellen in den Uterus erzielt werden. Die Erfolgsrate war allerdings gering (Whittingham, 1975).

Die Re-Implantation künstlich befruchteter menschlicher Eizellen in den Uterus einer Frau ist in entsprechender Weise möglich und wurde in Fällen von Unfruchtbarkeit der Frau auch bereits vorgenommen. Eine der Schwierigkeiten dabei ist, daß das hormonelle Gleichgewicht von Frauen, die am Anfang der Schwangerschaft stehen, noch ungenügend bekannt ist, die sichere Einnistung der befruchteten Eizelle in den Uterus von diesem Gleichgewicht aber in hohem Grade abhängt. C. Wood berichtete 1973, daß ein Versuch, eine künstlich befruchtete Eizelle einer Patientin zu re-implantieren, nach 9 Tagen scheiterte. Versuche von Edwards (1973) waren ebenfalls ohne Erfolg. Einer davon lief über 21 Tage, dann setzte die Menstruation ein und zeigte, daß die betreffende Frau nicht schwanger geworden war. Kürzlich hat Bevin mitgeteilt, er habe auf diesem Wege 3 Lebendgeburten erhalten (Edwards, pers. Mitt.). Weitere ähnliche Meldungen kommen gelegentlich durch Presse oder Rundfunk. Leider wurden dazu bisher keine Details publiziert, so daß diese Meldungen schwer zu beurteilen sind. Es sei hier bemerkt, daß es z. Z. allein in England und den USA schätzungsweise 1 Million Frauen gibt, die ein Kind wollen, aber nicht schwanger werden können, weil Teile ihrer Eileiter erkrankt oder defekt sind. Ihnen könnte geholfen werden, sobald die Methodik der Re-Implantation künstlich befruchteter Eizellen in den weiblichen Uterus perfektioniert ist.

c) Aufzucht von Eizellen nach Kerntransplantation

Da aus somatischen Säugerzellen noch keine vollständigen Individuen aufgezogen werden können, wohl aber aus künstlich befruchteten Eizellen nach Re-Implantation in den Uterus eines geeigneten Muttertieres, gewinnt eine Kombination beider Versuchsansätze derzeit potentiell an Bedeutung. Diese Kombination bestünde darin, daß Kerne aus somatischen Zellen entnommen und in vitro in entkernte Eizellen transplantiert werden. Nach Re-Implantation solcher Eizellen in den Uterus eines geeigneten Muttertieres sollte die Aufzucht zu vollständigen Individuen möglich sein.

Bei Amphibien, wie dem schon mehrfach erwähnten *Krallenfrosch,* gelingen solche Experimente schon seit längerer Zeit. Der Kern einer Eizelle kann hier durch UV-Bestrahlung inaktiviert werden. Somatische Zellkerne lassen sich mit Hilfe des Mikromanipulators z. B. aus Zellen des Darmepithels durch Anstechen mit einer Kapillare und Ansaugen gewinnen

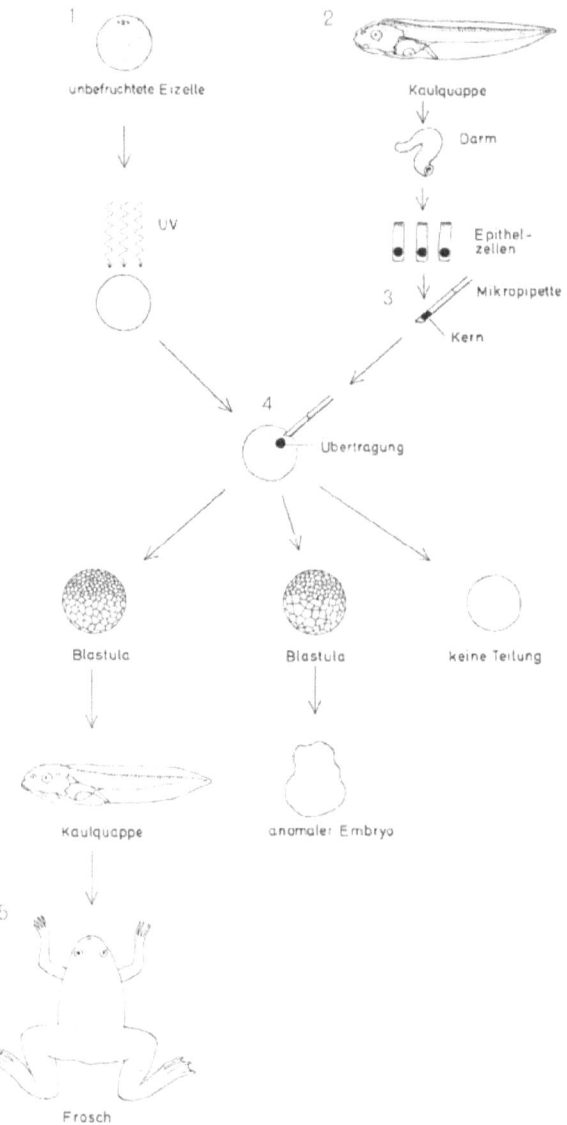

Abb. 151. Aufzucht von Fröschen aus Eizellen mit künstlich eingesetztem Kern. Der Kern einer unbefruchteten Eizelle (links oben, (1)) wird durch UV-Bestrahlung abgetötet. Der in diese Eizelle dann einzusetzende Kern stammt im hier gezeigten Beispiel aus Zellen des Darmepithels einer Kaulquappe (rechts oben (2)). Mit Hilfe einer Mikropipette kann er einer solchen Zelle entnommen (3) und in die entkernte Eizelle übertragen werden (4). Außer gestörten und sich abnorm entwickelnden Eizellen erhält man auch ausgewachsene Frösche (5). Aus Gurdon, 1968, verändert

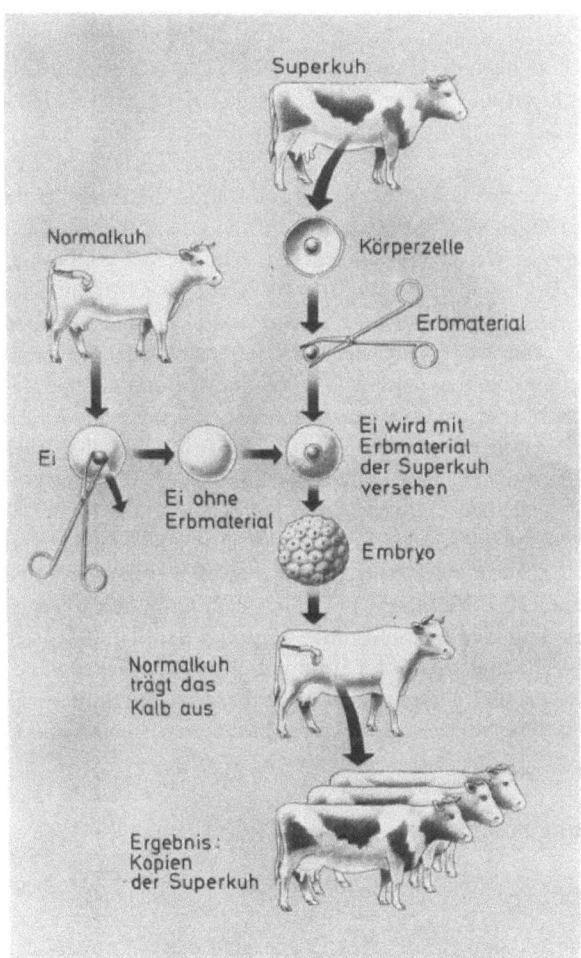

Abb. 152. Denkschema zur Klonierung von Kühen. Aus Somazellen einer Hochleistungskuh (oben) werden Zellkerne entnommen und in entkernte Eizellen anderer Kühe (links) übertragen. Die Eizellen werden dann beliebigen weiteren Kühen in den Uterus implantiert und von ihnen ausgetragen. Aus Schippke, 1975

(Gurdon, 1968; Abb. 151). Sie können dann ohne Schwierigkeit in die relativ großen Eizellen eingespritzt werden. Sie steuern deren weitere Entwicklung, in etwa 1% der Fälle bis zu ausgewachsenen Fröschen. Außer arteigenen Kernen hat man in derartigen Versuchen auch artfremde Kerne benutzt, darunter solche von embryonalen Mäusefibroblasten und menschlichen HeLa-Zellen (Brun, 1973). Hierbei entstanden verständlicherweise keine Frösche. Immerhin konnten dabei vollständige Blastulae erhalten werden. Dann blieb die Entwicklung stehen. Die artfremden Kerne werden also repliziert und steuern die Frühstadien der Embryonalentwicklung offensichtlich soweit, wie sie in Amphibien und Säugern noch ähnlich verläuft.

Entsprechende Versuche, bei denen Kerne somatischer Säugerzellen in Säugereizellen übertragen werden, lassen sich ebenfalls durchführen. Zwar sind diese Eizellen sehr viel kleiner als jene des Krallenfrosches, bei der Maus bezogen auf das Volumen um etwa das 4000fache. Der Durchmesser beträgt hier aber immer noch etwa 60 bis 80 µ, so daß in Mäuseeizellen z. B. schon Öltröpfchen (10^{-12} l) sowie DNS (10^4 Moleküle Polyoma-DNS) injiziert werden konnten, ohne daß deren Entwicklung sichtbar gestört wurde. Es überrascht daher nicht, daß bereits *Versuche an Kühen* projektiert werden, bei denen es darum geht, Kerne aus Somazellen eines Muttertieres in entkernte Eizellen zu übertragen, diese nach Re-Implantation in den Uterus beliebiger anderer Kühe aufzuziehen, und so Nachkommen zu erhalten, die der Kernspenderin völlig gleichen. Eine Kuh mit besonders hoher Milchleistung könnte so beliebig oft vermehrt werden (Abb. 152). Das natürliche Verfahren über eine Besamung liefert wegen der Reduktion des diploiden Chromosomensatzes auf den haploiden bei der Reifung der Eizelle und wegen der Einführung des väterlichen Chromosomensatzes bei der Befruchtung stets Nachkommen, die mütterliche und väterliche Merkmale besitzen, also von der Mutter verschieden sind.

3. Hybridisierung somatischer Zellen

a) Erste Versuche

Kehren wir nun zurück zum eigentlichen Gegenstand dieses Kapitels, der Möglichkeit, Hybride verschiedener Säugerarten auf somatischem Wege zu erhalten. Eine Verschmelzung somatischer Zellen verschiedener Säugerarten ist möglich, der Weiterzucht der Hybridzellen in vitro steht im Gegensatz zu den im IX. Kapitel genannten pflanzlichen Beispielen meist nichts im Wege. Die Verschmelzung somatischer Säugerzellen in vitro wurde zum ersten Mal von Barski *et al.* (1960) beschrieben. Hierbei handelte es sich um zwei verschiedene Krebszellinien der Maus, die sich morphologisch und in ihren Chromosomen unterschieden. Die Autoren mischten solche Zellen, bebrüteten sie, und beobachteten nach Verlauf einiger Monate, daß Zellen eines neuen Typs auftraten. Diese hatten nach zytologischen Untersuchungen im Kern eine Addition der Chromosomen beider Eltern. Der neue Zelltyp war stabil, er ließ sich weiterzüchten. Schon bald darauf wurde gefunden, daß nicht nur Zellen derselben, sondern auch Zellen verschiedener Säugerarten in vitro verschmolzen werden können und teilungsfähige, hybride Tochterzellen liefern. Dies gilt z. B. für Kombinationen von Zellen der Maus und der Ratte sowie für Kombinationen von Zellen der Maus und des chinesischen Hamsters (Ephrussi und Weiss, 1965; Weiss und Ephrussi, 1966 a). Die genauere Analyse von aus solchen Hybridzellen abgeleiteten Zellinien lieferte auch bald erste Vorstellungen über die in den Zellen ablaufenden *biochemischen Vorgänge*. Z. B. wurden von Weiss und Ephrussi (1966 b) Hybridzellinien, die aus Mäuse- und Rattenzellen entstanden waren, untersucht. Es wurde gefragt, ob die beiden verschiedenen, in den Hybridzellen gleichzeitig vorhandenen Genome nebeneinander funktionieren und die Synthese von Proteinen steuern, oder aber eines der beiden Genome inaktiv ist. Als Leitenzym dienten Laktat-Dehydrogenase und β-Glukuronidase. Beide kommen in Mäuse- und Rattenzellen vor, sind aber in beiden Fällen strukturell etwas verschieden. Sie besitzen deshalb unterschiedliche elektrophoretische Wanderungsgeschwindigkeit, die Moleküle der β-Glukuronidase zusätzlich auch unterschiedliche Temperaturempfindlichkeit. Aufgrund dieser Eigenschaften ließen sich sowohl die vom Mäuse- als auch die vom Rattengenom codierten Enzyme in den Hybridzellen nachweisen (Abb. 153), und es ließen sich zusätzlich Enzymmoleküle mit intermediären physika-

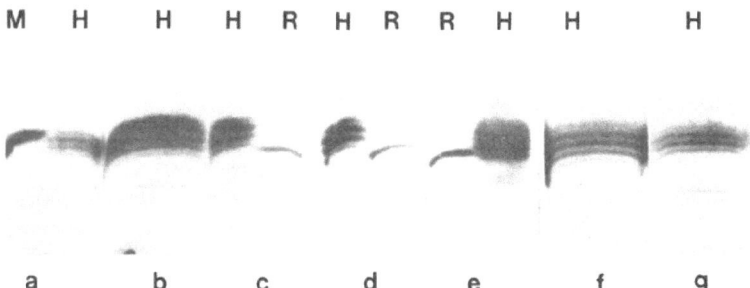

Abb. 153 a – g: Nachweis der gleichzeitigen Funktion von Mäuse- und Rattengenen in Hybridzellen. Gezeigt sind Elektrophoresestreifen aus Versuchen, in denen die Wanderungsgeschwindigkeit von Laktat-Dehydrogenase aus Mäusezellen *M*, Rattenzellen *R* und Hybridzellen *H* geprüft wurde. Mäuse- und Rattenzellen liefern in Kultur hauptsächlich eine Bande (LDH-5). Die aus Mäusezellen läuft deutlich schneller als jene aus Rattenzellen (Maus: (a) links; Ratte (c, d) rechts; (e) links). Hybridzellen liefern diese beiden Banden und mehrere zusätzliche mit intermediärer Wanderungsgeschwindigkeit (a, e) rechts, (c, d) links, (b, f, g). Aus Weiss und Ephrussi, 1966 b

lisch-chemischen Eigenschaften finden, was wegen des Aufbaus beider Enzyme aus mehreren, unabhängig voneinander gebildeten Protein-Untereinheiten auch plausibel ist. Demnach sind sowohl das Mäuse- als auch das Rattengenom in den Hybridzellen aktiv.

Etwa gleichzeitig mit diesen Untersuchungen wurde auch eine Verschmelzung von menschlichen Zellen mit Mäusezellen erzielt (Harris und Watkins, 1965; Weiss und Green, 1967). Zunächst wurden dafür Krebszellen benutzt, später z. B. menschliche Zellen aus embryonalem Lungengewebe oder Fibroblasten, in Kombination mit verschiedenen, an Gewebekultur angepaßten Mäusezellinien. Seither konnten viele weitere Hybridisierungen vorgenommen werden, z. B. zwischen Zellen von Mäusen und Hühnern und zwischen menschlichen Zellen und Moskitozellen. Die meisten so erhaltenen hybriden Zellinien können über viele Passagen weitergezüchtet werden.

b) Verbesserung der Fusionsrate

Die Rate, mit welcher ohne zusätzliche Hilfen in solchen Versuchen Hybridzellen entstehen, ist relativ niedrig. Wie bei pflanzlichen Zellen, so hat man deshalb auch bei tierischen schon bald versucht, durch geeignete Mittel die Fusionsraten und damit letztlich die Ausbeuten an Hybridzellen zu erhöhen. Hierfür sind heute zwei Verfahren im Gebrauch. Das eine benutzt das *Sendai-Virus,* einen Erreger katarrhalischer Erkrankungen des Menschen. Fügt man einer Kultur von Säugerzellen UV-inaktivierte Sendai-Viren zu, so kommen die Viruspartikel mit ihren Spikes in Kontakt mit den Zellmembranen und lösen sie lokal auf, wahrscheinlich bedingt durch die Aktivität der viralen Neuraminidase. Liegen dabei zwei Zellen dicht zusammen, so bewirken die anschließenden Heilungsprozesse eine Verbreiterung der entstandenen Öffnungen und das Aufgehen beider Zellen in einer einzigen, von nur einer Membran umschlossenen, heterokaryotischen Zelle. Das zweite Verfahren zur Erhöhung der Fusionsraten ist eine Behandlung der zu verschmelzenden Zellen mit *Lysolecithin,* einem Glycerinphosphatid, welches wie das Sendai-Virus die lokale Auflösung der Zellmembranen verursacht, mit dem gleichen Ergebnis der Entstehung von Heterokaryen. Die Rate der so zu erhaltenden, teilungsfähigen Hybridzellen in einer Zellpopulation wird dadurch um etwa das hundertfache (auf 10^{-3}) erhöht.

c) Systeme zur Selektion von Hybridzellen

Die Anwendung von Sendai-Viren oder Lysolecithin verbessert zwar die Chancen zur Auffindung von Hybridzellen in einer gemischten Zellpopulation, diese Chancen liegen dann aber immer noch nicht im arbeitstechnisch günstigen Bereich. Es werden deshalb *Selektionsverfahren* benutzt, welche die Vermehrung von Hybridzellen in einer Population begünstigen, die Vermehrung nicht hybrider Zellen aber hemmen. Solche Verfahren haben entscheidend dazu beigetragen, daß Untersuchungen an somatisch hybridisierten Zellen unterschiedlicher Säugerarten in den letzten Jahren beeindruckende Fortschritte gemacht haben. Das am häufigsten benutzte Selektionsverfahren sei hier genauer beschrieben. Es wurde, auf Vorarbeiten von Szybalski *et al.* (1962) aufbauend, von Littlefield (1964) entwickelt.

Man geht von zwei Zellinien aus, welche unterschiedliche genetische Defekte in der Synthese von Nukleotiden aufweisen. Die Zellen der einen Linie sind Thymidinkinase (TK) – negativ, die der anderen aber negativ für Hypoxanthin-Guanin-Phosphoribosyltransferase (HGPRT). Das zuerst genannte Enzym katalysiert die Umwandlung von Thymidin (TdR) zu Thymidinmonophosphat (TMP), das andere die Umwandlung von Hypoxanthin (HX) und Guanin (G) zu Inosinmonophosphat (IMP) bzw. Guanosinmonophosphat (GMP). HGPRT-negativ sind z. B. die Zellen von Patienten, die das sogenannte *Lesch-Nyhan-Syndrom* haben. Es ist dies eine tödlich endende neurologische Erkrankung, in deren Verlauf die Betroffenen einen unstillbaren Drang zum Verzehr der eigenen Lippen, Finger und anderer erreichbarer Körperteile entwickeln. Das Leiden ist rezessiv und wird X-chromosomal vererbt. Menschliche Zellinien mit diesem Defekt sind verfügbar. Die Hypoxanthin-Guanin-Phosphoribosyltransferase wurde bereits im IV. Kapitel im Zusammenhang mit Transformationsversuchen an menschlichen Zellen eingeführt (S. 95).

TMP und GMP werden für die DNS-Replikation benötigt. Sie werden im Körper auf zwei Wegen bereitgestellt, einerseits durch Aufbau aus einfachen Bausteinen (*de novo*), andererseits durch Umbau aus vorgefertigten, im Stoffwechsel durch Abbau von Nukleinsäuren frei gewordenen komplexeren Molekülen wie Thymidin und Hypoxanthin (*salvage*). Dies ist in Abb. 154 A vereinfacht dargestellt. Bei der de novo-Synthese ist die Übertragung von Methylgruppen an den Purin- bzw. den Pyrimidinring nötig. Diese Methylgruppen werden durch Dehydrofolsäure geliefert. Die de novo-Synthese läßt sich daher durch Folsäure-Antagonisten wie Aminopterin und Amethopterin blockieren. Zellen in Nährmedien mit einem der beiden genannten Hemmstoffe können noch wachsen, solange TdR und HX vorhanden sind. Um dies in ausreichendem Maße zu gewährleisten, setzt man dem Medium außer Aminopterin bzw. Amethopterin auch TdR und HX zu (*HAT-Medium*). Zellen, die TK-negativ oder HGPRT-negativ sind, können TdR bzw. HX nicht nutzen. Da auch der de novo-Syntheseweg blockiert ist, sterben sie im HAT-Medium ab. Mischt man zwei Zellpopulationen, deren eine TK-negativ, aber HGPRT-positiv, deren andere hingegen HGPRT-negativ aber TK-positiv ist, so werden nicht verschmolzene Zellen beider Populationen auf HAT-Medium nicht wachsen können. Durch Fusion entstandene Hybridzellen können hingegen wachsen (Abb. 154 B). Sie haben ja neben defekten auch intakte Gene für die Synthese der beiden jetzt benötigten Enzyme. Das Prinzip entspricht

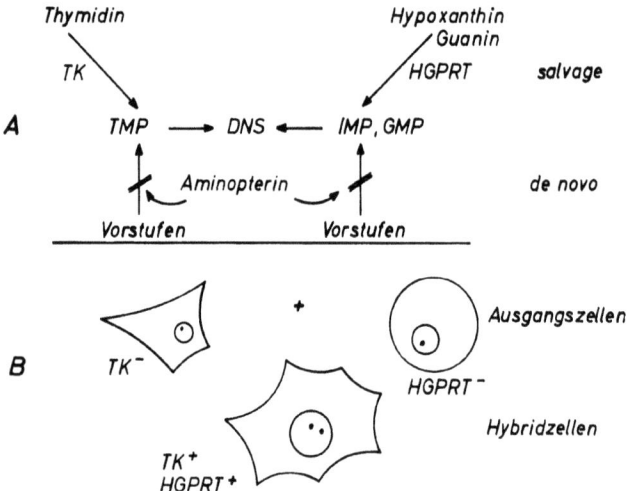

Abb. 154. Das HAT-Selektionssystem. TK = Thymidinkinase, $HGPRT$ = Hypoxanthin-Guanin-Phosphoribosyltransferase. A: Stoffwechselschema, B: Komplementationsschema

dem im vorigen Kapitel bereits erörterten der intergenen Komplementation zwischen je zwei pflanzlichen Zellen mit unterschiedlichen Stoffwechseldefekten. Es entstehen Kolonien, die selbst unter vielen nicht hybridisierten Zellen leicht erkannt werden können, insbesondere wenn letztere, sobald sie abgestorben sind, durch mehrfache, über längere Zeiträume verteilte Wechsel des HAT-Mediums entfernt werden.

d) Chromosomenfärbung

Eine wichtige Hilfe bei der zytologischen Identifizierung und näheren Charakterisierung von Hybridzellen bieten *neue Präparations- und Färbeverfahren*. Ihre Anwendung hat dazu geführt, daß insbesondere die menschlichen Chromosomen, deren detailliertere Analyse lange Zeit große Schwierigkeiten machte, heute zu den am besten bekannten Chromosomen höherer Organismen zählen. Man geht davon aus (Sperling, 1972), daß sich die zu untersuchenden Zellen in der Metaphase der Mitose befinden müssen. Zur Anreicherung von Zellen in diesem Teilungsstadium in einer Zellpopulation wird Colchicin oder dessen wirkungsvolleres Analog Colcemid geboten. Diese Substanzen verhindern die Ausbildung der Spindelfasern und damit die Anaphasenverteilung der Chromosomen. Alle in die Mitose eintretenden Zellen werden in der Metaphase aufgefangen. Außerdem verursachen die genannten beiden Substanzen eine starke Kontraktion der Chromosomen, die somit besonders gut sichtbar werden (*C-Metaphasen*). Normalerweise sind nun die Chromosomen während der Metaphase im Zentrum der Zelle in der Gegend des ehemaligen Zellkerns dicht zusammengedrängt. Einzelheiten sind daher meist nur schlecht zu erkennen. Man kann aber durch Übertragung der zu untersuchenden Zellen in hypotone Salzlösung ein Anschwellen der Zellen und eine bessere Verteilung der Chromosomen erreichen. Es werden dann nach der Fixierung meist sehr übersichtliche Präparate erhalten. Die wichtigsten Neuerungen bei der Identifizierung einzelner Säugerchromosomen sind die Färbung mit Acridinfarbstoffen und die *Färbung mit Giemsa* nach partieller De- und Renaturierung der DNS. Zu den hier verwendeten Acridinfarbstoffen gehört der *Quinacrin-Lost*, verwandt mit dem Malariamittel Atebrin. Es hat sich gezeigt, daß dieser und ähnliche Stoffe mit unterschiedlichen Stellen der Chromosomen bevorzugt reagieren. Im Fluoreszenzmikroskop sieht man daher deutliche, stark fluoreszierende Banden, beim Menschen vor allem im Y-Chromosom, aber auch in den Chromosomen 3, 13, 14 und 15, wodurch diese sicher angesprochen werden können. Es scheint eine Korrelation zwischen der Bindung von Quinacrin-Lost und der Verteilung von Heterochromatin in den Chromosomen zu bestehen. Da diese Substanz vor allem mit Guanin reagiert, könnten die Banden auch GC-reiche Abschnitte der DNS kennzeichnen (Caspersson *et al.*, 1970).

Die Färbung mit Giemsa wird im Anschluß an ein Erhitzen oder eine kurze Alkalibehandlung der Präparate, deren Neutralisierung und längeres Warmhalten durchgeführt. Auch hier entstehen, wie in Abb. 155 zu sehen, scharfe Bandenmuster (Drets und Shaw, 1971). Sie sind jeweils charakteristisch für bestimmte Chromosomen, reproduzierbar und nicht identisch mit den durch Quinacrin-Lost zu erhaltenden Mustern. Die chemische oder strukturelle Ursache dieser differentiellen Anfärbbarkeit der Chromosomen mit Giemsa ist noch weitgehend unverstanden. Immerhin ist bekannt, daß die Vorbereitungsprozedur eine Lockerung der Wasserstoffbrücken in DNS-Doppelsträngen bewirkt, die vor allem AT-reiche Abschnitte betrifft. Die kombinierte Anwendung der genannten Verfahren macht heute nicht nur beim Menschen, sondern auch bei Hybridzellen,

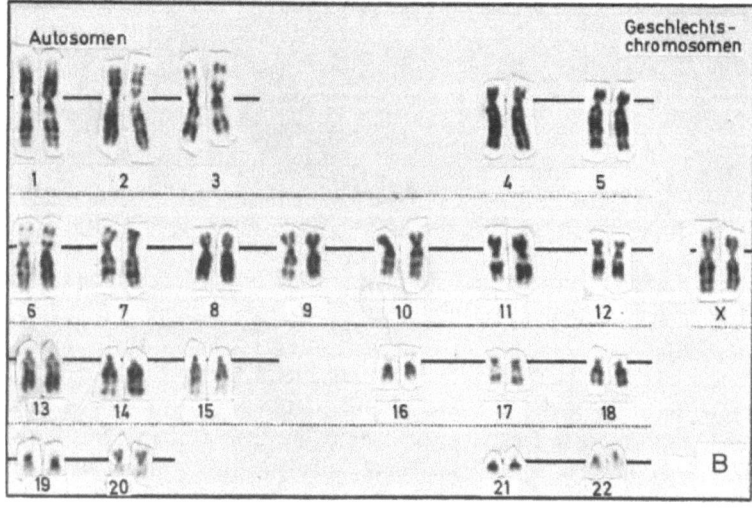

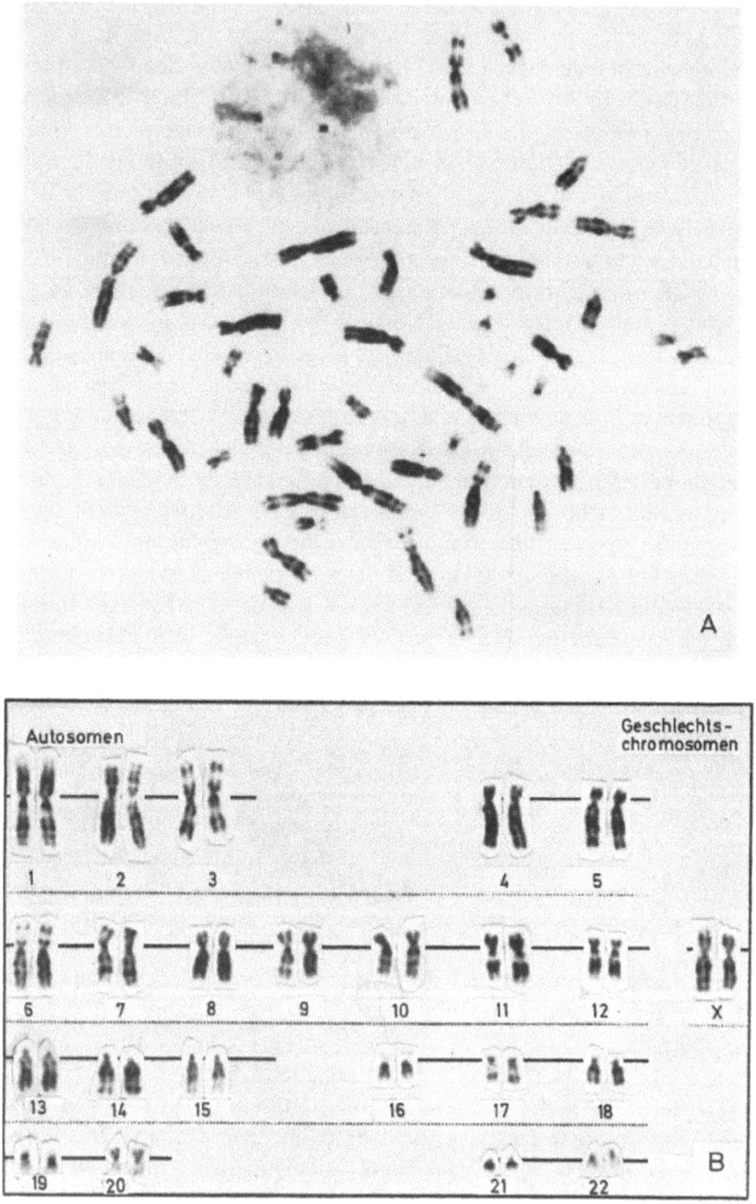

Abb. 155 A und B. Bandenmuster in menschlichen Chromosomen nach Färbung mit Giemsa. (A) Metaphase. (B) Das daraus abzuleitende Karyogramm, in dem die Chromosomen nach Größe und in Paaren geordnet sind. Weiblicher Chromosomensatz 46, XX. Präparat und Aufnahme: A. Rodewald. Freundlicherweise zur Verfügung gestellt von H. Cleve

welche Chromosomen des Menschen zusammen mit solchen anderer Säuger enthalten, die Identifizierung jedes einzelnen Chromosoms möglich und gestattet sogar, Abschnitte einzelner Arme bestimmter Chromosomen und Translokationen sicher zu erkennen. Damit sind diese Verfahren die Grundlage der im folgenden zu erörternden Untersuchungen geworden.

e) Chromosomenverlust und Gen-Kartierung

Für die Stabilisierung der Hybridsituation ist wichtig, daß dabei zwar über eine Heterokaryonbildung und die anschließende Verschmelzung von Kernen beider Eltern zunächst Zellen mit zwei diploiden Chromosomensätzen, nämlich jenen der beiden Eltern, entstehen, analog zu den für Pflanzen beschriebenen Vorgängen also amphidiploide Zellen (Kap. IX). Meist ist dieser Zustand aber nicht stabil. Die *Zellen regulieren* vielmehr die *Zahl der Chromosomen* in den folgenden Teilungen rasch und zufallsmäßig *herab*. Dies gilt insbesondere für Hybridzellen, die durch Kombination von Mäuse- und Menschenzellen entstanden. Hier ließ sich schon früh zeigen, daß durch mehrfache Teilungen schließlich Sortimente von Zellinien mit sämtlichen Mäusechromosomen, aber nur kleinen, in ihrer Zusammensetzung wechselnden Gruppen von menschlichen Chromosomen entstehen (Weiss und Green, 1967). Die Anzahl menschlicher Chromosomen, die schließlich verbleiben, liegt meist unterhalb von 15. In dieser Form sind die hybriden Zellinien dann stabil und weiter züchtbar. Es sei an dieser Stelle hinzugefügt, daß gelegentlich auch der umgekehrte Fall beobachtet wird, nämlich bei Erhaltung der vollständigen Zahl menschlicher Chromosomen der Verlust von Mäusechromosomen (Minna und Coon, 1974). Er tritt z. B. dann ein, wenn Zellen einer sich lebhaft teilenden menschlichen Zellinie mit stark differenzierten, frisch isolierten Zellen aus embryonalem Nervengewebe der Maus verschmelzen. Ob die Chromosomen des einen oder anderen der beiden Hybridisierungspartner verloren gehen, scheint also von den jeweiligen Zellinien, insbesondere von deren Teilungsfähigkeit und Differenzierungsgrad abzuhängen.

Natürlich könnte man nun daran denken, aus solchen somatisch hergestellten Hybridzellen vollständige Individuen aufzuziehen. Diese hätten dann den vollständigen Satz von Mäusechromosomen mit zusätzlichen menschlichen Chromosomen oder umgekehrt. Eine Aufzucht solcher Zellen ist nach dem in Abschnitt 2 Gesagten in vitro, d. h. außerhalb des lebenden Organismus, vorerst nicht möglich. Es ließen sich aber Zellkerne solcher Hybridzellen in entkernte Säugereizellen einsetzen, mögen diese nun von der Maus oder vom Menschen stammen. Deren Entwicklung zu vollständigen Individuen könnte dann durch Re-Implantation der Eizellen in den Uterus, z. B. einer Maus, initiiert werden (S. 266). Über solche Versu-

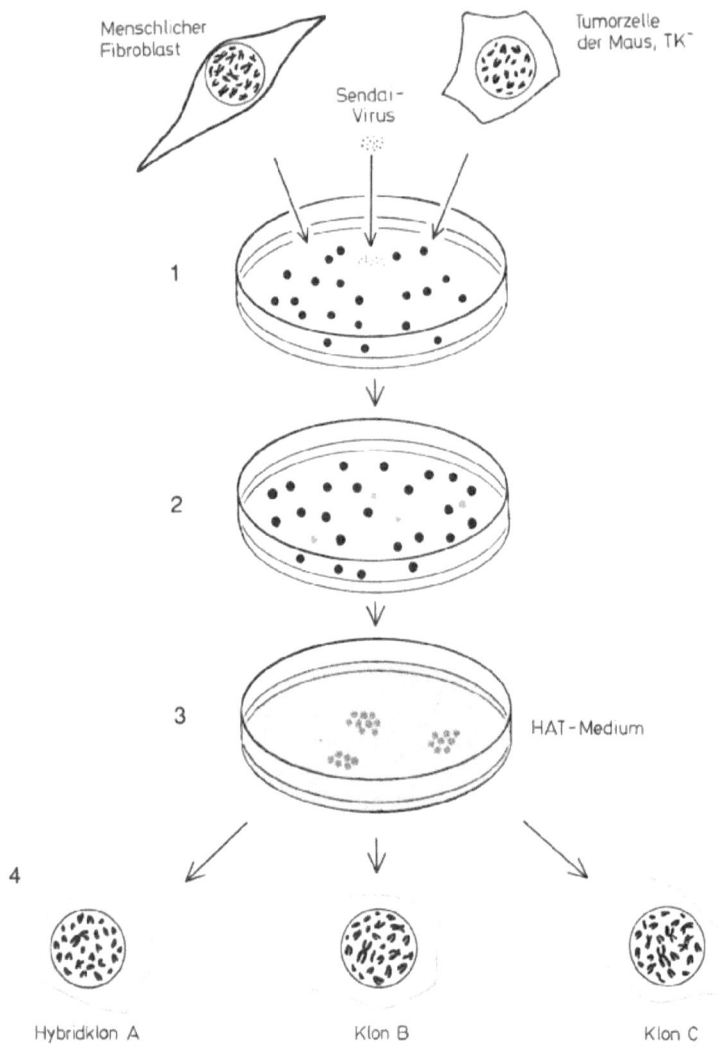

Abb. 156. Zuordnung menschlicher Gene zu bestimmten Chromosomen durch Untersuchung von Hybridzellen. Das Schema zeigt die Gewinnung von Hybridzellklonen mit unterschiedlich zusammengesetztem Karyotyp (unten, 4). Verschmelzungspartner sind menschliche Fibroblasten (oben links) und TK-negative Tumorzellen der Maus (oben rechts). Ein Zusatz von Sendai-Viren begünstigt die Fusion (1). Es entstehen Hybridzellen (2, grau symbolisiert). Bei Kultur in HAT-Medium wachsen vor allem diese weiter (3). Aus Ruddle und Kucherlapati, 1974, verändert

che, die in mancher Hinsicht von großem Interesse wären, wurde bisher nichts berichtet. Solange sie nicht durchgeführt werden, muß offen bleiben, wie weit die Entwicklung solcher Eizellen mit hybridem Genom unter diesen Bedingungen verläuft und welche Produkte entstehen.

Abgesehen davon hat man Hybridzellen von Mensch und Maus in anderer Weise für eine wichtige Aufgabe der genetischen Grundlagenforschung einsetzen können, u. zwar für die *Kartierung von menschlichen Genen*. Bei allen anderen Objekten ist der einfachste Weg zur Kartierung von Genen die Kreuzung und die Analyse der erhaltenen Rekombinanten.

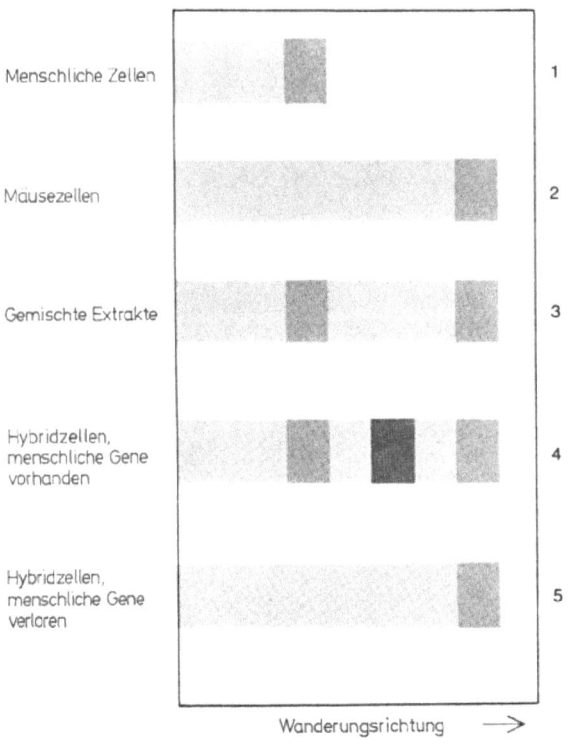

Abb. 157. Zuordnung menschlicher Gene zu bestimmten Chromosomen durch Untersuchung von Hybridzellen. Das Schema zeigt das Isoenzymmuster von Glukose-6-Phosphat-Dehydrogenase, welches verschiedene Zellklone bei Elektrophorese liefern. Das Molekül ist ein Dimer aus 2 identischen Untereinheiten, daher tritt in Gel Nr. 4 eine Hybridbande auf. In Gel Nr. 5 ist das menschliche Gen für Glukose-6-Phosphat-Dehydrogenase verlorengegangen. Die Untersuchung des Karyotyps (Abb. 156, 4) zeigt, welches Chromosom dafür verantwortlich sein könnte. Aus Ruddle und Kucherlapati, 1974, verändert

Dieses Vorgehen verbietet sich beim Menschen aus ethischen und praktischen Gründen. Hier stand daher noch bis vor kurzem als einziger Weg einer Zuordnung von Genen zu bestimmten Chromosomen jener der

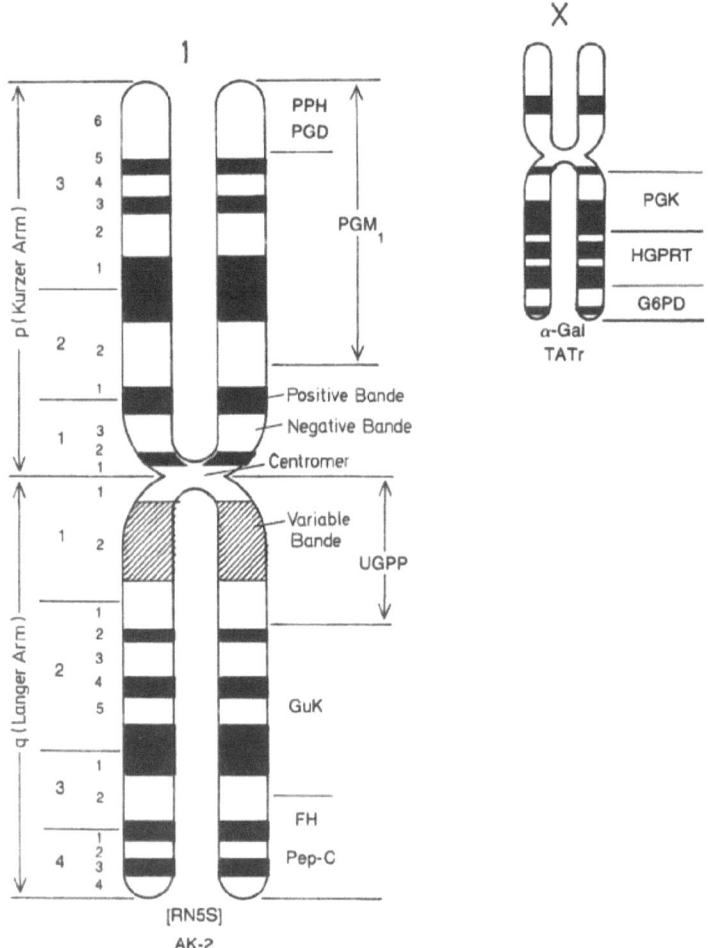

Abb. 158. Bandenmuster und bekannte Genorte für 2 der insgesamt 24 menschlichen Chromosomen. Links Chromosom 1, stark vergrößert, mit Angabe der Bezeichnung der einzelnen Abschnitte. Rechts das X-Chromosom, etwa im halben Maßstab. Die bisher kartierten Gene sind durch die Anfangsbuchstaben des jeweiligen Enzyms oder Produkts gekennzeichnet, z. B.: PPH = Phosphopyruvat-Hydratase, PGK = Phosphoglycerat-Kinase, HGPRT = Hypoxanthin-Guanin-Phosphoribosyltransferase, G6PD = Glukose-6-Phosphat-Dehydrogenase. Aus Ruddle und Kucherlapati 1974, verändert

Stammbaumanalyse, verbunden mit zytologischen Untersuchungen zur Verfügung. Dieser Weg ist aufwendig und nur für wenige Merkmale brauchbar. Heute kann man an Kulturen von Hybridzellen, die durch somatische Verschmelzung von Menschen- und Mäusezellen entstanden, Aufschluß über die Zugehörigkeit von menschlichen Genen zu bestimmten Chromosomen erhalten. Auch eine genauere Lokalisierung solcher Gene in bestimmten Chromosomenabschnitten war möglich. Gewöhnlich wird von menschlichen Fibroblasten ausgegangen (Ruddle, 1972, 1973; Ruddle und Kucherlapati, 1974). Diese werden mit Mäusezellen gemischt, die zur Erleichterung der Selektion von Hybridzellen HGPRT-negativ oder TK-negativ sind. Die Zellen werden dann in HAT-Medium plattiert. Hierin sterben die Mäusezellen ab, die menschlichen Fibroblasten und die Hybridzellen überleben. Stammten die Fibroblasten von gealterten Zellkulturen, so wachsen sie sehr langsam. Es ist so leicht, Klone der rasch wachsenden Hybridzellen zu isolieren (Abb. 156). An Zellen solcher Klone wird mit den weiter oben beschriebenen neuen Verfahren der Karyotyp ermittelt. Gleichzeitig wird in Zellaufschlüssen nach *Enzymen* gesucht, welche durch jene Gene spezifiziert werden, die man kartieren möchte. Diese Enzyme müssen biochemisch gut nachweisbar und bei Mensch und Maus deutlich verschieden sein. Ein Beispiel gibt Abb. 157. Es geht hier um die Glukose-6-Phosphat-Dehydrogenase. Man erfährt so, ob ein Zellklon die fraglichen Enzyme des Menschen zusätzlich zu jenen der Maus produziert. In diesem Fall sind die zugehörigen menschlichen Gene noch vorhanden. Ist das eine oder andere der geprüften Enzyme in seiner menschlichen Variante nicht mehr nachweisbar und fehlt gleichzeitig ein bestimmtes menschliches Chromosom, so liegt die Annahme nahe, daß das betreffende Gen auf dem fehlenden Chromosom lokalisiert war. Diese Annahme läßt sich durch Analyse anderer Zellinien überprüfen und gegebenenfalls erhärten. Nach diesem Prinzip konnten in den vergangenen Jahren über 50 Gene 18 verschiedenen menschlichen Chromosomen zugeordnet werden. Durch Verfeinerungen der Methodik, vor allem durch Ausnutzung von Zellinien mit Chromosomen-Aberrationen, konnten einige Gene genauer kartiert und ihre Lage relativ zueinander bestimmt werden. Angaben für das Chromosom 1 und das X-Chromosom enthält Abb. 158.

4. Übertragung von Chromosomen

Bei der somatischen Verschmelzung von ganzen Zellen mit dem Ziel einer Kartierung von Genen muß die Segregation einzelner Chromosomen abgewartet werden. Erst wenn zufällig jenes Chromosom verloren geht, auf welchem das interessierende Gen lag, kann am gleichzeitigen Ausfall biochemischer Funktionen eine Zuordnung vorgenommen werden. Es sind dafür meist viele Zellteilungen und eine größere Zahl von Zellpassagen, also Zeiträume von mehreren Tagen oder Wochen nötig. Chromosomenbrüche und -Aberrationen, die während der Zellteilungen auftreten, können die Interpretation der Versuchsergebnisse erschweren. Ein direkterer Weg zum gleichen Ziel bestünde darin, Zellen zusätzlich zu den in ihnen vorhandenen, zelleigenen Chromosomen einzelne, aus anderen Zellen isolierte Chromosomen zu übertragen, deren Genbestand ermittelt werden soll. Die zugehörigen Funktionen dürften in den Empfängerzellen nicht vorhanden sein. Eine in den Empfängerzellen auftretende derartige Funktion wäre mit einem Gen auf dem übertragenen Chromosom zu korrelieren. Dieser Ansatz führt die Versuche an tierischen und menschlichen Zellen gleichzeitig aus dem Bereich der Genmanipulation heraus in den Bereich einer zukünftigen Gentherapie. Empfängerzellen mit einem genetisch bedingten Stoffwechseldefekt sollten sich durch Übertragung von Chromosomen mit intakter genetischer Information heilen lassen. Unter diesem Aspekt erlangen Arbeiten von Mc Bride und Ozer (1973 a und b) ein doppeltes Interesse. Sie seien daher hier besprochen.

Es wurden *Chromosomen* aus biochemisch voll funktionsfähigen Zellen *des chinesischen Hamsters und Mäusezellen*, die HGPRT-negativ waren, verwendet. Zunächst wurde bei den Versuchen ein Gemisch aller Hamsterchromosomen eingesetzt (1973 a). Das Prinzip der *Selektion HGPRT-positiver Zellen auf HAT-Medium* wurde oben schon erwähnt. Falls nach Inkubation HGPRT-negativer Mäusezellen mit Hamsterchromosomen, welche unter anderem auch das intakte Gen für eine hamsterspezifische HGPRT enthalten, Mäusezellen auftreten, die auf HAT-Medium wachsen können und Kolonien bilden, wäre das System für eine Kartierung des betreffenden Gens und als Modellsystem für Studien zur Gentherapie brauchbar.

Zur Gewinnung der Chromosomen wurden Hamsterfibroblasten, die für mehrere Generationen in Suspensionskultur gezüchtet worden waren, benutzt. Mit Colcemid wurden C-Metaphasen aufgefangen. Die Zellen wurden gewaschen, durch Behandlung mit 1% Na-Citrat zum Schwellen gebracht und anschließend in hypotonischem Puffer durch starkes Schütteln lysiert. Aus dem Zellaufschluß wurden die Chromosomen durch mehrere Zentrifugationsschritte abgetrennt. Der letzte dieser Schritte war eine Zentrifugation durch 80%ige Sucrose. Das jetzt gewonnene Sediment enthält die freien Metaphasechromosomen, noch verunreinigt mit Kernen. Nach Wiederaufnahme des Sediments in Puffer wurde es in eine Sedimentationskammer eingebracht, durch welche ein langsam von unten gegen die Schwerkraft aufsteigender Sucrosegradient geleitet wurde (*1 g-Sedi-*

mentation). Die Chromosomen bandieren darin an anderer Stelle als die Kerne und können so rein gewonnen werden. Mit diesen Chromosomenpräparationen wurden die Mäusezellen in Suspension inkubiert. Die experimentellen Bedingungen waren: 1 Zelläquivalent an Chromosomen pro Zelle, 37° C, Vollmedium, 2 Std. bei langsamer Drehung des Inkubationsgefäßes. Dann wurden die Zellen in Plastikschalen mit Vollmedium eingebracht und hierin zunächst für drei Tage weitergezüchtet. Das Vollmedium sollte den Zellen Gelegenheit zur Expression etwa übertragener genetischer Information geben. Erst anschließend wurde das Vollmedium durch HAT-Medium ersetzt und damit die Selektion von HGPRT-positiven Kolonien eingeleitet. Die Zellen wurden dann unter mehrfachem Erneuern des Selektionsmediums noch 6 Wochen lang weitergezüchtet. Entstehende Kolonien wurden kloniert, abgenommen und auf frisches HAT-Medium übertragen.

Bemerkenswertestes Resultat: es wurden tatsächlich HGPRT-positive Kolonien erhalten. Sie traten mit einer Häufigkeit von 10^{-6} bis 10^{-7}, bezogen auf die Zahl der plattierten HGPRT-negativen Zellen, auf, während die spontane Reversionsrate kleiner als 10^{-8} war. Um zu prüfen, ob die nach Behandlung der Zellen mit Chromosomen erhaltenen Kolonien tatsächlich HGPRT produzieren, wurde an Klonen von ihnen die spezifische Aktivität dieses Enzyms ermittelt und mit jener anderer Zellinien verglichen. Das ist leicht möglich, da dieses Enzym Hypoxanthin (HX) in Inosinmonophosphat (IMP) umsetzt. Versieht man einen zellfreien Reaktionsansatz mit radioaktiv markiertem HX, setzt Rohextrakt der zu prüfenden Klone zu und inkubiert die Ansätze für einige Zeit, so entsteht radioaktives IMP. Bei Filtration der Proben über geeignetes Filtermaterial bleibt IMP haften, während HX ausgewaschen werden kann. Die Radioaktivität auf den Filtern gibt ein Maß für die Enzymaktivität in den Proben. Die spezifische Aktivität des Enzyms in den HGPRT-negativen Mäusezellen war erwartungsgemäß sehr gering, sie lag unter 0,02 (nMol IMP/ Std/mg Protein). Wildtypzellen von Maus und Hamster lieferten hingegen Werte zwischen 130 und 350, die vier nach Behandlung der Mäusezellen mit Wildtypchromosomen des Hamsters isolierten Klone hatten spezifische Aktivitäten von 150 bis 200. Sie bilden also HGPRT, der genetische Defekt scheint vollständig beseitigt.

Bei der weiteren Analyse des Effektes wurden Methoden benutzt, die gestatten, zwischen der HGPRT aus Hamster- und aus Mäusezellen zu unterscheiden. Sie zeigte, daß drei der genannten Klone das Hamsterenzym bildeten, der vierte bildete das Mäuseenzym und ist daher wohl ein Revertantenklon. Die Analyse bezog sich auf zwei Kriterien, (1) die Elutionsgeschwindigkeit der von den Klonen produzierten HGPRT bei Säulenchromatographie und (2) ihre Wanderungsgeschwindigkeit bei Auftrennung mittels Gelelektrophorese. Trägt man Rohextrakt auf eine DEAE-Zellulosesäule auf und eluiert mit einem NaCl-Gradienten, so läuft die HGPRT aus Zellen des Hamsters rascher, als jene aus Mäusezellen. Bei vorheriger Mischung beider ist deren Auftrennung möglich, es lassen sich zwei Maxima der Enzymaktivität nachweisen (Abb. 159). Die Klone 1 bis 3 hatten Enzym, das wie Hamsterenzym läuft, bei Mischung mit Mäuseenzym wurden 2 Maxima unterscheidbar. Klon 4 hatte hingegen Enzym,

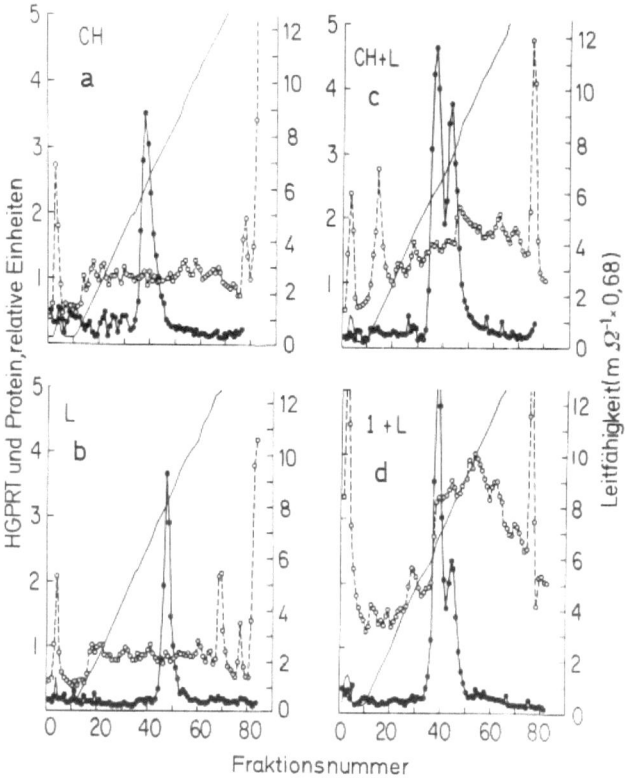

Abb. 159 a–d. Elutionsprofil von HGPRT aus Mäuse- und Hamsterzellen. (a) Hamsterzellen-Rohextrakt. (b) Mäusezellen-Rohextrakt. (c) Gemischte Rohextrakte. Das linke Maximum der Enzymaktivität wird durch das Hamsterenzym, das rechte durch das Mäuseenzym verursacht. (d) Rohextrakt eines der geheilten Klone (Nr. 1), versehen mit Rohextrakt aus Mäusezellen. Die zweigipflige Kurve zeigt, daß dieser Klon das Hamsterenzym produziert. ●———● = HGPRT-Aktivität. ○ – – – ○ = Proteingehalt. – – – – – – = Leitfähigkeit. Aus Mc Bride und Ozer, 1973 a, verändert

das dem Mäuseenzym glich. In der Gelelektrophorese an Polyacrylamid wandert wiederum das Hamsterenzym rascher als das Mäuseenzym, was bei Untersuchung der vier Klone Daten lieferte, die den soeben für Säulenchromatographie zitierten völlig analog waren.

Zusätzlich zu den biochemischen Untersuchungen wurde auch der Karyotyp der drei zuerst genannten Klone ermittelt. Man geht hier davon aus, daß Zellen des chinesischen Hamsters etwa 23 Chromosomen haben, Zellen der Maus aber unter den Kulturbedingungen eine Verteilung von Chromosomenzahlen um 55. Die drei Klone hatten eine Verteilung um 53. Es handelt sich bei ihnen also nicht etwa um Abkömmlinge von Hamsterzellen, wie sie in den anfangs hergestellten und den Mäusezellen applizierten Chromosomenpräparationen vielleicht noch hätten enthalten sein können. Die gefundenen Chromosomenzahlen machen es übrigens unwahrscheinlich, daß die Zellen ganze Hamsterchromosomen zusätzlich zum eigenen Genom enthalten. Darauf wird noch zurückzukommen sein.

Um die Stabilität der Hamsterinformation „HGPRT-positiv" in den drei Klonen zu prüfen, wurden diese in normales Medium übertragen und darin für 2 Monate weitergezüchtet. Unter diesen Bedingungen fehlt der Selektionsdruck, der in HAT-Medium nur HGPRT-positiven Zellen das Wachstum gestattet. Nach unterschiedlicher Kulturdauer wurden Zellproben entnommen und deren Plattierungseffizienz mit und ohne HAT ermittelt. Es zeigten sich deutliche Unterschiede in der Reaktion der drei Klone. Bei zweien blieb die Plattierungseffizienz über den Versuchszeitraum konstant, die ihnen übertragene Eigenschaft ist also auch bei Fortfall der Selektionsbedingungen stabil, bei einem ging die Effizienz hingegen rasch zurück (Abb. 160).

In der zweiten Arbeit (1973, b) gehen Mc Bride und Ozer einen ersten Schritt in Richtung auf die zukünftige Kartierung von Säugergenen durch Übertragung bestimmter Chromosomen. Sie konnten hier nämlich mit Hilfe der 1 g-Sedimentation im aufsteigenden Sucrosegradienten, bei Ausdehnung der Trennzeit auf 26 Stunden, eine *Fraktionierung* des Gemisches *von Hamsterchromosomen in* mindestens 3 *Größenklassen* erreichen (Abb. 161). Mit Material dieser drei Klassen wurden wieder HGPRT-negative Mäusezellen inkubiert. Die Anzahl so erhaltener HGPRT-positiver Klone ist noch klein. Es scheint aber, daß die Klasse der kleinsten Chromosomen jene ist, die Effekte zeitigt. Das Gen für HGPRT wäre demnach beim Hamster auf einem der kleinen Chromosomen zu suchen.

Willecke und Ruddle (1974, 1975) haben in neueren, ähnlichen Versuchen statt Hamster*chromosomen* solche *aus menschlichen Zellkulturen*, u. zwar aus HeLa-Zellen verwendet. Empfängerzellen und Selektionsverfahren waren zunächst die gleichen wie bei Mc Bride und Ozer (HGPRT-negative *Mäusezellen* und HAT-Medium zur Selektion HGPRT-positiver

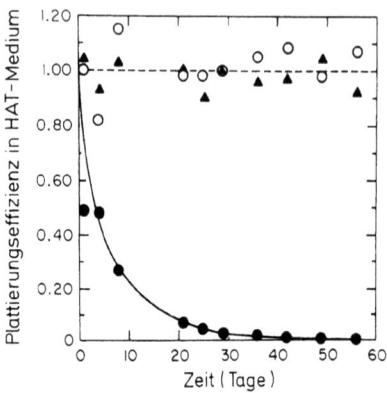

Abb. 160. Stabilität der Hamsterinformation „HGPRT-positiv" in 3 verschiedenen Klonen „geheilter", ursprünglich HGPRT-negativer Mäusezellen. Der relative Anteil HGPRT-positiver Zellen in der Population (Ordinate) ist gegen die Kulturdauer in HAT-freiem Medium (Abszisse) abgetragen. ●, △, ○: Drei verschiedene Klone. Aus Mc Bride und Ozer, 1973 a, verändert

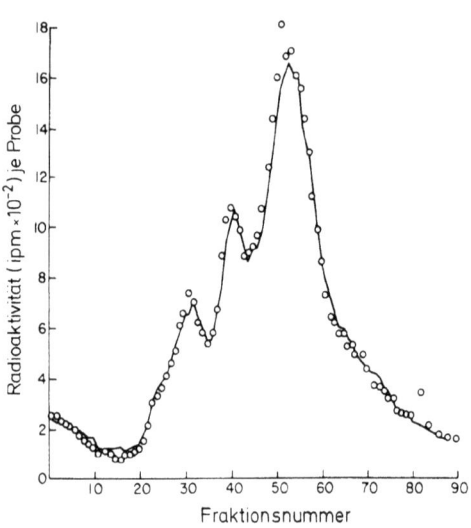

Abb. 161. Fraktionierung von Hamsterchromosomen durch 1 g-Sedimentation. Die Chromosomen waren radioaktiv markiert. Nach 26stündiger Sedimentation wurden Fraktionen gewonnen. Die Radioaktivität dieser Fraktionen kennzeichnet ihren Gehalt an Chromosomen. Der Kurvenzug einerseits und die Kreise andererseits geben die Resultate zweier Parallelversuche. Aus Mc Bride und Ozer, 1973 b, verändert

Klone). Die Rate der so erhaltenen HGPRT-positiven Klone war niedrig (ca. 10^{-7}). Es wurden insgesamt nur vier solcher Klone erhalten, deren HGPRT biochemisch und serologisch geprüft wurde. Die des Menschen ist wie jene des Hamsters von der in Mäusezellen des Wildtyps verschieden. Drei Klone hatten das menschliche Enzym, ein Klon hatte das Mäuseenzym. Letzterer war daher vermutlich durch Reversion entstanden, die anderen drei aber hatten das menschliche HGPRT-Gen erhalten und exprimiert.

Das Gen für HGPRT liegt beim Menschen auf dem langen Arm des X-Chromosoms. Hier sind, vor allem als Ergebnis der beschriebenen Versuche an somatischen Zellhybriden, weitere Gene kartiert, darunter die Gene für Glukose-6-Phosphat-Dehydrogenase (G6PDH) und Phosphoglycerat-Kinase (PGK). Diese beiden Enzyme des Menschen unterscheiden sich biochemisch wiederum von denen der Maus. Im Gegensatz zur HGPRT ließen sie sich jedoch in den Klonen nicht nachweisen. Auch 18 weitere für den Menschen typische Enzyme, deren Gene auf 13 verschiedenen Autosomen liegen, waren nicht vorhanden. Daraus wurde geschlossen, daß die gefundenen HGPRT-positiven Klone bestenfalls einen kleinen Teil des menschlichen X-Chromosoms und keines der an den geprüften Enzymaktivitäten erkennbaren Autosomen enthielten. Aus den Kopplungsverhältnissen zwischen den drei genannten X-chromosomalen Genen folgte, daß das fragliche Teilstück des X-Chromosoms höchstens 20% von dessen Gesamtlänge messen konnte (ca. 10^7 Nukleotidpaare). Allerdings bestand zunächst noch eine, wenn auch nur entfernte, andere Denkmöglichkeit: Es konnten auch ganze Chromosomen übertragen worden sein, jedoch nur wenige Gene auf ihnen exprimiert werden. Zytologische Untersuchungen, bei denen die neuen Bandierungstechniken zur Kennzeichnung einzelner Chromosomen angewendet wurden, gaben keine Hinweise auf menschliche Chromosomen in den Zellen. Falls ganze Chromosomen aufgenommen worden waren, mußten sie also nach der Aufnahme rasch abgebaut worden sein.

Inzwischen konnte in weiteren Versuchen auch *Kotransduktion zweier menschlicher Gene* gefunden werden (Willecke *et al.*, 1976 a). Es handelt sich um die Gene für Thymidinkinase (TK) und Galaktokinase (GalK). Sie liegen auf Chromosom E 17 und sind besonders dicht gekoppelt (Elsevier *et al.*, 1974). Ihr Abstand beträgt wahrscheinlich weniger als 0,2% des diploiden menschlichen Genoms. Die Inkubation TK-negativer Mäusezellen mit Chromosomen aus TK-positiven menschlichen Zellen lieferte Hybridklone mit menschlicher TK-Aktivität. Einige davon (2 von 8) produzierten zusätzlich, wie gelelektrophoretisch gezeigt werden konnte, neben der Galaktokinase der Maus auch jene des Menschen. Hier waren also beide menschlichen Gene in die Mäusezellen gelangt. Sie wurden gleichzeitig exprimiert.

Bei Subkultivierung der drei obengenannten HGPRT-positiven Mäusezellklone unter nicht selektiven Bedingungen ging die HGPRT$^+$-Eigenschaft, im Gegensatz zu den Befunden von Mc Bride und Ozer, bei allen dreien relativ rasch verloren, im Schnitt bei etwa 3% der Zellen pro Zellgeneration. Das bedeutet, daß selbst wenn in ihnen zunächst ein kleines Bruchstück des menschlichen X-Chromosoms vorhanden war und funktionierte, dies doch nicht fest im Genom verankert worden war.

In anderen Untersuchungen wurde allerdings gefunden, daß ein fester *Einbau von Stücken menschlicher Chromosomen in das Mäusegenom* erfolgen kann, und zwar durch Translokation. Hierbei wurden Hybridzellen aus Maus und Mensch geprüft (Boone *et al.*, 1972). Die Mäusezellen waren TK-negativ. Eine der erhaltenen TK-positiven Hybridzellinien besaß jenen Teil des menschlichen Chromosoms E 17, auf welchem das TK-Gen liegt, angeheftet an eines der kleinen Mäusechromosomen. Es besteht also die Möglichkeit der Stabilisierung der übertragenen Information auf diesem Wege.

Die Subkultivierung der von Willecke *et al.* (1976 a) erhaltenen TK-positiven Klone unter nicht selektiven Bedingungen führte bei einigen zu raschem Verlust der Spendergene, andere hingegen waren phänotypisch stabil TK$^+$. Längerdauernde Subkultivierung in Selektivmedium begünstigte eine Stabilisierung der neuen Eigenschaft. Daß diese Stabilisierung gleichbedeutend mit einer festen Assoziierung des Spendermaterials an die Chromosomen der Empfängerzelle oder aber mit seiner kovalenten Integration in die Chromosomen ist, zeigen neueste Daten (Willecke *et al.*, 1976 b). Sie gelten für einen der beiden zuvor erwähnten Mäusezellklone, die durch Behandlung mit menschlichen Chromosomen TK$^+$, GalK$^+$ geworden waren (Primärklon). Die Eigenschaft war bei ihm stabil. Aus ihm wurden Chromosomen isoliert, gereinigt und damit dann erneut TK-negative Mäusezellen inkubiert. Es gelang, auch aus diesen Mäusezellen wiederum TK$^+$, GalK$^+$-Klone zu selektionieren (sequentieller Gentransfer). Die Erfolgsrate entsprach in etwa jener, mit der die Primärklone erhalten worden waren. Da nur reine Chromosomen appliziert wurden, muß die TK$^+$, GalK$^+$-Information in ihnen enthalten gewesen sein.

Ergebnisse ähnlich jenen von Willecke und Ruddle (1975) haben gleichzeitig auch Burch und Mc Bride (1975) publiziert. Die Befunde gewinnen dadurch an Gewicht. Auch diese Autoren benutzten defekte Mäusezellen und menschliche Chromosomen. Defekten menschlichen Zellen wurden menschliche Chromosomen jedoch noch nicht appliziert. Es ist anzunehmen, daß auch dabei einige geheilte, letztlich sogar stabil geheilte Zellen gefunden würden. Es würde allerdings Schwierigkeiten machen, echte

„Transformanten" von Revertanten zu unterscheiden, da Chromosomen und Enzyme von Spender und Empfänger bei solchen Versuchen gleich wären. Dieser kleine „Schönheitsfehler" wäre bei etwaigen zukünftigen Versuchen, in welchen gereinigte menschliche Chromosomen gentherapeutisch eingesetzt werden könnten, zwar bedeutungslos. Die niedrige Rate, mit welcher nach den zuvor besprochenen Versuchen auch in solchen Ansätzen bestenfalls geheilte Zellen zu erwarten sind, gibt jedoch zu denken. Gentherapeutische Versuche werden erst sinnvoll, wenn Wege gefunden werden, um geheilte Zellen mit hoher Ausbeute zu erhalten.

Literatur

Barski, G. *et al.*: Compt. Rend. **251**, 1825 – 1827 (1960)
Basolo, D. C. jr.: Nach „The Wall Street Journal", 29. Nov. 1974, report by N. H. Fischer
Boone, C. M. *et al.*: Proc. Nat. Acad. Sci. USA **69**, 510 – 514 (1972)
Bresch, C., Hausmann, R.: Klassische und molekulare Genetik, 3. Aufl., Berlin-Heidelberg-New York: Springer, 1972
Brun, R.: Nature New Biol. **243**, 26 – 27 (1973)
Burch, J. W., Mc Bride, O. W.: Proc. Nat. Acad. Sci. USA **72**, 1797 – 1801 (1975)
Caspersson, T. *et al.*: Exp. Cell Res. **60**, 315 – 319 (1970)
Chang, M. C.: Nature (London) **184**, 466 – 467 (1959)
Drets, M. E., Shaw, M. W.: Proc. Nat. Acad. Sci. USA **68**, 2073 – 2077 (1971)
Eagle, H.: Nach „The Molecular Biology of Tumor Viruses", J. Tooze ed., Cold Spring Harbor Laboratory 1973, S. 80 – 81
Edwards, R. G.: Nach Nature (London) **245**, 3 – 4 (1973)
Edwards, R. G.: The Quaterly Review of Biology **49**, 3 – 26 (1974)
Edwards, R. G. *et al.*: Nature (London) **221**, 632 – 635 (1969)
Edwards, R. G. *et al.*: Nature (London) **227**, 1307 – 1309 (1970)
Elsevier, S. M. *et al.*: Nature (London) **251**, 633 – 636 (1974)
Ephrussi, B., Weiss, M. C.: Proc. Nat. Acad. Sci. USA **53**, 1040 – 1042 (1965)
Ephrussi, B., Weiss, M. C.: Scientific American **220**, April 1969, S. 26 – 35
Gurdon, J. B.: Scientific American **219**, Dezember 1968, S. 24 – 35
Ham, R. G.: Exp. Cell Res. **29**, 515 – 526 (1963)
Harris, H., Watkins, J. F.: Nature (London) **205**, 640 – 646 (1965)
Littlefield, J. W.: Science **145**, 709 – 710 (1964)
Martin, G. R.: Cell **5**, 229 – 243 (1975)
Mc Bride, O. W., Ozer, H. L.: Proc. Nat. Acad. Sci. USA **70**, 1258 – 1262 (1973 a)
Mc Bride, O. W., Ozer, H. L.: In „Possible Episomes in Eukaryotes". L. G. Silvestri ed., Amsterdam-London: North-Holland, 1973 b, S. 255 – 267
Minna, J. D., Coon, H. G.: Nature (London) **252**, 401 – 404 (1974)
Petzoldt, U.: Biologie in unserer Zeit **5**, 165 – 170 (1975)
Ruddle, F. H.: Adv. Hum. Genet. **3**, 173 – 235 (1972)
Ruddle, F. H.: Nature (London) **242**, 165 – 169 (1973)
Ruddle, F. H., Kucherlapati, R. S.: Scientific American **231**, July 1974, S. 36 – 44
Sanderson, I. T.: Knaurs Tierreich in Farben, Säugetiere. Stuttgart-Zürich-Salzburg: Europäischer Buchklub, 1956

Schippke, U.: Stern Nr. 27, 1975, S. 50 – 58
Sherman, M. I.: Cell **5,** 343 – 349 (1975)
Sperling, K.: Der Mathematische und Naturwissenschaftliche Unterricht **25,** 164 – 174 (1972)
Steptoe, P. C. *et al.*: Nature (London) **229,** 132 – 133 (1971)
Szybalski, W. *et al.*: National Cancer Institute Monograph. No. **7,** 75 – 89 (1962)
Weiss, M. C., Ephrussi, B.: Genetics **54,** 1095 – 1109 (1966 a)
Weiss, M. C., Ephrussi, B.: Genetics **54,** 1111 – 1122 (1966 b)
Weiss, M. C., Green, H.: Proc. Nat. Acad. Sci. USA **58,** 1104 – 1111 (1967)
Whitten, W. K., Biggers, J. D.: J. Reprod. Fert. **17,** 339 – 401 (1968)
Whittingham, D. G.: Nature (London) **220,** 592 – 593 (1968)
Whittingham, D. G.: In: The Early Development of Mammals. British Society for Developmental Biology Symposium 2, Cambridge University Press, 1975
Willecke, K., Ruddle, F. H.: Hoppe-Seyler's Z. Physiol. Chem. **355,** (101) (1974)
Willecke, K., Ruddle, F. H.: Proc. Nat. Acad. Sci. USA **72,** 1792 – 1796 (1975)
Willecke, K. *et al.*: Proc. Nat. Acad. Sci. USA **73,** 1274 – 1278 (1976 a)
Willecke, K. *et al.*: Hoppe-Seyler's Z. Physiol. Chem. **357,** 341 – 342 (1976 b)
Wood, C.: Nach Nature (London) **245,** 3 – 4 (1973)

Kapitel XI
Nutzung animaler Viren für die Gentherapie

Sucht man nach Möglichkeiten, um genetisch defekte menschliche Zellen mit hoher Erfolgsrate zu heilen, so liegt es nahe, Verfahren zu prüfen, die der von Prokaryonten her bekannten „speziellen Transduktion" ähneln. Wie im VI. Kapitel beschrieben, dienen dabei Bakteriophagen als Überträger von Genen eines bakteriellen Spenderstammes auf einen bakteriellen Empfängerstamm. Durch spezielle Transduktion kann in geeignet gewählten Fällen nahezu jede Zelle einer als Empfänger dienenden, erblich defekten Bakterienpopulation dauerhaft geheilt werden. Bei Säugerzellsystemen ließen sich in analoger Weise vielleicht gewisse animale Viren als Überträger von Genen aus erblich intakten auf erblich defekte Zellen nutzen.

Versuche dazu wurden vor allem mit *Viren der Papova-Gruppe* durchgeführt. Hierher gehören die *Papilloma-Viren*, z. B. das menschliche Warzenvirus, die *Polyoma-Viren*, die in Mäusezellen vermehrt werden können, und das schon vorher erwähnte *SV 40-Virus* (Kap. V), das in Affennierenzellen gedeiht. Die Papova-Viren sind einander im Bau sehr ähnlich. Die einzelnen Partikel sind eikosaedrisch, mit einem Durchmesser von 45 – 55 nm (Abb. 162). Ihre Proteinhülle besteht aus 72 Capsomeren, wovon jedes 5 – 6 Untereinheiten enthält. Das Genom ist doppelsträngige, ringförmig geschlossene DNS und enthält, wie sich aus deren Molekulargewicht von $3-5\times 10^6$ und aus genetischen Daten ableiten läßt, etwa 3 – 5 Gene.

Bei der *Infektion von* Säugerzellen, z. B. *Mäusezellen, mit* solchen Viren, z. B. *Polyoma-Viren*, lassen sich 3 mögliche Fälle unterscheiden:

1. Die *nicht-produktive Infektion*, bei der die Viruspartikel zwar in die Zelle aufgenommen, dort aber vollständig abgebaut werden. Eine derartige Infektion hat keine nachteiligen Folgen für die Zelle.

2. Die produktive oder *lytische Infektion*, bei der das Virusgenom, nach Aufnahme der Partikel in die Zelle und Abbau der Proteinhülle, in den Zellkern gelangt. Es wird dort repliziert (Abb. 163). Innerhalb von 1 – 2 Tagen reifen pro Zelle bis zu 10^6 Tochterpartikel heran, die Zelle stirbt ab und setzt die Tochterpartikel frei. In dem hier besprochenen Beispiel hat nur etwa eines von 100 Partikeln diesen Effekt.

3. Die *Transformation*. Diese ist nicht gleichzusetzen mit der in Kap. IV besprochenen bakteriellen Transformation. Bei der hier gemeinten Trans-

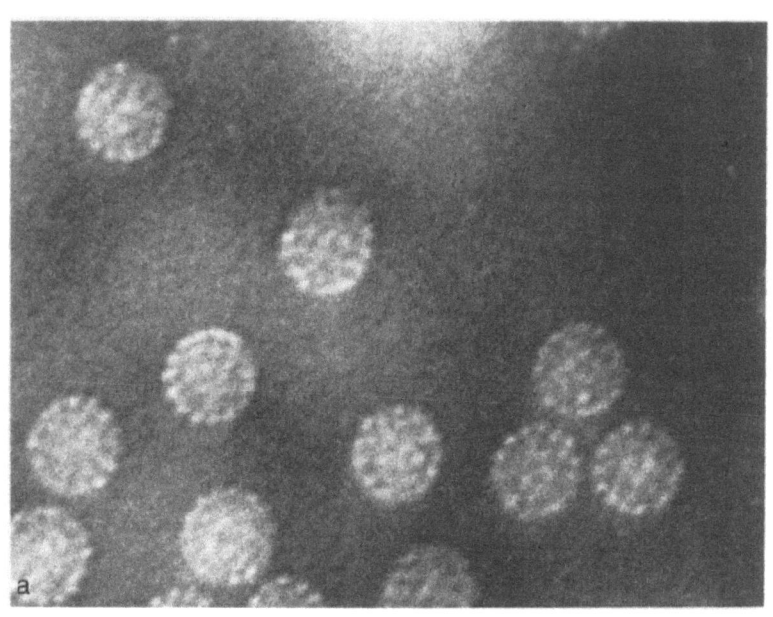

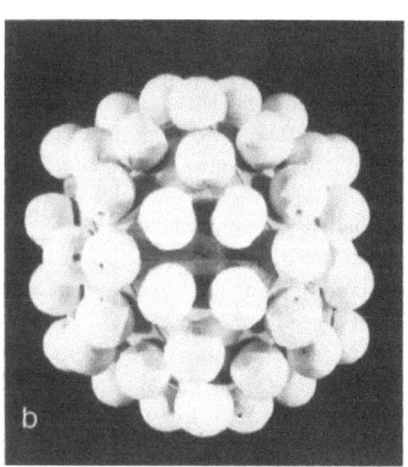

Abb. 162 a und b. Papova-Viren. (a) SV 40-Partikel. Elektronenmikroskopische Aufnahme, freundlicherweise zur Verfügung gestellt von G. Sauer. Vergr. 300 000×. (b) Modell eines Papova-Viruspartikels. Aus Klingmüller, 1971

formation werden ganze Viruspartikel aufgenommen und nach Abbau ihrer Proteinhülle zumindest Teile des Virusgenoms in das Zellgenom integriert. Sie werden dann zusammen mit der zelleigenen DNS repliziert. Es entstehen keine Tochterpartikel, aber gewisse Eigenschaften der Zelle, z. B. morphologische, werden verändert. Kennzeichnend ist auch die Bildung eines Antigens, des sogenannten *T-Antigens* (Tumorantigen). Es kommt zu ungeregeltem Wachstum in Zellkulturen. In vivo können *Tumoren* entstehen. Die Transformation ist für das gewählte Beispiel ein seltenes Ereignis. Sie tritt hier nur ungefähr einmal pro 10^5 infizierende Partikel auf.

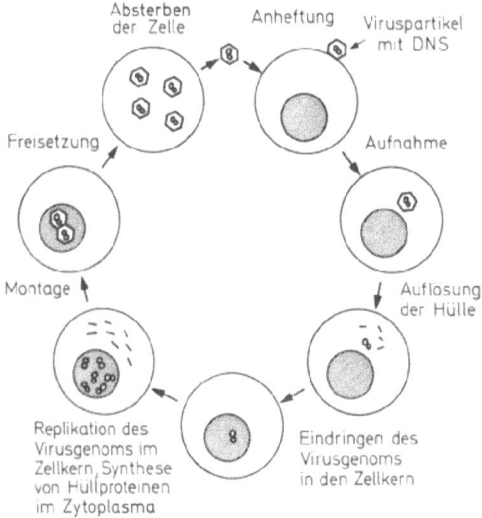

Abb. 163. Infektionszyklus von Papova-Viren, schematisch. Nach Klingmüller, 1971

Die lytische Infektion und die Transformation lassen sich leicht demonstrieren. Geeignete Säugerzellen können, wie schon auf S. 253 beschrieben, in Petrischalen oder Flaschen mit Nährlösung eingesät und vermehrt werden. Es bildet sich ein zusammenhängender, *einschichtiger Zellrasen*. Überschichtung mit einer Virussuspension führt zur Adsorption der Partikel an die Zellen, zu deren Infektion, zur Virusvermehrung, zum Absterben der infizierten Zellen, zur Freisetzung der Tochterpartikel, zur Infektion der umliegenden Zellen und zum Absterben auch dieser Zellen. Nach Anfärbung werden die Fehlstellen als *Plaques* makroskopisch sichtbar

(Abb. 164 a). Wo Zellen transformiert wurden, entstehen an Stelle von Plaques durch *Aufhebung der Kontaktinhibierung* und ungeregelte, beschleunigte Zellvermehrung Zellhäufchen, sogenannte *Foci* (Abb. 164 b).

Bei Versuchen mit animalen Viren ist jeweils von Bedeutung, welche Zellen als Wirtszellen verwendet werden. Abhängig davon, ob in ihnen

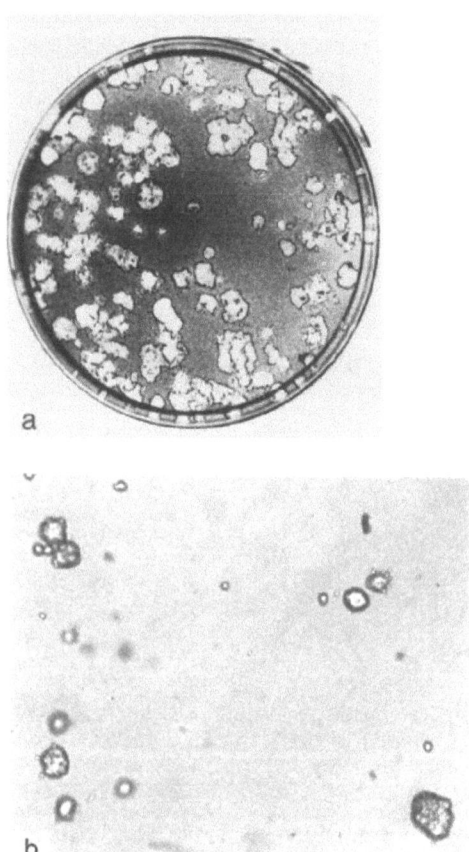

Abb. 164 a und b. Plaques und Foci. (a) Plaques in einem Rasen von Säugerzellen, verursacht durch lytisch infizierende Herpes-Viren. Die Plaques bestehen aus zusammenhängenden Massen abgestorbener Zellen. Sie werden nach Färbung der Platten deutlich sichtbar, weil abgestorbene Zellen sich anders als teilungsfähige Zellen färben. Aufnahme freundlicherweise zur Verfügung gestellt von C. Schröder. (b) Foci, entstanden aus embryonalen Hamsterzellen, nach deren Transformation mit SV 40-Viren. Die verstreut liegenden Einzelzellen sind nicht transformierte Zellen. Aufnahme freundlicherweise zur Verfügung gestellt von A. Ey und G. Sauer

eine Vermehrung des Virus möglich ist oder nicht, unterscheidet man *permissive und nicht permissive Zellinien*. Hier seien nur einige Fälle als Beispiele genannt, um das Verständnis des Folgenden zu erleichtern:

BSC-1-Zellen sind epitheliale Zellen, die aus Nieren einer afrikanischen Meerkatzenart stammen (african green monkeys). Sie sind permissiv für SV 40-Viren und mit geringer Rate auch transformierbar durch diese Viren.

3T3-Zellen sind Fibroblasten, die aus Mäuseembryonen stammen. Sie sind permissiv für Polyoma-Viren und mit geringer Rate auch transformierbar durch diese Viren. Sie sind nicht permissiv für SV 40-Viren, aber transformierbar durch diese Viren.

BHK-Zellen sind Fibroblasten, die aus Nieren neugeborener Hamster stammen (baby hamster kidney cells). Sie sind nicht permissiv für Polyoma- und SV 40-Viren, jedoch durch beide Viren gut transformierbar. Bei hoher Multiplizität der Infektion (10^4 infektiöse Einheiten pro Zelle) werden ca. 50% aller Zellen transformiert.

1. Übertragung von DNS mit Pseudovirionen

Bei ersten Übertragungsversuchen wurde eine Besonderheit der Polyoma- und SV 40-Viren ausgenutzt, die Bildung sogenannter Pseudovirionen. Es sind dies virusähnliche Partikel, die im Gegensatz zu den normalen Viruspartikeln keine Virus-DNS, sondern hauptsächlich Stücke der Wirtszell-DNS enthalten. Sie entstehen, abhängig vom Wirtszelltyp, während der Vermehrung dieser Viren mit unterschiedlicher Häufigkeit, in der Größenordnung von 20 – 40%, bei Polyoma-Viren häufiger als bei SV 40-Viren. Die DNS-Stücke in ihnen sind linear, doppelsträngig und sedimentieren bei Ultrazentrifugation mit 11 – 15 S, im Gegensatz zu den ringförmig geschlossenen eigentlichen Virusgenomen, die je nach Spiralisierungszustand mit 16 oder 20 S sedimentieren. Aufgrund dieser Unterschiede lassen sich die Pseudovirionen leicht von den normalen Viruspartikeln abtrennen.

Die Frage, ob mit Hilfe von Pseudovirionen Säuger-DNS von einer Zellspezies in eine andere übertragen werden kann, haben Grady *et al.* (1970) geprüft. Die Pseudovirionen wurden dazu aus Affenzellen gewonnen, deren DNS radioaktiv markiert war. Die Partikel enthielten also Stücke der markierten DNS. Mit solchen Partikeln wurden nun Mäusezellen infiziert und 66 Stunden weiterbebrütet. Es fand sich danach bis zu 15% der Radioaktivität in den Zellen wieder, davon 7 – 10% in den Zellkernen. Die physikalische Integrität der übertragenen DNS war, wie Sedimentationsanalysen zeigten, erhalten geblieben. Da die Mäusezellen für

SV 40-Viren nicht permissiv sind, und die Pseudovirionen keine Virus-DNS enthalten, wurden die Empfängerzellen bei diesen Versuchen weder zerstört noch transformiert. Bei Versuchen von Qasba und Aposhian (1971) mit Polyoma-Pseudovirionen konnte normale Adsorption der Partikel, deren Penetration in die Empfängerzellen und der Abbau der Pseudovirionhülle in ihnen nachgewiesen werden. 24 Stunden nach Infektion von Mäusezellen mit den Pseudovirionen waren 24% der mit ihrer Hilfe transferierten Mäuse-DNS in den Zellkernen angelangt (Abb. 165). Wurden

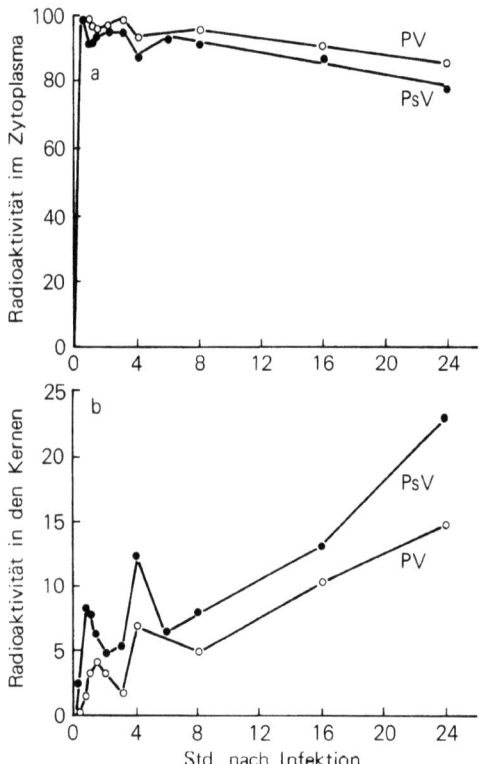

Abb. 165a und b. Einführung von DNS in Säugerzellen durch Pseudovirionen. Embryonale Mäusezellen wurden mit Polyoma-Viren oder Polyoma-Pseudovirionen, deren DNS radioaktiv markiert war, infiziert. Zu verschiedenen Zeiten danach wurden die Zellen geerntet und aufgeschlossen. In der Zytoplasmafraktion (a) bzw. in der Kernfraktion (b) wurde dann die Radioaktivität bestimmt (% der Gesamtaktivität). PV = Polyoma-Virus-Infektion, PsV = Pseudovirionen-Infektion. Durch DNS-DNS-Hybridisierungsversuche konnte gezeigt werden, daß die Pseudovirionen Mäuse-DNS in die Zellen einbrachten. Aus Qasba und Aposhian, 1971, verändert

menschliche Embryonalzellen als Empfängerzellen benutzt, so ließ sich in den Kernen nach der gleichen Zeit 7% der transferierten DNS nachweisen. Daß es sich tatsächlich um intakte DNS und nicht etwa um daraus freigesetzte Nukleotide handelt, wurde durch Hybridisierungsversuche und Sedimentationsanalysen sichergestellt.

Biologische Effekte wurden *mit Pseudovirionen* jedoch bisher nicht erzielt. Sie wurden z. B. gesucht nach Infektion von TK-negativen Mäusezellen oder BHK-Zellen mit Pseudovirionen aus TK-positiven Mäusezellen (Widmer, 1971), sowie nach Übertragung von geeigneten Virusgenen. Bei letzteren Versuchen diente als Wirt für die Gewinnung von Polyoma-Pseudovirionen ein zuvor durch SV 40-Viren transformierter Mäusezellstamm. In den Polyoma-Pseudovirionen war daher Mäuse-DNS und SV 40-DNS enthalten. Nach Infektion von Affenzellkulturen mit ihnen sollte das für SV 40 spezifische T-Antigen, als Nachweis für die Expression des betreffenden SV 40-Gens auftreten. Dies war jedoch nicht der Fall (Axelrod und Trilling, 1972).

Problematisch bei allen derartigen Versuchen ist, wie sich zeigen ließ, die geringe Spezifität des Übertragungsmechanismus. Es kann offensichtlich jedes beliebige DNS-Teilstück einer infizierten Säugerzelle in Pseudovirionen eingebaut und mit ihnen auf andere Zellen übertragen werden. Da das Genom einer Mäusezelle auf etwa 2×10^6 Gene geschätzt wird, ein Pseudovirion aber nur etwa 4–5 Gene enthält, liegt die Chance dafür, daß ein Partikel ein bestimmtes Gen enthält, in der Größenordnung von 10^{-6}. Die *Wahrscheinlichkeit der Übertragung eines bestimmten Gens* auf eine Empfängerzelle mit Hilfe von Pseudovirionen ist also sehr gering, es sei denn man arbeitet mit extrem hohen Multiplizitäten der Infektion (Axelrod und Trilling, 1972) und sorgt dafür, daß alle angebotenen Partikel auch tatsächlich aufgenommen werden.

Eine Verbesserung dieser Ausgangssituation wäre gegeben, wenn man *Pseudovirionen* machen könnte, die statt verschiedener Teilstücke aus dem Genom von Säugerzellen alle das gleiche, ganz bestimmte Teilstück enthielten. Wie in Kap. III ausgeführt, lassen sich heute schon *bestimmte Gene*, darunter auch Eukaryontengene wie die Globingene und Gene für ribosomale RNS, in nahezu reiner und vollständiger Form gewinnen. Bei Versuchen mit Pseudovirionen, die nur solche Gene enthielten, wäre nur ein einziger, genau bekannter biologischer Effekt zu erwarten. Die Chance, ihn tatsächlich zu finden, müßte also gut sein. Der Einbau der gedachten DNS in die Virushüllen könnte auf biologischem Wege, also innerhalb einer virusinfizierten Zelle geschehen, ebenso wie der Einbau von Wirtszell-DNS. Die gedachte DNS müßte dafür allerdings zunächst in die betreffenden Zellen hineingebracht werden, und das ohne Hilfe von Viren. Wegen der besonderen Vermehrungsweise der Papova-Viren würde es dabei nicht genügen, diese DNS lediglich bis ins Zytoplasma der Wirtszellen zu schaffen. Sie müßte vielmehr weiter bis in den Zellkern gelangen, da erst in ihm die heranreifenden Tochterpartikel und Pseudovirionen montiert werden. Wie dies mit guter Ausbeute erreicht werden könnte, ist noch unklar. Von der Problematik bisheriger Versuche zur Aufnahme reiner DNS durch Zellen höherer Organismen wurde in Kap. IV schon berichtet.

Die Alternative zum Einbau innerhalb der Zelle ist der Einbau *in vitro*, d. h. ein *Zusammenbau von Virus-Capsiden* aus den Capsomeren in Gegenwart der zu verpackenden DNS. Friedman (1973) konnte gereinigte Polyoma-Viren durch geeignete Behandlung zerlegen und die Capsomeren gewinnen. Diese ließen sich in vitro zu Partikeln wiedervereinigen, die den in infizierten Zellen natürlicherweise auftretenden leeren Viruspartikeln ähnelten. Dieser Weg sollte weiterverfolgt werden, mit dem Ziel, Pseudovirionen mit definierten Teilbereichen des Säugergenoms zu erhalten.

Bei noch stärkerer Vereinfachung des Denkansatzes kommt man schließlich zur Verwendung reiner Säuger-DNS in Verbindung mit Schutzsubstanzen wie DEAE-Dextran oder Poly-Ornithin, und damit wiederum zu dem in Kap. IV besprochenen Problemkreis.

2. Benutzung von animalen Viren mit geeigneten Virusgenen

Einige animale Viren enthalten in ihrem Genom die Information für Enzyme, die auch in Säugerzellen eine Bedeutung haben. Hierher gehört das Herpes-Virus und das Shopesche Papillom-Virus. Ersteres spezifiziert eine viruseigene Thymidinkinase, letzteres eine Arginase. Während bei den bisher besprochenen Versuchen mit Pseudovirionen genetisches Material einer Säugerzelle auf eine andere übertragen wurde, ist bei den jetzt zu besprechenden Versuchen mit den genannten beiden Viren die zu nutzende Information Teil des Virusgenoms selbst. Sie ist daher in allen vollständigen Viruspartikeln vorhanden, wird bei der Infektion einer Säugerzelle in diese eingebracht und kann dort, wie sich gezeigt hat, exprimiert werden. Die experimentellen Befunde, die dazu an Herpes-Viren erhoben wurden, sind umfangreich; sie sollen daher als erstes besprochen werden.

a) Das Herpes-Virus und der Thymidinkinase-Defekt

Das Herpes-simplex-Virus (HSV) ist ein menschenpathogenes Virus, das in zwei Typen vorkommt. Als HSV Typ 1 ist es Erreger von relativ harmlosen Ausschlägen an den Lippen nach Fieberanfällen, aber auch von ernstzunehmenden Infekten der Hornhaut des Auges. Als HSV Typ 2 steht es unter dem Verdacht, den *Gebärmutterhalskrebs der Frau* zu verursachen. Das *Herpes-Virus* ist wesentlich größer als die Papova-Viren. Das eikosaedrische Capsid besteht aus etwa 162 Capsomeren und ist, im Gegensatz zu den Papova-Viren, von einer zusätzlichen äußeren Hülle umschlossen. Der Gesamtdurchmesser beträgt bis 180 nm (Abb. 166). Die Partikel enthalten ein Genom aus linearer, doppelsträngiger DNS. Ihr Molekulargewicht läßt auf etwa 100 Gene schließen.

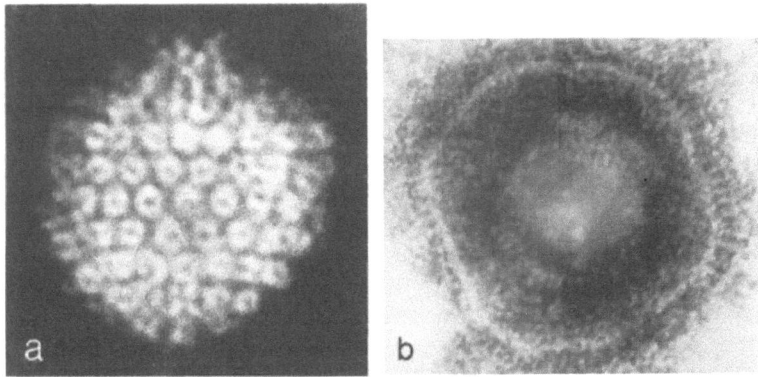

Abb. 166 a und b. Herpes-Viren. (a) Nacktes Nukleocapsid. (b) Partikel mit äußerer Hülle. Elektronenmikroskopische Aufnahmen. Verg. (a) 450 000×; (b) 240 000×. Aus Roizmann und Spear, 1973

Das Virus kann in Gewebekulturen menschlicher Embryonalzellen (z. B. der Lunge oder des Hirnes) und auch in primären Nierenzellkulturen von Kaninchen vermehrt werden. Die infizierten Zellen sterben dabei ab. Nach Abzentrifugieren der Zelltrümmer verbleibt ein Überstand, der außer den neu entstandenen Viruspartikeln ein Enzym enthält, das in Aufschlüssen nicht infizierter Zellen fehlt. Es handelt sich um eine *Thymidinkinase (TK)*. Sie unterscheidet sich in mehreren Charakteristika, z. B. gelelektrophoretischer Mobilität und Temperaturempfindlichkeit, von der menschlichen TK, aber z. B. auch von TK aus Mäusezellen. Das sie codierende Gen ist im Herpes-Genom enthalten. Es können daher Versuche konzipiert werden, bei welchen Herpes-Viren als Spender der genetischen Information für TK dienen, Empfänger aber TK-negative Säugerzellen sind. Derartige Säugerzellen können relativ leicht gewonnen werden. Der Weg führt über die Blockierung der de novo-Synthese von TMP bei gleichzeitigem Angebot von BUdR.

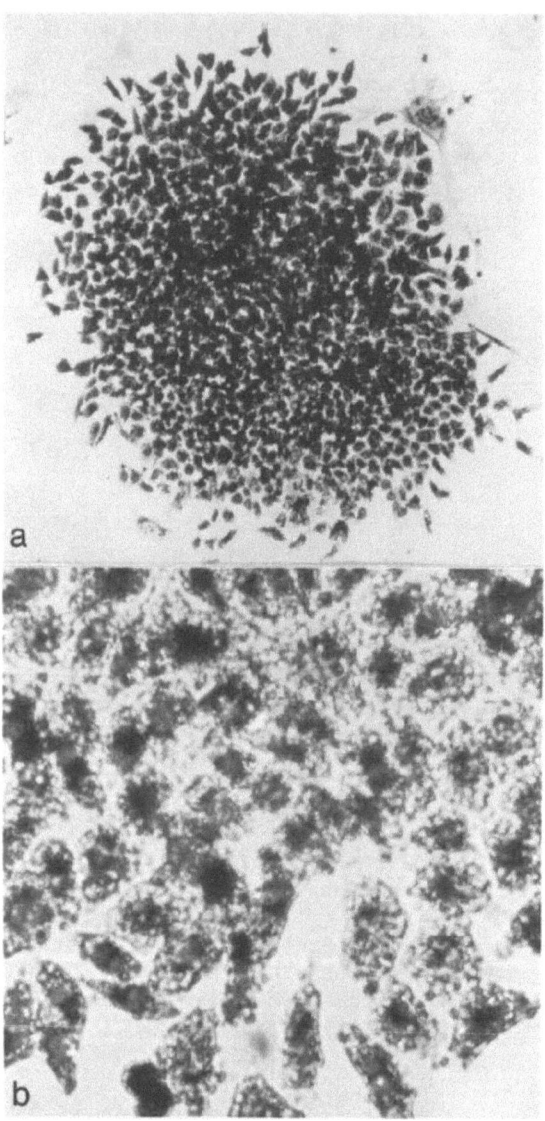

Abb. 167 a und b. Kolonie von Mäusezellen, die nach Infektion von TK-negativen Zellen mit Herpes-Viren in TK$^+$-Selektionsmedium erhalten wurde. Je Petrischale wurden 3×10^5 Zellen einer TK-negativen Zellkultur eingesät und einen Tag später kurzzeitig mit UV-inaktivierten Herpes-Viren überschichtet. Die Zellen wurden danach zunächst einen Tag normal weiterbebrütet, anschließend aber mit Methotrexat-haltigem Selektionsmedium versehen. In ihm sterben TK-negative Zellen ab. Abgestorbene Zellen wurden durch Wechsel des Mediums nach fünf Tagen entfernt. Färbung mit Kristallviolett und Auswertung nach 15tägiger weiterer Bebrütung der Kulturen. (a) Vergr. 60×. (b) Ausschnitt, Vergr. 300×. Klingmüller, 1973

In Untersuchungen von Munyon *et al.* (1971) wurden Kulturen von TK-negativen Mäusezellen mit HSV Typ 1-Partikeln infiziert. Deren Virulenz war zuvor durch UV-Bestrahlung abgeschwächt worden. Im Anschluß an die Infektion wurden die Zellen zunächst bis zu 31 Stunden nachbebrütet, um Gelegenheit zur Expression des viruseigenen TK-Gens zu geben. Dann wurde ein dem schon früher (S. 269) beschriebenen HAT-Medium verwandtes Selektionsmedium appliziert, welches den de novo-Syntheseweg für TMP blockiert, so daß alle verbleibenden TK-negativen Zellen absterben. Zellen, welche durch Einführung eines Herpes-Genoms TK-positiv geworden sind, können das im Selektionsmedium enthaltene Thymidin zur DNS-Synthese nutzen und sich daher vermehren. Sie liefern Kolonien unterschiedlicher Größe. Nach 17tägiger Bebrütung war maximal jede tausendste der infizierten Zellen zu Kolonien herangewachsen; jede millionste Zelle ergab Kolonien mit 300 bis 1000 Zellen (Abb. 167), die sich bei Weiterzucht als stabil TK^+ erwiesen. Die restlichen Kolonien waren kleiner, ihr TK-positiver Phänotyp war in den meisten Fällen instabil, sie werden als abortive Transformanten aufgefaßt.

Die Resultate sprachen dafür, daß erblich defekte Mäusezellen durch Behandlung mit Herpes-Viren tatsächlich geheilt werden können, bezogen auf die Gesamtzahl der behandelten Zellen allerdings mit sehr niedriger Effizienz. Der *Mechanismus dieser Heilung* blieb zunächst offen. Einerseits bestand die Möglichkeit, daß es unter dem Einfluß der Viren im Mäusegenom zu Rückmutationen kommt. Andererseits war an ein Funktionieren des viruseigenen TK-Gens in den infizierten Zellen zu denken. Daß die zweite Möglichkeit zutrifft, konnten Munyon *et al.* (1972) durch vergleichende gelelektrophoretische Auftrennung von Zellaufschlüssen nicht infizierter und Herpes-infizierter Mäusezellen zeigen (Abb. 168). Normale, nicht infizierte TK-positive Zellen enthalten zwei verschiedene TK-Aktivitäten, die sich in ihrer Mobilität deutlich unterscheiden. Die stärkere wurde als TK-I, die schwächere als TK-II bezeichnet (Abb. 168 a). Bei nicht infizierten, TK-negativen Mäusezellen ist die TK-I nicht mehr nachweisbar, die TK-II ist noch vorhanden (Abb. 168 b). Bei TK-negativen Zellen, die durch virulente HSV Typ 1-Partikel infiziert und zerstört wurden, findet sich im Überstand eine dritte TK-Aktivität (TK-III) mit einer Mobilität zwischen derjenigen von TK-I und TK-II (Abb. 168 c). TK-positive Transformanten schließlich, die aus TK-negativen Zellen hervorgingen, welche mit abgeschwächten HSV Typ 1-Partikeln infiziert worden waren, bilden eben diese TK-III und keine TK-I (Abb. 168 d). In den nach Herpesinfektion entstehenden TK-positiven Zellen tritt also das viruseigene TK-Gen in Funktion. Da die untersuchten Klone stabil TK^+ waren, muß es hier fest in das Zellgenom eingebaut vorliegen. Dies entspricht einer Transformation wie sie auf S. 287 ff. für Papova-Viren beschrieben wurde.

Munyon und Mitarbeiter haben im Anschluß an die Versuche mit Mäusezellen auch mit menschlichen Zellen experimentiert (Davis *et al.*, 1974). Auch hier können bei Blockierung des de novo-Syntheseweges für TMP durch Applikation von BUdR, Zellinien selektiert werden, die zumindest phänotypisch TK-negativ sind. Anlaß zu diesen Versuchen war nicht so sehr die Absicht, defekte menschliche Zellen zu heilen, als vielmehr die Frage, ob die nach Herpesinfektion in Säugerzellen nachweisbare TK wirklich durch das Virus-Genom codiert wird, oder aber durch ein im Zellgenom enthaltenes, normalerweise abgeschaltetes Gen, das durch die Virusinfektion angeschaltet wird. Es ließ sich zeigen, daß auch TK-negative menschliche Zellen nach Infektion mit HSV vom Typ 1 und vom Typ 2 in TK-positive Zellen transformiert werden können. Die Ausbeute

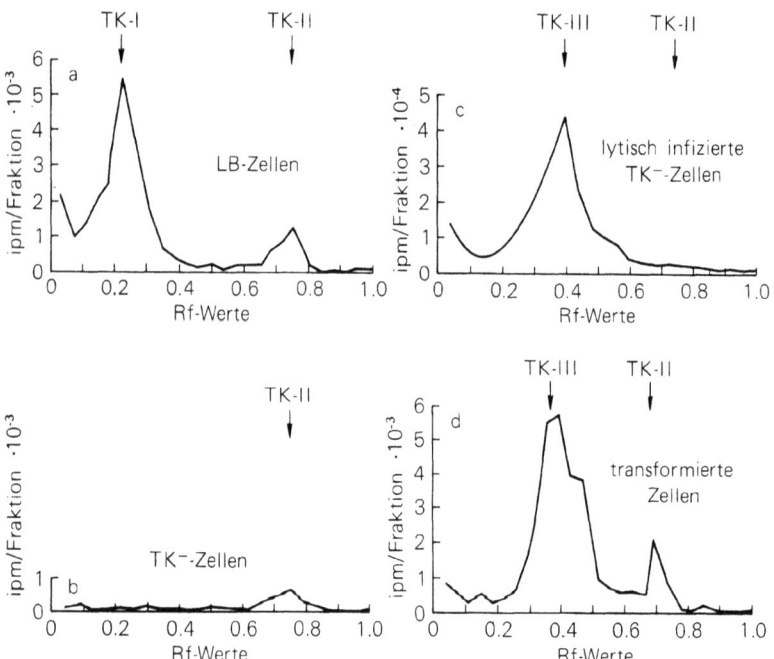

Abb. 168 a – d. Ergebnis der gelelektrophoretischen Auftrennung von Extrakten aus nicht infizierten und Herpes-infizierten Mäusezellen. Die TK-Aktivität wurde durch Umsetzung von ^{3}H-Thymidin zu TMP bestimmt. (a) Normale Mäusezellen, (b) TK-negative Mäusezellen, (c) wie (b), aber nach lytischer Infektion mit Herpes-Viren. Beachte die 10fach gestauchte Ordinate. (d) Zellen eines TK-positiven Klons, der aus TK-negativen Zellen durch deren Transformation mit Herpes-Viren entstand. Aus Munyon *et al.*, 1972, verändert

an stabilen Transformanten war bei menschlichen Zellen allerdings nur etwa 1/10 so groß wie bei Mäusezellen.

Die TK aus Mäusezellen, welche mit HSV Typ 1 bzw. Typ 2 transformiert wurden, war verschieden. Letztere wurde durch 3stündiges Erwärmen auf 41° C nahezu vollständig inaktiviert, erstere nicht. Das gleiche gilt für TK aus transformierten menschlichen Zellen. Auch hier war jene aus HSV Typ 2-transformierten Zellen sehr viel thermolabiler, als die aus HSV Typ 1-transformierten Zellen (Abb. 169). Dagegen war der zeitliche Verlauf der Inaktivierung von TK aus HSV Typ 2-transformierten Mäuse- und menschlichen Zellen einerseits, und jener von TK aus HSV Typ 1-transformierten Mäuse- und menschlichen Zellen andererseits paarweise gleich. Die Eigenschaften der neuen Thymidinkinasen in den HSV-trans-

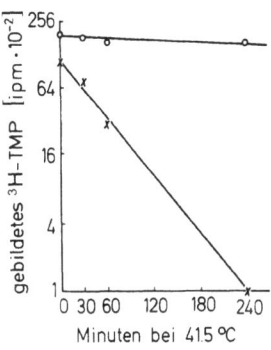

Abb. 169. Kinetik der thermischen Inaktivierung von TK aus transformierten HeLa-Zellen. Oben: transformiert mit Herpes-simplex Typ 1, Unten: transformiert mit Herpes-simplex Typ 2. Die TK-Aktivität wurde durch Umsetzung von ^{3}H-Thymidin zu TMP bestimmt. Aus Davis *et al.*, 1974

formierten Zellen werden daher vom jeweiligen Virus bestimmt und nicht durch den Typ, d. h. das Genom der jeweils verwendeten Zellen. Die Ergebnisse stützen also die Annahme, daß das TK-Gen ein viruseigenes Gen ist, das bei der Transformation in funktionsfähigem Zustand auf die infizierten Zellen übertragen wird.

Die Ergebnisse von Munyon *et al.* wurden inzwischen von anderen Arbeitsgruppen bestätigt (Davidson *et al.*, 1973). Insbesondere konnte gezeigt werden, daß bei Weiterzucht transformierter TK-positiver Zellen unter nicht selektiven Bedingungen die Zahl der Zellen, welche das Enzym produzieren, exponentiell abnimmt. Dies bedeutet nicht etwa, daß das viruseigene TK-Gen verloren geht. Vielmehr sprechen Ergebnisse weiterer Analysen dafür, daß es in mehr und mehr Zellen abgeschaltet wird. Dabei bleibt es in den Zellen erhalten, da bei Rückübertragung der Zellen in selektive Bedingungen erneut Enzymbildung in allen Zellen einsetzt. Das bedeutet, daß die herpeseigene Information für TK in der Säugerzelle regulierbar ist, die Expression des betreffenden Gens wird den jeweiligen Bedürfnissen angepaßt.

Aufgrund des bisher Gesagten muß man zugeben, daß das System Herpes-Virus – Säugerzelle ein sehr günstiges Beispiel für die Nutzung animaler Viren zur Gentherapie liefert. Die an diesem System erzielten Teilerfolge zur Aufschlüsselung der zugrunde liegenden molekularen Vorgänge sind beeindruckend. Dennoch blieb zunächst unbefriedigend, daß die zu erhaltenden Transformationsraten, das Ausmaß des gewünschten Effektes also, so außerordentlich niedrig waren. Ziel weiterer Versuche mußte es daher sein, diese Raten zu erhöhen. Eine Variante des Versuchsansatzes, die tatsächlich sehr viel *höhere Transformationsraten* liefert, haben Garfinkle und McAuslan (1974) angegeben. Die Autoren benutzten als Empfänger bei den Infektionsversuchen mit Herpes-Viren Rattenzellen, welche bereits durch ein anderes Virus, und zwar das Rous'sche Sarkom-Virus, transformiert worden waren. Diese Zellen sind daher für HSV nicht permissiv, sie gestatten nur die Infektion mit dem Ergebnis der Transformation. Es ist daher auch unnötig, die Herpes-Viren vor der Infektion der Zellen durch UV zu inaktivieren, wie dies Munyon tun mußte. Inkubiert man TK-negative Zellen dieses Typs mit intakten Herpes-Viren vom Typ 1 oder 2, so erhält man nach Zwischenbebrütung und anschließender Selektion auf HAT-Medium TK-positive Kolonien mit einer Rate von ca. 10^{-3}, einem Zahlenwert also, der um 3 Zehnerpotenzen über dem von Munyon erzielten liegt. Die TK-positiven Klone blieben über viele Passagen hin stabil, Viruspartikel wurden nicht gebildet, durch Immunfluoreszenz und Immundiffusion konnte gezeigt werden, daß in den transformierten Zellen außer dem viruseigenen TK-Gen noch einige weitere, aber nicht alle viruseigenen Gene exprimiert werden (Abb. 170).

In den soeben besprochenen Versuchen wurden, um eine etwaige Abtötung infizierter Zellen zu verhindern und die Rate überlebender, transformierter Zellen in die Höhe zu drücken, die Empfängerzellen vor deren Behandlung mit den HSV-Viren gegen eine produktive Infektion resistent gemacht. Es wurde der Wirtsbereich der Zellen durch Infektion mit dem Rous'schen Sarkom-Virus verengt. Da es sich bei diesem Virus um ein Tumorvirus handelt, wäre eine solche Maßnahme bei einem menschlichen Probanden nicht vertretbar. Für die zukünftige Behandlung menschlicher Probanden mit animalen Viren ist daher der alternative Ansatz wichtiger, der darin besteht, daß nicht die Empfängerzelle, sondern das verwendete *Virus* in geeigneter Weise *abgeändert* wird.

Man kann z. B. Viren mit Mutationen benutzen, die die Virusvermehrung und die dadurch bedingte Abtötung der infizierten Zelle verhindern und nur noch deren Transformation gestatten. Um die Viren jedoch zuvor vermehren zu können, braucht man auch Bedingungen, unter denen die

Vermehrung normal abläuft. Ein Weg dazu wird jetzt mit Hilfe von *temperatursensiblen* (t^s) *Herpes-Mutanten* beschritten. Bei ihnen ist eine der vielen, für die Vermehrung des Virus notwendigen Funktionen mutativ verändert, und zwar meist so, daß sie bei niedriger Temperatur (32° C) noch geleistet werden kann, bei höherer Temperatur (38° C) jedoch nicht mehr. Ursache dafür dürfte, wie Untersuchungen an Bakterien gezeigt haben, eine Konformationsänderung des betroffenen Proteins bei erhöhter Temperatur sein. Solchen Störungen liegt in der Regel eine „missense"-Mutation im zugehörigen Gen zugrunde, eine Mutation also, die einen Aminosäureaustausch im Protein bedingt.

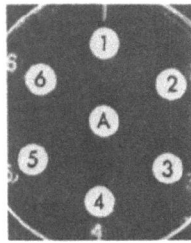 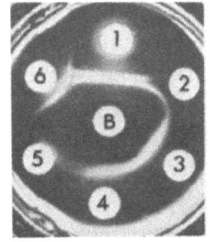

Abb. 170. Nachweis von Herpes-codierten Proteinen in Zellextrakten durch Immundiffusion. In die aus dünnem Agar ausgestanzten Positionen *A* (links, Mitte) und *B* (rechts, Mitte) wurde Serum aus Kontrollkaninchen bzw. aus Kaninchen, die gegen Herpes-Viren immunisiert worden waren, eingefüllt. In die Positionen *1 – 6* wurden Extrakte aus verschiedenen Zellinien gegeben, u. zw. aus *1* und *6*: Kaninchenzellen, lytisch infiziert mit HSV-1 bzw. -2, *3* und *4*: Rattenzellen, transformiert mit HSV-1 bzw. -2, *2* und *5*: unbehandelte Rattenzellen, TK-positiv bzw. TK-negativ. In den Extrakten *6*, *1*, *3*, und *4* sind Herpes-codierte Proteine vorhanden. Sie ergeben mit dem Antiserum in Position *B* Präzipitationsbanden. Aus Garfinkle und Mc Auslan, 1974

Temperatursensible Mutanten des HSV mit Defekten in für die produktive Infektion notwendigen Genen haben zuerst Subak-Sharpe (1969) und Schaffer *et al.* (1970) gefunden. Inzwischen ist eine große Zahl davon verfügbar. Sie konnten durch Komplementations- und Rekombinationsanalysen in Gruppen zusammengefaßt werden (Schaffer *et al.*, 1973; Brown *et al.*, 1973), die bisher ca. neun der Gene des HSV-Virus kennzeichnen. Ob Mutanten mit solchen Defekten Zellen noch zu transformieren vermögen, haben Macnab (1974) mit Ratten- und Hamsterzellen sowie Takahashi und Yamanishi (1974) mit Hamster- und Menschenzellen als Rezipienten untersucht. Als Kriterien der Transformation diente die Focusbildung, die Tumorbildung bei Übertragung der Zellen in neugeborene Hamster, und der Nachweis virusspezifischer Antigene durch Immunfluoreszenz. Tatsächlich konnte mit einigen t^s-Mutanten bei nicht-permissiver Temperatur (38° C) und ohne UV-Inaktivierung der Viren Transformation erzielt werden. Für den speziellen Fall der Transformation TK-negativer Zellen zu TK-positiven unter Verwendung von t^s-Mutanten von Herpes-Viren haben Hughes und Munyon (1975) neueste Daten geliefert. Von 12 t^s-Mutanten mit Defekten in für die produktive Vermehrung notwendigen Funktionen waren 7 nicht nur bei permissiver Temperatur, sondern auch bei nicht-permissiver Temperatur in der Lage, Transformationen zu verursachen. Allerdings war bei beiden Temperaturen vorherige UV-Inaktivierung der Viren nötig. Die Transformationsrate lag dann zwischen 10^{-4} und 10^{-3}. Die Versuche laufen also letztlich darauf hinaus, Herpes-Viren mit bestimmten mutativen Änderungen zu gewinnen und durch deren Benutzung bei der Infektion der zu transformierenden Zellen die Expression etwa störender Virusgene zu vermeiden. Dadurch könnte möglicherweise schon bald die bei jeder Herpes-Infektion zunächst bestehende Alternative zwischen produktiver Infektion mit Abtötung der infizierten Zelle oder Transformation mit Überleben der infizierten Zelle zugunsten der letzteren Möglichkeit entschieden werden.

Bei der Erörterung der Versuche mit Herpes-Viren sind zweierlei Gesichtspunkte bisher nur andeutungsweise zur Sprache gekommen: Einerseits ist nachgewiesen, daß Herpes-Viren bei Säugern, z. B. dem Hamster, *Krebs* erzeugen, und es ist sehr wahrscheinlich, daß das HSV Typ 2 dies auch beim Menschen tut. Dies beeinträchtigt den möglichen Wert der HSV-Viren für eine etwaige Gentherapie. Es müßten zumindest Wege gefunden werden, um jedes Risiko mit Sicherheit auszuschließen. Dies erscheint vorerst noch außerordentlich schwierig. Zum anderen ist das Genom der HSV-Viren relativ groß, enthält also außer dem TK-Gen noch viele andere Gene mit Informationen, die für die zu heilenden Zellen unnötig sind. Jedes dieser Gene könnte der Zelle vielleicht sogar schaden. Die Benutzung von Viren mit kleinerem Genom scheint daher grundsätzlich sinnvoller. In diesem Zusammenhang sind Arbeiten von Interesse, die am Shopeschen Virus durchgeführt wurden. Es ist das zweite, schon kurz genannte Virus, in dessen Genom die Information für ein Enzym enthalten ist, das auch im Säugerorganismus eine Bedeutung hat.

b) Das Shopesche Virus und die Hyperargininämie

Das *Shopesche Virus* ist ein dem menschlichen Warzenvirus verwandtes Papilloma-Virus. In *Bau und Vermehrungsweise* ähnelt es dem Polyoma- und SV 40-Virus. Es wurde gesagt, daß diese Viren nur ca. 3 – 5 Gene in ihrem Genom tragen. Ein gleiches dürfte für das Shopesche Virus gelten.

Damit bietet dieses Virus potentiell ein günstigeres Ausgangsmaterial für die Gentherapie als das Herpes-Virus. Das Shopesche Virus befällt normalerweise amerikanische Wildkaninchen, in deren Haut es die Bildung großer, borkenartiger Wucherungen verursacht (Abb. 171). Rogers zeigte 1959, daß sich in den Wucherungen ein Enzym findet, welches den Abbau der Aminosäure Arginin katalysiert. Diese *Arginase* unterscheidet sich in einer Reihe biochemischer und physikochemischer Kriterien deutlich von

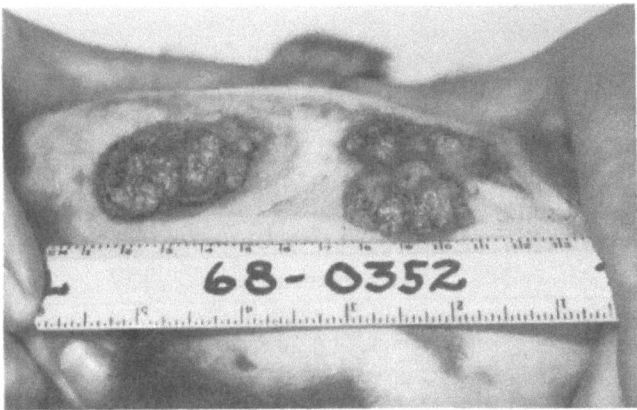

Abb. 171. Shopesche Papillome an einem Kaninchen. Aufnahme freundlicherweise zur Verfügung gestellt von S. Rogers

anderen Enzymen gleicher katalytischer Wirkung aus Leber und Niere gesunder Kaninchen und aus der Leber von Pferden. Infizierte Kaninchen bilden Antikörper gegen das Virus und gegen die neue Arginase, nicht aber Antikörper gegen Arginase aus Kaninchen-Leber. Die zur Infektion benutzten Viruspartikel selbst enthalten die neue Arginase noch nicht (Rogers und Moore, 1963). Aus diesen Befunden wurde geschlossen, daß die genetische Information für die Synthese des neuen Enzyms in den Wucherungen aus den Viruspartikeln stammt und nicht etwa in den Zellen bereits vorher in zunächst inaktiver Form vorhanden war. Ergebnisse einer anderen Arbeitsgruppe, die zunächst noch auf dem Vergleich nur partiell gereinigter Enzympräparationen beruhen, stehen dem zwar entgegen (Orth *et al.*, 1967); die viruseigene Codierung der betreffenden Arginase wurde aber inzwischen durch Auffinden einer Virusmutante, welche eine veränderte Arginase induziert, erhärtet (Rogers, 1971).

Die Papillome lassen sich auch experimentell durch Einbringen der Viren in die Haut von Kaninchen hervorrufen. Injiziert man die Viren hingegen intravenös, so entstehen keine Papillome. Dennoch ließen sich hierdurch die *Blutargininwerte der Kaninchen senken.* Die virusspezifische Arginase kann dann in der Leber gefunden werden. Außer an Kaninchen wurde eine Verringerung der Blutargininwerte auch nach Injektion von Shopeschen Viren in Mäuse, Ratten und Affen erzielt (Rogers, 1972). Das Virus dürfte also allgemein Säugerzellen in einen transformierten Zustand überführen, in welchem nur Teile des Virus-Genoms, darunter vor allem das Arginase-Gen, exprimiert werden. Andere Veränderungen oder gar Papillombildung ließen sich bei diesen Tieren nicht nachweisen. Daß das Shopesche Virus in seinem Genom gewissermaßen zusätzlich noch die Information für eine besondere Arginase mitführt, ist erstaunlich. Dieses Faktum wurde mit der Funktion der Histone in Zusammenhang gebracht. Da diese reich an Arginin sind, könnte Argininmangel verminderte Histonbildung und damit die Freigabe von Genen im Chromatin bedingen. Daraus resultierendes enthemmtes Zellwachstum würde die Voraussetzungen für die Virusvermehrung verbessern (Rogers und Moore, 1963). Derartige Gedankengänge sind jedoch spekulativ.

Rogers hat seine *Untersuchungen* nicht nur an Kaninchen und verschiedenen anderen Versuchstieren durchgeführt, sondern schon 1966 auch *auf den Menschen ausgedehnt.* Es wurde nämlich geprüft, ob sich bei Wissenschaftlern und deren Hilfskräften, die längere Zeit mit dem Shopeschen Virus gearbeitet hatten, eine Verringerung der Argininkonzentration im Blut ähnlich der bei anderen Säugern nachweisen läßt. Sie würde auf das Vorliegen der neuen Arginase und damit auf eine Infektion der betreffenden Personen mit dem Virus hindeuten. Tatsächlich wurde bei etwa ⅓ bis der Häfte der in verschiedenen Gruppen geprüften Individuen der erwartete Befund erhoben (Abb. 172). Die Verringerung der Argininkonzentration im Blut betrug bei ihnen ca. 50%, verglichen mit Kontrollpersonen. Alle Untersuchten befanden sich bei bester Gesundheit und selbst bei solchen Personen, die über 30 Jahre lang mit dem Virus gearbeitet hatten, waren niemals irgendwelche Krankheitserscheinungen beobachtet worden, die auf das Shopesche Virus als verursachendes Agens hingedeutet hätten.

Ausgehend von dieser Tatsache wurde das Shopesche Virus inzwischen beim Menschen zur Behandlung einer erst kürzlich beschriebenen, offenbar sehr seltenen, erblichen Stoffwechselstörung eingesetzt, der *Hyperargininämie* mit Arginasedefekt. Diese liegt *bei drei Geschwistern* vor, die im Städtischen Kinderkrankenhaus Köln betreut werden (Terheggen *et al.*, 1970 a und b). Die klinischen Befunde sind: Verzögerung der geistigen Entwicklung, gestörte Kooperation des Bewegungsablaufes, Krampfanfälle, zum Teil in Zusammenhang mit fieberhaften Infekten, pathologische Elektroenzephalogramm-Befunde, spastische Lähmungen, periodisch auftretendes Erbrechen und Vergrößerung der Leber. Biochemisch ließ sich im Serum und Urin vor allem eine erhebliche Erhöhung des Arginingehaltes gegenüber der Norm nachweisen. Darüber hinaus fand sich unter anderem im Serum und Liquor (Gehirn-Rückenmarks-Flüssigkeit) eine erhöhte Konzentration von Ammoniak. Diese Daten, zusammen mit dem Nachweis einer verminderten Arginaseaktivität in den Erythrozyten, deuten auf eine enzymatische Blockierung im Harnstoffzyklus hin (Abb. 173).

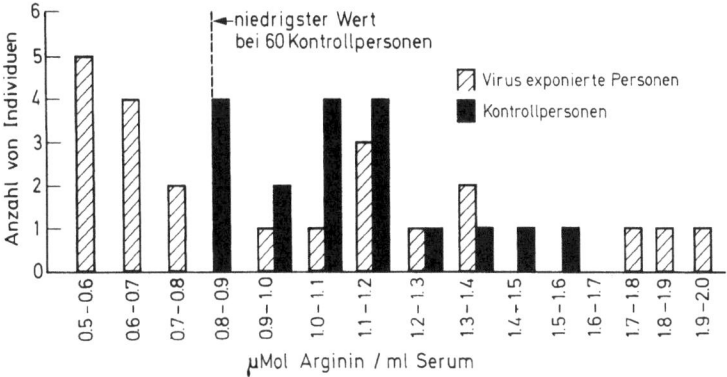

Abb. 172. Gehalt von Arginin im Serum von Kontrollpersonen und von solchen Personen, welche längere Zeit mit dem Shopeschen Virus gearbeitet hatten. Aus Klingmüller, 1971; nach Rogers, 1966, verändert

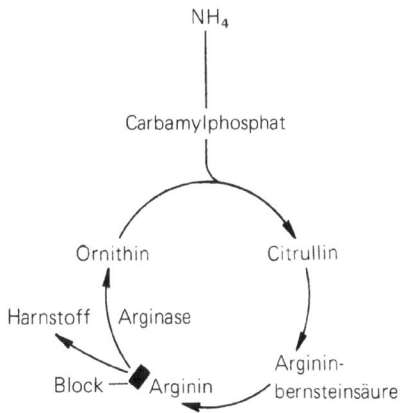

Abb. 173. Harnstoffzyklus und vermutete Lage des Stoffwechselblocks bei Hyperargininämie. Aus Klingmüller, 1971; nach Terheggen et al., 1970 a, verändert

Da bei Personen, die mit dem Shopeschen Virus gearbeitet und sich dabei wahrscheinlich infiziert hatten, ohne sonstige störende Nebenerscheinungen eine Verringerung des Serum-Arginins gefunden worden war, andererseits die hier aufgedeckte Erhöhung des Serum-Arginins und Ammoniaks als Ursache der krankhaften Symptome der drei Kinder in Betracht kam, lag ein *Behandlungsversuch mit dem Shopeschen Virus* nahe. Er erfolgte durch intravenöse Injektion hochgereinigter Virussuspensionen. Als Kriterium für die Effizienz wurde der Argininspiegel im Serum der behandelten Geschwister bis zu 8 Monaten nach Injektion gemessen. Entgegen ersten Pressemeldungen wurde keine signifikante Absenkung der Arginin-

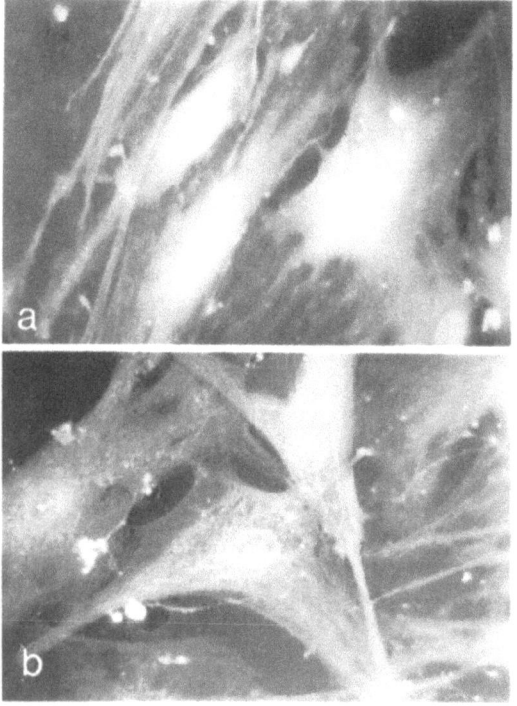

Abb. 174 a und b. Nachweis von virusspezifischer Arginase in menschlichen Zellen durch Immunfluoreszenz. Nach Injektion von Virus-Arginase in Kaninchen wurde aus ihnen Antiserum gegen das Enzym gewonnen. Es wurde mit Fluoreszenzfarbstoff konjugiert. Fibroblasten, die mit Shopeschem Virus infiziert worden waren (a), bzw. nicht infizierte Kontrollzellen (b) wurden dann mit dem konjugierten Antiserum versetzt. Die Fluoreszenz in (a) deutet auf die Bildung von virusspezifischer Arginase in den infizierten Zellen hin. Vergr. 640×. Aus Rogers *et al.*, 1973

werte erreicht (Terheggen *et al.*, 1975). Da die Eltern der Kinder ihre Einwilligung inzwischen zurückgezogen haben, mußten die Versuche jetzt abgebrochen werden. Die mit dem Shopeschen Virus an menschlichen Probanden erzielten Ergebnisse sind also noch nicht schlüssig.

Ermutigend sind jedoch *Parallelversuche an Fibroblasten* aus der Haut eines der Kinder in Gewebekultur. Die Fibroblasten wurden durch Biopsie entnommen und in den USA weitergezüchtet. Nach Inkubation derartiger Zellkulturen mit dem Shopeschen Virus konnte sowohl in der Kulturflüssigkeit als auch in Zellextrakten eine gegenüber nicht behandelten Kulturen verstärkte Arginaseaktivität festgestellt werden. Zu deren Nachweis wurde die Umsetzung von ^{14}C-Arginin in ^{14}C-Ornithin gemessen. Mittels Immunfluoreszenz konnte gezeigt werden, daß in etwa der Häfte der mit dem Virus inkubierten Zellen die virusspezifische Arginase vorhanden ist (Abb. 174). Sie dürfte daher die Ursache der gemessenen Arginaseaktivität sein (Rogers *et al.*, 1973).

Für die Beurteilung der Tatsache, daß bei den behandelten Geschwistern selbst kein Effekt registriert werden konnte, ist wichtig, daß nicht feststeht, ob die benutzten Viren zum Zeitpunkt der Injektion noch infektiös waren. Eine Kontrolle am Ort war aus technischen Gründen nicht möglich, die spätere Kontrolle nach Rückflug eines Teiles der Virussuspension in die USA zeigte, daß keine intakten Partikel mehr vorhanden waren. Für verbindliche Aussagen über Wirksamkeit oder Unwirksamkeit des Shopeschen Virus bei Patienten mit Hyperargininämie wäre also die Gewinnung und Überprüfung der Viren am Applikationsort selbst nötig. Die an den Gewebekulturen beschriebenen Effekte lassen hoffen, daß der hier skizzierte Weg der Behandlung bestimmter erblicher Stoffwechseldefekte durch geeignete Viren schließlich doch praktikabel gemacht werden kann.

3. Herstellung von animalen Viren mit geeigneten Säugergenen

Da das Shopesche Virus in der viruseigenen Arginase nur ein einziges, für den Säugerorganismus brauchbares Enzym codiert, und die Hyperargininämie, für welche dieses Enzym eine Rolle spielen könnte, beim Menschen nach unseren bisherigen Kenntnissen außerordentlich selten ist, erscheint dieses Virus als solches trotz seiner potentiellen Bedeutung für die Behandlung der Hyperargininämie nicht brauchbar für die Gentherapie auf breiter Basis. Arbeiten an dem verwandten, schon sehr viel besser bekannten und gut zu handhabenden SV 40-Virus bahnen nun aber eine Entwicklung auch in dieser Richtung an. Das SV 40-Virus hat zwar bisher keine nutzbaren Gene; sein Genom läßt sich aber biochemisch und genetisch bereits so gut abwandeln, daß es nur noch eine Frage der Zeit ist, wann gentherapeutisch interessante SV 40-Viren zur Verfügung stehen werden.

a) Das SV 40-Genom in menschlichen Chromosomen

Bau und Vermehrungsweise des SV 40-Virus wurden bereits besprochen (S. 103). Als Wirt für die produktive Vermehrung dienen, wie erwähnt, Affennierenzellen. Andere Säugerzellen können durch SV 40-Viren transformiert, also zu ungeregeltem Wachstum unter Expression bestimmter Antigene gebracht werden. Zu diesen Zellen gehören auch menschliche. Von besonderem Interesse im vorstehenden Zusammenhang ist, daß das Virus-Genom in transformierten menschlichen Zellen an einer bestimmten Stelle, und zwar dem Chromosom Nr. 7, gefunden wurde. Man sollte mit seiner Hilfe also beigegebene Fremdgene im menschlichen Genom fest verankern können.

Die Bindung an das Chromosom Nr. 7 geht aus Untersuchungen der Arbeitsgruppe um Koprowski hervor. So haben Croce *et al.* (1973) und Croce und Koprowski (1975) nach Mischung TK-negativer Mäusezellen und menschlicher Zellen, die mit dem SV 40-Virus transformiert und zusätzlich HGPRT-negativ waren, in HAT-Medium Hybridzellen selektioniert (Kap. X). Diese Hybridzellen wurden nun in Medium ohne HAT transferiert und weitergezüchtet. Proben wurden nach verschiedenen Zeiten mittels Immunfluoreszenz auf das Vorliegen des SV 40-T-Antigens geprüft. Wie erwähnt, verlieren Hybridzellen, die durch Verschmelzung von menschlichen Zellen und Mäusezellen entstanden, nach Fortfall der selektiven Bedingung in unregelmäßiger Folge nach und nach die menschlichen Chromosomen. Welche der insgesamt 46 menschlichen Chromosomen jeweils noch vorhanden sind, läßt sich mikroskopisch leicht feststellen. Es ergab sich, daß alle jene Zellen, welche das Chromosom Nr. 7 verloren hatten, kein T-Antigen mehr bildeten, Zellen, die dieses Chromosom noch hatten, enthielten dieses Antigen. Das die Antigenbildung verursachende Agens, d. h. das SV 40-Genom oder doch ein Teilstück von ihm, mußte daher mit dem Chromosom Nr. 7 fest verbunden sein. Diese Zuordnung ließ sich nicht nur bei einer einzigen Zellinie treffen. Sie bestätigte sich vielmehr bei einer größeren Zahl von Klonen aus verschiedenen derartigen Hybridisierungsversuchen. Dieselbe Arbeitsgruppe hat auch gezeigt, daß in den transformierten Zellen zumindest ein großer Teil des SV 40-Genoms vorhanden ist (Croce *et al.*, 1975). Dies folgt aus der Tatsache, daß bei weiterer Hybridisierung der zuvor erwähnten Hybridzellen mit permissiven Affenzellen Tochterviren entstehen. Die bisher auf diesem Wege erhaltenen waren allerdings defekt. Sie entstanden nur, wenn die

Hybridzellen das Chromosom Nr. 7 der menschlichen Ausgangszellen enthielten, nicht, wenn sie es verloren hatten. Man hat in diesem Tatbestand einen weiteren Beleg dafür, daß das Chromosom Nr. 7 der Ort ist, an welchem zumindest der größere Teil des SV 40-Genoms in menschlichen Zellen Fuß faßt.

b) Bau des SV 40-Genoms

Genome des SV 40-Virus zeigt Abb. 175 a. Der Bau dieser Genome konnte in den letzten Jahren auf biochemischem Wege weitgehend geklärt werden. Durch Verdauen der DNS-Ringe mit Restriktionsenzymen und gelelektrophoretische Trennung erhält man definierte Teilstücke. Bei zeitlich begrenztem Abbau oder beim Abbau mit Restriktionsenzymen unterschiedlicher Schneidecharakteristik ergeben sich größere oder kleinere, einander z. T. überlappende Stücke. Diese können mit biochemischen und genetischen Verfahren in bezug zum Gesamtgenom kartiert werden (Abb. 175 b). Aufgrund der Fortschritte, die die Sequenzanalyse solcher Teilstücke in letzter Zeit gemacht hat, ist damit zu rechnen, daß in Kürze auch die vollständige Nukleotidsequenz des SV 40-Genoms bekannt sein wird (Baltimore, 1975). Die Lokalisierung der bisher bekannten SV 40-Gene im Genom, ihre Transkription und Translation zeigt Abb. 176.

c) Manipulation des SV 40-Genoms

Die Möglichkeit, in das SV 40-Genom auf enzymatischem Wege Teilstücke eines Phagengenoms mit Genen aus E. coli einzusetzen, wurde bereits im V. Kapitel erörtert (Abb. 65, 66). In der dort besprochenen Arbeit (Jackson *et al.*, 1972) wurde die Fremdinformation dem vollständigen SV 40-Genom hinzugefügt. Dies läßt Verpackungsschwierigkeiten bei der Reifung von Tochterpartikeln erwarten. Ausgangsmaterial für verpackbare SV 40-Genome, die Säuger-DNS enthalten, müssen daher SV 40-Mutanten sein, denen kleinere oder größere Teilstücke des eigenen Genoms fehlen. Man spricht von *Deletionsmutanten*.

Solche Mutanten entstehen spontan, wenn das Virus mit extrem hoher Multiplizität der Infektion in permissiven Zellen über eine größere Zahl von Passagen vermehrt wird (Brockman *et al.*, 1973). Definiertere Deletionsmutanten können in vitro durch enzymatisches Schneiden erhalten werden. So haben Lai und Nathans (1974) SV 40-Genome mit dem Enzym endo R. Hind III, für welches hier sechs definierte Schneidestellen vorliegen, kurzzeitig angedaut (Abb. 177). Unter den Produkten fanden sich Moleküle, denen das eine oder andere der sechs möglichen Teilstücke des Genoms fehlte. Außerdem traten Moleküle auf, bei denen die Deletion über die ein Teilstück begrenzenden Schneidestellen hinausging.

Abb. 175 a

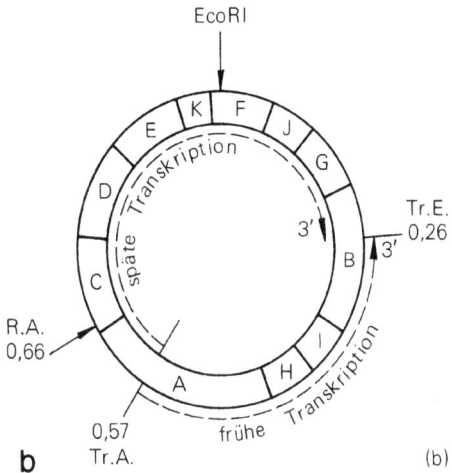

Abb. 175 a und b. Bau des SV 40-Genoms: (a) Elektronenmikroskopische Aufnahme, Vergr. 40 000×, Präparation und Foto H. Zentgraf. Freundlicherweise zur Verfügung gestellt von G. Sauer. (b) Physikalische Karte. Oben: Schneidestelle des Eco R I-Enzyms, willkürlich als Nullpunkt gewählt. *A* bis *K*: Die 11 Teilstücke, in die das Genom durch Restriktionsenzyme aus H. influenzae zerlegt wird. *R. A.*: Replikationsanfangspunkt, bei 0,66 Einheiten des im Uhrzeigersinn abgegriffenen Umkreises. *Tr. A.*: Transkriptionsanfangspunkt, bei 0,57 Einheiten. *Tr. E.*: Transkriptionsendpunkt, bei 0,26 Einheiten. Frühe Transkription: Die zuerst abgelesenen Bereiche des Genoms. Späte Transkription: Die anschließend, und nur bei lytischer Vermehrung abgelesenen Bereiche. Aus Winnacker, 1975, verändert

Eine Methode zur Erzeugung von *Kleinstdeletionen an* genau *definierten Stellen* des SV 40-Genoms haben kürzlich Carbon *et al.* (1975) angegeben. Dabei werden solche Restriktionsenzyme als „Spürhunde" benutzt, die das SV 40-Genom nur an einer Stelle aufschneiden, z. B. das Eco R I-Enzym oder das Hpa II-Enzym (Abb. 178). Ist in vitro durch ihre Wirkung das DNS-Molekül (Abb. 178 a) in einen linearen Doppelstrang zerlegt (Abb. 178 b), so werden ihm mit Lambda-Exonuklease von beiden Seiten her die 5'-Enden abgebaut, die 3'-Enden bleiben zunächst erhalten (Abb. 178 c). Die Infektion von permissiven Zellen mit so „bearbeiteten" Genomen ergab Plaques. Diese hatten jedoch ein von Wildtypplaques verschiedenes Aussehen. Die aus ihnen isolierten Viren enthielten DNS-Ringe, welche mit dem ursprünglich benutzten Enzym nicht mehr geschnitten werden konnten. Ihnen fehlte also die entsprechende Nukleotidsequenz. Es wurde geschlossen, daß in der Zelle die 3'-Einzelstrangenden über kürzere, komplementäre Nukleotidsequenzen eine wenn auch nur lose Paarung eingehen können und so einen erneuten Ringschluß herbeiführen (Abb. 178 d). Die jenseits der Paarungsregion überstehenden, un-

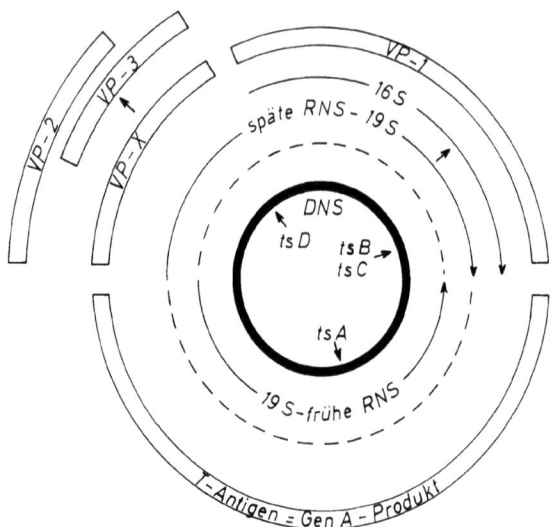

Abb. 176. Transkription und Translation des SV 40-Genoms, schematisch. Im Zentrum der DNS-Doppelstrangring, schwarz ausgefüllt gezeichnet, mit Angabe dreier durch temperatursensible Mutanten (t^s) definierter Bereiche (*A, BC, D*). Nach außen anschließend zunächst 2 RNS-Ringe. Der ausgezogene Bereich des 1. Ringes (unten, 19 S, frühe RNS) symbolisiert die im Zytoplasma infizierter Zellen zuerst gefundene mRNS. Ihre Synthese erfolgt in Pfeilrichtung. Sie sedimentiert mit 19 S. Der ausgezogene Bereich des 2. Ringes (oben, späte RNS, 19 S) symbolisiert die in späteren Phasen der lytischen Infektion im Zytoplasma auftretende RNS. Außen anschließend (oben rechts) 16 S RNS, als Reifungsprodukt der späten 19 S RNS aufzufassen. Die gestrichelten Bereiche der RNS-Ringe bedeuten RNS-Abschnitte, die im Kern wieder abgebaut werden. Ganz außen die von den verschiedenen mRNS-Spezies codierten Proteine. Unten das T-Antigen, oben rechts das Hauptprotein der Virushülle (*VP-1*), oben links zunächst ein hypothetisches Vorstufenprotein (*VP-X*) und daran nach außen anschließend 2 verschiedene, aus diesem ableitbare kleinere Proteine (*VP-2* und *VP-3*). Letztere haben ihren Platz im Inneren der Viruspartikel. Aus Baltimore, 1975, verändert

gepaarten Einzelstrangenden dürften dann enzymatisch abgebaut (Abb. 178 e) und die verbleibenden Lücken durch Reparaturenzyme geschlossen werden (Abb. 178 f). Die jeweilige Deletion wäre also die Folge des Abbaus der beiden 3'-Einzelstrangenden.

Schon bei der näheren Untersuchung spontan entstandener Deletionsmutanten zeigte sich, daß sie an Stelle von Virus-DNS kleinere oder größere Abschnitte aus dem Genom ihrer Wirtszellen enthalten können. Nach Brockman *et al.* (1973) treten z. B. *substituierte Genome* mit nur noch 30% Virus-DNS auf, in denen sich zusätzlich 20% repetitive und bis zu 50% nicht-repetitive Wirts-DNS finden. Auch Winocour *et al.* (1975) erhielten

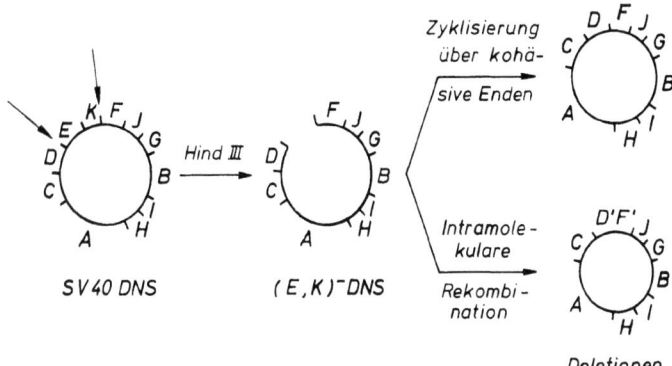

Abb. 177. Entstehung definierter Deletionsmutanten nach Zerschneiden des SV 40-Genoms mit Restriktionsenzymen. Das Genom ist in der aus Abb. 175 b bekannten Form gezeichnet (links). Durch eine Nukleasefraktion Hind III aus H. influenzae kann es u. a. an den beiden durch Pfeile gekennzeichneten Stellen geschnitten werden, wobei kohäsive Enden entstehen. Es gehen so die Abschnitte E und K verloren (Mitte). Rezyklisierung über die kohäsiven Enden führt zur rechts oben angegebenen Struktur (Excisionsdeletion), Rezyklisierung über einen Rekombinationsvorgang mit Verlust von Teilen von D und F zu der rechts unten angegebenen Struktur (weiterreichende Deletion). Aus Lai und Nathans, 1974, verändert

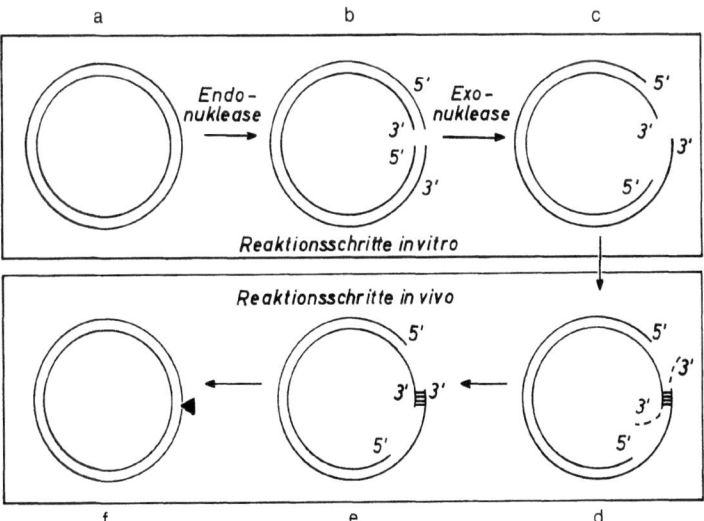

Abb. 178 a – f. Gezielte Erzeugung von Kleinstdeletionen im SV 40-Genom, schematisch. Das schwarz ausgefüllte Dreieck in (f) symbolisiert die Deletion. Die Reaktionsschritte in vivo (unten) sind hypothetisch. Weitere Erklärungen im Text. Aus Mertz *et al.*, 1975, verändert

nach fortgesetzter Vermehrung von SV 40-Viren in Affenzellen bei extrem hoher Multiplizität der Infektion SV 40-Genome mit Wirts-DNS. Dies ließ sich z. B. durch physikalisch-chemische Messungen zeigen. Bei ihnen (Abb. 179) wurde die Geschwindigkeit der Reassoziierung zwischen aufgeschmolzenen derartigen Genomen und aufgeschmolzener Affen-DNS

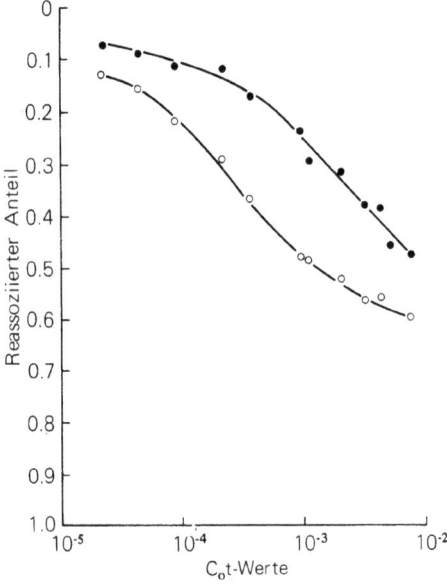

Abb. 179. Nachweis von Affen-DNS in substituierten SV 40-Genomen. Bestimmt wurde die Reassoziierungsgeschwindigkeit aufgeschmolzener SV 40-DNS bei Zugabe von Affen-DNS (O) bzw. Lachsspermien-DNS. Beim Nachweis der Reassoziierung wurde die Tatsache genutzt, daß doppelsträngige DNS-Abschnitte resistent gegen den Abbau mit Nuklease S 1 sind. C_0t = Produkt aus den beiden bei der Reassoziierung von Nukleinsäuren entscheidenden Faktoren Konzentration (C) und Zeit (t). Aus Winocour *et al.*, 1975, verändert

geprüft. Sie war im Vergleich zu der bei Einsatz von DNS aus Lachsspermien, also einem fremden Objekt, deutlich erhöht. Der Anteil der Wirts-DNS in den substituierten Genomen nahm mit der Zahl der Passagen, die das Virus vor Isolierung dieser Genome durchlaufen hatte, zu (Tabelle 16).

Inzwischen wurden auch Vorstellungen darüber publiziert, wie die Wirtszell-DNS in solchen substituierten Genomen angeordnet sein könnte (Lee *et al.*, 1975). Da die Mutanten in vivo im Zuge mehrerer Passagen entstanden, spricht man von *evolutionären Varianten*. Deren Genom soll aus mehreren, einander gleichen Untereinheiten bestehen (Abb. 180), und

Tabelle 16. Anteil von Wirts-DNS in SV 40- und Polyoma-Genomen in Abhängigkeit von der Anzahl Passagen bei hoher Multiplizität der Infektion. Nach jeder Passage wurden Viren unter Zusatz von ^{3}H-Thymidin vermehrt. Die markierten Genome wurden dann gewonnen, gereinigt und mit den 4 unten angegebenen, auf Filtern fixierten DNS-Typen hybridisiert. Die wichtigsten Zahlenwerte, die zunehmende Homologie mit steigender Zahl der Passagen dokumentieren, sind umrandet. Aus Winocour et al., 1975

Virus	Wirts-zellen	Passage	plaque-formende Partikel pro ml Lysat ($\times 10^{-6}$)	% der DNS, die an Filter mit folgender DNS bindet:			
				SV 40	Polyoma	Affen	Maus
SV 40	Affen-zellen	0	1000	75	0,2	0,3	0,2
		1	1000	86		1	
		2	750	65		15	
		3	200	67	0,2	30	0,2
Polyoma,	Mäuse-zellen	0	2500	0,3	83	0,2	1
		1	1500		84		2
		2	200		76		3
		4	90		65		7
		5	90	0,4	62	0,6	22

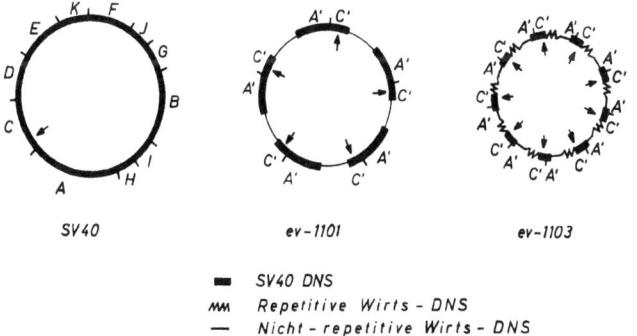

SV40   ev-1101   ev-1103

■ SV40 DNS
ᴡᴡ Repetitive Wirts - DNS
— Nicht-repetitive Wirts - DNS

Abb. 180. Bau substituierter SV 40-Genome. Links: Vollständiges Genom. Bezeichnung der einzelnen Abschnitte wie in Abb. 175. Der Pfeil links unten deutet auf den Anfangspunkt der Replikation. Mitte und rechts: Genome zweier verschiedener evolutionärer Varianten. Aus Lee et al., 1975, verändert

jede soll ein kleines Stück Virus-DNS mit angeschlossener Wirtszell-DNS enthalten. Letzteres kann aus repetitiven oder aus nicht-repetitiven Abschnitten des Wirtsgenoms stammen. Der Anteil der Virus-DNS in diesen Untereinheiten muß mindestens 8,8% des Virusgenoms betragen. Das betreffende Stück Virus-DNS soll den Anfangspunkt für die Replikation des Virusgenoms besitzen. Es wird angenommen, daß solche substituierten Genome während der lytischen Infektion permissiver Zellen in einem Prozess entstehen, der jenem bei der Entstehung speziell transduzierender Phagengenome in lysogenen Bakterien ähnelt (Abb. 181, vgl. Kap. VI, Abb. 81). Eine kurzzeitige Integration des Virusgenoms an vorgegebener Stelle des Wirtsgenoms ist wahrscheinlich. Eine anschließende fehlerhafte

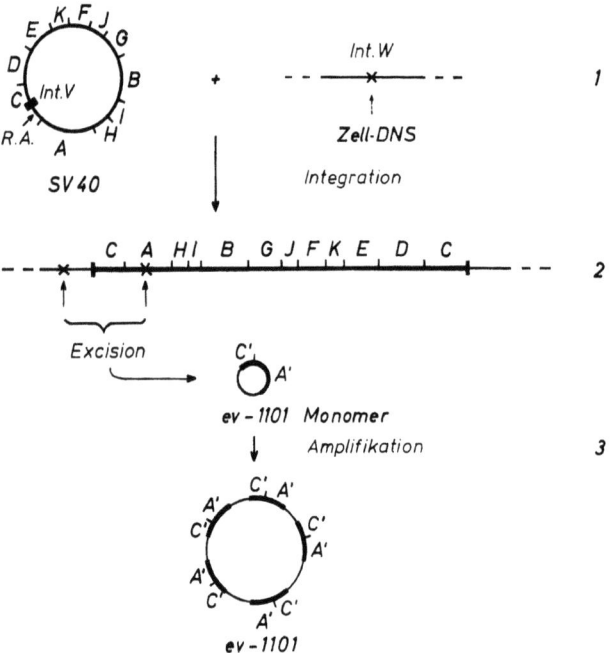

Abb. 181. Modellvorstellung zur Entstehung substituierter SV 40-Genome. Links oben: SV 40-Genom. Es ist hier außer dem Anfangspunkt der Replikation (Pfeil) auch eine postulierte Einbauregion gekennzeichnet (*Int. V*). Rechts oben: Ausschnitt aus dem Genom der Wirtszelle, mit einer für die Integration des Virusgenoms geeigneten, durch Kreuz markierten Stelle (*Int. W*). Die Integration erfolgt vermutlich unter Schleifenbildung, vergleichbar jener bei der Integration des Lambda-Prophagen in das Genom von E. coli. Die Excision soll im hier gegebenen Beispiel zwischen den beiden durch Kreuze gekennzeichneten Stellen der Struktur *2* erfolgen. Sie liefert monomere Kleingenome *3* und durch deren Amplifikation das substituierte Genom *4*. Aus Lee *et al.*, 1975, verändert

Excision würde zu ringförmigen, monomeren Kleingenomen aus Virus- und Wirts-DNS führen. Deren Vermehrung und Vereinigung zu größeren Ringstrukturen könnte dann verpackbare substituierte Genome liefern.

Bisher ist noch in keinem Fall bekannt geworden, welche genetische Information die Wirts-DNS in solchen evolutionären Varianten des SV 40-Virus enthält. Eine Klärung dieser Frage dürfte jedoch für ausgewählte Beispiele schon bald möglich sein. Dabei könnten die im III. Kapitel beschriebenen Methoden für die Identifizierung von Eukaryontengenen in Plasmiden (Hybridisierung gegen spezifische RNS oder DNS als Nachweisreagens) eingesetzt werden.

Den umgekehrten Weg, der darin bestünde, bestimmte bekannte Gene oder DNS-Abschnitte aus Säugern in das SV 40-Genom einzubauen, zögert man noch zu beschreiten. Die Gründe dafür werden im folgenden Kapitel dargelegt. Immerhin haben Mertz *et al.* (1975) über Versuche berichtet, bei welchen letztlich synthetische DNS, nämlich die Folge *Poly-dAT,* an bestimmter Stelle *in das SV 40-Genom eingefügt* wurde. Man ging ähnlich vor wie bei den schon besprochenen früheren Versuchen von Jackson *et al.* (Abb. 182). SV 40-Genome (1) wurden mit dem Restriktionsenzym Hpa II geschnitten und so in lineare Doppelstrang-DNS umgewandelt (2). Mittels Lambda-Exonuklease wurden dann von den jeweiligen 5'-Enden Nukleotide abgebaut, um so die 3'-Enden besser zu exponieren. An diesen wurden in zwei getrennten Ansätzen mittels terminaler Transferase und dATP bzw. dTTP einmal Poly-dA und einmal Poly-dT Sequenzen angehängt (4). Die in den getrennten Ansätzen präparierten Moleküle wurden nun aufgeschmolzen. Die Poly-dA-haltigen und die Poly-dT-haltigen Einzelstränge wurden gemischt und zur Verschmelzung gebracht (5). Es entstehen u. a. Doppelstränge, die an der einen Seite eine überstehende Poly-dA-Sequenz, an der anderen eine überstehende Poly-dT-Sequenz haben. Läßt man diese überstehenden Enden unter geeigneten Bedingungen nach Art kohäsiver Enden miteinander paaren, so entstehen Ringe (6). Die verbleibenden Lücken können durch ein Enzymgemisch aus Polymerase, Ligase und Exonuklease verschlossen werden, so daß die ursprünglichen SV 40-Ringgenome rückgebildet werden, allerdings substituiert mit einer Poly-dAT-Folge. Diese sitzt in der ursprünglichen Erkennungsregion für das Hpa II Enzym (7). Es konnten Moleküle mit etwa 50 eingesetzten AT-Paaren erhalten werden. Bei Versuchen an Affenzellen erwiesen sie sich als infektiös, und zwar etwa halb so sehr wie Wildtyp SV 40-DNS. Es entstanden Plaques mit Tochterpartikeln. Die in vitro substituierten SV 40-Genome wurden also nicht nur repliziert, sondern waren auch verpackbar.

Trachtet man danach, das *SV 40-Virus* zum Werkzeug der Gentherapie zu machen, so müßte es *mit geeigneten menschlichen Genen versehen* werden. Als erste kämen jene für die menschlichen Globine in Betracht. Aber auch Gene mit der Strukturinformation für bestimmte Hormone oder deren Vorstufen, wie das im III. Kapitel erwähnte, inzwischen synthetisch herstellbare Gen für Angiotensin II (Köster *et al.*, 1975) scheinen geeignet. Der Einbau solcher Gene in das SV 40-Genom ist heute technisch möglich. Man könnte dann menschliche Zellen mit solchen Viren transformieren. Ob die substituierten menschlichen Gene in den Empfängerzellen exprimiert werden, wird einerseits davon abhängen, an welcher Stelle sie in das Virusgenom eingefügt wurden, andererseits wird dafür auch die Wahl der zu infizierenden Zellen wichtig sein, da Zellen in Kultur, ebenso wie in vivo, jeweils nur einen Teil der in ihrem Genom enthaltenen Information realisieren.

Bei der Ausarbeitung von Methoden zur Applikation substituierter SV 40-Viren auf den Menschen ist zu bedenken, daß dieses Virus in trans-

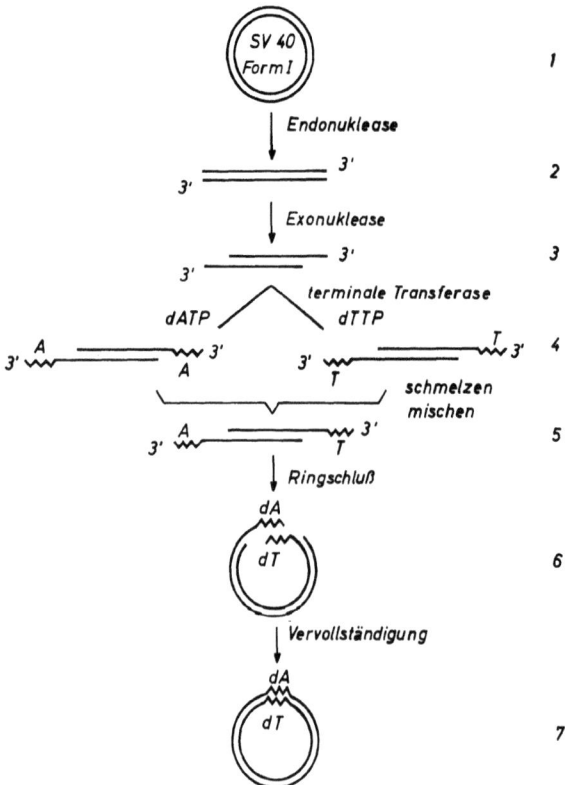

Abb. 182. Reaktionsschema für den Einbau einer Poly-dAT-Sequenz in das SV 40-Genom. Erklärung im Text. Nach Mertz *et al.*, 1975, verändert

formierten Zellen auch verschiedene Antigene entstehen läßt, darunter das T-Antigen und das Transplantations-Antigen, die in normalen Zellen nicht vorkommen. Es wäre möglich, daß diese Antigene nachteilige Effekte bei virusinfizierten Personen haben. Darüber hinaus erzeugt das *SV 40-Virus bei Säugern,* insbesondere dem Hamster, *Tumoren.* Für den *Menschen* wurde eine solche Tumorbildung bisher zwar nicht aufgezeigt (Hobom, 1975). Immerhin entstehen nach Inokulation SV 40-transformierter menschlicher Zellen in einen autologen Träger *subkutane Knoten.* Aus diesen Hinweisen ergibt sich, daß das SV 40-Virus vor seinem Einsatz bei der Behandlung von Erbkrankheiten, ähnlich wie für Herpes-Viren besprochen, in geeigneter Weise abgeändert werden muß. Seine Änderung muß darauf hinzielen, daß es den zu infizierenden Zellen zwar das interessierende menschliche Gen zu deren Heilung vermittelt und für dessen festen Einbau in das menschliche Genom sorgt, im übrigen aber wirkungslos bleibt.

Für diese Zähmung oder Entschärfung des SV 40-Virus kommen außer Deletionen und Umbauten des Genoms wie bei Herpes-Viren Mutationen in Betracht, die verschiedene, vom Virusgenom codierte Proteine temperatursensibel machen. *Temperatursensilbe Mutanten* von SV 40 wurden u. a. von Kit *et al.* (1970) sowie von Robb und Martin (1970) beschrieben. In der Arbeitsgruppe von Martin wurde inzwischen eine arbeitssparende Mikromethode entwickelt, die es gestattet, eine große Zahl derartiger Mutanten zu gewinnen und in Komplementationsversuchen genauer zu analysieren (Chou und Martin, 1974; Martin *et al.,* 1975). Es existieren danach fünf Abschnitte im Virusgenom, deren Funktion für die Vermehrung des Virus in Affennierenzellen notwendig ist. Durch Mutation im einen oder anderen dieser Abschnitte kann die lytische Vermehrung in permissiven Zellen und die Transformation nicht permissiver Zellen temperatursensibel werden, bei 33° C also normal ablaufen, bei 40° C aber ausbleiben.

Die nächsten Jahre müssen zeigen, ob man das SV 40-Virus durch Nutzung der jetzt gebotenen Möglichkeiten zur Manipulation seines Genoms soweit in den Griff bekommt, daß es ohne Schaden für den Menschen in gentherapeutischen Versuchen verwendet werden kann.

Literatur

Axelrod, D., Trilling, D.: In: Advances in the Biosciences **8**, G. Raspé ed., Pergamon Press-Vieweg, 1972, S. 175 – 186

Baltimore, D.: In: Cold Spring Harbor Symposia on Quantitative Biology **39**, Cold Spring Harbor Laboratory 1975, S. 1187 – 1200

Brockman, W. W. et al.: Virology **54**, 384 – 397 (1973)
Brown, S. M. et al.: J. Gen. Virol. **18**, 329 – 346 (1973)
Carbon, J. et al.: Proc. Nat. Acad. Sci. USA **72**, 1392 – 1396 (1975)
Chou, J. Y., Martin, R. G.: J. Virol. **13**, 1101 – 1109 (1974)
Croce, C. M., Koprowski, H.: Proc. Nat. Acad. Sci. USA **72**, 1658 – 1660 (1975)
Croce, C. M. et al.: Proc. Nat. Acad. Sci. USA **70**, 3617 – 3620 (1973)
Croce, C. M. et al.: In: Cold Spring Harbor Symposia on Quantitative Biology **39**, Cold Spring Harbor Laboratory 1975, S. 335 – 343
Danna, K. J., Nathans, D.: Proc. Nat. Acad. Sci. USA **68**, 2913 – 2917 (1971)
Davidson, R. L. et al.: Proc. Nat. Acad. Sci. USA **70**, 1912 – 1916 (1973)
Davis, D. B. et al.: J. Virology **13**, 140 – 145 (1974)
Dulbecco, R.: Scientific American **216**, April 1967, S. 28 – 37
Friedman, T.: Nach „The Molecular Biology of Tumour Viruses", J. Tooze ed., Cold Spring Harbor Laboratory 1973, S. 339
Garfinkle, R., Mc Auslan, B. R.: Proc. Nat. Acad. Sci. USA **71**, 220 – 224 (1974)
Grady, L. et al.: Proc. Nat. Acad. Sci. USA **67**, 1886 – 1893 (1970)
Hobom, B.: Ärztliche Praxis **27**, 21. Juni 1975, S. 2178
Hughes, R. G. jr., Munyon, W. H.: J. Virology **16**, 275 – 283 (1975)
Jackson, D. A. et al.: Proc. Nat. Acad. Sci. USA **69**, 2904 – 2909 (1972)
Kit, S. et al.: J. Virology **6**, 286 – 294 (1970)
Klingmüller, W.: Biologie in unserer Zeit **1**, 86 – 94 (1971)
Klingmüller, W.: Umschau **73**, 653 – 657 (1973)
Köster, H. et al.: Hoppe-Seyler's Z. Physiol. Chem. **356**, 1585 – 1593 (1975)
Lai, C. J., Nathans, D.: J. Mol. Biol. **89**, 179 – 193 (1974)
Lee, T. N. H. et al.: Virology **66**, 53 – 69 (1975)
Macnab, J. C. M.: J. Gen. Virol. **24**, 143 – 153 (1974)
Martin, R. G. et al.: In: Cold Spring Harbor Symposia on Quantitative Biology **39**, Cold Spring Harbor Laboratory 1975, S. 17 – 24
Mertz, J. E. et al.: In: Cold Spring Harbor Symposia on Quantitative Biology **39**, Cold Spring Harbor Laboratory 1975, S. 69 – 84
Munyon, W. H. et al.: J. Virology **7**, 813 – 820 (1971)
Munyon, W. H. et al.: Virology **49**, 683 – 689 (1972)
Orth, G. et al.: Virology **31**, 729 – 732 (1967)
Qasba, P. R., Aposhian, H. V.: Proc. Nat. Acad. Sci. USA **68**, 2345 – 2349 (1971)
Robb, J. A., Martin, R. G.: Virology **41**, 751 – 760 (1970)
Rogers, S.: Nature (London) **183**, 1815 – 1816 (1959)
Rogers, S.: Nature (London) **212**, 1220 – 1222 (1966)
Rogers, S.: J. Exp. Med. **134**, 1442 – 1452 (1971)
Rogers, S.: Japan Industrial Technology Association Symposium on „Future of the Life Sciences", Tokio, Dez. 1972
Rogers, S., Moore, M.: J. Exp. Med. **117**, 521 – 542 (1963)
Rogers, S. et al.: J. Exp. Med. **137**, 1091 – 1096 (1973)
Roizman, B., Spear, P. G.: In: Ultrastructure of Animal Viruses and Bacteriophages: An Atlas. A. J. Dalton und F. Haguenau eds., New York und London: Academic Press, 1973, S. 83 – 107
Schaffer, P. et al.: Virology **42**, 1144 – 1146 (1970)
Schaffer, P. et al.: Virology **52**, 57 – 71 (1973)
Subak-Sharpe, J. H.: Int. Virol. **1**, 252 (1969)
Takahashi, M., Yamanishi, K.: Virology **61**, 306 – 311 (1974)
Terheggen, H. G. et al.: Z. Kinderheilk. **107**, 298 – 312 (1970 a)
Terheggen, H. G. et al.: Z. Kinderheilk. **107**, 313 – 323 (1970 b)

Terheggen, H. G. *et al.*: Z. Kinderheilk. **119**, 1 – 3 (1975)
Widmer, C.: Dissertation Universität Lausanne (1971)
Winnacker, E. L.: Biologie in unserer Zeit **9**, 146 – 158 (1975)
Winocour, E. *et al.*: In: Cold Spring Harbor Symposia on Quantitative Biology **39**, Cold Spring Harbor Laboratory 1975, S. 101 – 108

Kapitel XII
Genmanipulation und Gentherapie
im Brennpunkt des öffentlichen Interesses

In den vorangehenden Kapiteln wurde der Stand der Forschung auf dem Gebiet der Genmanipulation skizziert. Als genetisch zu manipulierende Objekte wurden Viren, Phagen und Bakterien, aber auch Pflanzen, Tiere und Kulturen menschlicher Zellen genannt. Bei der Besprechung einzelner Arbeiten oder der abschnittsweisen Zusammenfassung ihrer Ergebnisse wurde auf die denkbare spätere Nutzung der so entwickelten Methoden für eine Therapie von Erbkrankheiten des Menschen hingewiesen. Im XI. Kapitel kamen schließlich auch erste Versuche dieser Art am Menschen selbst zur Sprache. Der letzten Endes zu erhoffende Erfolg solcher Arbeiten sollte sie zur Genüge rechtfertigen. Dennoch trifft der Wissenschaftler, der auf diesem Gebiet tätig ist und darüber berichtet, in der Öffentlichkeit auch auf Besorgnis und Kritik. Die vorgebrachten Bedenken betreffen einerseits eine mögliche, wenn auch unbeabsichtigte Gefährdung des Menschen und seiner Umwelt durch manche derartige Versuche, zum anderen einen möglichen Mißbrauch der erhobenen Befunde. Es wird gewöhnlich an die Entdeckung der Kernspaltung erinnert, die der Menschheit nicht nur Segen, sondern auch bitteres Leid gebracht hat. Ferner werden regelmäßig moralische Einwände geltend gemacht. Diese Problematik sei jetzt angesprochen.

1. Gefährdung des Menschen

Eine unbeabsichtigte Gefährdung scheint besonders dort gegeben, wo durch gezielte Vereinigung bakterieller Plasmide mit Genen für Antibiotikaresistenz Hybrid- oder Verbundplasmide neuen Typs hergestellt werden (Klingmüller, 1975). Solche Plasmide sollten sich, ebenso wie andere Plasmide, nicht nur in E. coli-Zellen, sondern auch in verschiedenen pathogenen Bakterien vermehren können und diese gegebenenfalls mit schwer bekämpfbaren multiplen Resistenzen versehen. Im Prinzip war die Möglichkeit der Entstehung solcher Plasmide zwar schon immer gegeben. Aber die Wahrscheinlichkeit, daß sie in der lebenden Zelle unter Normalbedingungen durch Zufall entstanden, war gegenüber den jetzt gebotenen Möglichkeiten zu ihrer gezielten Herstellung außerordentlich gering.

Nach Untersuchungen von Smith (1975) und Anderson (1975) wird das Ausmaß der Gefährdung des Menschen auf diesem Wege offensichtlich überschätzt. Die Autoren haben menschlichen Freiwilligen Suspensionen von Bakterien verabreicht, die z. T. Plasmide enthielten, und zu verschiedenen Zeiten danach Stuhlproben auf den Gehalt an diesen Bakterien untersucht. Es handelte sich dabei um E. coli K 12, also jenes Bakterium, das in Experimenten mit Plasmiden hauptsächlich verwendet wird. Als Plasmid diente u. a. der F-Faktor mit einem Gen für Tetracyclinresistenz. Die Autoren stellten übereinstimmend fest, daß die verabreichten Bakterien im menschlichen Darm nicht persistieren. Schon wenige Tage nach der Aufnahme der Keime waren sie aus der Darmflora wieder verschwunden. Sie sind der Konkurrenz mit den hier vorhandenen Wildstämmen offensichtlich nicht gewachsen (Abb. 183). Ihre Befähigung, die in ihnen enthaltenen Plasmide auf Zellen der Wildstämme zu übertragen, war äußerst gering. Dies bedeutet, daß selbst wenn Zellen von E. coli K 12, die ein potentiell gefährliches Plasmid enthalten, durch Unachtsamkeit in den

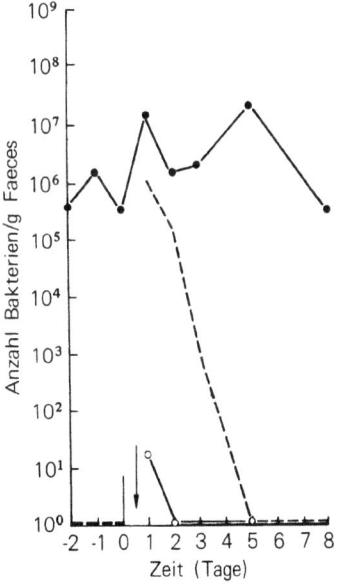

Abb. 183. Überleben von E. coli K 12 im menschlichen Darm. Einer Versuchsperson wurden zu dem auf der Abszisse mit Pfeil markierten Zeitpunkt 10^{10} Bakterien oral verabreicht. Sie enthielten den F-Faktor mit einem Gen für Tetracyclinresistenz. Zu verschiedenen Zeiten nach der Aufnahme der Bakterien wurden Stuhlproben auf den Gehalt an coliähnlichen Wildformen (●–●), E. coli K 12 (– – –), bzw. Wildformen mit plasmidbedingter Tetracyclinresistenz (○ – ○) untersucht. Aus Anderson 1975, verändert

menschlichen Darm gelangen, sie unter Normalbedingungen dem Betroffenen nicht schaden.

Einer Verallgemeinerung dieser Befunde stehen allerdings Hinweise aus der Gruppe von Richmond entgegen (Hartley und Richmond, 1975). Danach scheint es sowohl vom verwendeten E. coli-Stamm als auch vom Typ der Plasmide, welche er gegebenenfalls enthält, abzuhängen, ob und für wie lange Zellen dieses Stammes im menschlichen Darm verweilen. Zudem ändern sich die Voraussetzungen, sobald der Versuchsperson Antibiotika verabreicht werden. Bei Absetzen der Antibiotika verschwinden einige Stämme rasch, andere aber nicht. Die Situation ist also komplex und muß für jeden Einzelfall gesondert betrachtet werden.

Eine Gefährdung des Menschen läßt sich weiter auch bei Versuchen diskutieren, in denen genetisches Material von Viren mit geeigneten Plasmiden von E. coli vereinigt und sodann in E. coli-Zellen vermehrt wird. Solange es sich dabei um mit Sicherheit für den Menschen ungefährliche Viren handelt, wäre dagegen nichts einzuwenden. Es läßt sich an derartigen Hybridgenomen als Modellobjekten untersuchen, wie ihre Replikation in E. coli verläuft und was mit ihnen im menschlichen Darm geschieht, falls sie dort aus den sie etwa beherbergenden Bakterienzellen in unversehrter Form freigesetzt werden. Problematisch sind allerdings Versuche zur Vereinigung von Genomen menschenpathogener oder für den Menschen potentiell onkogener Viren mit bakteriellen Plasmiden sowie Versuche zur Vermehrung derartiger Verbundgenome in E. coli-Zellen. In die zuletzt genannte Rubrik von Viren fallen das Herpes simplex-Virus und das Epstein Barr-Virus. Auch das SV 40-Virus, das im vorangehenden Kapitel ausführlich behandelt wurde, ist in dieser Beziehung suspekt. Vorsicht ist nicht nur deshalb geboten, weil es in Säugern Tumoren erzeugt und menschliche Zellen transformiert (Kap. XI, S. 308 und 319), sondern auch wegen seiner nahen, durch genetische Rekombination belegten Verwandtschaft mit den menschenpathogenen und in Tierversuchen onkogenen Adenoviren (Tooze, 1973). Vor Versuchen zur Vereinigung von Virusgenen mit bakteriellen Plasmiden muß daher wiederum in jedem Einzelfall sehr sorgfältig abgewogen werden, inwieweit der eventuell zu erhoffende Nutzen die möglichen Gefahren überwiegt. Es müssen Vorsichtsmaßregeln getroffen werden, die mit Sicherheit verhindern, daß derartige Hybrid- oder Verbundgenome außer Kontrolle geraten.

Schließlich sind auch Versuche, bei welchen statistische Gemische von enzymatisch geschnittener Säuger-DNS oder menschlicher DNS für den Einbau von DNS-Stücken in Plasmide benutzt und diese Stücke dann kloniert werden, nicht von vornherein als harmlos zu betrachten. Da im Säugergenom DNS onkogener Viren unerkannt vorhanden sein kann, besteht die Gefahr, daß bei solchen Versuchen auch diese DNS kloniert wird. Was nach Infektion von Bakterienzellen mit derartigen Hybridgenomen und nach deren eventueller Freisetzung im menschlichen Darm geschieht, ist bisher nicht abzusehen.

Auf die möglichen Gefahren der hier erörterten Versuche wurde mit allem Nachdruck von einer Gruppe renommierter anglo-amerikanischer Wissenschaftler im August 1974 hingewiesen (Nature **250**, 175, 1974; Science **185**, 303, 1974). Es wurde zunächst für bestimmte, als besonders gefährlich erachtete Versuche ein zeitlich begrenzter Stop gefordert. Als Folge dieses *Moratoriums* kam es im Februar 1975 unter internationaler Beteiligung zu einer *Konferenz in Asilomar*, Kalifornien. Hier wurden *Empfehlungen* für das weitere Vorgehen ausgearbeitet.

Einstimmigkeit bestand darin, daß es nicht sinnvoll und auch nicht wünschenswert ist, die Forschungen auf diesem Gebiet schlechthin abzubrechen. Auch solche Versuche, welche ein gewisses *Risiko* in sich bergen, müssen fortgesetzt werden, jedoch unter Einhaltung geeigneter *Sicherheitsvorkehrungen*. Die verschiedenen Typen von Versuchen wurden nach ihrer potentiellen Gefährlichkeit für den Menschen in vier Klassen eingeteilt, für die verschieden strenge Sicherheitsvorkehrungen empfohlen wurden. Bei den Sicherheitsvorkehrungen wurden sowohl *physikalische Maßnahmen*, wie das Arbeiten mit Kitteln, Handschuhen und Sicherheitspipetten, die Benutzung von Schleusen, Duschen und Unterdrucklabors, als auch *biologische Maßnahmen*, z. B. die Verwendung harmloser Vektoren und mutativ abgeschwächter, außerhalb des Labors nicht existenzfähiger Bakterien als Wirtsorganismen berücksichtigt. Diese Empfehlungen wurden in extenso in der Zeitschrift Nature (**255**, 442, 1975) publiziert. Einen sehr brauchbaren Kommentar in deutscher Sprache hat Hobom (1975 a und b) gegeben.

Inzwischen wurden von einem Komitee der *National Institutes of Health* in den USA darauf aufbauend sehr genaue *Richtlinien* entwickelt (Nature **258**, 561, 1975; Science **190**, 1175, 1975) und nach Anhörung weiterer Sachverständiger und Umformung in mehreren Punkten vom Direktor der N.H.I. publik gemacht (Nature **262**, 2, 1976). Im vorliegenden Zusammenhang möge eine tabellarische Darstellung genügen, um das Wesentliche zu kennzeichnen (Tabelle 17). Die hierin erwähnten „Schrotflinten"-Experimente sind solche mit DNS von im einzelnen unbekannter Zusammensetzung, nach deren Zerschneiden mit Restriktionsenzymen. Es ist zu erwarten, daß diese Richtlinien weithin als verbindlich übernommen werden. In Deutschland hat sie sich z. B. die Deutsche Forschungsgemeinschaft zu eigen gemacht. Die Bewilligung von Anträgen auf Forschungsmittel für einschlägige Arbeiten wird jetzt u. a. von der Beachtung dieser Richtlinien durch den Antragsteller abhängig gemacht. Damit sind hier in einem relativ frühen Stadium Maßnahmen eingeleitet worden, wie sie

Tabelle 17. Richtlinien des N. I. H.-Komitees für Arbeiten zur gezielten Vereinigung von DNS mit molekularen Vehikeln. Die Tabelle gibt in Teil A die möglichen Herkünfte der zu bearbeitenden DNS und die jeweilige Zuordnung zu physikalischen (P 1 bis P 4) und biologischen (EK 1 bis EK 3) Sicherheitsvorkehrungen. Diese Sicherheitsvorkehrungen werden in Teil B und C der Tabelle erläutert. P 1 bzw. EK 1: Relativ einfache Vorkehrungen; P 4 bzw. EK 3: Strengste Vorkehrungen. Pathogene Organismen werden nach einer Klassifizierung des Center for Disease Control, CDC, gekennzeichnet. Klasse 1: wenig pathogen; Klasse 5: hochpathogen (nach Nature **262**, 2, 1976; vgl. auch Nature **263**, 89, 1976).

A. Herkünfte der zu bearbeitenden DNS und Zuordnung zu Sicherheitsvorkehrungen

(a) Schrotflinten-Experimente mit E. coli als Wirt

nicht embryonales Primatengewebe	P 3 + EK 3 od. P 4 + EK 2
embryonales Primatengewebe oder Zellen der Keimbahn	P 3 + EK 2
andere Säuger	P 3 + EK 2
Vögel	P 3 + EK 2
kaltblütige Vertebraten, nicht-embryonal	P 2 + EK 2
kaltblütige Vertebraten, embryonal oder Zellen ihrer Keimbahn	P 2 + EK 1
falls diese Vertebraten ein Toxin produzieren .	P 3 + EK 2
andere kaltblütige Tiere und niedere Eukaryonten	P 2 + EK 1
falls diese pathogene Organismen der Klasse 2 (CDC) sind, ein Toxin produzieren, oder pathogene Keime tragen	P 3 + EK 2
Pflanzen	P 2 + EK 1
Prokaryonten, die Gene mit E. coli austauschen	
nicht-pathogene Organismen der Klasse 1 (CDC)	P 1 + EK 1
pathogene, aber relativ ungefährliche Organismen (z. B. Enterobakterien)	P 2 + EK 1
pathogene, mäßig gefährliche Organismen (z. B. S. typhi)	P 2 + EK 2
pathogene Organismen höherer Gefährlichkeit .	verboten
Prokaryonten, die keine Gene mit E. coli austauschen	
Organismen der Klasse 1 (CDC)	P 2 + EK 2 od. P 3 + EK 1
Organismen der Klasse 2 (CDC) (mäßig gefährliche pathogene)	P 3 + EK 2
stärker pathogene	verboten

In allen oben angeführten Fällen können die physikalischen oder biologischen Sicherheitsvorkehrungen um eine Stufe reduziert werden, wenn die DNS vor der Klonierung mindestens 99% rein ist und keine gefährlichen Gene enthält

(b) Klonierung von Plasmidgenen, Phagengenen und Genen anderer Viren in E. coli

animale Viren	P 4 + EK 2 od. P 3 + EK 3
wenn die Klone frei sind von gefährlichen Regionen	P 3 + EK 2
Pflanzenviren	P 3 + EK 1 od. P 2 + EK 2

Tabelle 17 (Fortsetzung).

99% reine Organell-DNS, Primaten	P 3 + EK 1 od. P 2 + EK 2
99% reine Organell-DNS, andere Eukaryonten ..	P 2 + EK 1
unreine Organell-DNS:	Bedingungen für Schrotflinten-Experimente, siehe (a)

Plasmid- oder Phagen-DNS aus Spendern, die Gene mit E. coli austauschen

    wenn die Plasmid- oder Phagen-Genome keine gefährlichen Gene enthalten, oder wenn das DNS-Segment 99% rein und charakterisiert ist ....   P 1 plus EK 1

    andernfalls: Bedingungen für Schrotflinten-Experimente, siehe (a)

Plasmide und Phagen aus Spendern, die keine Gene mit E. coli austauschen

    Bedingungen für Schrotflinten-Experimente, es sei denn, das Risiko, daß die entstehenden Rekombinanten die Pathogenität oder die Ausbreitungsfähigkeit des Spenders vergrößern, ist minimal, in diesem Fall   P 2 + EK 2 od. P 3 + EK 1

N.B. cDNS, die in vitro an zellulärer oder viraler RNS synthetisiert wurde, fällt unter die oben angegebenen, entsprechenden Kategorien

(c) Animale Viren als Vektoren

defekte Polyoma-Viren + DNS aus nicht pathogenen Organismen	P 3
defekte Polyoma-Viren + DNS aus Organismen der Klasse 2 (CDC)	P 4
wenn die klonierte Rekombinante keine gefährlichen Gene enthält und der Wirtsbereich der Polyoma-Viren nicht geändert wird, Reduktion auf ...	P 3
defekte SV 40 + DNS eines nicht pathogenen Organismus	P 4
wenn die integrierte DNS ein 99% reines Segment prokaryotischer DNS ist, das keine Toxingene enthält, oder ein Segment eukaryotischer DNS, dessen Funktion bekannt ist und das zuvor in einem prokaryotischen Wirts-Vektor System kloniert wurde, und wenn die Infektiosität des SV 40 für menschliche Zellen nicht verändert wird	P 3
defekte SV 40, denen ein größerer Abschnitt der späten Region fehlt + DNS nicht pathogener Organismen, wenn kein Helfer benutzt wird und keine Viruspartikel produziert werden	P 3
defekte SV 40 + DNS nicht-pathogener Organismen dürfen benutzt werden, um bekannte Linien nicht permissiver Zellen unter P 3 Bedingungen zu transformieren, sofern keine infektiösen Partikel entstehen. Ist letzteres der Fall, so gilt	P 4

Tabelle 17 (Fortsetzung).

(d) Pflanzliche Wirts-Vektor Systeme

P 2 Bedingungen können angenähert werden, wenn die Versuche in insektenfreien Gewächshäusern durchgeführt, Pflanzen, Töpfe, Erde und ablaufendes Wasser sterilisiert werden, und von den üblichen Arbeitsweisen der Mikrobiologie Gebrauch gemacht wird

P 3 Bedingungen erfordern die Benutzung von Klimakammern mit Unterdruck und ihre routinemäßige Begasung zur Eliminierung von Insekten

Im übrigen gelten Bedingungen ähnlich jenen für tierische Systeme

B. Physikalische Sicherheitsvorkehrungen

P 1: Auflagen wie für klinisch-mikrobiologische Laboratorien, darunter Verbot von Essen, Trinken und Rauchen im Labor, Tragen von Laborkitteln, Benutzung wattegestopfter Pipetten, Autoklavieren von kontaminiertem Material.

P 2: Über die unter P 1 genannten Auflagen hinaus ausschließliche Benutzung von mechanischen Pipettierhilfen und Beschränkung des Zutritts zum Labor.

P 3: Über die unter P 1 und P 2 genannten Auflagen hinaus Benutzung von Handschuhen und Impfboxen. Labors mit Unterdruck.

P 4: Über die unter P 1 bis P 3 genannten Auflagen hinaus sind Schleusen am Eingang zu den Labors nötig, Wechsel der Kleidung und Duschen bei Betreten und Verlassen der Labors. Entseuchung aller nach außen abgegebenen flüssigen und festen Abfälle durch laboreigene Anlagen.

C. Biologische Sicherheitsvorkehrungen

EK 1: Arbeiten mit E. coli-Standardstämmen als Wirt und mit bakteriellen Plasmiden oder dem Phagen Lambda als Vehikeln.

EK 2: Benutzung abgeschwächter Stämme von E. coli oder dem Phagen Lambda. Laborversuche müssen gezeigt haben, daß diese Stämme weniger als einem pro 10^8 klonierten DNS-Stücken das Überdauern außerhalb des Labors gestatten.

EK 3: Wie bei EK 2, jedoch müssen die abgeschwächten Stämme außer in Laborversuchen auch am Menschen selbst, bei Affen oder gegebenenfalls an Pflanzen getestet worden sein.

---

etwa für das Arbeiten mit Strahlen und Isotopen erst spät begannen, dann aber zur gesetzgeberischen Verankerung der Schutzmaßnahmen, in Deutschland in Form der *Strahlenschutzverordnung*, führten. Wie bei der Strahlenschutzverordnung werden auch die hier erörterten Richtlinien im Laufe der Jahre weiter umgeformt und neuen Erkenntnissen angepaßt werden müssen. In einer von den N.I.H. herausgegebenen hundertseitigen Dokumentation werden auch die möglichen Auswirkungen einer Befolgung der angesprochenen Richtlinien auf die *Umwelt* analysiert (vgl. Nature **263**, 89, 1976).

2. Möglicher Mißbrauch

Außer einer unbeabsichtigten Gefährdung des Menschen ist auch bewußter Mißbrauch möglich. Methoden der Genmanipulation könnten zur Erreichung von Zielen benutzt werden, die nicht jedermanns Sache sind und manchem sogar verwerflich erscheinen mögen. Es ist hier weniger wichtig, daß man sich solcher Methoden bedienen könnte, um Modeströmungen oder privater Eitelkeit nachzugeben. Denn ob z. B. ein Kind nach einem von den Eltern gewünschten kleinen Eingriff mit braunen statt mit blauen Augen oder mit blonden statt mit schwarzen Haaren auf die Welt kommt, ist schließlich nicht so erheblich, solange dieses Kind nur sonst gesund ist. Aber man kann sich z. B. vorstellen und muß befürchten, daß einflußreiche Einzelpersonen oder Gruppen versuchen könnten, Erbmerkmale ganzer Bevölkerungsschichten in Richtung auf ein von ihnen zweckmäßig erachtetes Leitbild zu verändern, mit dem Ziel etwa der Entwicklung von *Übermenschen* auf der einen Seite und von diesen zur Arbeitsleistung verpflichteten Sklaven auf der anderen. Dies entspräche den älteren Visionen von Aldous Huxley oder den neueren von G. R. Taylor zum Stichwort „*Genetik-Ingenieure*". Bei der Erörterung solcher Denkmöglichkeiten kommt gewöhnlich auch der Begriff „*Retortenbabys*" aufs Tapet, der die Erwartung kennzeichnet, daß Menschen eines Tages parthenogenetisch vermehrt und in Kulturgefäßen aufgezogen werden könnten (Abb. 184).

Dem aufmerksamen Leser der vorstehenden Kapitel wird nicht entgangen sein, daß der Weg dazu noch weit ist. Eine Aufzucht von Embryonen außerhalb des Uterus ist vorerst nicht möglich. Im gegenwärtigen Zeitpunkt ist auch nicht abzusehen, wann sie schließlich gelingen mag. Immerhin ist nicht zu bestreiten, daß es sich hier nur um eine Frage der Zeit handelt. Aus dieser Erkenntnis, und angesichts der oben angedeuteten anderen Möglichkeiten des Mißbrauchs von Methoden der Genmanipulation, lassen sich eine Vielzahl moralischer, ethischer und juristischer Fragen ableiten. Diese zu erörtern ist nicht Gegenstand des vorliegenden Buches.

Moralische Erwägungen spielen aber auch schon dann eine Rolle, wenn Methoden der Genmanipulation zur Heilung oder Milderung menschlicher Erbleiden eingesetzt werden. Die Heilung solcher Leiden ist ja das eigentliche Anliegen der *Gentherapie*. Ist sie überhaupt erwünscht und *moralisch* vertretbar? Darf man das, was sich bei der Befruchtung der weiblichen Eizelle zufallsgemäß oder nach göttlichem Ratschluß zum Erbgut des neuen Individuums zusammengefügt hat, sofern es fehlerhaft erscheint, nachträglich zu verbessern trachten? Sind Erbkrankheiten nicht, anders als andere Krankheiten, schicksalsgegeben und daher zu erdulden?

Jeder Mensch hat ein Recht auf Gesundheit. Solange Menschen mit Erbleiden geboren werden, müssen auch Heilmethoden gesucht werden, um

Abb. 184. Fröhliche Wissenschaft. Retortenbabys aus der Sicht des Optimisten. Titelbild der Zeitschrift Epoca, Nr. 3, März 1970, Fotomontage P. Raba

ihnen zu helfen. Auch hier ist aber, wie in vielen anderen Fällen, vorbeugen sicher besser als heilen. Der Vorbeugung könnte z. B. eine verstärkte *Eheberatung* dienen (Fuhrmann und Vogel, 1975). Heiratswillige Paare sollten sich vor der Eheschließung oder vor der Zeugung von Kindern über ihre „*Erbgesundheit*" bewußt werden und einen Arzt um Rat fragen, ob sich bezüglich der Gesundheit ihrer Kinder ein überdurchschnittliches Risiko erkennen läßt (Wendt, 1975). Auch eine verstärkte Nutzung der Fruchtwasserdiagnose (*Amniozentese*) zur Früherkennung von Erbleiden, gegebenenfalls verbunden mit dem *Abbruch der Schwangerschaft*, könnte segensreich wirken (Friedman, 1971). Leider ist sowohl eine sachgemäße

Eheberatung wie die Amniozentese bisher nur in hochzivilisierten Ländern durchführbar. Die Notwendigkeit, Methoden zur Heilung von Erbkrankheiten zu entwickeln, bleibt also bestehen.

3. Nutzen

Angesichts der Tatsache, daß Versuche zur Genmanipulation insgesamt betrachtet zweifellos Gefahren mit sich bringen und daß letztlich auch ein Mißbrauch der dabei erarbeiteten Methoden droht, bleibt zu fragen, ob der Nutzen solcher Arbeiten diese Nachteile tatsächlich überwiegt. Beispiele für die mögliche Nutzung wurden an verschiedenen Stellen des Textes schon gegeben. Hier seien einige nochmals zusammengestellt.

Für die *Grundlagenforschung* ist vor allem die nun gebotene Möglichkeit wichtig, das Erbgut nicht nur von Prokaryonten, sondern auch von Eukaryonten, inbegriffen der Mensch, gezielt zu zerlegen und so im einzelnen zu analysieren. Bestimmte DNS-Stücke, darunter solche, die bekannte Gene oder Gengruppen aus Eukaryonten enthalten, können mit Hilfe der beschriebenen molekularen Vehikel gesondert von anderen in beliebigem Ausmaß vermehrt werden. An solchen Hybridgenomen können durch Untersuchungen in vitro und in vivo wichtige Fragen der Struktur und Funktion des genetischen Materials geklärt werden.

Für die Medizin ergeben sich die erwähnten Ansätze zur Heilung von Erbkrankheiten, z. B. durch Einbau von Genen für Globine oder Hormone sowie für Enzyme wie Galaktosetransferase oder Phenylalaninhydroxylase in geeignete molekulare Vehikel, ihre Vermehrung damit und ihre Applikation bei Menschen mit *Sichelzellenanämie, Galaktosämie* oder *Phenylketonurie.*

In der angewandten Wissenschaft dürften Hybridgenome aus bakteriellen Plasmiden und geeigneten Eukaryontengenen schon in nächster Zeit Bedeutung erlangen: Man wird versuchen, mit ihrer Hilfe E. coli-Zellen zur *Produktion von Hormonen,* wie Insulin, ACTH oder Gonadotropin anzuregen. Derartige E. coli-Stämme wären für die pharmazeutische Industrie von großem Interesse. Entsprechend ließe sich etwa der Einbau von Genen für *Seidenerzeugung* in Plasmide anstreben. Man hofft, E. coli-Zellen durch solche Plasmide in den Stand setzen zu können, Seide zu produzieren. Da die Zucht von E. coli wesentlich einfacher ist als jene von Seidenraupen, ist eine großtechnische Nutzung denkbar.

In der *Landwirtschaft* ist die somatische Hybridisierung zur Umgehung der Artgrenzen bei der Schaffung neuer Kulturpflanzensorten vielversprechend. Es dürfte schließlich auch gelingen, wichtige Nutzpflanzen durch Schaffung künstlicher Symbiosen oder Einführung von Genen für die

Stickstoffixierung von einer Stickstoffdüngung unabhängig zu machen. Bei Tieren ist wieder die Umgehung der Artgrenzen bei der Herstellung neuer Rassen, aber auch die Erhaltung so gewonnener Rassen durch Klonierung von Bedeutung. Zusammenfassend läßt sich sagen, daß der mögliche Nutzen gezielter Eingriffe in das Erbgut beträchtlich scheint, so daß die Weiterführung entsprechender Versuche, selbstverständlich unter Einhaltung angemessener Sicherheitsmaßnahmen, im Interesse der Allgemeinheit mit Nachdruck gefordert werden muß.

Genmanipulation und Gentherapie sind eines der faszinierendsten Teilgebiete der biologisch orientierten modernen Naturwissenschaft. Viele der in letzter Zeit auf diesem Gebiet erhobenen Befunde sind so spektakulär, daß wir gezwungen sind, althergebrachte *Tabus* beiseite zu lassen und die neue Situation zu akzeptieren. Landwirtschaftlich wichtige Pflanzen und Tiere werden in Kürze gezielt verbessert werden können, Erbkrankheiten werden sich heilen lassen, auch die Gene des Menschen werden manipulierbar. Dieser Entwicklung haftet, wie jedem naturwissenschaftlichen Fortschritt, das janusköpfige „gut oder böse" an. Eine der Aufgaben des auf diesem Gebiet arbeitenden Wissenschaftlers ist es, die Öffentlichkeit sachlich zu unterrichten. Nicht nur der mögliche Nutzen und die etwa zu erwartenden Gefahren, sondern vor allem die zugrunde liegenden Fakten müssen dargestellt werden. Sollte das vorliegende Buch dazu beigetragen haben, daß sich der Leser ein eigenes, fundiertes Urteil bilden konnte, so ist sein Zweck erfüllt.

Literatur

Anderson, E. S.: Nature (London) **255**, 502 – 504 (1975)
Friedmann, T.: Scientific American **255**, November 1971, S. 34 – 42
Fuhrmann, W., Vogel, F.: Genetische Familienberatung, 2. Aufl. Berlin-Heidelberg-New York: Springer 1975
Hartley, C. L., Richmond, M. H.: Brit. med. J. **4,** 71 – 74 (1975)
Hobom, G.: Ärztliche Praxis **27**, 1083 (1975 a)
Hobom, G.: Ärztliche Praxis **27**, 1985 (1975 b)
Klingmüller, W.: Münch. med. Wschr. **117**, 1051 – 1060 (1975)
Smith, H. W.: Nature (London) **255**, 500 – 502 (1975)
Tooze, J., ed.: The Molecular Biology of Tumour Viruses. Cold Spring Harbor Laboratory, 1973
Wendt, G. G.: In: Erbkrankheiten: Risiko und Verhütung, Medizinische Verlagsgesellschaft, Marburg: 1975

Subject Index

Abbau von Phagen-DNS durch Nukleasen von Eukaryonten 155
Abregulierung der Chromosomenzahl in Hybridzellen Mensch-Maus 273
Addition von Nukleotiden an RNS-Genome 33–35
Adsorption von Phagen an Wirtsbakterien beim Infektionsvorgang 136–137
aktivierende Enzyme 7
alkylierende Substanzen 18
allgemeine Rekombination, Einbau des Lambda-Genoms durch 139
α-Amanitin 164
amber-Triplett 48
Aminopterin als Hemmer der de novo DNS-Synthese 95
Aminosäureaustausch in Proteinen 18
Aminosäuresequenz der Proteine von RNS-Phagen 27
Ammoniumionen, Abgabe aus Bakterien 205–206
Amniozentese 330–331
Amphidiploide 223–224
—, Entstehung 223
amphidiploide Kulturpflanzen 223
Angiotensin II 46
Angiotensinogen 46
Anheftungsprotein des Phagen Q_β 25
Antheren u. Pollenkultur für Erzeugung haploider Linien 234
Anticodon von tRNS 7
Arginase, virusspezifische 303
—, —, Nachweis durch Immunfluoreszenz 306
Argininwerte im Blut Virus-infizierter Kaninchen, Senkung 304
— nach Virusinfektion, Untersuchungen am Menschen 304–307
Artbegriff 221

Asilomar, Konferenz und Empfehlungen 325
Aufnahme der DNS bei bakterieller Transformation 74, 75
— bei Transduktionsversuchen 136–137
— von DNS in pflanzliche Zellen, Belege 85
— von Phagen oder Phagen-DNS in Eukaryontenzellen 153
Aufzucht künstlich befruchteter Säugereizellen im Uterus 261–263
— von Embryonen aus Eizellen, in vitro-Versuche 257–261
— von Fröschen aus Eizellen mit transplantiertem Kern 264
Autosomen 13
Auxotrophie 11
Auxotrophien bei Pflanzenzellen 235
Azetylenreduktionstest zur Nitrogenasebestimmung 198–199

Bandenmuster in Chromosomen 12, 271–272, 276
basenanaloge Substanzen 18
Basenpaaränderungen in DNS 17
Basenpaarung durch Wasserstoffbrücken 4
Beefalo 252–253
Befruchtung in vitro bei Säugern 257–260
— menschlicher Eizellen 258–261
begrenzte Kettenverlängerung zur Sequenzierung von DNS 51
— synchrone Replikation des Genoms von RNS-Phagen in vitro 27, 29 ff.
Behandlungsversuch am Menschen, Hyperargininämie und Shopesches Virus 306–307
Bergahorn, Suspensionskulturen für Transduktionsversuche 147–149

Bibel 2
Blastocysten 257
5-Brom-Uracil (BU) 18
Bruch und Fusion bei der Rekombination 156
Capsid von RNS-Phagen 23
cDNS 56 – 58
— von Globin-mRNS, Anwendung 57, 58
Centromer von Chromosomen 12
chemische Mutagenese 17
Chloramphenicol, Unempfindlichkeit der Replikation des col-E1-Faktors 117
Chloroplasten, Aufnahme in Protoplasten 248 – 250
Chromatin, Bau 8, 79
—, Perlenschnurmodell 9
—, repetitive Untereinheiten 9
Chromosomen 8
— -Aberrationen 13
—, menschliche, mit SV 40-Genom 308 – 309
Chromosomenbrüche, Nicht-Zufallsverteilung 12
Chromosomenfärbung 270 – 273
Chromosomenübertragung auf Säugerzellen 277 – 284
— (Hamster-Mäusezellen) 278 – 281
— (Mensch-Mäusezellen) 281 – 284
Club of Rome, Bericht zur Lage der Menschheit 190 – 191
C-Metaphasen 271
Code-Sonne 4
codogener Strang von DNS 42, 160
Colchicin, Erzeugung von Roggen-Weizen Hybriden 225
col-E1-DNS in Hamsterzellen 127
col-E1-Faktor 117 – 118
— und φ80trp$^+$, Hybridplasmid 118
Colicine 101
colicinogene Faktoren 101
— als molekulare Vehikel 116 – 118
Cross-feeding bei pflanzlichen Zellen in Kultur 235

Degeneration des Codes 4, 46
de novo-Syntheseweg für DNS-Bausteine 95, 269 – 270
Desaminierung von Basen durch salpetrige Säure 11

Desoxyribonukleinsäure 2
Dichtemarkierung von DNS bei Transformationsversuchen 76
DNS 2
— -Doppelhelix 3
—, mitochondriale 124 – 126
— -Polymerase 45
Drosophila-DNS im Lambda-Genom 119 – 120
Drosophila-Gene in Plasmiden, Identifizierung über cRNS und in situ Hybridisierung 121 – 122

E. coli K12 im menschlichen Darm, Persistenz 323 – 324
Eco RI-Enzym 103
Effizienz gewünschter mutativer Ereignisse 36
Eheberatung 330 – 331
Einbau der DNS bei bakterieller Transformation 75 – 77
— des Lambda-Genoms durch rec und red 139
— des Phagen-Genoms in das Bakterienchromosom bei spezieller Transduktion 137 – 140
— von menschlichen Chromosomenstücken in das Mäusegenom 284
— von Phagengenomen in das E. coli-Chromosom, 3 Systeme 156 – 157
— von Säugergenen in animale Viren 307 – 319
— von Spender-DNS in Empfänger-DNS (Pflanzen) 85, 86
Einführung von Ersatzgenen in defekte Zellen 36
Eireifung beim Menschen 259
Eizellen mit transplantiertem Kern, Aufzucht 263 – 266
— von Säugern, Aufzucht im Uterus nach künstlicher Befruchtung 261 – 263
Ejektion von Lambda-DNS, stimulierendes E. coli-Protein 137
Embryokultur für Erzeugung von Roggen-Weizen Hybriden 225
Embryonalentwicklung der Maus 258
Empfängerstamm bei Transformationsversuchen 72
Empfehlungen von Asilomar 325
Endonuklease RI 107

Energiebedarf für Düngerproduktion 192
Entwicklung künstlich implantierter Mäuseeier im Uterus 262
Enzyme für Kartierung von Genen des Menschen in Hybridzellen 277
Enzym- und Hormonsynthese 4
Erbgesundheit 330
Erbinformation 4
Erkennungsregion, Eco RI-Enzym 107
essentielle Aminosäuren in Getreide 225 – 226
Eukaryonten 8
Eukaryonten-Gene in Plasmiden, Identifizierung 121 – 122
Exosomen-Modell der Transformation 89
extracistronische Regionen bei RNS-Phagen 30

Färbeverfahren, neue, für Chromosomen 270 – 273
F-Faktor von E. coli 26, 203
— von E. coli, substituierter (F') 211
p-Fluorophenylalanin, Stabilisierung haploider Zellinien 235
Foci aus Virus-transformierten Zellen 290
Fraktionierung von Hamsterchromosomen in 3 Größenklassen 281 – 282
Fusion pflanzlicher Protoplasten 230 – 234
— — —, Teilschritte 231

Galaktosämie 140 – 144, 330
Galaktose, Abbauweg 141
Galaktose-1-Phosphat-Uridyltransferase 140 – 144
β-Galaktosidase 38
β-Galaktosidase-Aktivität in Lambdabehandelten menschlichen Zellen 144
gal-transduzierende Lambda-Phagen, Entstehung 132 – 133
Ganzkörpertransformanten, bei Schmetterlingen 90, 91
Gattungskreuzungen, bei Pflanzen 221 – 222
GC-Gehalt von rDNS 60
Gebärmutterhalskrebs der Frau (Herpes-Virus) 295

Gefährdung des Menschen durch Genmanipulation 322 – 328
Geflügel-Myeloblastosis-Virus 54
Genamplifikation (rDNS des Krallenfrosches) 60
Gene 3
— für rRNS (Krallenfrosch) 59 – 62
Genetik-Ingenieure 329
genetischer Code 4
genetisches Material 2
— —, Struktur und Funktion 1
Gen-Kartierung beim Menschen 273 – 277
Genkonversion 156
Genmanipulation, Definition 1
—, Mißbrauch 329 – 330
—, Nutzen 331
—, Risiko 325
— und Öffentlichkeit 322 – 332
Genmutationen, präferentielle Induktion 14
Genom, Definition 8
Gentherapie, Definition 2
— mit animalen Viren 287 – 319
—, moralische Erwägungen 329
— und Öffentlichkeit 322 – 332
Genverstärkung (rDNS des Krallenfrosches) 60
Geschlechtschromosomen 13
Gewinnung von Genen 38
gezielte Erzeugung von Kleinstdeletionen (SV 40) 311 – 312
— Mutagenese bei RNS-Phagen 30 ff.
gezielter Einbau von Poly-dAT in Virus-Genome 317 – 318
Giemsa-Färbung für Chromosomen 271 – 272
Globin-DNS (Mensch), Syntheseverfahren 55
Globin-Gene (Mensch), Nukleotidsequenz 58
Globin-mRNS 54
—, Isolierung 54
Glutamatdehydrogenase 193
GM_1-Gangliosidose 144
grüne Revolution 191
Grundlagenforschung, Nutzen von Methoden der Genmanipulation 331

Haber-Bosch-Verfahren 191
Hämoglobin 54

haploide pflanzliche Zellinien
234 – 235
— — —, Stabilisierung durch p-Fluorophenylalanin 235
Harnstoffzyklus und Block bei Hyperargininämie 305
HAT-Medium 269 – 270
—, Selektion HGPRT-positiver Zellen 278 – 284
HAT-Selektionssystem 269 – 270
Heilung TK-negativer Säugerzellen durch Herpes-Viren, Mechanismus 297
HeLa-Zellen 59
Helferphagen 133
Herpes-codierte Proteine in Zellextrakten, Nachweis durch Immundiffusion 301
Herpes-Infektion, Erhöhung der Transformationsrate durch Änderung der Empfängerzellen 300
—, Erhöhung der Transformationsrate durch Änderung des Virus 300 – 302
Herpes-Virus 294 – 302
—, Bau 295
—, temperatursensible Mutanten 301 – 302
— und Krebs 302
— und Thymidinkinase-Defekt 294 – 302
Heteroduplexanalyse 112, 113
Heterogenote (E. coli-Zelle plus Lambda) 138
heterokaryotische pflanzliche Zellen, Kernverschmelzungen 233 – 234
— — —, Teilung 233
heterokaryotische Zellen (Erbse und Soja), Kernteilungen 245
— —, aus Fusionen pflanzlicher Protoplasten 233
heterologe Ablesung 159 – 188
heterologer Gentransfer auf Eukaryontenzellen, Teilschritte 152 – 157
heterologe Transkription, in vitro 175 – 180
— —, in vivo 180 – 182
— Translation 183 – 188
— —, Asziteszellsystem plus T3-mRNS 184 – 185

— —, mRNS aus Kaninchen in Froschoozyten 185 – 187
— —, Retikulozytensystem plus Phagen-RNS 183 – 184
HFT-Lysate transduzierender Phagen 133
HGPRT aus Mäuse- und Hamsterzellen, Elutionsprofil bei Säulenchromatographie 280
HGPRT-positive Zellen, Selektion auf HAT-Medium 278 – 284
Histon-DNS, Einbau in Plasmide 116
Histone 8, 62
Histon-Gene 62, 64
—, Anreicherung durch Dichtezentrifugation 62
— des Seeigels, Ablesung in E. coli 116
— — —, Struktur und Funktion 64
Histongengruppe des Seeigels 64, 65
Histon-mRNS 62
Histonproteine, Synthese in E. coli 116
Hormone, Produktion in E. coli 331
Hüllprotein des Phagen Q_β 25
Hybridgenome von Lambda und Eukaryonten-DNS, Selektion 119 – 120
Hybridisierung durch Kreuzung 221 – 222
—, künstliche, bei Pflanzen 220 – 250
—, —, bei Säugerzellen 252 – 284
—, somatische, bei Moosen 235 – 237
—, —, beim Tabak 238 – 244
—, —, bei Neurospora 235 – 236
—, —, bei niederen Eukaryonten 235 – 237
—, —, zwischen Nutzpflanzen 244 – 247
Hybridisierung somatischer Zellen, Tiere 266 – 277
— — von Tieren, biochemische Vorgänge 267 – 268
Hybridplasmide 113
— aus col-E1-Faktor und φ80trp[+] 118
Hybridzellen aus Gerste und Soja, Kernteilungen 246
— für Gen-Kartierung beim Menschen 274 – 277
—, gleichzeitige Funktion von Mäuse- und Rattengenen 267 – 268

— Mensch-Maus, Enzyme für Kartierung von Genen 277
—, tierische, Selektionsverfahren 268
—, —, Verbesserung der Fusionsrate 268
Hyperargininämie, Behandlungsversuch mit Shopeschem Virus 306 – 307
—, bei 3 Geschwistern 304 – 307
— des Menschen 302 – 307
—, Korrektur in Gewebekultur 307
Hypoxanthin-Guanin-Phosphoribosyltransferase (HGPRT) 95, 96

Immunität gegen Colicin 117
Immunsuppressiva bei Gattungskreuzungen 224
Inaktivierungsrate bei Mutageneseversuchen 21
Inaktivierung von Lambda-Phagen in Eukaryontenzellen 154
Infektiosität reiner RNS aus Phagen 26
Injektionsapparat von Phagen 137
Injektion von E. coli-DNS in Fische 93
— von Phagen in Neurospora-Hyphen 153 – 154
Integration des Lambda-Genoms durch allgemeine Rekombination 139
— des Lambda-Genoms, sekundäre Regionen 134
—, durch Helfer-Phage vermittelte, bei Lambda 137 – 139
intercistronische Regionen bei RNS-Phagen 27
in vitro-Befruchtungen bei Pflanzen 224
in vitro-Mutagenese bei RNS-Phagen 23
Isoenzymmuster in Hybridzellen von Mensch und Maus 275
Isolierung von Genen, Autoradiographie plasmidhaltiger E. coli-Kolonien auf Filtern 65, 66
— — — durch Hybridisierung mit dem Genprodukt 51 ff.
— — — für rRNS, Krallenfrosch 59 – 62
— von Histon-Genen 62
— von rDNS aus Drosophila mit Plasmiden 65, 66

Känguruh, Laser-bestrahlte Chromosomen 15
Kalluskulturen 145
Karyogramm des Menschen 272
Kernmembran 77 – 78
Kernteilungen in heterokaryotischen Zellen von Erbse und Soja 245
Kerntransplantation, Krallenfrosch 263 – 266
Kernverschmelzungen, in heterokaryotischen pflanzlichen Zellen 233 – 234
Keto- und Enolform von BU 18, 20
Kettenabbruch bei Proteinsynthese 48
Klebsiella, Genkarte 201, 203
Kleeblattform von tRNS 7
Klonierung bestrahlter Zellen 17
— von Kühen aus Somazellen 265 – 266
kohäsive DNS-Enden 106 – 107
Kolonie-Hybridisierung zur Isolierung von Genen 65, 66
Kompetenz bei Transformationsversuchen 72, 73
Kompetenzfaktor bei Transformationsversuchen 73
Konjugation bei Rhizobien 200
Konjugationsrate bei Bakterien, Einfluß mutierter R-Faktoren 204
Kontaktinhibierung in Zellrasen, Aufhebung durch Virusinfektion 290
Kotransduktion nif$^+$, his$^+$ bei Klebsiella 203
— zweier menschlicher Gene 283 – 284
Krallenfrosch, Kerntransplantation 263 – 266
Krebserzeugung durch Herpes-Viren 302
Krebs und SV40 319
Kühe, Klonierung aus Somazellen 265 – 266
künstliche Befruchtung von Säugereizellen in vitro 257 – 260

lac-Operon, Isolierung 38 ff.
lac-transduzierende Phagen und Zellen des Bergahorns 147 – 149
lac- und gal-Phagen, Einfluß auf Tomatenkallus 145 – 146

337

Lambda als molekulares Vehikel 118 – 120
— -Deletionsmutanten 118 – 120
— -DNS, Abbau in Neurospora-Extrakten 155 – 156
—, Excision 131
—, gal-transduzierende Linien, Entstehung 132 – 133
— -Genom, Integration 129
— -Genom mit Drosophila-DNS 119 – 120
—, Induktion 130
—, Integration transduzierender Genome mit Helfer 137 – 139
—, int-Protein 130 – 131
— -Linien mit Leucin-Genen 135 – 136
—, lytischer Zyklus 130
—, Regulation der Transkription 130
— -Repressor 130
Lambdaphage, Bau 128
—, Teilgenome 103
Lambdaphagen 128 ff.
— in Mäusen, Verbleib nach Injektion 155
Lambdaspezifische RNS-Synthese in menschlichen Zellen 142 – 143
Landwirtschaft, Nutzen von Methoden der Genmanipulation 331 –332
Laparoskopie 260
Laserstrahlen 15
Leghämoglobin 197
Leguminosen, Symbiose mit Rhizobien 196 – 197
— und Rhizobien, Trennung der Symbiose 217
Lesch-Nyhan-Syndrom 269
lichtempfindliche Mutanten beim Tabak für Selektion somatischer Hybride 241 – 244
Lokalisierung von Prokaryonten-Genen nach Transfer auf Eukaryonten durch Kreuzungsanalyse 149 – 152
Luftstickstoff, durch Bakterien festgelegte Menge 195
Lysingehalt von Roggen 225 – 226
lysogene Zelle 130
Lysolecithin 268

Manipulation des SV40-Genoms 309 – 319

Maulesel 252
Maultier 252
Melanome bei Fischen, Transformationsversuche 92 – 94
Mendel 221
menschliche Blastocyste, in vitro-Kultur 261
— Chromosomen, bekannte Genorte 276 – 277
— Gene, Einbau in Virus-Genome 317 – 318
menschliches Ei, Achtzellstadium nach in vitro-Kultur 260
messenger-RNS 4
Mikro-Bestrahlung 14
Minizellen von E. coli 114 – 116
Mißbrauch von Methoden der Genmanipulation 329 – 330
mitochondriale DNS 124 – 126
molekulare Vehikel, colicinogene Faktoren 116
— —, Definition 110
— —, Lambda 118 – 120
monolayer von Säugerzellen in Kultur 254
Mononukleotide 2
Moral und Gentherapie 329
Moratorium für Versuchsstop 325
mosaikartige Flecken bei Transformationsversuchen mit Drosophila 87
mRNS 5
— bei Chironomus, Zahl der Transkriptionseinheiten 164
—, Poly A-Enden bei Eukaryonten 165
— von Säugern, Biogenese 164
multiple Resistenzen, Risiko 116
Mutagene 10
Mutagenese 10
—, gezielte 10
Mutante, Definition 10
Mutationen 10
Mutationsrate und Inaktivierungsrate 21

Nährlösung von Eagle, für Säugerzellen 254
Natriumazid als Mutagen 14
Neurospora crassa 11
—, Mutagenese mit salpetriger Säure 11, 12

—, Durchführbarkeit von Kreuzungsanalysen 149
— und transduzierende Phagen, Kombinationsmöglichkeiten 149
—, Versuche zur Expression des trp-Operons von E. coli 150 – 152
Neutronen als Mutagen 14
NH_4^+-Produktion dereprimierter Klebsiella-Zellen 205 – 206
— durch Bakterien, Nutzung 204 – 206
nicht autonom wirkende Gene 87
— transkribierte Region in rDNS, Analyse mit Restriktionsenzymen 61
nif-Gene, dereprimierte 205
nif-Mutanten, Kartierung durch Konjugation 203 – 204
—, Kartierung durch Transduktion 201, 203
— von Bakterien 200 – 204
— von Klebsiella, Gewinnung 201 – 204
nif-Operon auf Plasmid 209 – 213
— — — RP41, Übertragbarkeit und Exprimierbarkeit bei verschiedenen Bakterien 211 – 213
nif-Operon im E. coli-Chromosom, Kartierung des Einbauortes 208 – 210
— in F'-Faktor 211
— in RP4-Faktor 211 – 213
—, Übertragung zwischen Bakterien 206 – 208
— von Klebsiella 200 – 204
— — — in E. coli 207
—, Voraussetzungen für Übertragung auf Pflanzen 213 – 215
nif^+-Rekombinanten, Klassifizierung 208 – 210
Nitratreduktase bei Neurospora 194 – 195
Nitratstickstoff, Umsetzung durch Pflanzen 193
Nitrogenase, Aufbau 198
—, O_2-Empfindlichkeit 213, 214
—, Regulation der Synthese durch NH_4^+ 199 – 200
Nitrogenase-System 197 – 200
Nitrogenaseaktivität, Messung 198 – 199
Nitrosoguanidin als Mutagen 21

Nukleasen 27
Nukleolus 16
Nukleotidsequenz von DNS 4
Nutzen der Genmanipulation 331

Öffentlichkeit und Genmanipulation 322 – 332
Oligo-dT als Primer bei Synthese von Globin-DNS 55
omicron-DNS, Hefe 156
Ommochrome 86 – 87
Oozyten des Krallenfrosches 54
— — —, Translation heterologer mRNS 185 – 187
Operator 38
Organellen, pflanzliche, Übertragung 247 – 250
Ovitron für Drosophilaeier 88

Paarungseigenschaften geänderter Basen 11
Papilloma-Viren 287
Papova-Viren 287 – 289
—, Bau 288
—, Infektionszyklus 289
permanente Linien von Säugerzellen in Kultur 255
permissive und nicht permissive Zellinien von Säugern 291
phagencodierte Proteine bei RNS-Phagen 23, 25
Phagen, defekte 133
—, plaquebildende Linien 132
—, speziell transduzierende 38
—, temperente 127, 128 – 132
Phenylketonurie 331
φ80 mit Suppressor-tRNS-Gen, Abtötung von Tomatenkallus 147
—, Integrationsort 48
φ80 trp' 118
physiologische Sperren bei Gattungskreuzungen von Pflanzen 224
Plaque-Bildung durch Phagen 32
Plaques in Zellrasen nach Virusinfektion 289, 290
Plasmide 101 ff.
— bei Hefe 156
— mit nif-Operon, Gewinnung 210 – 213

339

— mit rDNS des Krallenfrosches 113 – 116
Plasmid pSC 101   109 – 112
Pneumococcen, Transformationsversuche   68 – 70
Polarität der DNS   4
Poly-A an TMV-RNS   34
Polyadenylat-Polymerase zur Verlängerung von Q_β-RNS   35
Polyäthylenglykol, für Aggregation pflanzlicher Protoplasten   231
Poly-dA/dT-Konnektor-Methode   103 – 105
Poly-dAT, gezielter Einbau in Virus-Genome   317 – 318
Polynukleotide   3
Polynukleotidligase   45
Polynukleotid-Phosphorylase zur Verlängerung von TMV-RNS   34
Polyoma-Genome plus Wirts-DNS   315
Polyoma-Pseudovirionen   292
Polyoma-Viren   287
—, Infektion von Mäusezellen, 3 Fälle   287
Polysomen   5
Poly-U Sephadex zur Anreicherung von RNS mit Poly-A Enden   35
Poren der Kernmembran, Bau   77 – 78
Precursormoleküle von tRNS   48
Primer bei DNS-Synthese   55
Protoplasten aus Pflanzenzellen   227 – 235
—, pflanzliche, Aggregation   231 – 232
—, —, Regeneration   228 – 230
Protoplastierung von Pflanzenzellen, Methodik   227
Promotor   38
Promotoren bei Eukaryonten   166
Promotorregionen, Bau   172 – 175
—, Nukleotidsequenz   172, 174
—, Sekundärstruktur   172 – 173
Proteinsynthese   4
Pseudovirionen, biologische Effekte   293
— mit bestimmten Genen   293
—, Wahrscheinlichkeit der Übertragung bestimmter Gene   293
— zur Übertragung von DNS   291 – 294
Pteridine   86 – 87
Punktmutationen   14

Purinlücke nach Alkylierung von Guanin   18

Quinacrin-Lost für Chromosomenfärbung   271

rDNS   60 – 61
—, Anreicherung durch Dichtezentrifugation   61
— des Krallenfrosches, Vereinigung mit bakteriellen Resistenzfaktoren   113 – 116
—, Klonierung mit Plasmiden   61
Reassoziationskinetik von SV40-Genomen mit Affen-DNS   314
rec-Gene von E. coli   139
red-Gene von Lambda   139
Regeneration der Zellwand bei pflanzlichen Protoplasten   230
— ganzer Pflanzen aus Protoplasten   228 – 230
Regulationsgene   38
Regulatorgen i   38
Re-Implantation von Säugereiern in den Uterus   261 – 263
Rekombinationssysteme bei Eukaryonten   156 – 157
repetitive Sequenzen in rDNS   62
Replikase von RNS-Phagen   24, 26
Replikation des col-E1-Faktors, Unempfindlichkeit gegen Chloramphenicol   117
— des E. coli Chromosoms   21
Replikationsgabel bei E. coli, Wirkung von Nitrosoguanidin   22
Replikationsmaschinerie von Plasmiden   108
Replikationspunkt, Wirkung von Mutagenen   21
Replikation von DNS, Analyse mit Verbundplasmiden   122 – 126
— — —, Isolierung der genetischen Region dafür   124
— — Plasmiden, Kontrolle   116 – 117
replikative Intermediärform der Genome von RNS-Phagen   28
Reproduzierbarkeit bei heterologem Gentransfer auf Eukaryontenzellen   153
Resistenzen bei Pflanzenzellen   235
Resistenzfaktoren   101 ff.

—, bakterielle, mit Eukaryonten-Genen 113 – 116
—, Bau 101 – 102
Restriktionsenzyme 53
—, Erkennungssequenzen und Schneidecharakteristik 107
—, Erzeugung von Deletionsmutanten bei SV40 313
—, Kartierung des SV40-Genoms 311
Retikulozyten 54
Retortenbabys 329, 330
Reverse-Transkriptase 54
R-Faktoren der Klasse P, breiter Wirtsbereich 211
Rhizobien, Fixierung von Luftstickstoff ohne Pflanzenzellen 217
—, in vitro Symbiose mit Pflanzenzellen 216
—, Konjugation 200
—, Nitrogenaseaktivität und Arabinose 217
—, Symbiose mit Leguminosen 196 – 197
Ribonukleinsäure 4
ribosomale Geneinheit beim Krallenfrosch 59 – 62
Ribosomen 5, 59
—, Untereinheiten 59
Richtlinien der National Institutes of Health 325 – 328
Rifampicin 164
Risiko der Genmanipulation 325
RNS 4
— als Nachweisreagens für Histon-DNS 63
—, Biogenese bei Eukaryonten 164 – 165
RNS-Phagen 23 ff.
—, Aufbau des Genoms 27
—, Bau und Bestandteile 23 – 25
—, Montage der Tochterpartikel 26
—, Replikation des Genoms 27
—, Replikation des Genoms in vivo 27 – 28
—, Replikation des Genoms in vitro 29
—, Vermehrungszyklus 25 – 27
RNS-Polymerase A 164
— B 164
—, Bau 167 – 172
— C, Zytoplasma 171 – 172

—, E. coli 160, 163
—, Hefe 169
—, mitochondriale 164, 169 – 171
—, Untereinheiten aus Kalbsthymus 168 – 169
—, — bei E. coli 167
RNS, ribosomale 59
RNS-Synthese in Minizellen von E. coli 115 – 116
RNS-Vorstufenmoleküle 165
Roggen-Weizen Hybride 225
rRNS 59
— der Hefe, Reifung 165

Säugerzellen, einschichtiger Rasen 289
—, Kultur in vitro 253 – 255
—, —, Differenzierung 255
salpetrige Säure 11
salvage-Wege für DNS-Vorstufenmoleküle 269 – 270
Schneidecharakteristik des Eco RI-Enzyms 107
Schrotflinten-Experimente 325 – 326
Schwangerschaftsabbruch 329
1g-Sedimentation zur Fraktionierung von Chromosomen 282
1g-Sedimentation zur Reinigung von Chromosomen 278 – 279
Seidenerzeugung in E. coli 330
sekundäre Einschnürung von Chromosomen 12
Selektion somatischer Hybride beim Tabak, Lichtunempfindlichkeit 241 – 244
semikonservative Replikation von Nukleinsäuren 27
Sendai-Virus 268
Sequenzanalyse des Genoms von RNS-Phagen 27
Sequenzierung des Tyrosin-Suppressor-tRNS-Precursors 49
sequenzspezifische Endonukleasen 53
Sexualpili bei Bakterien, Ausbildung nach Infektion mit Resistenzfaktoren 203 – 204
— bei E. coli 26, 203
sexuelle Hybridisierung beim Tabak 238 – 239
Shopesche Papillome beim Kaninchen 303

Shopesche Viren 302 – 307
—, Bau und Vermehrungsweise 302
— und Hyperargininämie 302 – 307
Sichelzellenanämie 331
Sicherheitsvorkehrungen, biologische 325 – 328
—, Empfehlungen von Asilomar 325
—, physikalische 325 – 328
—, Richtlinien der National Institutes of Health 325 – 328
somatische Hybridisierung, Moose 235 – 237
— —, Tabak 238 – 244
Speicheldrüsen-Chromosomen von Drosophila 90
Spenderstamm bei Transformationsversuchen 71
Sphaerocarpus, somatische Hybridisierung 235 – 237
Sphäroplasten 26
spiegelbildsymmetrische Abschnitte in Promotorregionen 172, 174
Stabilität von Hamsterinformation in Mäusezellen 281 – 282
Stammbaumanalyse beim Menschen 277
Starttripletts 4
Stickstoffaufnahme bei Pflanzen 193 – 195
Stickstoffdünger, landwirtschaftliche 193
Stickstoffdüngung 191
stickstoffixierende Symbiosen 215 – 218
Stickstoffixierung, anaerobe 214
— bei in vitro-Symbiosen, ohne Zellkontakt 216 – 217
—, biologische 190 – 218
— —, Primärprozeß 197 – 198
—, Defektmutanten 200 – 204
— durch Bakterien u. Blaualgen 195 – 200
— in Gegenwart von O_2 (Rhizobien) 218
— in Gewebekultur 216
— in Pflanzen, biochemische Voraussetzungen 214 – 215
Stickstoffumsetzung, Enzyme 193 – 194
Stoptripletts 4

Strahlenschutzverordnung 328
Strukturgene 38
Subkultur-Klonierung zur Isolierung von Histon-DNS 63, 64
substituierte Minusstränge bei Replikation von RNS-Phagen Genomen 32
suicide-Experiment zur Gewinnung mutierter RNS-Phagen Genome 32
Suppression durch mutierte tRNS 48
SV40, Deletionsmutanten 309 – 314
—, Erzeugung von Deletionsmutanten mit Restriktionsenzymen 313
—, gezielte Kleinstdeletionen 311 – 313
—, evolutionäre Varianten 314 – 317
—, subkutane Knoten beim Menschen 319
—, substituierte Genome 312 – 317
—, temperatursensible Mutanten 319
SV40-Genom, Bau 309 – 311
—, Einbau menschlicher Gene 317 – 318
—, gezielte Einfügung von Poly-dAT 317 – 318
— in menschlichen Chromosomen 308 – 309
—, Manipulation 309 – 319
— mit Affen-DNS, Reassoziationskinetik 314
— mit Wirts-DNS-Stücken 315
—, substituiertes, Bau 315 – 317
—, —, Entstehung 316 – 317
—, Transkription und Translation 312
SV40-Viren 287
—, Bau 288
— und Krebs 319
Symbiontentheorie 169
Symbiose Leguminosen-Rhizobien 196 – 197
Symbiosen, experimentelle Trennung 217
—, stickstoffixierende 215 – 218
—, —, Wirtsspezifität 216
Synchronisierung von Zellen bei Mutageneseversuchen 23
Synthese eines Hormon-Gens, Mensch 45
— eines tRNS-Gens, E. coli 48 ff.
— eines tRNS-Gens, Hefe 42 ff.

— eines vollständigen Gens (tRNS^{Tyr}) 50, 51
— von Di- und Oligonukleotiden 43
— von Globin-DNS, Produkt 56
— von Globin-Genen, Mensch 54 ff.

Tabak, lichtempfindliche Mutanten 240 – 244
Tabakmosaikvirus 33 – 35
Tabus 332
T-Antigen in virustransformierten Zellen 289
tautomere Formen von Basenanalogen 31
Tautomerie von BU 18, 20
temperatursensible Mutanten, Herpes-Virus 301 – 302
—, SV40 319
Teratocarcinomzellen der Maus, Differenzierung in Gewebekultur 255 – 257
terminale Transferase zur Verlängerung von Q$_\beta$-RNS 35
β-Thalassämie 57
α-Thalassämie, Ursache 57, 58
therapeutisch brauchbare Gene von animalen Viren 294 – 307
Thymidinkinase, Herpes-induzierte 295
Thymidinkinase-Defekt von Säugerzellen 294 – 302
TK-Aktivität in verschiedenen Zellextrakten, Gelelektrophorese 298
TK aus transformierten Zellen, thermische Inaktivierung 299
TK-negative Säugerzellen, Korrektur durch Herpes-Infektion 296 – 302
TMV-Genom, Translation in Froschoozyten 187
TMV-RNS, Translation im heterologen, zellfreien System 187
Tomatenkallus, Einfluß von lac- und gal-Phagen 145 – 146
Totipotenz pflanzlicher Zellen 228
Transduktion, Definition 132
—, spezielle 127, 132 ff.
—, —, Ausweitung 133 – 136
—, Versuch mit menschlichen Zellen 140 ff.
—, Versuche mit Neurospora 149 – 152

—, Versuche mit pflanzlichen Zellen 144 – 152
—, Versuche mit Tomatenkallus 145 – 147
Transfektion 79
Transferase-Aktivität in Lambda-behandelten galaktosämischen Zellen 142 – 144
transfer-RNS 7
Transformanten 70
Transformation, Arabidopsis 84
—, bakterielle 68 ff.
—, —, Bedingungen für 71 ff.
—, Drosophila 86 – 90
—, —, zytologisch sichtbare Elemente 90
— durch Plasmid-DNS, Definition 79, 80
— durch Plasmid-DNS, Testverfahren 108 – 109
— durch Viren, Definition 103
—, Eukaryonten, Zusammenfassung 97 – 99
—, Fische 92 – 94
—, höhere Pflanzen 82 – 86
—, Insekten 86 – 92
—, Mehlmotte 90 – 92
—, menschliche Zellen (HGPRT$^-$ → HGPRT$^+$) 95 – 96
—, niedere Eukaryonten 77 – 82
—, Petunia 82 – 83
—, Pro- und Eukaryonten 68 ff.
—, Säuger 95 – 97
—, Seidenspinner 90, 91
Transformationsrate 71
Transformationsversuche an Entenküken 80
— an Hefen 80
— an Neurospora 80 – 82
transformierendes Prinzip 68
Transgenosis 146
"transgenosis for death" 147
Transitionen 17
transkribierte Spacer in rDNS 60
Transkription 4
—, asymmetrische, durch σ-Faktor 168
—, Bindung der Polymerase 161
—, E. coli 160 – 163
—, Elongation 161 – 162
—, Eukaryonten 163 – 167
—, Eukaryonten, Initiationsfaktor 166

—, HeLa-Zellkerne in Froschoozyten 181
—, heterologe, Definition 159
— heterologer DNS in isolierten Zellkernen 179 – 180
—, Initiation 161 – 162
—, symmetrische (in vitro) 166
—, Termination 161
— verschiedener DNS durch Hefe-Polymerase 177
— von Frosch-DNS in E. coli 115 – 116
— von T7-DNS durch Hefe-Polymerase 175 – 176
— von Phagen-DNS durch mitochondriale Polymerase 178
Transkriptionshemmer 164
Translation 5
—, heterologe, Definition 159
—, Reaktionsschritte am Ribosom 7
— von Mäuse-mRNS in Froschoozyten 186
— von TMV-RNS im heterologen System 187
Transversionen 18
Tripletts des genetischen Codes 4
Trisomie 21 und Chromosomeneliminierung 36
Triticale 225 – 227
tRNS 7
— für Alanin, Hefe, Primärstruktur 42
— für Tyrosin, E. coli 48
Tumorbildung nach Virusinfektion 289
Tumorinduktion, SV40, bei Säugern 319
Tyrosin-Suppressor-tRNS 48 ff.
Tyrosin-Suppressor-tRNS-Gen in φ80, Abtötung von Tomatenkallus 147
Tyrosin-tRNS, vollständiges Gen 50, 51

Übermensch 329
Übertragung von Chloroplasten 249 – 250
— von Chromosomen auf Zellen, Säuger 277 – 284
— von DNS mit Pseudovirionen 291 – 294
— von isolierten Zellkernen, Pflanzen 247 – 249

— von Organellen, Pflanzen 247 – 250
— von Prokaryonten-Genen auf Eukaryonten durch Phagen 127 ff.
ungewöhnliche Basen in tRNA 51

Verbundplasmide 113, 122 – 126
— für Klonierung von DNS 122 – 123
— für Studium der DNS-Replikation 122 – 126
—, mt DNS 124 – 126
Vereinigung bakterieller Resistenzfaktoren 106, 110 – 113
— von Genen, gezielte 101 ff.
— von Plasmiden mit Teilen anderer Plasmide 110 – 113
— von Resistenzfaktoren mit Eukaryonten-Genen 113 – 116
— von Virus- und Phage-DNS 102 – 106
Viren, animale, Einbau von Säugergenen 307 – 319
— —, für Gentherapie 287 – 319
— —, mit therapeutisch brauchbaren Genen 294 – 307
—, Herpes 294 – 302
—, lytische Infektion 287
—, nicht-produktive Infektion 287
—, Papilloma 287
—, Papova-Gruppe 287 – 289
—, Polyoma 287
—, Shopesche 302 – 307
—, SV40 103, 287, 309 – 319
—, T-Antigen in transformierten Zellen 289
—, Transformation 287 – 289
—, Tumorinduktion 289
Virus-Capside, Montage in vitro 294
Virusinfektion von Kaninchen, Senkung der Blutargininwerte 304
Voraussetzungen für Korrektur genetischer Defekte in Eukaryonten durch Phagen 152

Weltbevölkerung, Zunahme 190
Wuchsstoffe, für Regeneration bei Pflanzen 229

Zebroide 252
Zellinien mit Auxotrophien, Pflanzen 235
— mit Resistenzen, Pflanzen 235

—, permissive und nicht permissive von Säugern 291
Zellkerne der Eukaryonten 77
—, isolierte pflanzliche, Übertragung 247–249
Zellrasen aus Säugerzellen in Kultur 289

zentrales Dogma der molekularen Genetik 27
Zusammenbau von Oligonukleotiden zu DNS-Doppelstrangstücken 45
Zusatzfaktoren bei der Polypeptidsynthese 7
Zwergweizen 191–192

Heidelberger Taschenbücher

115. Band: F. Kaudewitz
Molekular- und Mikroben-Genetik
301 Abbildungen, 20 Tabellen. XIV, 426 Seiten. 1973
DM 19,80; US $ 8.20. ISBN 3-540-06024-3

Inhaltsübersicht: Die Speicherung genetischer Informationen. – Die Verwirklichung genetischer Informationen. – DNS-Synthese in vitro. – DNS-Synthese in vivo.

133. Band: E. O. Wilson, W. H. Bossert
Einführung in die Populationsbiologie
Übersetzt von K. de Sousa Ferreira
Bearbeitet von U. Jacobs
42 Abbildungen, 13 Tabellen. VIII, 168 Seiten. 1973
DM 16,80; US $ 6.90. ISBN 3-540-06328-5

Inhaltsübersicht: Wie lernt man Populationsbiologie? – Populationsgenetik. – Ökologie. – Biogeographie: Theorie des Gleichgewichts der Arten.

154. Band: W. Buselmaier
Biologie für Mediziner
Begleittext zum neuen Gegenstandskatalog
3. neubearbeitete und erweiterte Auflage
104 Abbildungen. XIII, 224 Seiten. 1976
(Basistext Medizin)
DM 16,80; US $ 6.90. ISBN 3-540-07898-3

Inhaltsübersicht: Ultrastruktur der Zelle. – Funktionen der Zelle. – Genetik. – Evolution. – Morphologie und Physiologie ein- und mehrzelliger Organismen. – Grundlagen der Mikrobiologie. – Ökologie. – Glossarium der verwendeten Fachausdrücke.

162. Band: H. Kummer
Sozialverhalten der Primaten
Übersetzt von K. de Sousa Ferreira
34 Abbildungen. X, 163 Seiten. 1975
DM 19,80; US $ 8.20. ISBN 3-540-07126-1

Inhaltsübersicht: ‚Kultur' und der begriffliche Rahmen der Biologie. – Eine Einführung in Primatengesellschaften. – Adaptive Funktionen der Primatengesellschaften. – Methoden der Anpassung. – Wie flexibel ist das Merkmal? – Mensch und andere Primaten – ein Vergleich.

Preisänderungen vorbehalten

Springer-Verlag · Berlin · Heidelberg · New York

Biologie
Ein Lehrbuch für Studenten der Biologie.
Gemeinschaftlich verfaßt von zahlreichen Fachwissenschaftlern.
Herausgeber: G. Czihak, H. Langer, H. Ziegler
957 Abbildungen, 2 Falttafeln. XXIII, 837 Seiten. 1976
Gebunden DM 58,—; US $ 23.80. ISBN 3-540-05727-7

Inhaltsübersicht: Bau und Leistungen der Zellen: Cytologie. – Strukturen und Funktionen der Organismen: Genetik. Fortpflanzung und Sexualität. Entwicklung. Bau und Funktion pflanzlicher und tierischer Organe. Strukturelle und funktionelle Integration im Gesamtorganismus. Verhalten. – Die Organismen in Populationen: Ökologie. Biogeographie: Verbreitung der Pflanzen und Tiere. Evolution. Grundlagen und Ziele der biologischen Systematik. Stammbäume der Pflanzen und Tiere. Sachverzeichnis.

P. v. Sengbusch
Einführung in die Allgemeine Biologie
Hochschultext
221 Abbildungen und 64 Schemata. VI, 475 Seiten. 1974
DM 29,80; US $ 12.30. ISBN 3-540-06810-4

Inhaltsübersicht: Organisationsebene: Zelle. – Organisationsebene: Vielzeller. – Organisationsebene: Gesellschaften. – Evolution.
Einführung: Dieser einführende Text basiert auf der Lehrkonzeption der Biologie als der Wissenschaft vom Leben schlechthin. Nicht mehr ‚klassische' Zoologie und Botanik stehen im Vordergrund, sondern Organisationskonzepte, Strukturen und Entscheidungsfunktionen der Natur, Regulationsprozesse u.a.m. Großer Wert wird auf die Planung von Experimenten und die Auswertung von Versuchsergebnissen gelegt. Die Konsequenzen biologischer Forschung für die menschliche Gesellschaft werden in Beispielen diskutiert.

C. Bresch, R. Hausmann
Klassische und molekulare Genetik
3. erweiterte Auflage. Zahlreiche Abbildungen
32 Tafeln. XI, 415 Seiten. 1972
DM 42,—; US $ 17.30. ISBN 3-540-05802-8

Inhaltsübersicht: Grundlagen der Vererbung und Kreuzungsanalyse haploider Organismen. – Die zytologischen Grundphänomene der Vererbung. – Kreuzungsanalyse bei diploiden Organismen. – Veränderungen des Erbguts. – Systeme der Sexualität. – Die molekulare Grundlage der genetischen Information. – Reparatur, Rekombination und Restriktion von DNA. – Die molekulare Grundlage der primären Genfunktion. – Der genetische Code. – Regulation. – Probleme sekundärer Genwirkung. – Mensch und Genetik. – Sachverzeichnis.

Springer-Verlag · Berlin · Heidelberg · New York

MIX
Papier aus verantwortungsvollen Quellen
Paper from responsible sources
FSC® C105338

If you have any concerns about our products,
you can contact us on
ProductSafety@springernature.com

In case Publisher is established outside the EU,
the EU authorized representative is:
**Springer Nature Customer Service Center GmbH
Europaplatz 3, 69115 Heidelberg, Germany**

Printed by Libri Plureos GmbH
in Hamburg, Germany